“十三五”职业教育系列教材

DIANLI XITONG FENXI

电力系统分析

（第三版）

陈立新　杨光宇　编

王大鹏　张　红　主审

中国电力出版社
CHINA ELECTRIC POWER PRESS

内 容 提 要

本书重点讲解电力系统短路电流的计算及其计算机算法，潮流计算及其计算机算法，调压计算、调频计算和经济运行的计算，对电力系统的静态稳定性和暂态稳定性也做了一定的讲解。每章均配有一定数量的例题，以便于教师授课和学生的学习。本书着重于基本概念和基本计算方法的阐述，编者根据培养应用型人才的需要，力求理论与实践相结合。鉴于计算机的普及应用，本书对潮流计算的计算机算法也做了详细的介绍。

为学习贯彻落实党的二十大精神，根据《党的二十大报告学习辅导百问》《二十大党章修正案学习问答》，在本书配套数字资源中设置了“二十大报告及党章修正案学习辅导”栏目，以方便师生学习。

本书可作为高职高专院校电力技术类专业教学用书，也可作为从事相关工作的工程技术人员参考用书。

图书在版编目（CIP）数据

电力系统分析/陈立新，杨光宇编．—3版．—北京：中国电力出版社，2016.8（2025.8重印）
“十三五”职业教育规划教材
ISBN 978-7-5123-9151-2

Ⅰ.①电… Ⅱ.①陈…②杨… Ⅲ.①电力系统—系统分析—高等职业教育—教材 Ⅳ.①TM711

中国版本图书馆CIP数据核字（2016）第068165号

出版发行：中国电力出版社
地　　址：北京市东城区北京站西街19号（邮政编码100005）
网　　址：http://www.cepp.sgcc.com.cn
责任编辑：乔　莉（010－63412535）
责任校对：黄　蓓
装帧设计：赵姗姗
责任印制：吴　迪

印　　刷：三河市航远印刷有限公司
版　　次：2005年12月第一版　2016年8月第三版
印　　次：2025年8月北京第二十三次印刷
开　　本：787毫米×1092毫米　16开本
印　　张：15.25
字　　数：365千字
定　　价：45.00元

前　言

本教材着重于基本概念和基本计算方法的阐述，是编者根据培养应用型人才的需要，力求理论与实践相结合，同时博采其他教材之长而编写的。

本教材首先对电力系统的基本概念进行了论述，力求简单明了，同时对电力系统中性点的运行方式和电力系统的等效电路做了详尽的说明。潮流计算是电力系统分析中最基本的计算，它的任务是在给定的条件下，确定电力系统的运行状态。这是电力系统调压、规划、经济运行的基础。鉴于计算机的普及应用，本教材对潮流计算的计算机算法也做了详细的叙述。电力系统短路是系统最严重的事故之一，本教材分别对三相短路、不对称短路、非全相断线进行循序渐进的分析，由浅入深，使读者比较容易接受掌握。调频和调压也是本教材的重点，分别讨论了有功功率与系统频率、无功功率与节点电压的辩证关系。经济运行部分则以等微增率准则为主线，分别讨论了各发电厂的最佳有功出力和无功功率的最优布点等问题。本教材的最后讨论了电力系统的稳定性。

本教材的第 3～11 章由山东电力高等专科学校陈立新编写，第 1、2 章由哈尔滨电力职业技术学院的杨光宇编写。全书由陈立新统稿。

本教材由山东电力研究院的王大鹏高工和山东电力高等专科学校张红主审，提出许多宝贵意见，谨致谢意。

限于编者的经验和水平，书中的错误和不妥之处在所难免，敬请读者批评指正。

编　者

2016 年 4 月

目　录

第1章　电力系统的基本概念

电能是现代社会不可缺少的主要能源。由于电能在输送、分配、控制与转换等方面都具有相当的便捷性，因此电能的应用也越来越广泛，在工农业生产、交通运输、通信、电子、医疗卫生、科技、国防等部门以及城乡居民的学习生活中无处不使用着电能。

1.1　概　　述

1.1.1　电力系统简介

能量是守恒的，电能也是由其他形式的能源转变而来的。这些其他形式的能源往往是不需要加工而在自然界中能够直接获得的，被称为自然能或一次能源，电能则是经过人们加工而取得的二次能源。将自然能转变为电能的过程称为发电，一般在发电厂中进行。用于发电的主要的一次能源有煤、石油、天然气、水力及核能等，发电厂根据其所应用的一次能源的不同分别称为火力发电厂、水力发电厂及核电厂等。我国幅员辽阔，地大物博，上述资源储量丰富，为建设各类发电厂创造了条件，目前国内的发电厂仍然是以火力发电为主。除以上发电形式外，还有太阳能发电厂、风力发电厂、潮汐发电厂、地热发电厂等。现阶段国内也新建了一些新能源形式的发电厂，如风力发电厂、垃圾发电厂等。

发电的目的是用电。使用电能的单位称为电力用户，用电的类型很多，主要分为工业用电、农业用电和生活用电等。

许多国家的大型火电厂都建设在煤矿、石油等能源的产地，以节约燃料的运输费用；水电厂则建设在水资源丰富、江河水流落差较大的河段。这些地方往往远离用电负荷中心（一般设有变电站），因此就需要架设电力线路将电能输送到几十、几百甚至数千公里远的负荷中心，再将电能由负荷中心分配给各个用户。将发电厂的电能输送到负荷中心的电力线路称为输电线路；而将负荷中心的电能分配到各个用户的电力线路称为配电线路。现阶段，我国输电线路电压在110kV及以上，配电线路电压主要为66、35、10、6、3、0.38kV。

在电能的输送与分配的过程中，交流电在导线中不可避免地要产生电压损耗、功率损耗和电能损耗，减少这些损耗最直接有效的办法就是提高电压，因此发电厂发电机出口设置了升压变电站来提高输电电压。由于用户用电电压较低，故还需在负荷中心设置降压变电站将较高的输电电压降下来，经过几次降压以后最终将电能送给用户。

由发电厂中的电气部分、各类变电站、输配电线路及各种类型的用电器组成的整体，称为电力系统。它包含发电、变电、输电、配电、用电五个单元，以及相应的通信、继电保护、自动装置等设备。

电力系统中各种电压的变电站及输配电线路组成的整体，称为电网。它包含变电、输电、配电三个单元。电网的任务是输送与分配电能，改变电压。

图 1-1 为电网及电力系统的示意图，图中电力系统加上动力设备，如锅炉、原子反应堆、汽轮机、水轮机等统称为动力系统。

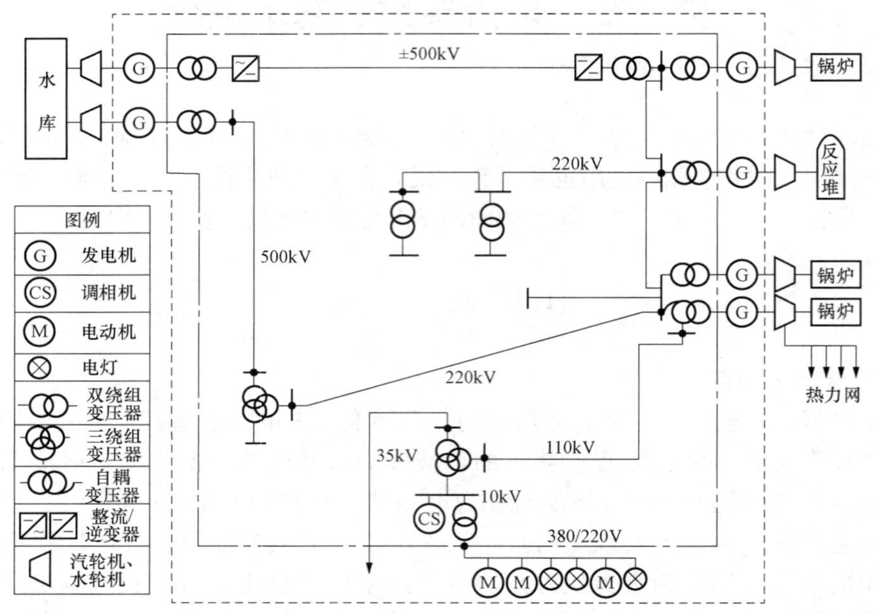

图 1-1　电网及电力系统示意图

从研究与计算角度考虑，电网可分为地方电网、区域电网和远距离输电网。地方电网电压较低，为 110kV 以下，输送功率小，线路距离短，主要供电给地方负荷。区域电网则电压较高，为 110kV 以上，输送功率大，线路距离长，主要供电给大型区域性变电站。远距离输电网电压在 330kV 及以上，输电线路长度超过 300km。但电压为 110kV 的电网属于地方电网还是区域电网，要视其在电力系统中的作用而定。

按电压的高低，电网又可分为低压电网（1kV 以下）、中压电网（1～10kV）、高压电网（35～220kV）、超高压电网（330～750kV）、特高压电网（1 000kV 及以上）。

按接线方式，电网还可分为一端电源供电网（又称为开式网）、两端电源供电网、多端电源供电网（又称复杂网，与两端电源供电网合称为闭式网）。一端电源供电网是指用户只能从一个方向取得电能的电网。它的特点是接线简单、经济、运行方便、供电可靠性较低。两端电源供电网是指用户可以从两个方向取得电能的电网。它的特点是接线较简单，运行、检修灵活，供电可靠性较高。多端电源供电网是指电网中有从三个或三个以上方向取得电能的用户。它的特点是供电可靠性高，运行、检修灵活，但接线复杂、投资大、继电保护与运行操作复杂。

1.1.2　电力系统发展概况

1831 年，法拉第发现的电磁感应定律为电力系统的形成奠定了理论基础。到 1882 年，第一座发电厂在英国伦敦建成，输送的是 100V 和 400V 的低压直流电；同年，法国人德普列茨将直流输电电压提高到1500～2000V，输送功率为 2kW，将 57km 外水电厂的电力输送到慕尼黑，这被认为是世界上最早的电力系统。这种直流输电系统受到了输送功率和输送距离的限制，已不能适应社会生产发展的需求。

到 1885 年，出现了变压器，实现了单相交流输电；1891 年在制造出三相变压器与三相异步电动机的基础上实现了三相交流输电，世界上第一个三相交流发电站在德国劳风竣工，以 3×10^4V 高压向法兰克福输电。此后，交流输电就普遍地代替了直流输电。随着科学技术的进步和对电力需求的增长，要求输送功率更大，距离更远，供电更为可靠。于是，各国逐步地将一个个孤立运行的小电力系统用线路连接起来，形成越来越大的联合电力系统，输电电压也是越升越高。目前，世界上线路最高输电电压已达到1 150kV，系统容量已超过 100GW。随着输电距离及容量的不断增大，同步发电机并联运行的稳定性问题也日益突出，交流输电由感抗所带来的固有困难和局限性，也越来越被人们所认识，于是高压直流输电技术又重新为人们所重视。1000kV 的特高压输电技术也得到了迅速的发展。

近年来，中国特高压输电技术发展很快，特高压电网将西北部的风电、太阳能发电和西南部的水电送到东部沿海的用电负荷中心，输电距离从几百千米提升到几千千米，单回电路输电容量增加到 800 万 kV。未来全球能源互联网将以特高压电网为骨干网架，实现全球清洁能源的大规模、大范围配置。

20 世纪 60 年代末，1000kV（1100、1150kV）和 1500kV 电压等级特高压输电工程的可行性研究和特高压输电技术的研发开始进行。中国国家电网公司 2009 年投运的 1000kV 特高压交流输电工程是世界首条实现商业运营的特高压输电线路，到目前为止已经有 3 项 1000kV 特高压交流工程和 4 项±800kV 特高压直流工程实现商业运营，最大输电距离超过 2000km、输电容量达到 800 万 kV。

1.1.3 电力系统的运行特点及对电力系统的基本要求

1. 电力系统的运行特点

（1）电能生产、输送、分配与使用的同时性。电能传输速度较快，其生产、输送、分配与使用的过程是同时进行的。由于目前电能尚不能大量、廉价地储存，因此发电厂生产出的电能等于用户消耗的电能、发电厂厂用电能与输送分配过程中损耗的电能之和。也就是说，用户及网络消耗多少电能，电厂就只能生产多少电能。这就对电力系统安全、经济、连续运行提出了较高的要求。

（2）电能生产与国民经济及人民生活的密切相关性。作为当今社会生产与生活的主要能源，电能的使用无处不在。电能供应不足或中断将直接影响到国民经济生产的各个部门，给人民生活带来诸多不便。

（3）电力系统过渡过程的短暂性。电力系统运行中发生变化的速度极快，各元件的投入、切除和电能输送过程几乎都在瞬间完成，即从一种运行状态转换到另一种运行状态的过渡过程非常短暂。这就要求电力系统的运行具有较高的自动化程度，并配有能够准确动作的继电保护、自动装置和实时监测控制设备，同时还需要大量的掌握现代电力生产技术的专业人才。

2. 对电力系统的基本要求

电力系统的根本任务是保证安全、可靠、优质、经济地供电，并最大限度地满足用户用电需要。由此，对电力系统有如下基本要求：

（1）尽量满足用户的用电需要。电力工业作为国民经济发展与人民生活水平提高的先行官，应优先发展，并始终以最大限度地满足国民经济各部门及人民生活日益增长的需要为目的，不断提高供电的可靠性与电能质量。

(2) 保证安全可靠地供电。安全第一、预防为主，安全为了生产，生产必须安全。可靠地供电就是不间断地、连续地供电。安全可靠地供电是电力系统首先要满足的要求，供电一旦中断将使工农业生产停顿，社会生活混乱，甚至危及人身和设备的安全，造成十分严重的后果。

(3) 保证良好的电能质量。合格的电能质量就是交流电的频率、电压、波形等的变化在允许的变动范围之内；提高电能质量，就能促使用电设备发挥最佳的技术经济性能。电能质量不合格，不仅要严重影响用电设备的正常工作，而且对电力系统本身也有很大危害。因此，保证良好的电能质量是电力系统的重要任务。

(4) 提高系统运行的经济性。电力系统的运行生产在保证安全可靠优质的前提下，应力争降低生产成本。提高运行的经济性对发电部门而言，主要就是合理分配发电厂之间的负荷，降低燃料消耗率和厂用电率，尽可能地多发电、少耗电；对供电部门而言，主要就是加强电网管理、降低电网的电能损耗。

1.2 电力系统的额定电压

1.2.1 额定电压的概念

为了使电气设备的生产实现标准化、系列化及各元件合理配套使用，电力系统中的发电机、变压器、电力线路及各种用电设备等，均按规定的额定电压进行设计并制造。额定电压就是能使电气设备长期正常工作，并且发挥最佳的技术经济性能的电压。

1.2.2 额定电压的规定

1. 电力系统电压等级的确定

电力系统的电压等级，即线路的额定电压，其确定过程主要考虑两方面的因素：①从电力系统输送功率的经济性角度考虑，当输电距离和输送功率一定时，输电电压越高，则导线中的电流越小，电网中的功率损耗和电能损耗也越小，就可以选用较小截面的导线，因此减少了投资；但是电压越高，对绝缘的要求就越高，配电装置的构架尺寸将会增大，这又将增加绝缘方面的投资。因此，对应一定的输电距离和输送功率，必须经过技术与经济上的比较确定出一个最合理的线路电压。②从设备制造的角度考虑，为了使电力设备生产实现标准化和系列化，不可能任意确定太多的额定电压。

综合上述两方面的因素，根据我国的实际情况并参考国外的标准，确定了我国标准的电压等级。相应地，电力系统设备元件的额定电压见表 1-1。

表 1-1　电力系统设备元件额定电压（kV）

电力线路和用电设备额定电压	电力线路平均额定电压	交流发电机额定电压	变压器额定电压	
			一次绕组	二次绕组
3	3.15	3.15	3 及 3.15	3 及 3.15
6	6.3	6.3	6 及 6.3	6.3 及 6.6
10	10.5	10.5	10 及 10.5	10.5 及 11
		13.8	13.8	
		15.75	15.75	
		18	18	
		20	20	

续表

电力线路和用电设备额定电压	电力线路平均额定电压	交流发电机额定电压	变压器额定电压	
			一次绕组	二次绕组
35	37		35	38.5
60	63		60	66
110	115		110	121
220	230		220	242
330	345		330	363
500	525		500	550

注　表中所列均为线电压值。

2. 线路和用电设备的额定电压

线路的额定电压规定为220、380V以及3、6、10、35、60、110、220、330、500、750kV。

因用电设备需连接在线路上使用，故用电设备的额定电压规定与线路额定电压相同。线路在运行时线路阻抗中要产生电压损耗，使沿线路各点的电压大小不同，一般线路首端电压高于末端电压。因为线路全长的电压损耗一般不超过其额定电压的10%，而用电设备的端电压允许偏移为±5%，线路首端的电压应比其额定电压高5%，即为其额定电压的1.05倍，这样其末端电压才不会低于其额定电压的0.95倍，使得接于线路各处的用电设备的端电压都能在允许的偏移范围内。

3. 发电机的额定电压

发电机接在线路的首端，故其额定电压规定比线路额定电压高5%，即

$$U_{GN} = 1.05U_N$$

式中　U_{GN}——发电机的额定电压；

U_N——线路的额定电压。

根据上式及其他技术经济条件所确定的发电机额定电压为3.15、6.3、10.5、13.8、15.75、18、20kV等。

4. 变压器的额定电压

变压器的结构较特殊，所以变压器至少有两个电压等级。双绕组变压器有高、低压侧两个额定电压，三绕组变压器及自耦变压器则有高、中、低压侧三个额定电压。

按照电能的流动方向，变压器流入电能的一侧为一次侧，流出电能的一侧为二次侧。变压器的额定电压，有一次侧绕组和二次侧绕组的额定电压之分。一次侧是接受电能的，相当于用电设备，因此变压器一次侧额定电压等于所连线路的额定电压；如果变压器直接和发电机相连，则一次侧额定电压等于发电机的额定电压。二次侧是输出电能的，相当于线路的首端，而线路首端电压应比线路额定电压高5%；由于变压器二次侧的额定电压是指变压器空载时的电压值，当变压器带额定负载时，电流将在变压器绕组中产生电压损耗，大阻抗(U_k>7.5%）变压器的电压损耗约为其额定电压的5%，为使变压器在额定负载时的二次侧电压仍比线路额定电压高出5%，故将大中容量的变压器二次侧额定电压再提高5%，即比所连线路额定电压高10%；只有高压侧低于35kV的小阻抗（U_k≤7.5%）变压器，或者二次侧供电线路较短的变压器以及三绕组变压器连接同步调相机的一侧，其二次侧额定电压才比所连线路额定电压高5%。

1.2.3　电力线路的平均额定电压

电力线路的平均额定电压等于电力线路首末两端所连接的电气设备额定电压的平均值，

即

$$U_{av}=\frac{U_N+1.1U_N}{2}=1.05U_N$$

式中 U_N ——线路的额定电压。

根据上式计算，目前我国电力线路的平均额定电压为 0.38、3.15、6.3、10.5、37、63、115、230、345、525kV。

【例 1-1】 如图 1-2 所示电力系统，线路的额定电压已知，试求图中变压器的额定变比。

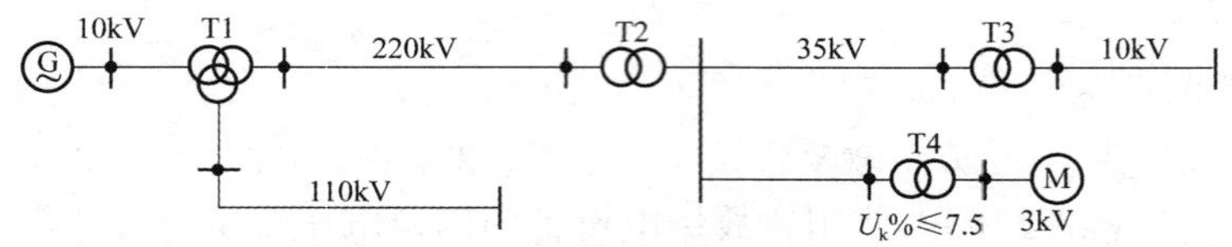

图 1-2 ［例 1-1］图

解 （1）升压变压器 T1 的一次侧与发电机直接相连，故其一次侧额定电压应等于发电机的额定电压，比所连线路额定电压 10kV 高 5%，为 10.5kV；该变压器的二次侧分别与 110kV 和 220kV 线路相连，其额定电压均应分别高于相应线路额定电压 10%，分别为 121kV 和 242kV。故 T1 的额定变比为 242/121/10.5kV。

（2）降压变压器 T2 的一次侧与 220kV 线路相连，二次侧与 35kV 线路相连，故 T2 的额定变比为 220/38.5kV。

（3）降压变压器 T3 的额定变比为 35/11kV。

（4）降压变压器 T4 的一次侧与 35kV 线路相连，二次侧直接与 3kV 电动机相连，因 T4 的短路电压百分数 $U_k\%\leqslant7.5$，为小阻抗变压器，其二次侧额定电压应比所连线路额定电压 3kV 高 5%，为 3.15kV，故 T4 的额定变比为 35/3.15kV。

1.3 电力系统负荷

1.3.1 负荷的概念

用户的用电设备消耗的功率称为负荷。电力系统的综合用电负荷是指所有电力用户的用电设备所消耗的功率的总和，包含工业、农业、交通运输、市政生活等各方面消耗的功率。

电力系统的供电负荷是指电力系统的综合用电负荷与电网的功率损耗之和，即发电厂供出的负荷。

电力系统的发电负荷是指供电负荷与发电厂厂用电之和，即发电厂发电机的功率。

1.3.2 负荷的分类

按物理性能，负荷可分为有功负荷与无功负荷。

按电力生产与销售的过程，负荷可分为发电负荷、供电负荷和用电负荷。

按用户的性质，负荷可分为工业负荷、农业负荷、交通运输业负荷和人民生活用电负荷等。

根据负荷对供电可靠性的要求，可将用电负荷分为三级（或称三类）：

一级负荷：为重要负荷。对此类负荷中断供电，将造成人身事故、设备损坏、产品报废，给国民经济造成重大经济损失，使市政生活出现混乱及带来较大的政治影响。对于一级负荷，必须由两个或两个以上的独立电源供电，因为一级负荷不允许停电，所以要求电源间能手动和自动切换。

二级负荷：为较重要负荷。对此类负荷中断供电，将造成生产部门大量减产、窝工，影响人民的生活水平。对于二级负荷，可由两个独立电源或一回专用线路供电。若采用两个独立电源供电，因为二级负荷允许短时停电，所以两个电源间可采用手动切换。

三级负荷：为一般负荷，即一级、二级负荷之外的一般用户负荷。对此类负荷中断供电，不会产生前两种负荷停电后的重大影响，故对三级负荷的供电不做特殊要求，一般采用一个电源供电即可。

负荷分类的方法还有很多，如按用电特性分类、按所属行业分类等，这里不再一一叙述。

1.3.3　负荷曲线

负荷曲线是在一个时间段内用来表示负荷随时间变化规律的曲线。通常用直角坐标系的横坐标表示时间，以小时为单位，纵坐标表示有功功率、无功功率、视在功率或电流。负荷曲线按描述的负荷种类不同，可分为有功负荷曲线、无功负荷曲线和电流曲线等；按描述的时间段不同，可分为日负荷曲线和年负荷曲线等；按描述的对象不同，可分为个别用户、电力线路、发电厂、变电站和整个电力系统的负荷曲线等。上述三种特征结合，就形成了某一种特定的负荷曲线，如有功功率日负荷曲线、无功功率日负荷曲线、日电流曲线、年最大负荷曲线等。下面介绍几种常用的负荷曲线。

1. 日负荷曲线

图 1-3 中为某用户或地区的有功及无功日负荷曲线，它可由运行记录日志或记录式仪表的有关数据绘制而成。日负荷曲线表明电力负荷在一天 24h 内的变化规律。由于用户取用有功功率的同时也取用无功功率，故图中分别画出了有功日负荷曲线与无功日负荷曲线。两曲线形状基本相似，由于变压器、电动机取用的励磁无功功率只与电网电压有关而与负荷无关，所以当有功负荷降低时，无功负荷并不成比例地减少，因此最小负荷时，无功负荷减少的程度比有功负荷要小些。由于照明负荷取用的无功功率甚少，有功负荷因照明出现峰值时，无功负荷增加的程度比有功负荷要低些，因此无功负荷曲线比有功负荷曲线平坦。

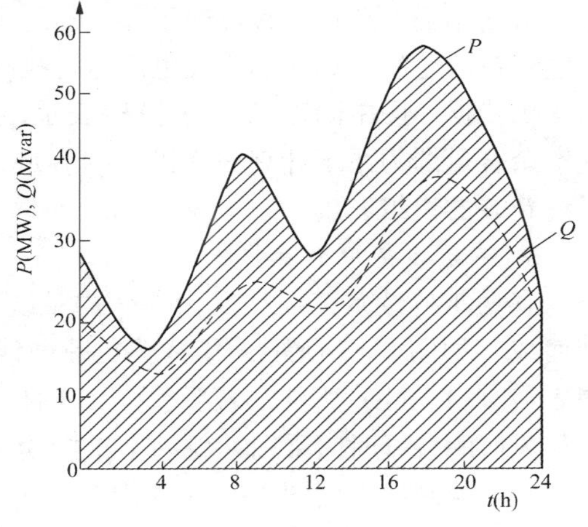

图 1-3　有功及无功日负荷曲线

有功日负荷曲线是制定各发电厂日发电负荷计划及确定系统运行方式的依据。通过有功日负荷曲线可以表明负荷的性质（如单班制、两班制还是三班制），反映负荷在一天之内的变化情况，而且还可通过它计算一天之内用户消耗的电能。

无功日负荷曲线的用途较小，但应注意无功与有功最大负荷不一定同时出现。

为简化计算和便于绘制，常将连续变化的负荷看成在测量的那一小段时间内不变，而将曲线画成阶梯形，如图 1-4 所示。

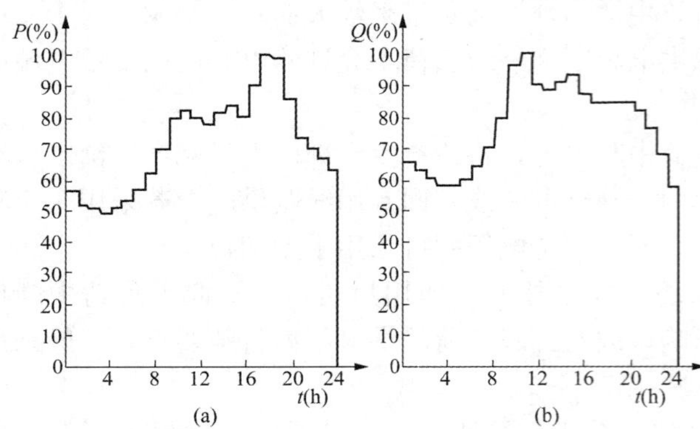

图 1-4 阶梯形有功及无功日负荷曲线

（a）有功功率负荷；（b）无功功率负荷

2. 系统有功年最大负荷曲线

在电力系统的运行和设计中，不仅要知道一天之内负荷的变化规律，而且还要知道一年之中负荷的变化规律。年最大负荷曲线描述了一年内系统逐月（或逐日）综合最大有功负荷的变化规律，如图 1-5 所示。由图可知，夏季的最大负荷较小一些，这是由于夏季日长夜短，气候炎热，照明负荷及其他热负荷普遍减小的缘故。但是如果季节性负荷如农业排灌、防暑降温措施等负荷比重较大时，则也可能使夏季负荷值反而增大。至于年末负荷较年初为大，主要是由于厂矿企业技术革新和电气化程度不断提高，以及新建、扩建项目投入生产的结果。

有功年最大负荷曲线反映了在一年之中出现最大有功负荷的规律，通过它可以用来安排发电设备的检修计划，确定发电厂运行机组的容量，也为有计划地扩建发电机组或新建发电厂提供依据。图中阴影 A 的纵坐标表示年最大有功负荷在夏季低谷期时空余出来的容量，此空余容量即为系统计划检修机组的容量，横坐标表示该设备计划检修的时间。图中 B 为系统新装的机组容量。

3. 有功年持续负荷曲线

有功年持续负荷曲线是由一年中系统有功负荷按其数值大小及其持续时间由大到小排列而成，如图 1-6 所示。年持续负荷曲线可由夏季与冬季代表日负荷曲线绘制而成。如图 1-7（a）、（b）所示，若夏季按 213 日、冬季按 152 日计算，则将代表日负荷曲线中每一个负荷值的持续时间乘以相应的全年持续天数即为该负荷值在全年的持续时间，再将负荷值由大到小绘制便得到图 1-7（c）所示用户有功年持续负荷阶梯形曲线。

有功年持续负荷曲线反映了每一个负荷值在全年中的持续时间，通过它可以计算出用户全年消耗的电能以及全年所损耗的电能，从而为安排发电计划和进行可靠性估算提供依据。

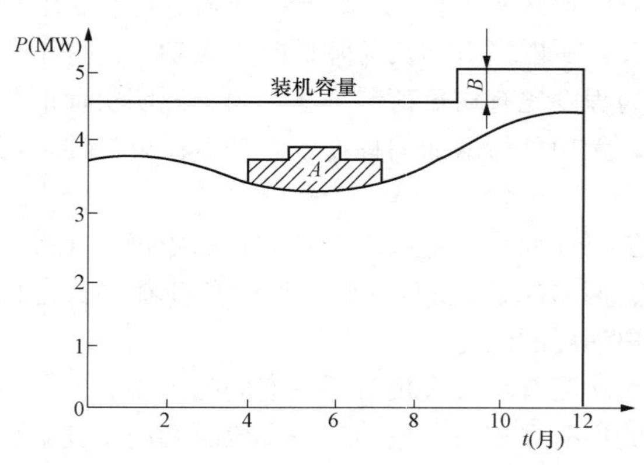

图 1-5 系统有功年最大负荷曲线

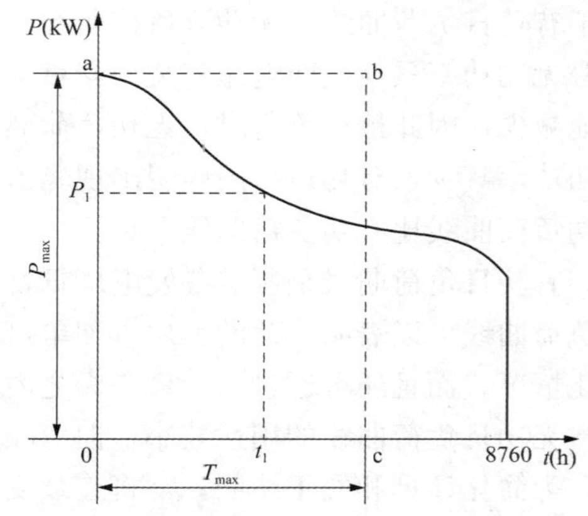

图 1-6 有功年持续负荷曲线

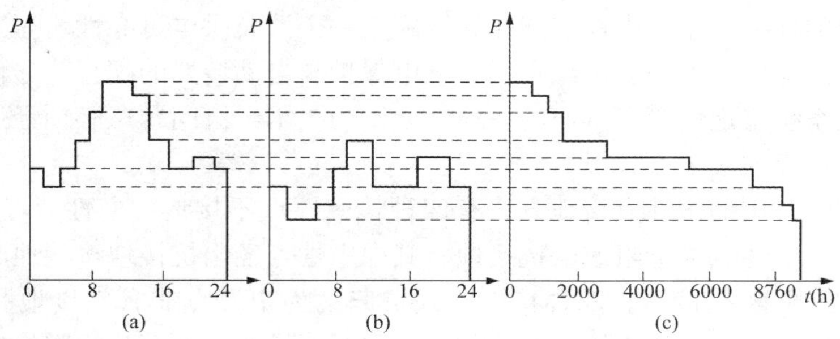

图 1-7　有功年持续负荷曲线的绘制

(a) 夏季代表日负荷曲线；(b) 冬季代表日负荷曲线；(c) 年持续负荷阶梯形曲线

图 1-6 所示年持续负荷曲线下面所围成的面积即为用户全年消耗的电能大小，表示为

$$A=\int_0^{8760} P\mathrm{d}t$$

1.3.4　最大负荷利用时间

将用户全年所取用的电能 A 与一年内的最大负荷相比，所得的时间称为用户年最大负荷利用时间，记作 T_{max}，表示为

$$T_{max}=\frac{A}{P_{max}}=\frac{\int_0^{8760} P\mathrm{d}t}{P_{max}}$$

T_{max} 的几何意义（见图 1-6）：负荷全年消耗的电能为曲线从 0 到8760h 所围成的面积。若把这一面积用一相等的矩形面积（abc0）来表示，矩形的高代表年最大负荷 P_{max}，则矩形的底即为最大负荷利用时间 T_{max}。

T_{max} 的物理意义：若用户始终以最大负荷 P_{max} 运行，则经过 T_{max} 小时后，消耗的电能恰好等于按实际负荷曲线运行全年所消耗的电能。

因最大负荷利用时间的单位一般用 h（小时）来表示，故 T_{max} 也称为最大负荷利用小时数。T_{max} 在一定程度上反映了实际负荷在一年内变化的情况。如果负荷曲线比较平坦，即负荷随时间变化较小，则 T_{max} 的值较大；反之，若负荷变化剧烈，则 T_{max} 的值较小。

对于系统各种不同类型的负荷，其 T_{max} 也不一样，因此 T_{max} 可反映负荷的类型，还可通过它来计算用户全年所损耗的电能。各类用户的年最大负荷利用小时数 T_{max} 见表 1-2 所列。

表 1-2　各类用户的年最大负荷利用小时数 T_{max}

负 荷 类 型	T_{max} (h)
户内照明及生活用电	2000～3000
一班制企业用电	1500～2200
两班制企业用电	3000～4500
三班制企业用电	6000～7000
农灌用电	1000～1500

1.4　电力系统中性点

1.4.1　电力系统中性点及其运行方式

1. 中性点及其运行方式

电力系统中性点是指发电机或变压器三相绕组星形接线的公共连接点。因该点在系统正常对称运行情况下电位接近于零，故称为中性点。所谓中性点的运行方式是指中性点的接地方式，即与大地的连接关系。中性点的接地方式是一个涉及供电可靠性、短路电流大小、人身和设备安全、过电压的大小、绝缘水平、继电保护与自动装置的配置、通信干扰、电压等级、系统接线及系统稳定性等多方面的一项综合性的技术经济问题，必须经过合理的比较论证后方可确定中性点的接地方式。

我国电力系统常用的中性点接地方式有四种：中性点不接地、中性点经消弧线圈接地、中性点直接接地、中性点经电阻或电抗接地。其中中性点经阻抗接地按接地电流大小又分为经高阻抗接地和经低阻抗接地。四种接地方式可归纳为中性点非有效接地和有效接地两大类。中性点非有效接地（或称小接地电流方式）包括不接地、经消弧线圈接地和经高阻抗接地。中性点有效接地（或称大接地电流方式）包括直接接地和经低阻抗接地。我国目前采用的中性点接地方式主要为不接地、经消弧线圈接地、直接接地，近年来在城网供电中，经小电阻接地方式也采用较多。

2. 中性点不同接地方式的比较

（1）大接地电流方式。其优点是：

1）快速切除故障，安全性好。因为系统单相接地时可形成电源的短路回路，即单相短路，继电保护装置可立即动作切除故障。

2）经济性好。因为中性点直接接地系统在任何情况下，中性点电压都被大地所固定而不会升高，也不会出现不接地系统单相接地时故障的电弧过电压问题，所以系统的绝缘水平便可按相电压设计，可提高其经济性。

其缺点是：系统供电可靠性差。因为单相接地乃四种短路故障中发生几率最高的故障，而系统在发生单相接地故障时也会在继电保护作用下使故障线路的断路器跳闸，所以降低了供电可靠性。

（2）小接地电流方式。其优点是：

1）供电可靠性高。因为系统单相接地时没有形成电源的短路回路，而是经过三相线路的对地电容形成电流的回路，回路中流过的是比较小的电容电流，达不到继电保护装置的动作电流值，故障线路不跳闸，只发出接地报警信号，规程规定系统可带着单相接地故障点继续运行 2h，在 2h 内排除了故障就可以不停电，从而提高了供电可靠性。

2）单相接地时，不易造成或轻微造成人身和设备安全事故。

其缺点是：

1）经济性差。因为系统单相接地故障时，非故障相对地电压升高到正常时的 $\sqrt{3}$ 倍，即为线电压，因此系统的绝缘水平应按线电压设计，由于电压等级较高的系统中绝缘费用在设备总价格中占有较大的比重，所以此种接地方式对电压较高的系统就不适用。

2）单相接地时，易出现间歇性电弧引起的系统谐振过电压，幅值可达电源相电压的 2.5～3 倍，足以危及整个网络的绝缘。

3. 各种接地方式的适用范围

目前，我国 330kV 与 500kV 的超高压电网采用中性点直接接地方式；110kV 与 220kV 电网也采用中性点直接接地方式，只有在个别雷害事故较为严重的地区和某些大城市 110kV 电网采用中性点经消弧线圈接地方式，以提高供电可靠性；20～60kV 电网，一般采用中性点经消弧线圈接地方式，当接地电流小于 10A 时也可采用不接地方式，而在电缆供电的城市电网，则一般采用经小电阻接地方式；3～10kV 电网，一般均采用中性点不接地方式，当接地电流大于 30A 时，应采用经消弧线圈接地方式，同样，当城网使用电缆线路时，有时也采用经小电阻接地方式。1000V 以下的电网，可以采用中性点接地或不接地的方式，只有 380/220V 的三相四线制电网，为保证人员安全，其中性点必须直接接地。

1.4.2　消弧线圈的工作原理

1. 中性点不接地系统的单相接地

正常运行的三相对称平衡系统，每相对地电压为电源相电压数值，其相量为 $\dot{U}_{\mathrm{A}}$ 、$\dot{U}_{\mathrm{B}}$ 、$\dot{U}_{\mathrm{C}}$ ，而中性点 n 对地电压为 $\dot{U}_{\mathrm{n}}=0$ ，每相对地电容电流大小为 $I_{\mathrm{C0}}=U\omega C_0$ ，其中 U 为相对地电压，$C_0=C_{\mathrm{A}}=C_{\mathrm{B}}=C_{\mathrm{C}}$ 为每相对地电容。

中性点不接地系统单相接地原理接线，如图 1 - 8（a）所示。当 A 相金属性接地（即完全接地）时，中性点电压发生位移，为 $\dot{U}_{\mathrm{n}}=-\dot{U}_{\mathrm{A}}$，则各相对地电压变为

$$\dot{U}_{\mathrm{Ak}}=0$$

$$\dot{U}_{\mathrm{Bk}}=\dot{U}_{\mathrm{n}}+\dot{U}_{\mathrm{B}}$$

$$\dot{U}_{\mathrm{Ck}}=\dot{U}_{\mathrm{n}}+\dot{U}_{\mathrm{C}}$$

(a)

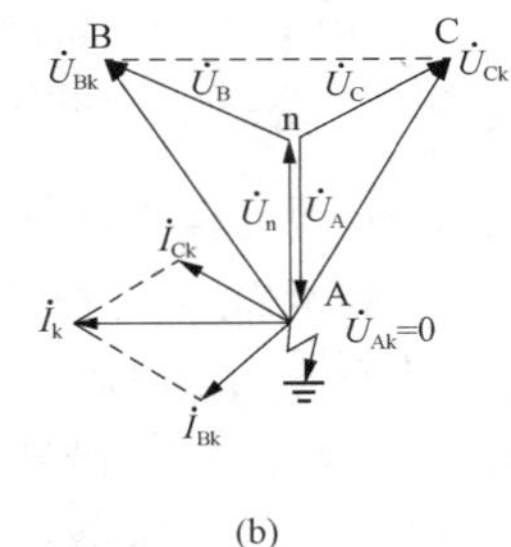

(b)

图 1 - 8　中性点不接地系统的单相接地

（a）原理接线图；（b）电压、电流相量关系

B、C 两相对地电容在 $\dot{U}_{\mathrm{Bk}}$、$\dot{U}_{\mathrm{Ck}}$ 的作用下产生对地电容电流为 $\dot{I}_{\mathrm{Bk}}=\mathrm{j}\dot{U}_{\mathrm{Bk}}\omega C_0$ 、$\dot{I}_{\mathrm{Ck}}=\mathrm{j}\dot{U}_{\mathrm{Ck}}\omega C_0$ ，分别超前其相应的对地电压 90°，入地的总电容电流（即接地点的接地电流）为 $\dot{I}_{\mathrm{k}}=\dot{I}_{\mathrm{Bk}}+\dot{I}_{\mathrm{Ck}}$ 。上述电压、电流的相量图如图 1 - 8（b）所示。可见，由于 A 相完全接地，A 相对地电压为零，B、C 两相对地电压的数值增加为相电压 U 的 $\sqrt{3}$ 倍，上升为线电压，而三相线电压并未发生变化，对接于线电压的设备的工作并无影响，故无需立即中断供电，可以允许继续运行 2h。

A 相接地电流的有效值为 $I_{\mathrm{k}}=\sqrt{3}I_{\mathrm{Bk}}=\sqrt{3}I_{\mathrm{Ck}}=\sqrt{3}\times\sqrt{3}U\omega C_0=3U\omega C_0=3I_{\mathrm{C0}}$ ，即单相接地电流值为正常运行时每相对地电容电流值的 3 倍。接地电流从接地点流过，是一个纯电容电流，其值很小，并非短路电流。

单相接地时所产生的接地电流将在接地点处形成电弧。这种电弧可能是稳定的或间歇性的。当接地电流不大时，在电流过零值时电弧将自行熄灭，于是接地故障也随之消失；当接地电流较大（30A 以上）时，将产生稳定的电弧，形成持续性的电弧接地，这时电弧的大小与接地电流成正比，强烈的电弧将会损坏设备并导致两相甚至三相短路；当接地电流大于 5A 而小于 30A 时，有可能产生一种不稳定的间歇性电弧，这是由于网络中的电感和电容所形成的振荡回路所致，随着间歇性电弧的出现将产生一种电弧过电压，危及设备绝缘。

2. 消弧线圈的工作原理

当单相接地电流较大时，为避免接地点形成稳定或间歇性的电弧，就必须减小接地点的接地电流，使电弧易于自行熄灭。为此，可在中性点处装设消弧线圈 L ，在中性点位移电

压作用下产生感性电流 $\dot{I}_L$，补偿接地点的容性电流，从而消除接地点电弧所产生的不利影响，“消弧线圈”也因此得名。

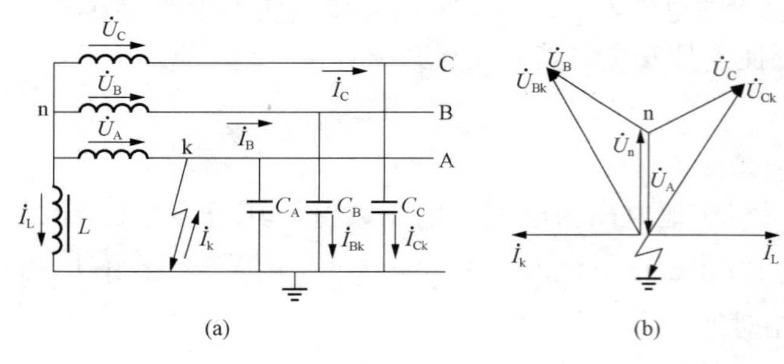

图 1-9 中性点经消弧线圈接地时的单相接地

（a）接线图；（b）电压、电流相量关系

如图 1-9（a）所示，当系统A相接地时，消弧线圈 L 上的电压为中性点对地电压，$\dot{U}_n=-\dot{U}_A$，可将 L 视为纯电感线圈，其电流 $\dot{I}_L$ 落后于电压 $\dot{U}_n$ 90°，相量图如图 1-9（b）所示。由图可见，$\dot{I}_L$ 与 $\dot{I}_k$ 方向恰为反相，则接地点总电流 $\dot{I}_e=\dot{I}_k+\dot{I}_L$，由于 I_L 对 I_k 的抵消作用使接地电流 I_e 减小，易于熄弧。以上即为消弧线圈的工作原理，亦称补偿作用。

3. 消弧线圈的补偿方式

当 $I_L=I_k$ 时，$I_e=0$，称为全补偿。从消除故障点电弧和避免出现电弧过电压的角度看，此种补偿方式最好；但全补偿满足了串联谐振的条件，易发生串联谐振，产生很高的谐振过电压，使变压器中性点对地电压严重升高，可能使设备绝缘损坏，因此一般不采用全补偿方式。当 $I_L<I_k$ 时，I_e 为纯容性，称为欠补偿，这种补偿方式一般不采用，原因是在系统切除部分运行线路或者频率降低时都会使接地电流 I_k 减小，容易出现全补偿的情况而产生谐振过电压。当 $I_L>I_k$ 时，I_e 为纯感性，称为过补偿，这种补偿方式不会有上述缺点，故经常采用。

1.5 电力线路的结构

电力线路用来输送和分配电能，是电网的重要组成部分。按结构的不同，电力线路可分为架空线路和电缆线路两大类。架空线路架设在杆塔上、裸露在空气中，容易受到外界气候条件与环境条件的影响，故障几率较高，运行可靠性差，同时架空线路不能跨越大江海域，影响城市环境美化；但它具有投资少，施工、维护和检修方便的优点，所以电网中绝大多数的电力线路都采用架空线路。电缆线路是将电缆埋入地下，可避免外力破坏和气候条件的影响，故障几率低，运行可靠性高，另外，因电缆无需架设杆塔，因此可以美化城市环境，还可跨海传送电能。但是电缆线路投资大、施工期长，故障后故障点位置难于查找，维护和检修不便，所以只有在一些特殊地区才采用电缆线路。

1.5.1 架空线路

架空线路由导线、避雷线、杆塔、绝缘子和金具等元件组成，如图 1-10 所示。各部分元件的作用如下：导线用来传导电流、输送电能；避雷线用来将雷电流引入大地，保护线路绝缘，使其免遭大气过电压的破坏；杆塔用来支持导线和避雷线，并使导线之间、导线和杆塔以及大地之间保持必要的安全距离；绝缘子用来使导线与杆塔之间保持绝缘；金具是用来固定、悬挂、连接和保护架空线路的主要元件。

架空线路相邻两杆塔之间的水平距离，称为线路的档距。两个耐张杆塔之间的水平距离，称为耐张段。耐张段里的许多档距称为连续档距，仅有两端耐张杆塔中间没有直线杆塔的耐张段，称为孤立档距。在悬点等高的档距中导线的最低点和悬挂点之间的垂直距离，称为导线的弧垂（或称弛度）。档距的大小，取决于导线的允许弧垂和对地安全距离。

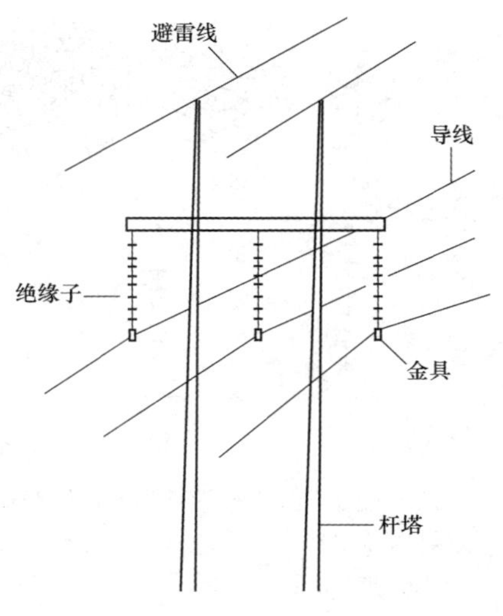

图1-10 架空线路结构示意图

1. 导线和避雷线

导线的主要作用是导电，所以导线应具有良好的导电性能。避雷线架设在导线的上方且通常是接地的，故又称为架空地线；因其并不用来传导负荷电流，所以不需要具有很好的导电性能。此外，导线和避雷线都架设在空气中，要受到自重、覆冰、风压和气温变化的影响，同时还可能受到空气中有害物质的侵蚀，因此导线和避雷线应具有较高的机械强度和抗化学腐蚀的能力。

导线的材料主要是铜和铝。铜虽然导电性能最好，抗腐蚀能力也强，但因其用途广、产量少、价格贵，除特殊需要外，架空线路一般不采用铜导线。铝的导电性能仅次于铜，且质轻价廉，故目前架空线路主要采用铝导线。也有在铝中加入少量的镁、硅等元素制成的铝合金导线，其机械强度与抗蚀能力都优于铝导线，但成本较铝导线高。钢线的价格便宜、机械强度高，但导电率低且是磁性材料，感抗大、集肤效应显著，不宜作导线用，一般可用作避雷线或拉线。

架空线路导线主要有单股线、多股绞线和钢芯铝绞线三种。由于多股绞线的性能优越于单股线，所以架空线路一般均采用多股绞线。但是，多股铝绞线的机械强度差，所以只有10kV及以下的线路因导线受力小而多使用铝绞线LJ，而35kV及以上的线路因导线受力大，则广泛使用钢芯铝绞线LGJ。钢芯铝绞线是将铝线绕在钢线的外层，由于集肤效应，电流主要从铝线部分通过，而导线的机械负荷则主要由钢线负担。由于它结合了铝和钢两者的优点，在某些方面甚至较铜线的性能更为优越，故目前在架空线路上应用最广，是架空线路导线的主要型式。

钢芯铝绞线按其机械强度的大小，可分为普通型、轻型和加强型三种。这三者在结构上的主要差别在于铝钢截面比。铝钢截面比越小，机械强度越大；反之，铝钢截面比越大，机械强度越小，导线就越轻。轻型钢芯铝绞线（LGJQ）的铝钢截面比为7.6～8.3，普通型钢芯铝绞线（LGJ）的铝钢截面比为5.3～6.1，加强型钢芯铝绞线（LGJJ）的铝钢截面比为4～4.5。

为了防止电晕并减小线路感抗，超高压架空线路的导线一般采用扩径导线、空心导线和分裂导线。因为扩径导线和空心导线不易制作和安装，故目前多采用分裂导线。分裂导线每一相由若干根钢芯铝绞线作为子导线（或称次导线）组成，子导线间用金属间隔棒支撑。

架空线路各种导线的截面结构如图1-11所示。

导线和避雷线的型号是由表示导线、避雷线的材料、结构的字母符号和表示载流截面积的数字三部分组合而成。例如：T—铜线，L—铝线，G—钢线，J—多股绞线，TJ—铜绞线，LJ—铝绞线，GJ—钢绞线，HLJ—铝合金绞线，LGJ—钢芯铝绞线。LGJ—120表示标

称截面积为 $120mm^2$ 的钢芯铝绞线。

2. 杆塔

杆塔的型式很多，可按不同的方法分类。按使用材料的不同可分为木杆、钢筋混凝土杆（或称水泥杆）和铁塔三种类型。木杆目前除林区外已基本上不采用；铁塔主要用在超高压、大跨越段的线路以及某些受力较大的耐张、转角杆塔上。钢筋混凝土杆不仅可以节省大量钢材，而且机械强度较高，目前应用较广。

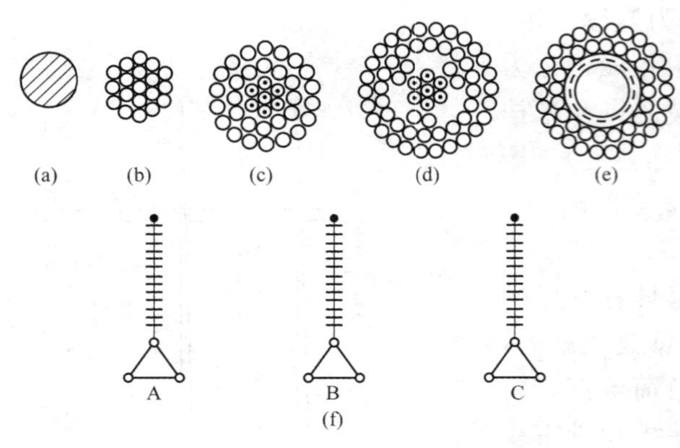

图 1-11 架空线路各种导线截面结构

(a) 单股导线；(b) 单金属多股绞线；(c) 钢芯铝绞线；(d) 扩径钢芯铝绞线；(e) 空心导线；(f) 分裂导线

杆塔也可按导线在杆塔上的排列方式不同分类，如一般单回线路采用上字形、三角形和水平排列方式；双回线同杆架设时一般按伞形、倒伞形、干字形和鼓形排列，如图 1-12 所示。

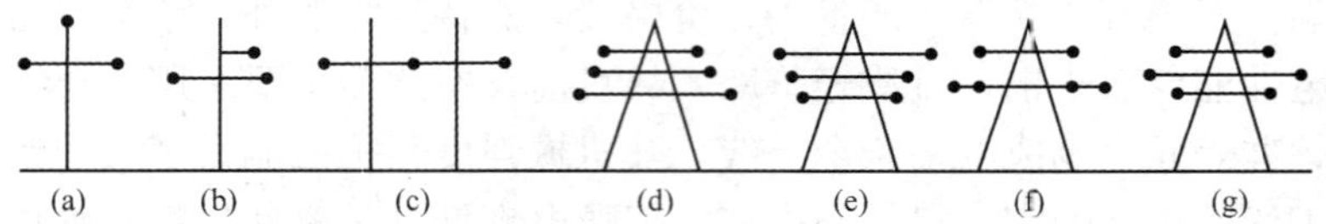

图 1-12 杆塔上导线的各种排列方式

(a) 三角形；(b) 上字形；(c) 水平形；(d) 伞形；(e) 倒伞形；(f) 干字形；(g) 鼓形

杆塔按用途不同可分为直线杆塔、耐张杆塔、转角杆塔、终端杆塔和特种杆塔五种。

(1) 直线杆塔。直线杆塔用于线路的直线走向段内，其数量约占杆塔总数的 80%。按设计要求正常时只承受导线、避雷线的自重以及冰重和风压，不承受顺线路方向的水平张力，故强度要求低、造价也便宜。直线杆塔上，绝缘子串和导线相互垂直。

(2) 耐张杆塔。耐张杆塔又称承力杆塔或锚杆。耐张杆塔按设计要求除承受导线、避雷线的自重以及冰重和风压外，还能承受顺线路方向的水平张力，故强度高、结构较复杂、造价也相对较高。在线路较长时，每隔 3～5km 就需设立一基耐张杆塔，以便把断线故障的影响范围限制在耐张段内。一个耐张段内一般有若干个直线杆塔，如图 1-13 所示。耐张杆塔上的绝缘子串和导线在同一曲线上，两侧导线用引流线（或称跳线）相连接。

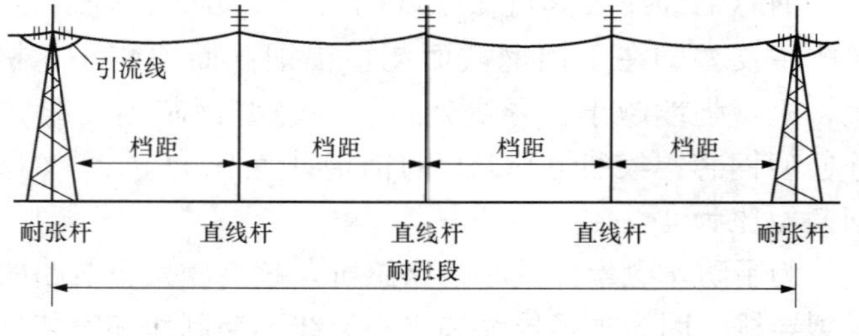

图 1-13 线路耐张段杆塔连接示意图

(3) 转角杆塔。转角杆塔设置在线路的转弯处。线路转向内角的补角称为转角，转角杆塔主要用来承受两侧导线所产生的角度合力，即不平衡拉力。转角杆可以做成耐张型杆塔，也可以做成直线型杆塔，因不平衡拉力的大小取决于转角的大小，故大、中转角杆塔需用耐张型杆塔，而小转角杆塔可以使用直线型杆塔。如采用直线型杆塔，则需要在杆塔上装设拉

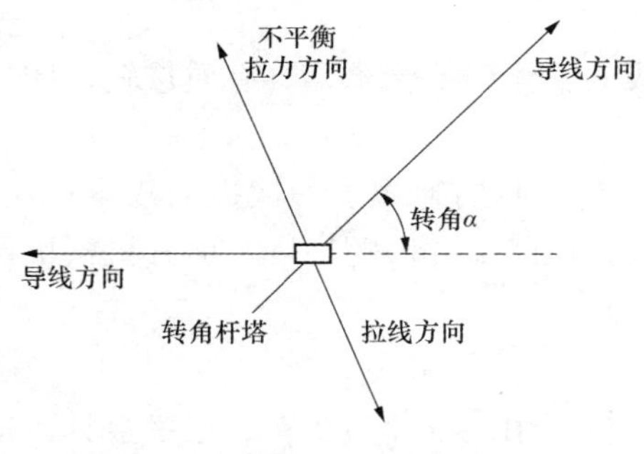

图 1 - 14　转角杆塔的拉力分布

线以平衡这种不平衡拉力，如图 1 - 14 所示。

（4）终端杆塔。终端杆塔位于线路的首端和末端，用来承受沿线路方向单侧的水平张力。

（5）特种杆塔。特种杆塔是线路有一些特殊需要时才采用的杆塔，主要有跨越杆塔和换位杆塔两种。当线路需要跨越河流、山谷、铁路、公路、居民区等地形时，若跨距很大就得采用跨越杆塔，其高度比一般杆塔高得多；根据跨越档距的大小也可采用耐张型跨越杆塔或直线型跨越杆塔。换位杆塔是为了在一定长度内实现三相导线在空间的轮流换位，以便使三相导线的电气参数均衡。导线换位的结构如图 1 - 15 所示。

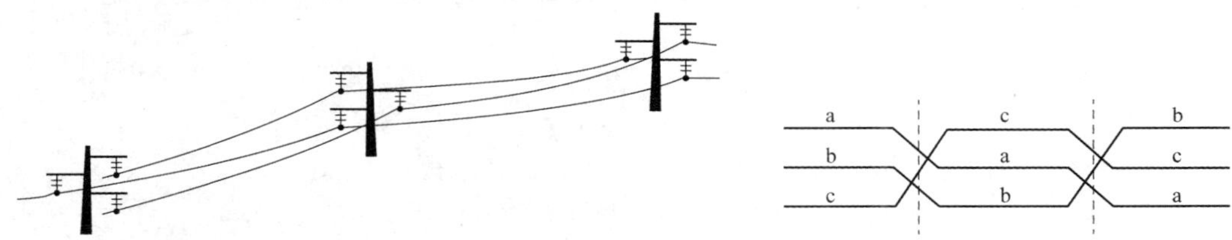

图 1 - 15　导线换位示意图

如前所述，杆塔还可按受力特点不同分为直线型杆塔和耐张型杆塔两种。

3. 绝缘子

绝缘子按材料不同可分为瓷质绝缘子、钢化玻璃绝缘子和硅橡胶合成绝缘子等。按形状不同可分为针式绝缘子、悬式绝缘子、棒式绝缘子及瓷横担绝缘子，如图 1 - 16 所示。

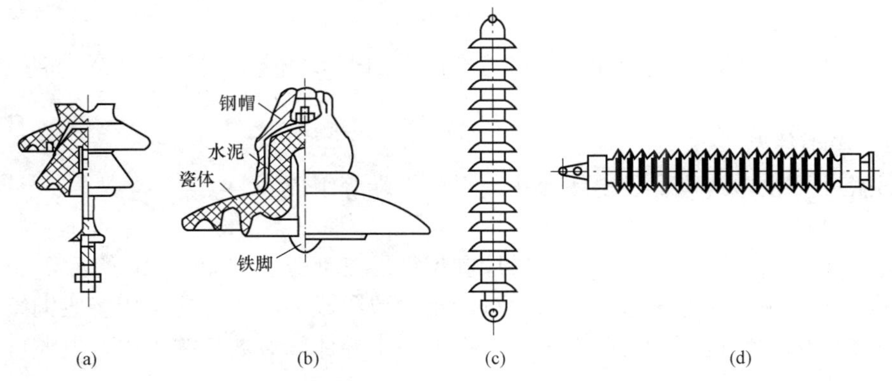

图 1 - 16　架空线路的绝缘子

（a）针式绝缘子；（b）悬式绝缘子；（c）棒式绝缘子；（d）瓷横担绝缘子

（1）针式绝缘子：制造简易、价格低廉，但耐雷水平不高、易闪络，主要用于 35kV 以下的线路中的直线杆塔及小转角杆塔上。

（2）悬式绝缘子：主要用于 35kV 及以上的线路中。通常将它们组装成绝缘子串来使用，在直线型杆塔上组合成悬垂串，在耐张型杆塔上组合成耐张串。绝缘子串中绝缘子的个数决定于线路电压等级的高低，耐张串中绝缘子的个数比相同电压等级线路的悬垂串中绝缘子个数多1～2个。

（3）棒式绝缘子：是用环氧玻璃钢等硬质材料做成的整体型绝缘子，具有质量轻、体积小、运输和安装方便的特点，它可替代悬式绝缘子串。

（4）瓷横担绝缘子：是棒式绝缘子的另一种型式，它可起到绝缘子和横担的双重作用，具有自洁性能强、安装方便、节约材料等优点，还能有效地降低杆塔的高度，但其机械抗弯强度低，目前广泛应用于6～35kV线路中。

4. 金具

通常把架空线路所使用的金属零部件统称为金具。按其用途可分为线夹、连接金具、接续金具、保护金具、拉线金具等，如图1-17所示。

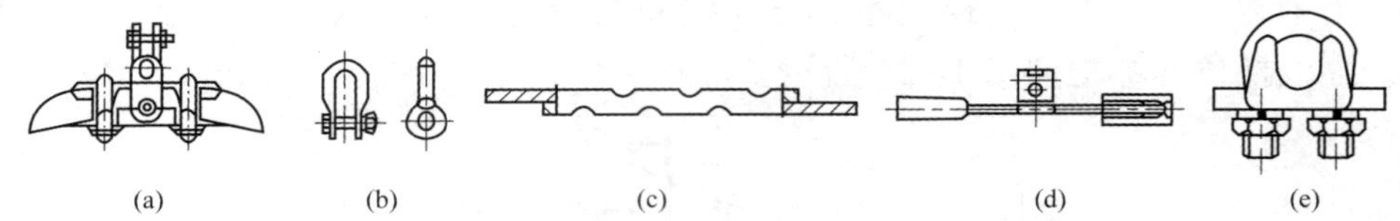

(a) (b) (c) (d) (e)

图1-17 各种金具

（a）悬垂线夹；（b）连接金具（U形挂环）；（c）接续金具（钳压管）；（d）保护金具（防震锤）；（e）钢线卡子

线夹的作用是将导线和避雷线固定在绝缘子和杆塔上，在直线型杆塔的悬垂串下用的是悬垂线夹，在耐张型杆塔的耐张串上用的是耐张线夹。

连接金具的作用是将绝缘子连接成串，或将线夹、绝缘子串、杆塔横担等相互连接，如球头挂环、碗头挂板、直角挂板、延长环、U形挂环等。

接续金具主要用于导线、避雷线的接续与修补等，如压接管、钳接管、并沟线夹等。

保护金具主要是用于减轻导线、避雷线的振动或减轻振动造成的损坏，如悬重锤、防振锤、阻尼线、护线条等。

拉线金具主要用于拉线连接并承受拉力作用，如楔形线夹、UT形线夹、钢线卡子、双拉线联板等。

1.5.2 电缆线路

电缆线路主要由电缆本体、电缆接头与电缆终端等组成。

1. 电缆的构造

电力电缆的构造主要包括导体、绝缘层和保护层三部分，如图1-18所示。

电缆的导体是用来传导电流的，采用铜或铝的单股或多股线，通常用多股铜绞线或铝绞线，以增加电缆的柔性，便于弯曲电缆。根据电缆中导体线芯数量的多少，电缆可分为单芯电缆、三芯电缆和四芯电缆等。

电缆的绝缘层是用来使各导体之间及导体与包皮之间绝缘的，使用的材料有橡胶、沥青、聚乙烯、交联聚乙烯、聚氯乙烯、聚丁烯、棉、麻、绸缎、纸、浸渍纸、矿物油、植物油等，一般多采用油浸纸绝缘。

电缆的保护层可分为内护层和外护层两部分，如图1-18所示。内护层由铝或铅制成，用以保护绝缘不受损伤，防止浸渍剂的外溢和水分的侵入；外护层由内衬层、铠装层和外被层组成，用于防止外界的机械损伤和化学腐蚀。内衬层一般由麻绳或麻布带经沥青浸渍后制成，用以作为铠装的衬垫，以避免钢带或钢丝损伤内护层。铠装层一般由

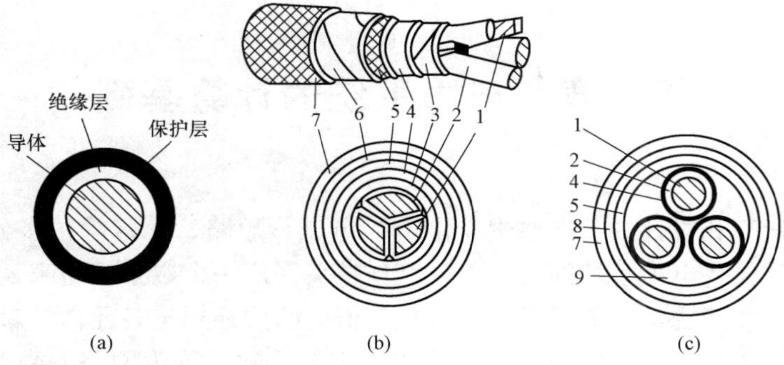

图 1-18　电缆结构示意图

(a) 单芯电缆；(b) 三芯电缆（三相统包型）；(c) 三芯电缆（分相铅包型）

1—导体；2—相绝缘；3—纸绝缘；4—铅包皮；5—麻衬；

6—钢带铠甲；7—麻被；8—钢丝铠甲；9—填充物

钢带或钢丝包绕而成，是外护层的主要部分。外被层的制作与内衬层相同，作用是防止铠装层的锈蚀。

2. 电缆的附件

电缆附件主要有连接头（盒）和终端头（盒），对充油电缆则还有一套供油系统。

电缆连接头是连接两段电缆的部件。电缆终端头则是电缆线路末端用以保护缆芯绝缘并将缆芯导体与其他电气设备相连的部件。连接头和终端头都是电缆线路的薄弱环节，应特别注意维护。

第 2 章　电力系统的计算基础

电力系统在运行和设计中，需要进行潮流、电压、短路、稳定等很多分析与计算工作。为方便计算，就需要将电力系统的各元件及其连接关系用一个数学模型来表示，等值电路是人们分析和解决这些问题常用的手段，并且在等值电路中还标出各元件的参数。电网的参数一般分为两类：一类是由元件的结构和特性所决定的参数，称为网络参数，如电阻、电抗、电导、电纳等；另一类是由系统的运行状态所决定的参数，称为运行参数，如电压、电流、功率等。运行参数的计算要以网络参数的计算为基础，将在后面相关章节中讲述，本章在电网的参数部分主要讨论网络参数。

2.1　架空线路的参数及其等效电路

电力线路包含架空线路和电缆线路两大类，主要参数为电阻、感抗、电导、容纳。电缆线路与架空线路在结构上是截然不同的，电缆的三相导线间的距离很近，导线截面是圆形或扇形，导线的绝缘介质不是空气，绝缘层外有铝包或铅包，最外层还有钢铠。这样，电缆的参数计算较为复杂，一般从手册中查取或从试验中测得，而不必计算。本节主要介绍架空线路的参数计算及其等效电路。

2.1.1　架空线路的参数计算

因架空线路是三相对称的，故只需计算其中的一相即可。架空线路主要有电阻、电抗、电导、电纳 4 个网络参数。线路的网络参数，实际都是沿线路长度均匀分布的，因此将其称为匀布参数。但在研究和解决问题时，匀布参数给计算带来很大的不便，因为不可能将若干公里长的线路以 1km 长为单位逐个公里去计算，所以为便于计算，人们经常用线路全长的总参数即集中参数直接去代替匀布参数。对于频率为 50Hz 长度不超过 300km 的架空线路，替换后产生的误差较小，完全可以满足工程计算中所要求的精确度，而对于长度超过 300km 的架空线路，用集中参数直接代替匀布参数时，误差较大，所以必须乘以相应的修正系数。本节主要介绍长度不超过 300km 的线路的集中参数计算方法。

（一）电阻

电阻是用来反映导线流过电流时产生有功功率损耗效应的参数。单位长度导线的电阻 r_0 的计算式为

$$r_0 = \frac{\rho}{S} \quad (\Omega/\text{km}) \tag{2-1}$$

式中　ρ——导线电阻率，$\Omega \cdot \text{mm}^2/\text{km}$；

　　S——导线导电部分的标称截面积，mm^2。

导线常用的材料铜和铝的电阻率分别为 $18.8\Omega \cdot \text{mm}^2/\text{km}$ 和 $35.5\Omega \cdot \text{mm}^2/\text{km}$。

若导线长度为 L（km），则每相导线的电阻为

$$R = r_0 L \quad (\Omega) \tag{2-2}$$

为了应用方便，本书已将各种型号导线在 20℃时的直流电阻值制成表格，列于附录中，以供查用。

需要注意的是，式（2-1）中计算所得的电阻值也是 20℃时的电阻值，当线路实际温度不是 20℃时，电阻需用下式换算

$$R_t = R_{20}[1 + \alpha(t - 20)]$$

式中　R_t、R_{20} —— t ℃、20℃时的电阻，Ω；

α ——电阻的温度系数，1/℃（铜导线为0.00382，铝导线为0.0036）。

（二）电抗

电抗是用来反映导线通过交变电流时产生磁场效应的参数。磁场效应既包括导线通过交流电时本身的自感作用，也包括其他两相导线对它的互感作用。下面介绍每相导线单位长度电抗的计算式。

1. 单导线每相导线的单位长度电抗

$$x_0 = 0.1445\lg\frac{D_{jj}}{r} + 0.0157\mu \quad (\Omega/\text{km}) \tag{2-3}$$

式中　D_{jj} ——三相导线间距离的几何平均值，称几何均距，mm；

r ——导线的计算半径，mm；

μ ——导线材料的相对导磁系数，对于铜和铝，μ 为 1。

故铜和铝做材料的单导线电抗计算式为

$$x_0 = 0.1445\lg\frac{D_{jj}}{r} + 0.0157 \quad (\Omega/\text{km}) \tag{2-4}$$

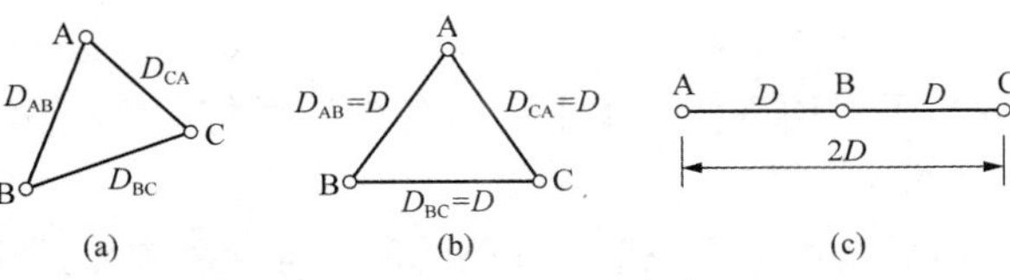

图 2-1　三相导线的排列方式

（a）任意三角形排列；（b）等边三角形排列；（c）水平排列

当三相导线间的距离分别为 D_{AB}、D_{BC}、D_{CA} 时，D_{jj} 的计算式为

$$D_{jj} = \sqrt[3]{D_{AB}D_{BC}D_{CA}}$$

若导线间距离为 D 。当三相导线为等边三角形排列时，$D_{jj} = \sqrt[3]{DDD} = D$ ；当三相导线水平排列时，$D_{jj} = \sqrt[3]{DD \times 2D} = 1.26D$ 。

2. 分裂导线的单位长度电抗

在 330kV 以上电压等级的架空线路中，为避免发生电晕，常将每相导线用同规格的、相互间隔一定距离的数根导线架设，并每隔一定距离用金属间隔棒支撑数根导线，组成分裂导线架空线路。普通分裂导线的分裂根数一般不超过 4，每根导线称为次导线或子导线，布置在正多边形的顶点上，正多边形的边长 d 称为分裂间距，如图 2-2 所示。

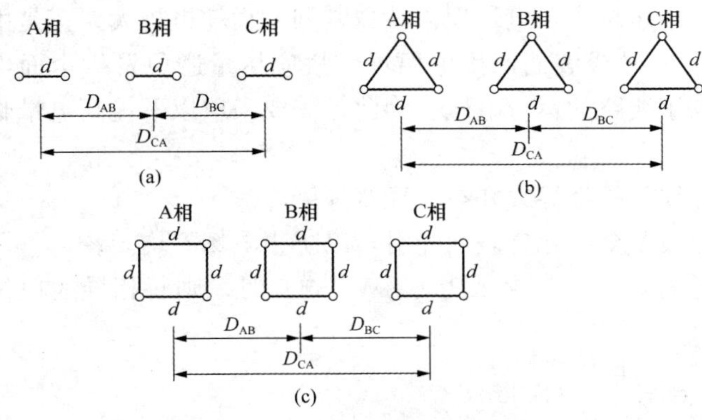

图 2-2　分裂导线的排列方式

（a）二分裂导线；（b）三分裂导线；（c）四分裂导线

分裂导线每相单位长度的电抗计算式为

$$x_0 = 0.1445\lg\frac{D_{jj}}{r_{dz}} + \frac{0.0157}{n} \quad (\Omega/\mathrm{km}) \tag{2-5}$$

式中 r_{dz}——每相分裂导线的等值半径，mm；

n——每相分裂导线的根数。

等值半径 r_{dz} 的计算式为

$$r_{dz} = \sqrt[n]{r\prod_{i=2}^{n} d_{1i}}$$

式中 r——分裂导线中每一根次导线的半径，mm；

d_{1i}——每相分裂导线中第 1 根次导线与第 i 根次导线之间的距离，$i = 2, 3, \cdots, n$ 。

对于双分裂导线，$r_{dz} = \sqrt{rd}$ ；

对于三分裂导线，$r_{dz} = \sqrt[3]{rd^2}$ ；

对于四分裂导线，$r_{dz} = \sqrt[4]{r\sqrt{2}d^3} \approx 1.09\sqrt[4]{rd^3}$ 。

由于分裂导线的等值半径 r_{dz} 比单根导线的半径 r 大得多，所以分裂导线的等值电抗 x_0 比单根导线的电抗 x_0 小，且分裂根数 n 越大，等值电抗 x_0 越小。但当分裂根数超过 4 时，x_0 下降大为减缓，却使线路结构变得很复杂。所以，实际的分裂根数一般为 2～4 根。

若导线长度为 L（km），则每相导线的电抗为

$$X = x_0 L \quad (\Omega) \tag{2-6}$$

为了应用方便，本书已将各类导线每相每公里长度的电抗值列于附录中，以供查用。

（三）电导

电导是用来反映架空线路的泄漏电流和电晕所引起的有功损耗的参数。正常运行情况下，线路绝缘良好，绝缘子泄漏损耗很小，可以忽略，所以线路电导主要由取决于电晕损耗。

导线电晕是强电场作用下导线周围空气介质的电游离现象。电晕会消耗有功功率，电晕发生时产生臭氧，发出“刺刺”的响声并伴有蓝紫色的荧光，电晕放电产生的脉冲电磁波对无线电和高频通信有干扰，而产生的臭氧对导线及金属元件有腐蚀作用。所以，线路在设计与运行时，不允许有全面电晕发生。

导线开始出现电晕时的电压称为电晕临界电压，当导线的运行电压超过电晕临界电压时就将发生电晕，而且运行电压超过临界电压越多，电晕现象就越剧烈，损耗也越大。正是由于电晕要消耗电能，而且产生的臭氧会使导线表面产生电腐蚀，故应尽量避免发生全面电晕，也就是应使线路的电晕临界电压高于线路的运行电压。为此，需要采取以下提高电晕临界电压的措施。

(1) 增大导线半径：可采用分裂导线、扩径导线和空心导线等措施。

(2) 施工时不要磨损导线，保持导线及金属元件表面光滑，以防止电场不均匀。

当三相架空线路每公里的电晕损耗的有功功率为 ΔP_g（MW/km）时，则每相导线单位长度的电导为

$$g_0 = \frac{\Delta P_g}{U^2} \quad (\mathrm{S/km}) \tag{2-7}$$

式中 U——线电压，kV。

一般情况下，110kV 以下的架空线路，由于电压低，不会发生全面电晕，可不必验算

电晕；对于 220kV 及以上的线路，常采用分裂导线来增大每相导线的等值半径，特殊情况下也可采用扩径导线。因此，在电力系统计算中一般都忽略电晕损耗，即认为 $g_0 \approx 0$。

（四）电纳

电纳是用来反映各相导线之间和导线对大地之间电容效应的参数。

（1）单导线每相的单位长度电纳为

$$b_0 = \frac{7.58}{\lg \dfrac{D_{jj}}{r}} \times 10^{-6} \quad (\mathrm{S/km}) \tag{2-8}$$

（2）分裂导线每相的单位长度电纳为

$$b_0 = \frac{7.58}{\lg \dfrac{D_{jj}}{r_{dz}}} \times 10^{-6} \quad (\mathrm{S/km}) \tag{2-9}$$

式（2-8）和式（2-9）两式中各符号的意义与电抗计算式中的相同。

为了应用方便，将各种型号的钢芯铝线每相每公里的电纳值列于附录中，以供查用。

若导线长度为 L（km），则每相导线的电纳为

$$B = b_0 L \quad (\mathrm{S}) \tag{2-10}$$

每相线路的电容电流为

$$I_C = \frac{U}{\sqrt{3}} B \quad (\mathrm{kA})$$

三相线路的电容功率为

$$Q_C = \sqrt{3} U I_C = U^2 B \quad (\mathrm{Mvar}) \tag{2-11}$$

式中　U——线路的运行电压，近似计算时可取线路额定电压，kV。

2.1.2　架空线路的等效电路

等效电路的意义是用一个简单的电路系统代替一个复杂的电路系统，不影响系统之外的工作状态，两个电路系统互为等效。三相线路是对称的电路，一般只需研究其中任一相的参数即可，所以可用一相的等效电路来表示三相的等效电路。线路相线均匀分布着电阻、电抗，相线与大地之间均匀分布着电纳、电导。由于正常运行情况下线路不发生电晕，所以 $g_0 \approx 0$。

区域电网中线路的等效电路为 π 形等效电路，如图 2-3（a）所示。

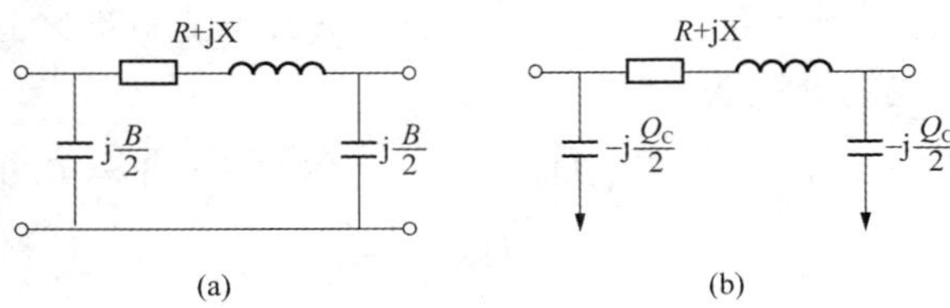

图 2-3　架空线路的等效电路

（a）π 形等效电路；（b）电纳支路的等效电路

在潮流计算中，为便于计算，常将单相等效电路中的电纳支路用对应的三相电容功率的形式来表示，就是将 $\mathrm{j}\dfrac{B}{2}$ 换为 $-\mathrm{j}\dfrac{Q_C}{2}$，如图 2-3（b）所示。

地方电网线路电压较低，长度较短，其电纳或电容功率很小，一般可将电纳支路忽略不计，而采用简化的一字形等效电路，如图 2-4所示。

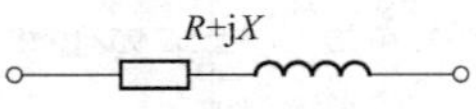

图 2-4　一字形等效电路

【例 2-1】　有一长度为 100km 的 110kV 架空线路，导线型号为 LGJ-185，导线的计算外径为 19mm，三相导线水平排列，相间距离为 4m。求该线路的

参数并画出等效电路。

解 （1）线路的参数：

1）电阻 R

$$r_0=\frac{\rho}{S}=\frac{31.5}{185}=0.17(\Omega/\text{km})$$

$$R=r_0L=0.17\times100=17(\Omega)$$

2）电抗 X

$$D_{jj}=\sqrt[3]{DD2D}=1.26D=1.26\times4000=5040(\text{mm})$$

$$x_0=0.1445\lg\frac{D_{jj}}{r}+0.0157=0.1445\lg\frac{5040}{19/2}+0.0157=0.41(\Omega/\text{km})$$

$$X=x_0L=0.41\times100=41(\Omega)$$

3）电纳 B

$$b_0=\frac{7.58}{\lg\frac{D_{jj}}{r}}\times10^{-6}=\frac{7.58}{\lg\frac{5040}{19/2}}=2.78\times10^{-6}(\text{S/km})$$

$$B=b_0L=2.78\times10^{-6}\times100=2.78\times10^{-4}(\text{S})$$

（2）画出线路的等效电路并标注参数，如图 2-5 所示。

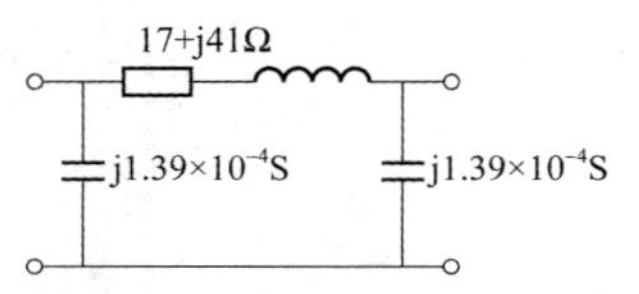

图2-5 ［例2-1］线路等效电路

【例 2-2】 有一条长度为 160km 的 220kV 架空线路，采用双分裂导线，次导线型号为 LGJ-185，次导线间距 $d=$ 400mm，计算外径为 19mm，三相导线呈三角形排列，$D_{AB}=$ 8m，$D_{BC}=7$m，$D_{CA}=6$m。求该线路的参数并画出等效电路。

解 （1）线路的参数：

1）电阻 R

$$r_0=\frac{\rho}{S}=\frac{31.5}{185\times2}=0.085(\Omega/\text{km})$$

$$R=r_0L=0.085\times160=13.6(\Omega)$$

2）电抗 X

$$D_{jj}=\sqrt[3]{D_{AB}D_{BC}D_{CA}}=\sqrt[3]{8\times7\times6}=6.95(\text{m})=6950(\text{mm})$$

$$r_{dz}=\sqrt{rd}=\sqrt{\frac{19}{2}\times400}=61.64(\text{mm})$$

$$x_0=0.1445\lg\frac{D_{jj}}{r_{dz}}+\frac{0.0157}{n}=0.1445\lg\frac{6950}{61.64}+\frac{0.0157}{2}=0.304(\Omega/\text{km})$$

$$X=x_0L=0.304\times160=48.64(\Omega)$$

3）电纳 B

$$b_0=\frac{7.58}{\lg\frac{D_{jj}}{r_{dz}}}\times10^{-6}=\frac{7.58}{\lg\frac{6950}{61.64}}=3.69\times10^{-6}(\text{S/km})$$

$$B=b_0L=3.69\times10^{-6}\times160=5.9\times10^{-4}(\text{S})$$

（2）画出线路的等效电路并标注参数，如图 2-6 所示。

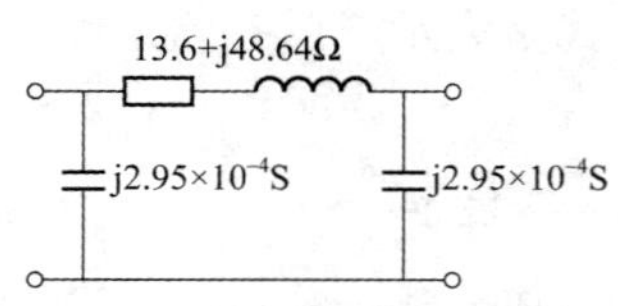

图2-6 ［例 2-2］线路等效电路

2.2　变压器的参数及其等效电路

2.2.1　变压器的等效电路

（一）双绕组变压器的等效电路

电机学中介绍了双绕组变压器可用T形等效电路表示，如图2-7（a），但因T形等效电路有一个中间节点，给计算带来不便，所以为了减少网络的节点数，将励磁阻抗支路移至T形等效电路的电源侧，用励磁阻抗或励磁导纳表示。并将变压器二次绕组的阻抗折算到一次绕组后，再和一次绕组的阻抗合并，用 R_T+jX_T 表示，便得到双绕组变压器的Γ形等效电路，如图2-7（b）、（c）所示。在实际计算中，常将变压器等效电路中的励磁支路用三相励磁有功功率和无功功率表示，如图2-7（d）所示。

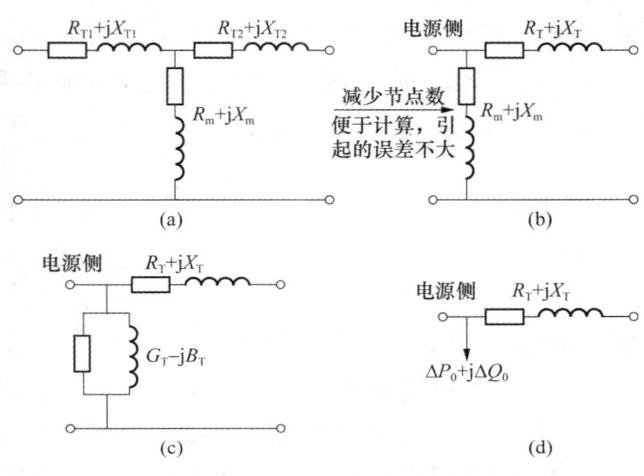

图2-7　双绕组变压器的等效电路

（a）T形等效电路；（b）、（c）、（d）Γ形等效电路

（分别为励磁支路用阻抗、导纳、功率表示）

对于高压侧电压在35kV及以下的变压器，励磁支路中功率损耗较小，可忽略不计，其等效电路可简化为如图2-8所示的一字形等效电路。

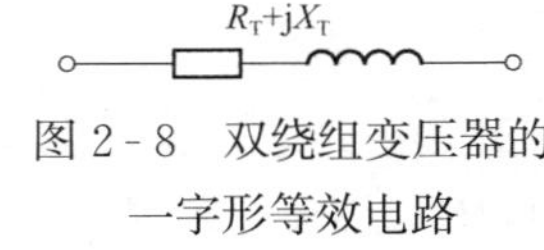

图2-8　双绕组变压器的一字形等效电路

（二）三绕组变压器与自耦变压器的等效电路

三绕组变压器与自耦变压器的等效电路相同，为Γ-Y形等效电路，一般用角标1、2、3分别代表高、中、低压三侧，如图2-9所示。

值得注意的是，变压器等效电路中的电纳与线路等效电路中的电纳性质不同。线路的电纳是容性的，等效电路中j前是正号；而变压器的电纳是感性的，j前是负号。用功率表示时，线路是容性无功，j前是负号；而变压器则是感性无功，j前是正号。

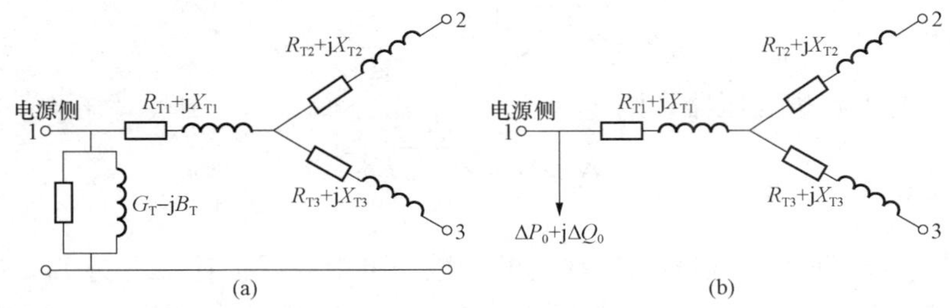

图2-9　三绕组与自耦变压器的Γ-Y形等效电路

（a）励磁支路用导纳表示；（b）励磁支路用功率表示

2.2.2　变压器的参数计算

（一）双绕组变压器的参数

双绕组变压器的参数有四个，即电阻 R_T、电抗 X_T、电导 G_T 与电纳 B_T。这四个参数可

由变压器的四个特性数据通过计算得到。它们分别是短路损耗 ΔP_k（kW）、短路电压百分数 $U_k\%$、空载损耗 ΔP_0（kW）、空载电流百分数 $I_0\%$。四个特性数据可由变压器的短路试验和空载试验测得，常标在变压器的铭牌上。附录列出了一部分变压器的特性数据。

1. 电阻 R_T

电阻 R_T 是用来表示变压器绕组中铜损的参数，可由短路损耗 ΔP_k 求得。短路损耗是通过变压器的短路试验测得的，短路试验就是将变压器的高压侧经调压器接入试验电源，而低压侧短路，调节高压侧电压，使得低压短路绕组的电流达到额定值，此时测得的变压器有功功率损耗即为短路损耗 ΔP_k。短路损耗包括铜损耗和铁损耗两部分，因铁损耗很小，故近似认为 ΔP_k 等于变压器一、二次绕组的电阻通过额定电流时的总损耗，其关系为

$$\Delta P_k = 3I_N{}^2R_T \times 10^{-3} = \frac{S_N^2}{U_N^2}R_T \times 10^{-3} \quad (\text{kW})$$

则

$$R_T = \frac{\Delta P_k U_N^2}{S_N^2} \times 10^3 \quad (\Omega) \tag{2-12}$$

式中 ΔP_k——短路损耗，kW；
I_N——额定电流，A；
U_N——变压器某侧绕组的额定电压，kV；
R_T——归算到 U_N 电压侧的两侧绕组等效电阻，Ω；
S——三相额定容量，kVA。

2. 电抗 X_T

电抗 X_T 是用来表示变压器绕组中电压损耗的参数，可由短路电压百分数 $U_k\%$求得。$U_k\%$是指做短路试验时变压器通过额定电流时，阻抗上的电压降占额定电压的百分数，即

$$U_k\% = \frac{\sqrt{3}I_N Z_T}{U_N} \times 100 = \frac{S_N Z_T}{U_N^2} \times 100$$

式中：U_N、S_N、Z_T 的单位分别为 kV、MVA、Ω，若 S_N 以 kVA 为单位，则

$$Z_T = \frac{U_k\%}{100} \times \frac{U_N^2 \times 10^3}{S_N} = \frac{U_k\% U_N^2}{S_N} \times 10 \tag{2-13}$$

对于高压侧电压为 35kV 及以上的大中容量变压器，$X_T \gg R_T$，可认为 $X_T \approx Z_T$，故电抗的计算式为

$$X_T = \frac{U_k\% U_N^2}{S_N} \times 10 \quad (\Omega) \tag{2-14}$$

对于电压低的小容量变压器，则

$$X_T = \sqrt{Z_T^2 - R_T^2} \tag{2-15}$$

3. 电导 G_T

电导 G_T 是用来表示变压器的铁芯损耗的参数，可由空载损耗 ΔP_0 求得。空载损耗是通过变压器的空载试验测得的，为了空载试验的安全和仪表选择的方便，一般在低压侧施加试验电压而高压侧空载。当低压侧施加额定电压时，变压器的有功功率损耗即为空载损耗 ΔP_0。空载损耗包括铜损耗和铁损耗两部分，因空载时电流很小，绕组中的铜损耗也很小，所以可近似认为空载损耗等于铁芯损耗，即

$$\Delta P_0 = U_N^2 G_T$$

$$G_T = \frac{\Delta P_0}{U_N^2} \quad (S) \tag{2-16}$$

式中，ΔP_0、U_N 的单位分别为 MW、kV。

4. 电纳 B_T

电纳 B_T 是用来表示变压器的励磁功率的参数，可由空载电流百分数 $I_0\%$求得。$I_0\%$是指做空载试验时所测得的变压器空载电流占额定电流的百分数。变压器空载电流包含有功分量 I_a 和无功分量 I_r，因有功分量很小，可近似认为空载电流等于无功分量。所以有

$$I_0\% = \frac{I_0}{I_N} \times 100 = \frac{\sqrt{3}U_N I_0}{\sqrt{3}U_N I_N} \times 100 \approx \frac{\sqrt{3}U_N I_r}{S_N} \times 100 = \frac{\Delta Q_T}{S_N} \times 100 \approx \frac{\Delta Q_0}{S_N} \times 100$$

则

$$\Delta Q_0 = \frac{I_0\% S_N}{100} \tag{2-17}$$

又有

$$I_0\% = \frac{I_0}{I_N} \times 100 \approx \frac{I_r}{I_N} \times 100 = \frac{U_N B_T}{\sqrt{3}I_N} \times 100$$

所以

$$B_T = \frac{I_0\% \sqrt{3} I_N}{100 U_N} = \frac{I_0\% S_N}{100 U_N^2} = \frac{\Delta Q_0}{U_N^2} \quad (S) \tag{2-18}$$

式（2-18）中，ΔQ_0、U_N 的单位分别为 Mvar、kV。

在上述参数计算式中，U_N 用变压器哪一侧的额定电压，就相当于将参数归算到哪一侧。通常情况下，将参数归算到高压侧，即计算公式中代入变压器高压侧的额定电压。

【例 2-3】　某降压站装有两台 SFL1-20000/110 的变压器，额定变比为 110/11kV。已知其铭牌参数为：$\Delta P_k = 135$kW，$U_k\% = 10.5$，$\Delta P_0 = 22$kW，$I_0\% = 0.8$。求两台变压器并列运行时归算到高压侧的参数并画出等效电路。

解　(1) 参数：

1) 电阻 R_T

$$R_T = \frac{1}{2} \times \frac{\Delta P_k U_N^2}{S_N^2} \times 10^3 = \frac{1}{2} \times \frac{135 \times 110^2}{20000^2} \times 10^3 = 2.04(\Omega)$$

2) 电抗 X_T

$$X_T = \frac{1}{2} \times \frac{U_k\% U_N^2}{S_N} \times 10 = \frac{1}{2} \times \frac{10.5 \times 110^2}{20000} \times 10 = 31.76(\Omega)$$

3) 电导 G_T

$$G_T = 2 \times \frac{\Delta P_0}{U_N^2} = 2 \times \frac{22 \times 10^{-3}}{110^2} = 3.64 \times 10^{-6}(S)$$

4) 电纳 B_T

$$B_T = 2 \times \frac{I_0\% S_N}{100 U_N^2} = 2 \times \frac{0.8 \times 20}{100 \times 110^2} = 26.45 \times 10^{-6}(S)$$

(2) 画出变压器的等效电路并标注参数，如图 2-10 所示。

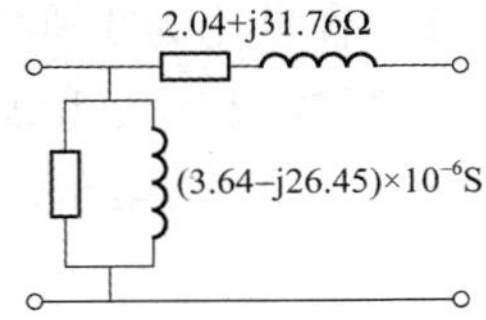

图 2-10　[例 2-3] 变压器等效电路

（二）三绕组变压器的参数

1. 电阻 R_{T1}、R_{T2}、R_{T3}

三绕组变压器铭牌中所给定的短路损耗 ΔP_{k12}、ΔP_{k23}、ΔP_{k31}，是在相应两两绕组之间进行短路试验测得的，即依次使一个绕组开路，另两个绕组按双绕组变压器的方法做短路试验。因此，为计算

每个绕组的电阻，就必须先求出每个绕组相应的短路损耗 ΔP_{k1}、ΔP_{k2}、ΔP_{k3}，再按照双绕组变压器的电阻计算式求解。

三绕组变压器各绕组容量占变压器额定容量的百分比称为容量比，而绕组电阻的计算与变压器的容量比有关。我国目前生产的三绕组变压器高、中、低压三个绕组的容量比主要有100/100/100、100/100/50 和 100/50/100 三种。下面就容量比相同和容量比不同两种情况来介绍三绕组变压器各个绕组电阻的计算方法。

（1）容量比相同（100/100/100）：

因为

$$\left.\begin{aligned}\Delta P_{k12} &= \Delta P_{k1} + \Delta P_{k2}\\ \Delta P_{k23} &= \Delta P_{k2} + \Delta P_{k3}\\ \Delta P_{k31} &= \Delta P_{k3} + \Delta P_{k1}\end{aligned}\right\} \tag{2-19}$$

解得

$$\left.\begin{aligned}\Delta P_{k1} &= \frac{1}{2}(\Delta P_{k12} + \Delta P_{k31} - \Delta P_{k23})\\ \Delta P_{k2} &= \frac{1}{2}(\Delta P_{k12} + \Delta P_{k23} - \Delta P_{k31})\\ \Delta P_{k3} &= \frac{1}{2}(\Delta P_{k31} + \Delta P_{k23} - \Delta P_{k12})\end{aligned}\right\} \tag{2-20}$$

各绕组电阻的计算式为

$$\left.\begin{aligned}R_{T1} &= \frac{\Delta P_{k1} U_N^2}{S_N^2} \times 10^3\\ R_{T2} &= \frac{\Delta P_{k2} U_N^2}{S_N^2} \times 10^3\\ R_{T3} &= \frac{\Delta P_{k3} U_N^2}{S_N^2} \times 10^3\end{aligned}\right\} \ (\Omega) \tag{2-21}$$

式中 ΔP_{k1}、ΔP_{k2}、ΔP_{k3}——高、中、低压绕组的损耗，kW；

S_N——三绕组变压器的额定容量，kVA；

U_N——三绕组变压器的额定电压，kV。

（2）容量比不同（100/100/50 和 100/50/100）：因为变压器铭牌上的额定容量是指容量最大的绕组的容量，对于容量比不相同的变压器，短路试验只能按小容量绕组的额定电流来做。因此，制造厂所提供的短路损耗其实是两个绕组中容量较小的一个达到额定电流时的值，计算时必须先将给定的短路损耗归算到变压器的额定容量下，然后再按照式（2-20）和式（2-21）计算出每个绕组的电阻值。

1）容量比为 100/100/50。因第三绕组容量小，所以首先应将厂家提供的中低绕组和高低绕组间的短路损耗 $\Delta P'_{k23}$ 和 $\Delta P'_{k31}$ 归算到变压器的额定容量下，归算后的短路损耗为 ΔP_{k23} 和 ΔP_{k31}，其归算公式为

$$\left.\begin{aligned}\Delta P_{k23} &= \Delta P'_{k23}\left(\frac{S_N}{S_{3N}}\right)^2 = 4\Delta P'_{k23}\\ \Delta P_{k31} &= \Delta P'_{k31}\left(\frac{S_N}{S_{3N}}\right)^2 = 4\Delta P'_{k31}\end{aligned}\right\} \tag{2-22}$$

式中　S_N——三绕组变压器的额定容量，kVA；

S_{3N}——三绕组变压器的低压绕组的额定容量，kVA。

2）容量比为 100/50/100。因第二绕组容量小，所以必须先将未经归算的高中绕组和中低绕组间的短路损耗 $\Delta P'_{k12}$ 和 $\Delta P'_{k23}$ 归算到变压器的额定容量下，其归算公式为

$$\left.\begin{aligned}\Delta P_{k12} &= \Delta P'_{k12}\left(\frac{S_N}{S_{2N}}\right)^2 = 4\Delta P'_{k12}\\ \Delta P_{k23} &= \Delta P'_{k23}\left(\frac{S_N}{S_{2N}}\right)^2 = 4\Delta P'_{k23}\end{aligned}\right\} \tag{2-23}$$

式中　S_{2N}——三绕组变压器的中压绕组的额定容量，kVA。

2. 电抗 X_{T1}、X_{T2}、X_{T3}

与电阻计算类似，三绕组变压器的各个绕组电抗也是用各绕组对应的短路电压百分数 $U_{k1}\%$、$U_{k2}\%$、$U_{k3}\%$按照双绕组变压器的电抗计算式求得的。而厂家提供的仍然是两两绕组之间做短路试验所得的短路电压百分数 $U_{k12}\%$、$U_{k23}\%$、$U_{k31}\%$。因为

$$\left.\begin{aligned}U_{k12}\% &= U_{k1}\% + U_{k2}\%\\ U_{k23}\% &= U_{k2}\% + U_{k3}\%\\ U_{k31}\% &= U_{k3}\% + U_{k1}\%\end{aligned}\right\} \tag{2-24}$$

解得

$$\left.\begin{aligned}U_{k1}\% &= \frac{1}{2}(U_{k12}\% + U_{k31}\% - U_{k23}\%)\\ U_{k2}\% &= \frac{1}{2}(U_{k12}\% + U_{k23}\% - U_{k31}\%)\\ U_{k3}\% &= \frac{1}{2}(U_{k23}\% + U_{k31}\% - U_{k12}\%)\end{aligned}\right\} \tag{2-25}$$

各绕组电抗的计算式为

$$\left.\begin{aligned}X_{T1} &= \frac{U_{k1}\%U_N^2}{S_N}\times 10\\ X_{T2} &= \frac{U_{k2}\%U_N^2}{S_N}\times 10\\ X_{T3} &= \frac{U_{k3}\%U_N^2}{S_N}\times 10\end{aligned}\right\}\ (\Omega) \tag{2-26}$$

需要指出，不论三绕组变压器的容量比是否相同，制造厂所提供的短路电压百分数一般已经归算到变压器的额定容量下，不需要再进行归算。

三绕组变压器高、中、低压绕组在结构上有两种不同的排列方式，如图 2-11 所示。三绕组变压器各绕组电抗的大小，与三个绕组在铁芯上的排列方式有关。高压绕组电压高，故绝缘要求也高，一般排列在外层。中、低压绕组的排列方式应根据具体条件进行选择。升压变压器常采用图 2-11（a）所示的排列方式，这种排列低压绕组位于中间，它与高、中压绕组联系均较紧密，所以中低和高低绕组间的电抗较小，有利于功率从低压向高压和中压绕组输送。对于降压变压器，选择输送功率大的两绕组间联系紧密的排列方式。

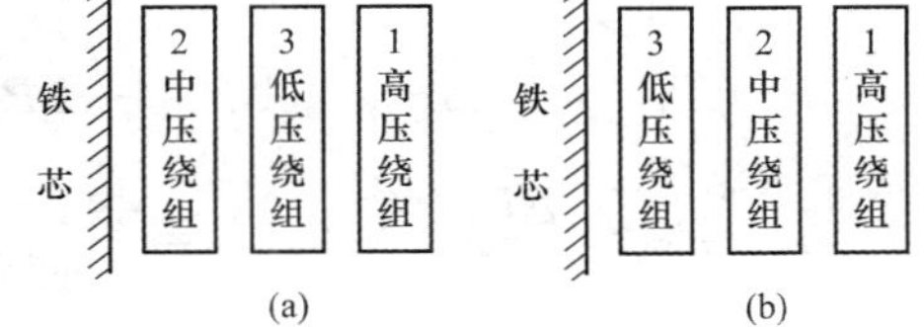

图 2-11　三绕组变压器的绕组排列方式

（a）低压绕组在中间；（b）中压绕组在中间

当功率主要由高压侧向低压侧输送时，选择图 2 - 11（a）所示的排列方式；当功率主要由高压侧向中压侧输送时，则选择图 2 - 11（b）所示的排列方式。若按调压要求选择变压器，则应在功率交换大的两绕组间，选择短路电压百分数较小的排列方式；若按限制短路电流的要求，则应选择两绕组间短路电压百分数较大的排列方式；若按并联稳定性的要求，则应选择两绕组间短路电压百分数较小的排列方式。

3. 电导 G_T 和电纳 B_T

三绕组变压器电导和电纳的计算与双绕组变压器相同。

（三）自耦变压器的参数

自耦变压器的中、低压绕组的容量均小于其额定容量，其参数计算方法和三绕组变压器相同。值得注意的是，制造厂家铭牌中所提供的技术数据中，不仅短路损耗未经归算，短路电压百分数有时也未经归算，这就需要先将其归算到额定容量下，再计算电阻和电抗。短路损耗的归算与三绕组变压器的方法相同；中压绕组容量虽然小于高压绕组容量，但因其是在高压绕组上引出抽头，实为高压绕组的一部分，故在高、中绕组做短路试验时，两绕组电流可同时达到额定值，所以无需归算，只有与低压绕组有关的短路电压百分数需要归算，其归算公式为

$$\left.\begin{aligned} U_{k23}\% &= U'_{k23}\%\left(\frac{S_N}{S_{3N}}\right) \\ U_{k31}\% &= U'_{k31}\%\left(\frac{S_N}{S_{3N}}\right) \end{aligned}\right\} \tag{2-27}$$

式中 S_{3N}——自耦变压器低压绕组的额定容量。

【例 2 - 4】 某降压站有一台型号为 SSPSL1-120000/220 的三绕组变压器，容量比为 120000/120000/60000kVA。已知 $\Delta P_0=123.1\text{kW}$，$I_0\%=1.0$，$\Delta P_{k12}=1023\text{kW}$，$\Delta P'_{k23}=165\text{kW}$，$\Delta P'_{k31}=227\text{kW}$，$U_{k12}\%=24.7$，$U_{k23}\%=8.8$，$U_{k31}\%=14.7$。试计算该变压器归算到高压侧的参数并画出等效电路。

解 （1）参数：

1）电阻

$$\Delta P_{k23}=\Delta P'_{k23}\left(\frac{S_N}{S_{3N}}\right)^2=4\Delta P'_{k23}=4\times165=660(\text{kW})$$

$$\Delta P_{k31}=\Delta P'_{k31}\left(\frac{S_N}{S_{3N}}\right)^2=4\Delta P'_{k31}=4\times227=908(\text{kW})$$

$$\Delta P_{k1}=\frac{1}{2}(\Delta P_{k12}+\Delta P_{k31}-\Delta P_{k23})=\frac{1}{2}(1023+908-660)=635.5(\text{kW})$$

$$\Delta P_{k2}=\frac{1}{2}(\Delta P_{k12}+\Delta P_{k23}-\Delta P_{k31})=\frac{1}{2}(1023+660-908)=387.5(\text{kW})$$

$$\Delta P_{k3}=\frac{1}{2}(\Delta P_{k31}+\Delta P_{k23}-\Delta P_{k12})=\frac{1}{2}(908+660-1023)=272.5(\text{kW})$$

$$R_{T1}=\frac{\Delta P_{k1}U_N^2}{S_N^2}\times10^3=\frac{635.5\times220^2}{120000^2}\times10^3=2.14(\Omega)$$

$$R_{T2}=\frac{\Delta P_{k2}U_N^2}{S_N^2}\times10^3=\frac{387.5\times220^2}{120000^2}\times10^3=1.3(\Omega)$$

$$R_{T3}=\frac{\Delta P_{k3}U_N^2}{S_N^2}\times 10^3=\frac{272.5\times 220^2}{120000^2}\times 10^3=0.92(\Omega)$$

2）电抗

$$U_{k1}\%=\frac{1}{2}(U_{k12}\%+U_{k31}\%-U_{k23}\%)=\frac{1}{2}(24.7+14.7-8.8)=15.3$$

$$U_{k2}\%=\frac{1}{2}(U_{k12}\%+U_{k23}\%-U_{k31}\%)=\frac{1}{2}(24.7+8.8-14.7)=9.4$$

$$U_{k3}\%=\frac{1}{2}(U_{k23}\%+U_{k31}\%-U_{k12}\%)=\frac{1}{2}(8.8+14.7-24.7)=-0.6$$

$$X_{T1}=\frac{U_{k1}\%U_N^2}{S_N}\times 10=\frac{15.3\times 220^2}{120000}\times 10=61.71(\Omega)$$

$$X_{T2}=\frac{U_{k2}\%U_N^2}{S_N}\times 10=\frac{9.4\times 220^2}{120000}\times 10=37.91(\Omega)$$

$$X_{T3}=\frac{U_{k3}\%U_N^2}{S_N}\times 10=\frac{-0.6\times 220^2}{120000}\times 10=-2.42(\Omega)$$

3）电导

$$G_T=\frac{\Delta P_0}{U_N^2}=\frac{123.1\times 10^{-3}}{220^2}=2.54\times 10^{-6}(\text{S})$$

4）电纳

$$B_T=\frac{I_0\%S_N}{100U_N^2}=\frac{1.0\times 120}{100\times 220^2}=2.48\times 10^{-5}(\text{S})$$

（2）画出变压器的等效电路并标注参数，如图 2-12 所示。

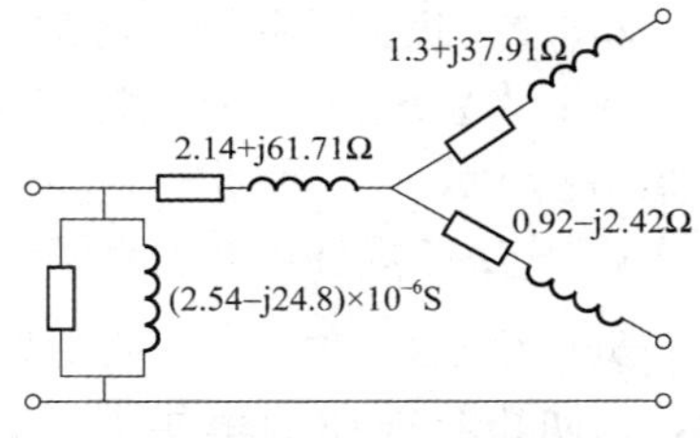

图 2-12　［例 2-4］变压器等效电路

2.3　同步发电机和负荷的参数及其等效电路

2.3.1　同步发电机的参数及等效电路

同步发电机定子绕组的电阻远小于其电抗，在计算时，可近似地认为电阻等于零，只考虑电抗。制造厂一般给出以发电机额定参数为基准的同步电抗百分数 $X_d\%$，其定义式为

$$X_d\%=\frac{X_d}{\dfrac{U_N}{\sqrt{3}I_N}}\times 100=\frac{\sqrt{3}I_NX_d}{U_N}\times 100 \tag{2-28}$$

于是发电机的一相同步电抗有名值为

$$X_d=\frac{X_d\%}{100}\times\frac{U_N}{\sqrt{3}I_N}=\frac{X_d\%}{100}\times\frac{U_N}{\dfrac{P_N}{U_N\cos\varphi_N}}=\frac{X_d\%U_N^2\cos\varphi_N}{100P_N}\quad(\Omega) \tag{2-29}$$

式中　U_N——发电机的额定电压，kV；

P_N——发电机的额定有功功率，MW；

$\cos\varphi_N$——发电机的额定功率因数。

若发电机的额定有功功率 P_N 单位用 kW，额定视在功率 S_N 单位用 kVA，则由式（2-29）可得与变压器电抗计算式类似形式的发电机同步电抗计算式为

$$X_d = \frac{X_d\% U_N^2 \cos\varphi_N}{P_N} \times 10 = \frac{X_d\% U_N^2}{S_N} \times 10 \quad (\Omega) \tag{2-30}$$

同步发电机的等效电路有两种表示形式，即以电压源表示的形式或以电流源表示的形式，如图 2 - 13（a）、（b）所示。这两种等效电路是等值的，以电压源表示形式较为常用。

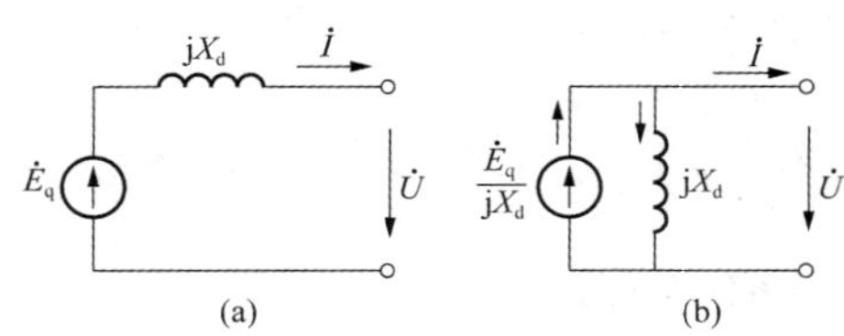

图 2 - 13 发电机的等效电路

（a）以电压源表示；（b）以电流源表示

图 2 - 13（a）中的电压平衡关系为

$$\dot{E}_q = \dot{U} + j\dot{I}X_d \tag{2-31}$$

图 2 - 13（b）中的电流平衡关系为

$$\frac{\dot{E}_q}{jX_d} = \dot{I} + \frac{\dot{U}}{jX_d} \tag{2-32}$$

式中 $\dot{E}_q$ ——同步发电机的空载电动势，kV；

$\dot{U}$ ——同步发电机的端电压，kV；

$\dot{I}$ ——同步发电机的定子电流，kA。

显然，式（2 - 31）和式（2 - 32）是等效的。

2.3.2 负荷的参数及等效电路

在电力系统稳态与暂态的分析计算中，负荷的参数及其等效电路也有多种表示方法，如图 2 - 14 所示。

1. 用恒定复数功率表示

负荷用复数功率（复数功率 $\dot{S}$ 不是相量，为防止与视在功率相混淆，在符号 S 上加点）表示时，有以下两种表示方法，即

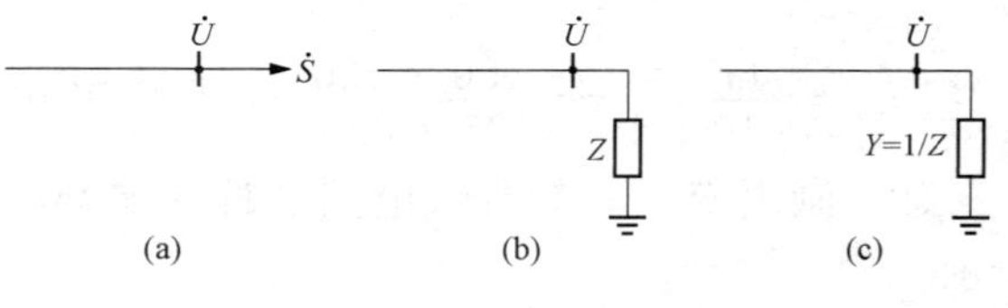

图 2 - 14 负荷的等效电路

（a）恒定复数功率表示；（b）恒定阻抗表示；（c）恒定导纳表示

$$\dot{S} = \dot{U}\overset{*}{I} = S(\cos\varphi + j\sin\varphi) = P + jQ \tag{2-33}$$

$$\dot{S} = \overset{*}{U}\dot{I} = S(\cos\varphi - j\sin\varphi) = P - jQ \tag{2-34}$$

这两种表示方法计算出的三相复数功率的数值是相同的，只是无功功率符号相反。国际电工委员会推荐采用式（2 - 33）的形式表示复数功率，本书也采用这种表示方法。在这种表示方法下，感性负荷吸收的无功功率 j 前为正号，容性负荷吸收的无功功率 j 前为负号。

2. 用恒定阻抗或恒定导纳表示

有时也可将负荷表示成恒定阻抗或恒定导纳的形式：

恒定阻抗

$$Z = \frac{\dot{U}}{\dot{I}} = \frac{\dot{U}}{\left(\frac{\dot{S}}{\dot{U}}\right)^*} = \frac{U^2}{\overset{*}{S}} = \frac{U^2}{P - jQ} = \frac{U^2}{S}\cos\varphi + j\frac{U^2}{S}\sin\varphi = R + jX \tag{2-35}$$

恒定导纳

$$Y = \frac{\dot{I}}{\dot{U}} = \frac{\left(\frac{\dot{S}}{\dot{U}}\right)^*}{\dot{U}} = \frac{\overset{*}{S}}{U^2} = \frac{P - jQ}{U^2} = \frac{P}{U^2} - j\frac{Q}{U^2} = G - jB \tag{2-36}$$

式中　$\dot{S}$——负荷复数功率，MVA；

$\overset{*}{S}$——复数功率 $\dot{S}$ 的共轭值，MVA；

U——负荷端点电压，kV；

P、Q——负荷有功功率，MW；无功功率，Mvar；

Z、R、X——负荷等值阻抗、电阻、电抗，Ω。

2.4　标　幺　制

在电力系统的稳态分析计算中，一般采用有名制，即各个物理量均采用有量纲单位的数值（有名值）进行计算。而在电力系统的暂态分析计算中，除了少数情况使用有名制外，一般都采用标幺制，即各个物理量均采用无单位的相对数值（标幺值）进行计算。采用标幺制的主要目的是简化计算。

2.4.1　标幺值

标幺值是一种相对值，其定义式为

$$\text{标幺值}=\frac{\text{实际有名值}}{\text{基准值(与实际有名值同单位)}} \tag{2-37}$$

实际有名值可以是交流电路中的有效值、模、相量或复数，而基准值只取有效值或模。对于任一物理量均可用标幺值表示，例如，当以 100V 电压为基准值时，50V 电压的标幺值为

$$U_{*}=\frac{50(\text{V})}{100(\text{V})}=0.5$$

式中，U_{*} 的下角标“*”表示标幺值。

标幺值既然是同单位的两个物理量的比值，因此就没有单位。标幺值的基准值原则上是可以任意选取的，因此同一个物理量在选取不同的基准值时，就有不同的标幺值，即有名值是唯一的，而标幺值则不是唯一的。在表示一个物理量的标幺值时，必须同时说明其基准值，离开了基准值，标幺值也就失去了意义。通常，在电力系统的计算中，基准值的大小是按照能尽量简化计算去选择，例如选择 100、1000等整数。

工程上习惯将额定值选为物理量的基准值，由此计算出来的标幺值常称为额定标幺值。这样，如果该物理量处于额定（标准）状态下，其标幺值为 1（幺），“标幺值”也因此得名。

标幺值同百分值的关系是：百分值除以 100 就得到同样基准值表示的标幺值，可用公式表示为

$$\text{标幺值}=\frac{\text{百分值}}{100} \tag{2-38}$$

标幺值要比百分值应用起来方便，因为两个百分值相乘后所得的数值并不等于百分值，必须将乘积除以 100 才能得到其百分值，例如：5%×10%并不等于 50%而等于 0.5%。但是两个标幺值相乘后仍得到相应的标幺值，例如：0.05×0.1 等于 0.005。

2.4.2　基准值的选取

如前所述，基准值虽然可以任选，但为达到简化计算和便于分析的目的，选取基准值时应满足以下要求：

（1）基准值的单位应与有名值的单位相同。

（2）所选取的基准值物理量之间应符合电路的基本关系式。

1）单相电路：在单相电路中，电压 U_{ph} 、电流 I_{ph} 、视在功率 S_{ph} 和一相阻抗 Z_{ph} 四个物理量之间存在下列关系

$$U_{ph} = I_{ph}Z_{ph};\qquad S_{ph} = U_{ph}I_{ph} \tag{2-39}$$

上述各量选定的基准值与有名值有相同的关系式，即

$$U_{00} = I_{ph0}Z_{ph0};\qquad S_{ph0} = U_{ph0}I_{ph0} \tag{2-40}$$

将式（2-39）除以式（2-40），则得标幺值的关系式为

$$U_{ph*} = I_{ph*}Z_{ph*};\qquad S_{ph*} = U_{ph*}I_{ph*} \tag{2-41}$$

2）三相电路：在三相对称电路中，将其看作等效 Y 接线，线电压 U 、线电流 I（等于相电流 I_{ph} ）、三相视在功率 S 、等值阻抗 Z（即一相阻抗 Z_{ph} ）以及相电压 U_{ph} 、单相视在功率 S_{ph} 等物理量之间存在下列关系

$$U = \sqrt{3}IZ = \sqrt{3}U_{ph};\qquad S = \sqrt{3}UI = 3S_{ph} \tag{2-42}$$

上述各量选定的基准值与有名值有相同的关系式，即

$$U_0 = \sqrt{3}I_0Z_0 = \sqrt{3}U_{ph0};\qquad S_0 = \sqrt{3}U_0I_0 = 3S_{ph0} \tag{2-43}$$

将式（2-42）除以式（2-43），则得标幺值的关系式为

$$U_* = I_*Z_* = U_{ph*};\qquad S_* = U_*I_* = S_{ph*} \tag{2-44}$$

（3）单相电路和三相电路的电压、电流、视在功率和阻抗四个参数的基准值均被两个方程式所约束，通常是选定功率和电压的基准值，则电流和阻抗的基准值可由式（2-40）或式（2-43）求得。例如，三相电路选定 S_0 和 U_0 ，则

$$I_0 = \frac{S_0}{\sqrt{3}U_0};\qquad Z_0 = \frac{U_0}{\sqrt{3}I_0} = \frac{U_0^2}{S_0} \tag{2-45}$$

（4）在实际计算中，基准容量 S_0 一般可选定为 100MVA 或 1000MVA 等容易计算的数值，或者选定为系统的总容量或某台发电机的容量。

（5）基准电压 U_0 ，一般选取各电压等级的额定电压或平均额定电压，往往可以使计算简化。

2.4.3 标幺值的换算

在进行电力系统计算时，通常要涉及系统中许多不同类型的设备，需要从资料中查找这些设备的参数标幺值。而这些设备所给出的参数标幺值往往都是以各自的额定参数为基准的额定标幺值。因为不同类型的设备额定参数通常是不同的，即便是同一种类型的设备其额定参数也大多数都不一样，所以这些元件的额定标幺值所采用的基准值并不一样。而在计算时，往往又需要把不同基准值的标幺值参数换算成统一基准值的标幺值才能使用，因此就需要将这些元件不同基准值的额定标幺值转换成具有统一基准值的统一标幺值，这个过程就称为标幺值的换算。

进行换算时，先把额定标幺值还原为有名值，再计算其统一基准值时的统一标幺值。下面就以电力系统中几种常用元件的电抗标幺值的换算为例来说明标幺值的换算问题。

对于发电机和变压器，额定标幺电抗 X_{*N} 的基准值已知为 $\frac{U_N^2}{S_N}$ ，按照式（2-37）可得电抗的有名值为

$$X = X_{*N}\frac{U_N^2}{S_N}$$

电抗的统一基准值为 $\frac{U_0^2}{S_0}$，按照式（2-37）可得电抗的统一标幺值为

$$X_{*0} = X\frac{S_0}{U_0^2} = X_{*N}\frac{U_N^2}{S_N}\frac{S_0}{U_0^2} \tag{2-46}$$

对于电抗器，额定标幺电抗的基准值已知为 $\frac{U_N}{\sqrt{3}I_N}$，同理可得电抗的统一标幺值为

$$X_{*0} = X\frac{S_0}{U_0^2} = X_{*N}\frac{U_N}{\sqrt{3}I_N}\times\frac{S_0}{U_0^2} \tag{2-47}$$

对于线路，可以直接由有名值换算成统一标幺值为

$$X_{*0} = X\frac{S_0}{U_0^2} \tag{2-48}$$

【例 2-5】　某汽轮发电机的额定有功功率为 12.5MW，额定功率因数 $\cos\varphi = 0.8$，额定电压为 10.5kV，$X''_{d*N} = 0.125$。如选取 $S_0 = 100$MVA、$U_0 = 10.5$kV，试求 X''_{d*0}。

解　$$X''_{d*0} = X''_d\frac{S_0}{U_0^2} = X''_{d*N}\frac{U_N^2}{S_N}\times\frac{S_0}{U_0^2} = 0.125\times\frac{10.5^2}{\frac{12.5}{0.8}}\times\frac{100}{10.5^2} = 0.8$$

【例 2-6】　一台电抗器的参数为 $U_N = 6$kV，$I_N = 0.3$kA，电抗百分数为 $X_R\% = 5$。若取 $S_0 = 100$MVA、$U_0 = 6.3$kV，试求 X_{R*0}。

解

$$X_{R*0} = X_R\frac{S_0}{U_0^2} = X_{R*N}\frac{U_N}{\sqrt{3}I_N}\times\frac{S_0}{U_0^2} = \frac{X_R\%}{100}\times\frac{U_N}{\sqrt{3}I_N}\times\frac{S_0}{U_0^2} = \frac{5}{100}\times\frac{6}{\sqrt{3}\times 0.3}\times\frac{100}{6.3^2} = 1.455$$

2.4.4　标幺制的特点

通过上述对基准值选取的分析，可以得出采用标幺制进行计算的特点如下：

（1）标幺制中各物理量的关系与有名制中的完全相同。

（2）标幺制中三相电路的计算公式与单相电路的完全相同。

（3）线电压的标幺值与相电压的标幺值相等。

（4）三相功率的标幺值与单相功率的标幺值相等。

（5）能简化计算公式和计算步骤，便于分析比较各元件参数及特性。

2.5　电力系统的等效电路

要计算电力系统的电压、电流、功率等参数，就必须要先做出电力系统的等效电路，利用等效电路及等效电路中各元件的参数来求解计算。前面几节讲述了电力系统中发电、变电、输电、配电、用电五个单元所对应的发电机、变压器、线路、负荷等元件的参数计算及其等效电路的绘制方法，本节主要介绍如何根据这些元件的等效电路绘制电力系统的等效电路。

2.5.1　电力系统的等效电路及参数归算

电力系统的等效电路就是根据电力系统的接线图，将发电机、变压器、线路和负荷的等

效电路进行适当连接而得到的。

如图 2-15（a）所示为一个简单的电力系统接线图，将其中各个元件的等效电路画出并依据接线图顺序连接起来，就得到如图 2-15（b）所示的等效电路图（为后面潮流计算方便，元件导纳支路均用对应的功率形式表示）。

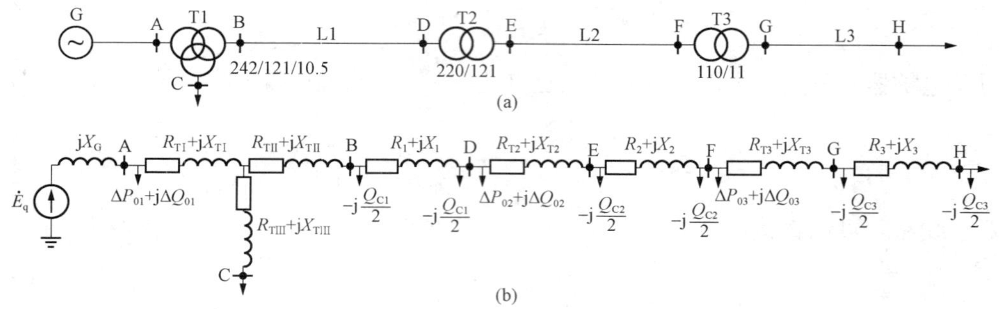

图 2-15　简单电力系统接线图及其等效电路图

（a）系统接线图；（b）等效电路图

需要指出的是，等效电路中并不包含变压器的变比在内，因此等效电路的电压是对应于一个电压等级的，各个元件的电压是相同的。所以在作电力系统等效电路时，必须先将不同电压等级的各个元件的参数归算到同一个电压等级下。

要对具有多个电压等级的电力系统电路参数进行归算，首先要确定这个等效电路的电压等级，即基本电压级，而后将其他电压等级的元件参数全部归算到这个基本电压级。基本电压级原则上可以任选，但通常选取网络中的最高电压等级。

设某电压级与基本电压级之间串联有变比为 k_1、k_2、…、k_n 的 n 台变压器，则该电压级中某元件阻抗 Z、导纳 Y、电压 U、电流 I 归算到基本电压级的计算式分别为

$$\left.\begin{aligned} Z' &= Z(k_1k_2\cdots k_n)^2 \\ Y' &= Y\left(\frac{1}{k_1}\times\frac{1}{k_2}\times\cdots\times\frac{1}{k_n}\right)^2 \\ U' &= U(k_1k_2\cdots k_n) \\ I' &= I\left(\frac{1}{k_1}\times\frac{1}{k_2}\times\cdots\times\frac{1}{k_n}\right) \end{aligned}\right\} \tag{2-49}$$

式中各变压器的变比 k_1、k_2、…、k_n 的比值取法并未遵循变比为高压比低压，比值应大于 1 的定义原则。其取法为：分子为靠近基本电压级一侧的电压，分母为靠近待归算电压级一侧的电压。例如图 2-15 中，若将线路 L3 电压 11kV 作为基本电压级，欲将发电机电抗 X_G 归算到基本电压级，则各变压器的变比应取为 $k_{T1}=\dfrac{242}{10.5}$，$k_{T2}=\dfrac{121}{220}$，$k_{T3}=\dfrac{11}{110}$，从而发电机电抗 X_d 的归算公式为

$$X_G' = X_G(k_{T1}k_{T2}k_{T3})^2 = X_G\left(\frac{242}{10.5}\times\frac{121}{220}\times\frac{11}{110}\right)^2 \tag{2-50}$$

2.5.2　用有名值表示的等效电路

对多电压等级的电力系统作有名值等效电路的步骤如下：

（1）首先选择某一电压等级作为基本电压级，通常选取最高电压等级作为基本级。

(2) 分别计算各电压等级的元件参数有名值。

(3) 将各电压等级的元件参数全部归算到基本电压级。

下面通过一道例题来说明有名值等效电路的计算步骤。

【例 2 - 7】 如图 2 - 16 所示电力系统接线图，各元件的已知参数标注于图中，试作出用有名值表示的电力系统等效电路。

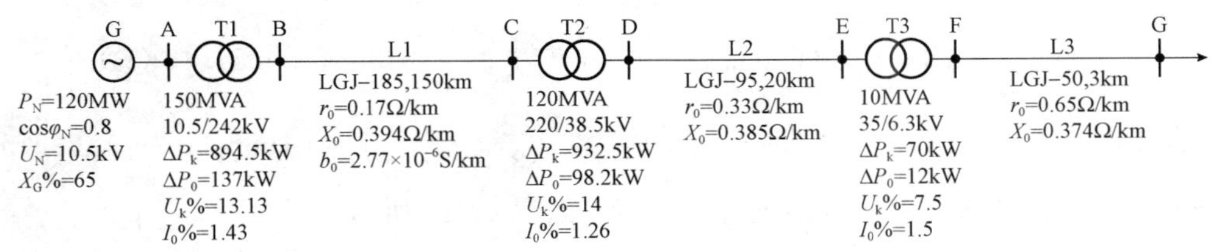

图 2 - 16　[例 2 - 7] 电力系统接线图

解　(1) 选择 220kV 为基本电压级。忽略 35kV 及以下电压等级的变压器 T3、线路 L2、L3 的导纳。

(2) 计算各元件参数有名值。

发电机 G　$X_G = \dfrac{X_G\%}{100} \times \dfrac{U_N^2}{S_N} = \dfrac{65}{100} \times \dfrac{10.5^2}{120/0.8} = 0.48\ (\Omega)$

变压器 T1　$R_{T1} = \dfrac{\Delta P_k U_N^2}{S_N^2} \times 10^3 = \dfrac{894.5 \times 242^2}{150000^2} \times 10^3 = 2.33\ (\Omega)$

$$X_{T1} = \frac{U_k\%U_N^2}{S_N} \times 10 = \frac{13.13 \times 242^2}{150000} \times 10 = 51.26\ (\Omega)$$

$$\Delta P_0 = 137(\text{kW}) = 0.137(\text{MW})$$

$$\Delta Q_0 = \frac{I_0\%S_N}{100} = \frac{1.43 \times 150}{100} = 2.145(\text{Mvar})$$

变压器 T2　$R_{T2} = \dfrac{\Delta P_k U_N^2}{S_N^2} \times 10^3 = \dfrac{932.5 \times 220^2}{120000^2} \times 10^3 = 3.13\ (\Omega)$

$$X_{T2} = \frac{U_k\%U_N^2}{S_N} \times 10 = \frac{14 \times 220^2}{120000} \times 10 = 56.47\ (\Omega)$$

$$\Delta P_0 = 98.2(\text{kW}) = 0.0982(\text{MW})$$

$$\Delta Q_0 = \frac{I_0\%S_N}{100} = \frac{1.26 \times 120}{100} = 1.512(\text{Mvar})$$

变压器 T3　$R_{T3} = \dfrac{\Delta P_k U_N^2}{S_N^2} \times 10^3 = \dfrac{70 \times 35^2}{10000^2} \times 10^3 = 0.86\ (\Omega)$

$$X_{T3} = \frac{U_k\%U_N^2}{S_N} \times 10 = \frac{7.5 \times 35^2}{10000} \times 10 = 9.2\ (\Omega)$$

线路 L1　$R_{L1} + jX_{L1} = (r_0 + jx_0)L_1 = (0.17 + j0.394) \times 150 = 25.5 + j59.1\ (\Omega)$

$$-j\frac{Q_C}{2} = -j\frac{U_N^2 B}{2} = -j\frac{U_N^2 b_0 L_1}{2} = -j\frac{220^2 \times 2.77 \times 10^{-6} \times 150}{2} = -j10.1(\text{Mvar})$$

线路 L2　$R_{L2} + jX_{L2} = (r_0 + jx_0)L_2 = (0.33+j0.385) \times 20 = 6.6+j7.7\ (\Omega)$

线路 L3　$R_{L3} + jX_{L3} = (r_0 + jx_0)L_3 = (0.65+j0.374) \times 3 = 1.95+j1.12\ (\Omega)$

(3) 将各元件参数归算到基本级：因计算变压器 T1、T2 和线路 L1 参数时就是在

220kV 基本电压级下进行的，所以这几个元件的参数实际上已经归算过了。下面对发电机 G、变压器 T3 和线路 L2、L3 进行参数归算。

发电机 G　$X'_{G}=0.48\times\left(\dfrac{242}{10.5}\right)^{2}=255\ (\Omega)$

变压器 T3　$R'_{T3}+jX'_{T3}=(0.86+j9.2)\times\left(\dfrac{220}{38.5}\right)^{2}=28.08+j300.41\ (\Omega)$

线路 L2　$(R'_{L2}+jX'_{L2})=(6.6+j7.7)\times\left(\dfrac{220}{38.5}\right)^{2}=215.51+j251.43\ (\Omega)$

线路 L3　$(R'_{L3}+jX'_{L3})=(1.95+j1.12)\times\left(\dfrac{220}{38.5}\times\dfrac{35}{6.3}\right)^{2}=1965.23+j\,1128.75\ (\Omega)$

（4）作出有名值表示的电力系统等效电路，如图 2 - 17 所示。

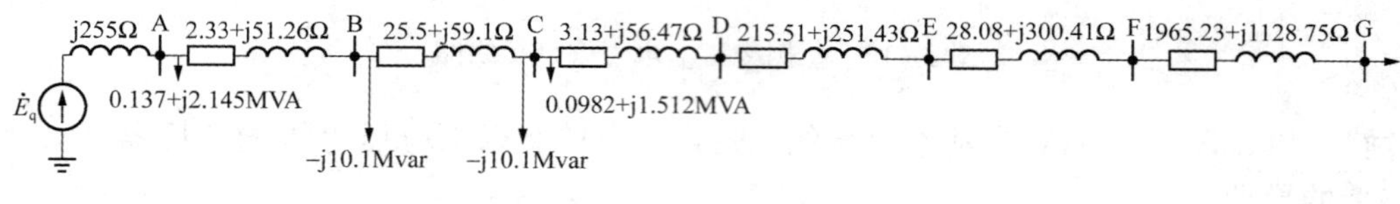

图 2 - 17　[例 2 - 7] 用有名值表示的电力系统等效电路

2.5.3　用标幺值表示的等效电路

在绘制电力系统用标幺制表示的等效电路时，必须将各元件不同基准值下的标幺值参数，换算成统一基准值下的标幺值参数，计算方法有如下两种。

方法 1：首先按照前面有名值等效电路的计算方法，将不同电压等级的各元件参数的有名值归算到基本级，然后均除以基本级的基准值。

方法 2：首先确定基本级的基准值，再按变压器的实际变比归算求出对应于各电压级的基准值，最后将未归算的各电压级的有名值参数除以各自对应电压的基准值。

下面通过一道例题来说明这两种计算方法。

【例 2 - 8】　按图 2 - 16 所给定的电力系统接线图，试作出用标幺制表示的电力系统等效电路。

解　(1) 用第一种方法计算。首先计算各元件参数的有名值并将其归算到 220kV 基本级，[例 2 - 7] 中已有计算结果，此处略。选取基本级的基准值为 $S_0=100\text{MVA}$，$U_0=220\text{kV}$。

将 [例 2 - 7] 中计算所得归算到 220kV 的各元件有名值参数分别除以选定的统一基准值，得到统一标幺值如下：

发电机 G　$X_{G*}=X'_{G}\dfrac{S_0}{U_0^2}=255\times\dfrac{100}{220^2}=0.53$

变压器 T1

$$R_{T1*}+jX_{T1*}=(R_{T1}+jX_{T1})\frac{S_0}{U_0^2}=(2.33+j51.26)\times\frac{100}{220^2}=0.0048+j\,0.1059$$

$$\Delta P_{0*}+j\Delta Q_{0*}=\frac{\Delta P_0+j\Delta Q_0}{S_0}=\frac{0.137+j2.145}{100}=0.00137+j\,0.02145$$

变压器 T2

$$R_{T2*}+jX_{T2*}=(R_{T2}+jX_{T2})\frac{S_0}{U_0^2}=(3.13+j56.47)\times\frac{100}{220^2}=0.0065+j\,0.1167$$

$$\Delta P_{0*}+\mathrm{j}\Delta Q_{0*}=\frac{\Delta P_0+\mathrm{j}\Delta Q_0}{S_0}=\frac{0.0982+\mathrm{j}1.512}{100}=0.000982+\mathrm{j}\,0.01512$$

变压器 T3

$$R_{T3*}+\mathrm{j}X_{T3*}=(R_{T3}+\mathrm{j}X_{T3})\frac{S_0}{U_0^2}=(28.08+\mathrm{j}300.41)\times\frac{100}{220^2}=0.058+\mathrm{j}0.621$$

线路 L1　$R_{L1*}+\mathrm{j}X_{L1*}=(R_{L1}+\mathrm{j}X_{L1})\dfrac{S_0}{U_0^2}=(25.5+\mathrm{j}59.1)\times\dfrac{100}{220^2}=0.053+\mathrm{j}0.122$

$$-\mathrm{j}\frac{Q_{C*}}{2}=-\mathrm{j}\frac{Q_C/S_0}{2}=-\mathrm{j}\frac{10.1}{100}=-\mathrm{j}0.101$$

线路 L2

$$R_{L2*}+\mathrm{j}X_{L2*}=(R_{L2}+\mathrm{j}X_{L2})\frac{S_0}{U_0^2}=(215.51+\mathrm{j}251.43)\times\frac{100}{220^2}=0.445+\mathrm{j}0.519$$

线路 L3

$$R_{L3*}+\mathrm{j}X_{L3*}=(R_{L3}+\mathrm{j}X_{L3})\frac{S_0}{U_0^2}=(1965.23+\mathrm{j}\,1128.75)\times\frac{100}{220^2}=4.06+\mathrm{j}2.33$$

作出标幺值表示的电力系统等效电路，如图 2 - 18 所示。

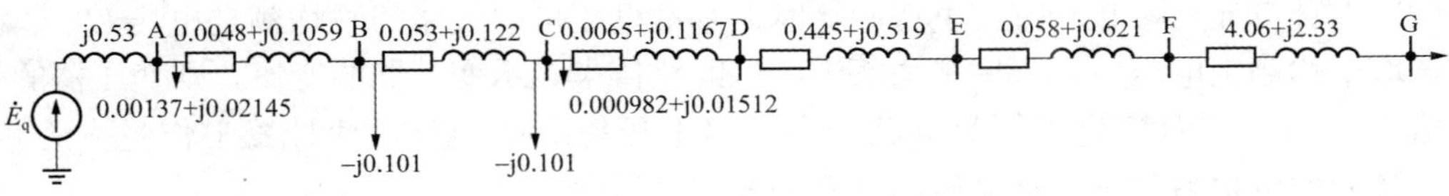

图 2 - 18　[例 2 - 8] 用标幺值表示的电力系统等效电路

(2) 用第二种方法计算。选取基本级为 220kV 电压级，取其基准值为 $S_0=100$MVA、$U_{0(220)}=220$kV。按变压器的实际变比归算求出对应于各电压级的基准值如下：

归算至 10.5kV 电压级的基准电压为　$U_{0(10.5)}=220\div\dfrac{242}{10.5}=9.55\,(\mathrm{kV})$

归算至 35kV 电压级的基准电压为　$U_{0(35)}=220\div\dfrac{220}{38.5}=38.5\,(\mathrm{kV})$

归算至 6.3kV 电压级的基准电压为　$U_{0(6.3)}=220\div\dfrac{220}{38.5}\div\dfrac{35}{6.3}=6.93\,(\mathrm{kV})$

因变压器 T1、T2 和线路 L1 的基准电压就是 220kV，所以它们的标幺制计算公式和结果与第一种方法相同，不再计算。发电机、变压器 T3、线路 L2、L3 的标幺值计算如下：

发电机 G

$$X_{G*}=X_G\frac{S_0}{U_{0(10.5)}^2}=0.48\times\frac{100}{9.55^2}=0.53$$

变压器 T3

$$R_{T3*}+\mathrm{j}X_{T3*}=(R_{T3}+\mathrm{j}X_{T3})\frac{S_0}{U_{0(35)}^2}=(0.86+\mathrm{j}9.2)\times\frac{100}{38.5^2}=0.058+\mathrm{j}0.621$$

线路 L2

$$R_{L2*}+\mathrm{j}X_{L2*}=(R_{L2}+\mathrm{j}X_{L2})\frac{S_0}{U_{0(35)}^2}=(6.6+\mathrm{j}7.7)\times\frac{100}{38.5^2}=0.445+\mathrm{j}0.519$$

线路 L3

$$R_{L3*}+jX_{L3*}=(R_{L3}+jX_{L3})\frac{S_0}{U^2_{0(6.3)}}=(1.95+j1.12)\times\frac{100}{6.93^2}=4.06+j2.33$$

对比两种计算方法所得结果是一致的。采用第一种计算方法时，各元件的统一标幺值是在统一基准值下得到的，若要还原为有名值时，还需重新进行电压归算；而采用第二种计算方法时，只要在各自的基准值下进行计算即可，无需进行电压归算。

2.5.4 近似计算时电力系统等效电路的简化

在电力系统的分析计算中，通常可分为稳态分析计算和暂态分析计算两类。稳态分析计算一般是采用如前所述的方法，即利用元件的额定电压和变压器的额定变比来进行参数计算或电压的归算，这种计算称为精确计算。精确计算的计算量一般比较大（如潮流计算），且等效电路中导纳支路越多，节点数就越多，计算也就越繁琐。因此在进行对精确度要求相对较低的故障分析计算（如短路计算）时，在满足工程计算所要求精确度的前提下，一般都考虑将上述计算作一些简化处理，这种计算方法即所谓的近似计算。

在近似计算中可作如下简化处理：

(1) 可将某些元件的参数忽略不计。如发电机与变压器的电阻；变压器的导纳和线路的电导；35kV 以下、长度小于 100km 的线路电纳；甚至线路的电阻也可忽略不计。

(2) 在计算元件参数和进行电压归算时，基准电压可取线路的平均额定电压 U_{av} 。基准电压选取平均额定电压后，若用平均额定电压的比值来表示变压器的变比，则变压器的变比标幺值为 1∶1，从而简化了等效电路中参数多电压等级的归算，使计算工作量大为减少。同时，各元件电抗参数统一标幺值的计算公式就可简化为

$$\left.\begin{aligned}&\text{发电机}\quad X_{G*0}=X_{G*N}\frac{S_0}{S_N}=\frac{X_G\%}{100}\frac{S_0}{S_N}\\&\text{变压器}\quad X_{T*0}=X_{T*N}\frac{S_0}{S_N}=\frac{U_k\%}{100}\frac{S_0}{S_N}\\&\text{线路}\quad X_{L*0}=X_L\frac{S_0}{U_{av}^2}=x_0L\frac{S_0}{U_{av}^2}\\&\text{电抗器}\quad X_{R*0}=X_R\frac{S_0}{U_{av}^2}=\frac{X_R\%}{100}\times\frac{U_N}{\sqrt{3}I_N}\times\frac{S_0}{U_{av}^2}\end{aligned}\right\}\tag{2-51}$$

式（2-51）也是故障分析计算中常用的参数计算公式之一。

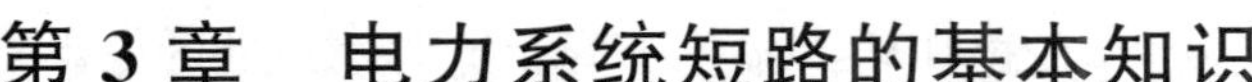

第3章　电力系统短路的基本知识

3.1　短路的一般概念

3.1.1　短路的原因、类型及后果

所谓短路是指一切不正常的相与相之间或相与地面之间的通路。短路是电力系统中最严重的故障。

短路发生的原因是多种多样的，其中主要的原因是电气设备载流部分的绝缘损坏。引起绝缘损坏的原因是过电压和绝缘的自然老化。运行人员带负荷拉隔离开关也是短路发生的原因之一。引起短路的原因还有电气设备的机械损伤及鸟兽造成的短路等。

在电力系统中，可能发生的短路有三相短路、单相短路接地、两相短路和两相短路接地。其中三相短路是最严重的短路，但发生的几率很小。单相短路接地可占短路总次数的80%以上，最常见的短路就是单相短路接地。各类短路的示意图和代表符号列于表3-1。

表3-1　　各类短路的示意图和代表符号

短路种类	示意图	短路代表符号
三相短路	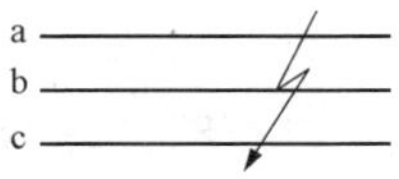 a b c	$k^{(3)}$
两相短路接地	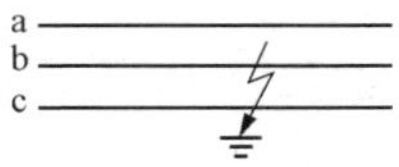 a b c	$k^{(1.1)}$
两相短路	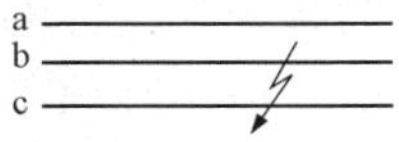 a b c	$k^{(2)}$
单相短路接地	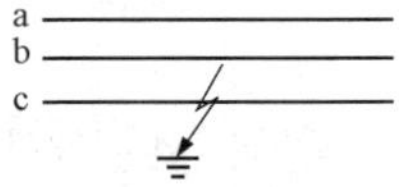 a b c	$k^{(1)}$

短路发生的地点、短路持续的时间、短路发生的种类直接决定了短路的危害程度，这种危害可能是局部性的，也可能是全局性的。一般而言，短路的危害表现在如下几个方面：

（1）由于短路电流是正常工作电流的十几倍到几十倍，从而使电气设备的载流部分产生巨大的机械应力，可能破坏电气设备的机械结构。

（2）短路发生后，如果持续时间较长，由于短路电流产生巨大的热量，可能烧毁电气设备。

（3）短路发生时，系统的电压将大幅度下降。这对用户处的电动机影响很大。系统中80%以上的负荷是电动机。当电压下降后，电动机的转速将下降，甚至停转。由于电动机转子转速与定子旋转磁场的相对运动过大，电动机可能被烧坏。

（4）当短路发生的地点距离发电机比较近而短路持续时间又较长时，并列运行的发电机有可能失去同步，破坏电力系统的稳定，造成大面积停电，这是短路故障最严重的后果。

（5）当发生不对称短路时，三相不平衡电流在输电线路上产生很大的磁场，这将在附近的线路上感应出很大的电动势。这对于架设在高压电力线路附近的通信线路或铁道信号系统有很大的影响。

3.1.2 短路计算的任务

短路计算是电力系统中的基本计算之一。它的任务主要有：

（1）在选择电气设备时，要保证电气设备有足够的动稳定性和热稳定性，这都要以短路计算为依据。这里主要包括计算短路冲击电流和短路电流的最大有效值以校验电气设备的动稳定性；计算稳态短路电流以校验电气设备的热稳定性。为了校验高压断路器的断流能力，还必须计算指定时刻的短路电流有效值。

（2）为了合理地配置各种继电保护和自动装置，并正确整定其参数，必须进行短路电流的计算。在计算中，不仅要计算短路电流在电网中的分布情况，还要计算电网中节点电压的数值。

（3）在设计发电厂或变电站的主接线时，需要对各种可能的设计方案进行详细的技术经济比较，以便确定最优设计方案，这也要以短路计算为依据。

（4）进行电力系统暂态稳定的计算，也包含一些短路电流计算的内容。

3.1.3 短路电流计算中的若干假设

在短路电流的实际计算中，其计算量是巨大的。为了简化计算，常采取以下一些假设，这在计算中是可行的，也是实用的。

（1）短路过程中各发电机之间不发生摇摆。也就是说，在整个短路过程中，发电机转子的电气转速是相同的，即各发电机发出的频率是一样的。并同时认为各电机的电动势均为同相位。对短路点而言，这样计算所得的电流比实际值稍为偏大。

（2）负荷只作近似估计。可作为恒定电抗，或作为临时的附加电源，或忽略不计。

（3）短路过程中，不计磁路的饱和，系统各元件的参数是恒定的，可以利用叠加原理。

（4）短路过程中，除不对称故障处出现局部的不对称外，其他部分仍视为对称系统。

（5）系统中的各元件的等效电路能简化的就简化，以便简化计算。例如：输电线路，可以忽略其电阻和电容，而只用电抗来表示；电动机、变压器也只用电抗来表示；发电机可用理想的电压源串联电抗来表示等。

（6）金属性短路。所谓金属性短路，就是不考虑过渡电阻的影响，认为过渡电阻等于零的理想的情况。实际上，相与相或相与地面的短路，往往经过一定的电阻（例如外物电阻、电弧电阻、接地电阻等）而形成短路。

3.2　网络的变换和化简

进行短路电流的计算时，首先根据网络元件的参数，作出网络的等效电路。然后，再对其等效电路进行化简。下面介绍几种常见的化简方法。

3.2.1　等值电源法

以戴维南定理为基础的有源网络的等效变换在短路计算中是经常使用的。假定有 n 个并联的有源支路通过 a、b 两点和外部相接。从外部电路看，这些有源支路用一个具有电动势源 $\dot{E}_{eq}$ 和阻抗 Z_{eq} 的等值有源支路来代替［见图 3 - 1（a）、（b）］。其中等值电源 $\dot{E}_{eq}$ 等于外部电路断开时在 a、b 两点间的开口电压；阻抗 Z_{eq} 等于有源支路除源以后，从 a、b 两点看进去的总阻抗。

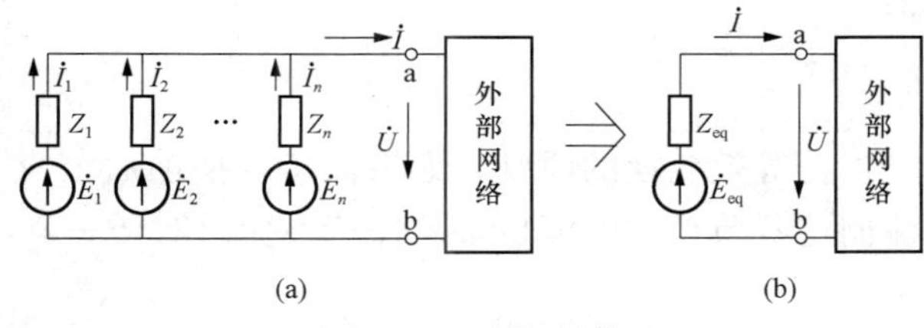

图 3 - 1　有源网络

（a）接线图；（b）等效变换网络

在图 3 - 1（a）中，当 a、b 两点开路时，$\dot{I}=0$，也即

$$\frac{\dot{E}_1-\dot{U}}{Z_1}+\frac{\dot{E}_2-\dot{U}}{Z_2}+\cdots+\frac{\dot{E}_n-\dot{U}}{Z_n}=\dot{I}=0 \tag{3-1}$$

或

$$\sum_{i=1}^{n}\frac{\dot{E}_i}{Z_i}=\dot{U}\sum_{i=1}^{n}\frac{1}{Z_i}$$

所以

$$\dot{E}_{eq}=\dot{U}=\frac{\sum_{i=1}^{n}\frac{\dot{E}_i}{Z_i}}{\sum_{i=1}^{n}\frac{1}{Z_i}} \tag{3-2}$$

令 $\dot{E}_1=\dot{E}_2=\cdots=\dot{E}_n=0$，可得

$$Z_{eq}=\frac{1}{\sum_{i=1}^{n}\frac{1}{Z_i}} \tag{3-3}$$

3.2.2　星网变换法

设网络的某一部分可以表示成由节点 n 和另外 m 个节点组成的星形电路，其中节点 n 与这 m 个节点中的每一个节点都有一条支路相连接，支路之间没有互感［见图 3 - 2（a）］。通过星网变换可以消去节点 n，把星形电路变成以节点 1，2，…，m 为顶点的完全网形网络。其中任一对节点之间都有一条支路相连接［见图 3 - 2（b）］。

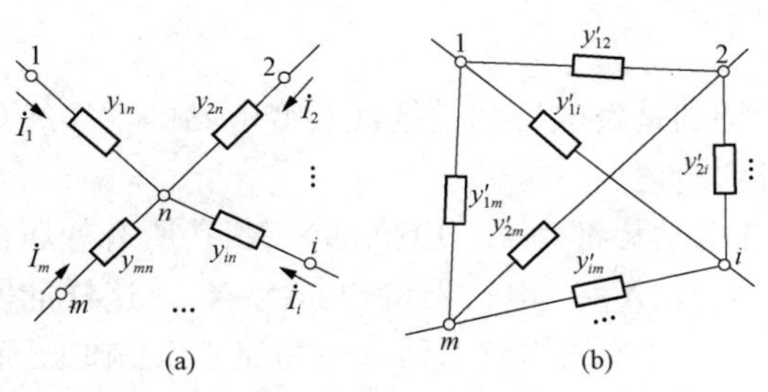

图 3 - 2　星网变换图

（a）星形网络；（b）完全网形网络

等效变换的原则是：变换前后网络的外部性能不变，也即每个与外部网络直接连接的节点 1，2，…，m 的节点电压不变，注入

电流不变。下面根据这些条件推导其变换公式。

在图 3 - 2（a）中，根据基尔霍夫定律可知

$$\sum_{k=1}^{m} \dot{I}_k = 0$$

或

$$\sum_{k=1}^{m} y_{kn}(\dot{U}_k - \dot{U}_n) = 0$$

所以

$$\dot{U}_n = \frac{\sum_{k=1}^{m} y_{kn}\dot{U}_k}{\sum_{k=1}^{m} y_{kn}} \tag{3-4}$$

根据等效变换的原则，如果保持变换前后节点 1，2，…，m 的电压不变，则从网络外部流向这些节点的电流也必须保持不变。对任一节点 i，有

$$y_{in}(\dot{U}_i - \dot{U}_n) = \sum_{\substack{k=1\\k\neq i}}^{m} y'_{ik}(\dot{U}_i - \dot{U}_k)$$

将式（3 - 4）代入上式可得

$$y_{in}\left(\dot{U}_i - \frac{\sum_{k=1}^{m} y_{kn}\dot{U}_k}{\sum_{k=1}^{m} y_{kn}}\right) = \sum_{\substack{k=1\\k\neq i}}^{m} y'_{ik}(\dot{U}_i - \dot{U}_k)$$

整理可得

$$y_{in}\frac{(\dot{U}_i - \dot{U}_k)\sum_{k=1}^{m} y_{kn}}{\sum_{k=1}^{m} y_{kn}} = \sum_{\substack{k=1\\k\neq i}}^{m} y'_{ik}(\dot{U}_i - \dot{U}_k)$$

当 $k=j$ 时，上式可得

$$y'_{ij} = \frac{y_{in}y_{jn}}{\sum_{k=1}^{m} y_{kn}} \tag{3-5}$$

这就是用导纳形式表示的星网变换公式。如果用支路阻抗表示，则为

$$Z'_{ij} = \frac{1}{y'_{ij}} = \frac{\sum_{k=1}^{m} y_{kn}}{y_{in}y_{jn}} = Z_{in}Z_{jn}\sum_{k=1}^{m}\frac{1}{Z_{kn}} \tag{3-6}$$

当 $m=3$ 时，式（3 - 6）就是常见的 Y→△变换公式。

3.2.3 利用网络的对称性化简

在实际电力系统中，可能遇到对称的网络，特别是发电厂的主接线和变电站的主接线更是如此。利用网络的对称性化简可使网络迅速得到简化。

在图 3 - 3（a）的网络中，如果所有发电机的电动势都为 E，电抗都为 X_G；所有变压器的高压侧、中压侧、低压侧的电抗分别为 X_{T1}、X_{T2}、X_{T3}；电抗器的电抗为 X_L，这样的网络对于某些短路点而言是对称的。图 3 - 3（b）是该系统的等效电路，对短路点 k1 和 k2 而言，网络是对称的。当短路点在 k1 点时，节点 a、b、c 的电位相等，节点 i、j、k 的电位也是相等的。因此，可以将节点 a、b、c 三点直接相连接，将 i、j、k 三点直接相连接，这样

就可简化为图 3 - 3（c）。由此可见，利用网络的对称性来化简网络是非常迅速的。

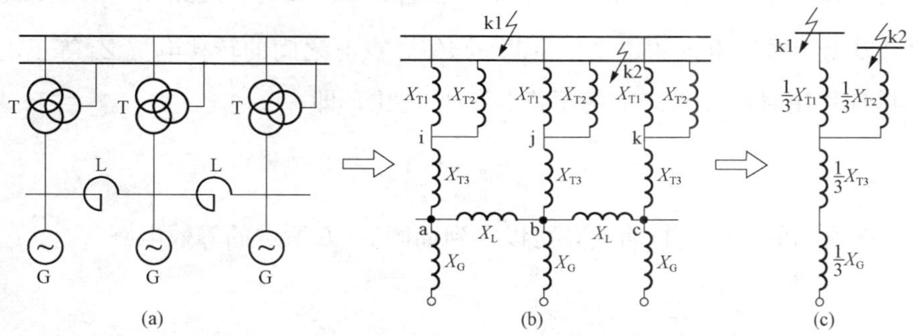

图 3 - 3　利用网络的对称性进行化简

（a）网络接线图；（b）等效电路图；（c）简化的等效电路

3.2.4　分裂电动势源法和分裂短路点法

分裂电动势源法是将连接在一个电源点上的各条支路拆开，分开后的各条支路分别连接在与原电动势源相等的电源点上。分裂短路点法是将连接在短路点的各支路拆开，拆开后的各支路仍带有原来的短路点。下面通过图 3 - 4 加以说明。

把 X_1 支路和 X_2 支路在电动势源点 E_1 拆开，分开后该两条支路的电动势源仍为 E_1；同样也可以将 X_3、X_4 两条支路分开，可以得到图 3 - 4（b）。然后把 X_5、X_6 两条支路在 k 点拆开，但 X_5、X_6 两条支路仍带有短路点 k，便可得到图 3 - 4（c）的两个独立的电路。以后对短路电流的计算就容易了。

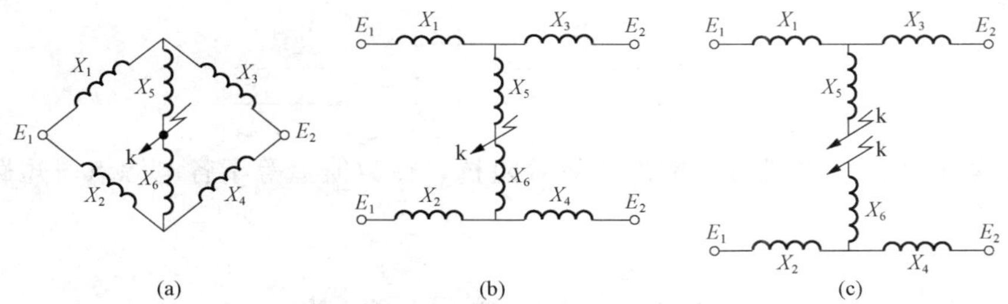

图 3 - 4　分裂电动势源法和分裂短路点法

（a）等效电路图；（b）分裂电动势源法后的等效电路；（c）分裂短路点后的等效电路

3.3　转移电抗和输入电抗

在复杂网络的简化中，如果消去除短路点和所有电源点之外的其他节点，将会得到如图 3 - 5 所示的等效电路。其中 Z_{1k}、Z_{2k}、…、Z_{mk} 称为电源点到短路点转移电抗。

根据叠加原理，在短路点 k 的短路总电流等于 m 个电源分别作用时向短路点提供的短路电流之和，即

$$\begin{aligned}\dot{I}_{k} &= \dot{I}_1+\dot{I}_2+\cdots+\dot{I}_i+\cdots+\dot{I}_m \\ &= \frac{\dot{E}_1}{Z_{1k}}+\frac{\dot{E}_2}{Z_{2k}}+\cdots+\frac{\dot{E}_i}{Z_{ik}}+\cdots+\frac{\dot{E}_m}{Z_{mk}}\end{aligned} \tag{3-7}$$

式（3 - 7）中，$\dot{I}_i=\dfrac{\dot{E}_i}{Z_{ik}}$是电源 i 单独作用而其他电源被短接时，短路点 k 的短路电流。从式（3 - 7）中可以得到转移电抗的定义：电源 i 与短路点 k 之间的转移电抗 Z_{ik} 等于电动势 $\dot{E}_i$ 与由 $\dot{E}_i$ 单独作用时在 k 点产生的短路电流 $\dot{I}_i$ 之比，即

$$Z_{ik}=\frac{\dot{E}_i}{\dot{I}_i} \tag{3 - 8}$$

对图 3 - 5 所示的网络进行简化，可以得到如图 3 - 6 所示的等效电路。

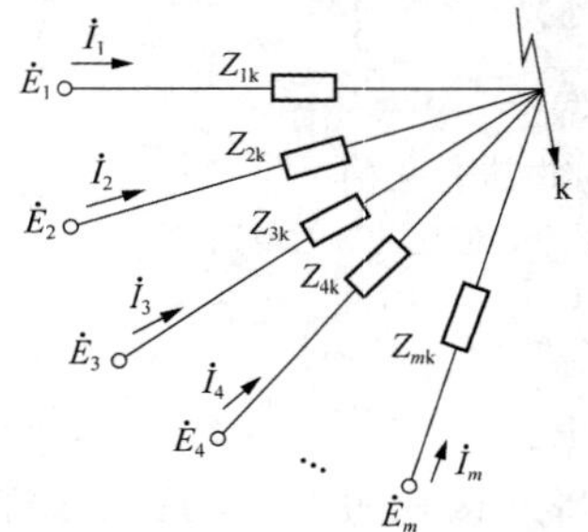

图 3 - 5 转移电抗

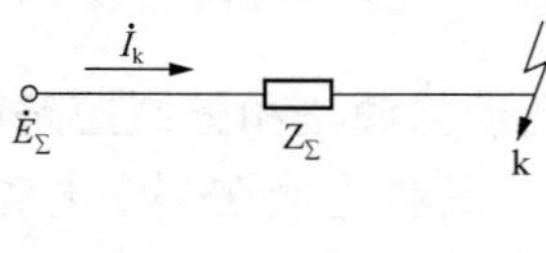

图 3 - 6 图 3 - 5 的等效电路

其短路电流为

$$\dot{I}_k=\frac{\dot{E}_\Sigma}{Z_\Sigma} \tag{3 - 9}$$

输入电抗为

$$Z_\Sigma=\frac{1}{\dfrac{1}{Z_{1k}}+\dfrac{1}{Z_{2k}}+\cdots+\dfrac{1}{Z_{ik}}+\cdots+\dfrac{1}{Z_{mk}}} \tag{3 - 10}$$

Z_Σ是从电源点与短路点看进去的网络的等效阻抗，在数值上等于各电源点对短路点的转移电抗的并联值。

3.4 电流分布系数

短路点的短路电流算出之后，还需要计算出电流在网络中的分布。从原理上讲，可以在逆着网络简化的步骤进行网络还原的过程中逐步计算出电流的分布。但在短路的实用计算中，利用电流分布系数是比较方便的。

3.4.1 电流分布系数的概念

在如图 3 - 5 所示的等效电路中，第 i 条有源支路向短路点提供的短路电流为

$$\dot{I}_i=\frac{\dot{E}_i}{Z_{ik}} \tag{3 - 11}$$

将式（3 - 11）除以式（3 - 9），并令其为电流分布系数 c_i，则

$$c_i=\frac{\dot{I}_i}{\dot{I}_k}=\frac{Z_\Sigma}{Z_{ik}} \tag{3 - 12}$$

电流分布系数的概念还可以作另一种理解。若令网络中所有电源的电动势都等于零，单

独在短路支路接入某种电动势后，使其产生一个单位的短路电流，则此时网络中任一支路的电流在数值上即等于该支路的电流分布系数。

电流分布系数是说明网络中电流分布情况的一种参数，它只同短路点的位置、网络的结构和参数有关。对于确定的短路点，网络中的电流分布是完全确定的。不仅电源支路，网络中所有支路都有完全确定的电流分布系数。电流分布系数实际上代表电流，它有方向性，并且符合基尔霍夫电流定律。

3.4.2　电流分布系数的计算

电流分布系数和转移阻抗的计算是密切联系的。对某些简单的网络，利用单位电流法可以同时算出电流分布系数和转移电抗。现以图 3 - 7 所示的网络为例加以说明。令网络中的电源电动势都等于零，单独在短路支路接入某种电动势 $\dot{E}_k$，使在 Z_1 支路上产生 1 个单位的电流，即 $\dot{I}_1=1$。于是有

$$\dot{U}_a=Z_1\dot{I}_1;\quad \dot{I}_2=\frac{\dot{U}_a}{Z_2}$$

$$\dot{I}_4=\dot{I}_1+\dot{I}_2;\quad \dot{U}_b=\dot{U}_a+Z_4\dot{I}_4$$

$$\dot{I}_3=\frac{\dot{U}_b}{Z_3}$$

$$\dot{I}_k=\dot{I}_3+\dot{I}_4;\quad \dot{E}_k=\dot{U}_b+Z_5\dot{I}_k$$

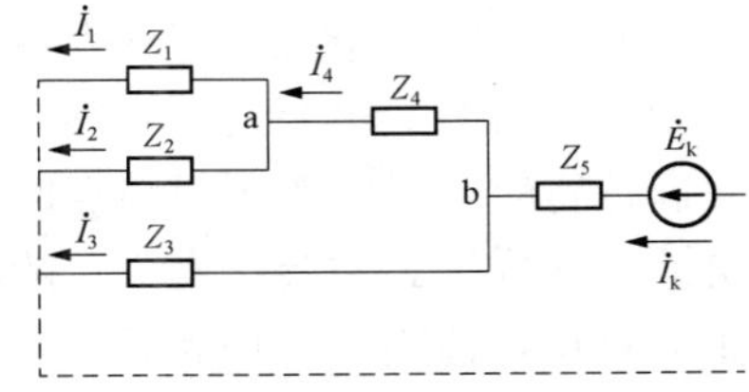

图 3 - 7　网络电流分布系数的计算

由此可以得出

$$Z_{k\Sigma}=\frac{\dot{E}_k}{\dot{I}_k};\quad C_1=\frac{\dot{I}_1}{\dot{I}_k};\quad C_2=\frac{\dot{I}_2}{\dot{I}_k};\quad C_3=\frac{\dot{I}_3}{\dot{I}_k}$$

$$Z_{1k}=\frac{Z_{k\Sigma}}{C_1};\quad Z_{2k}=\frac{Z_{k\Sigma}}{C_2};\quad Z_{3k}=\frac{Z_{k\Sigma}}{C_3}$$

在一般情况下，是通过网络化简算出转移电抗，然后通过网络还原逐步推出电流分布情况。下面以图 3 - 8 所示网络为例来加以说明。

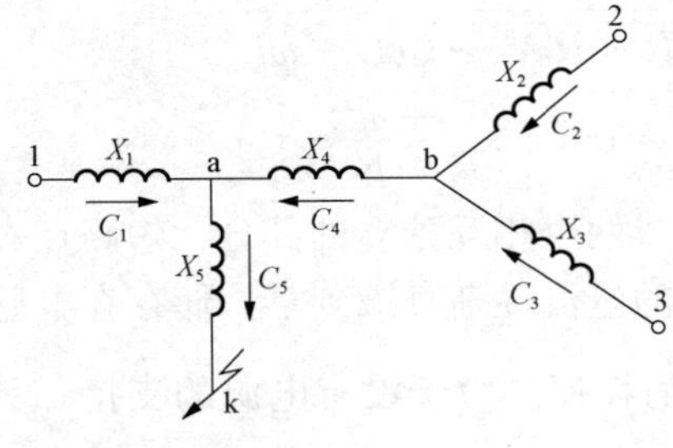

图 3 - 8　通过网络还原计算电流分布系数

第一步：求整个网络的输入电抗 $X_{k\Sigma}$

$$X_{k\Sigma}=(X_2\parallel X_3+X_4)\parallel X_1+X_5$$

第二步：将网络逐步还原，求出电流分布系数

$$C_1=\frac{X_2\parallel X_3+X_4}{X_1+(X_2\parallel X_3+X_4)}C_5$$

$$C_4=C_5-C_1=1-C_1$$

$$C_2=\frac{X_3}{X_2+X_3}C_4;\quad C_3=C_4-C_2$$

第 4 章 电力系统的三相短路

4.1 无穷大电源的三相短路

4.1.1 无穷大电源三相短路的暂态过程

在研究电力系统暂态过程时，为了简化计算，从而推导出工程上适用的短路电流计算公式，常常对某些电源的容量看作无穷大。由于电源的容量为无穷大，当外电路发生短路时引起的功率变化量与电源的容量相比可以忽略不计，网络中的有功功率和无功功率均能保持平衡。因此，无穷大电源具有两个特点：①电源的频率和电压保持不变；②电源的内阻为零。

当然，无穷大电源是一个虚拟的概念，真正的无穷大电源是不存在的。但当有多台发电机并联运行时，或电源距短路点的电气距离很近时，就可以将其等效电源近似地认为是无穷大电源。这样做当然会产生一定的误差，但在工程计算精度的要求范围之内。同时，将大大减少计算量，适用于工程计算，其计算值更倾向于安全。

图 4 - 1 是无穷大电源供电的三相电路，短路前电路处于稳态。由于电路三相对称，可以用单相交流电路来代替三相交流电路。

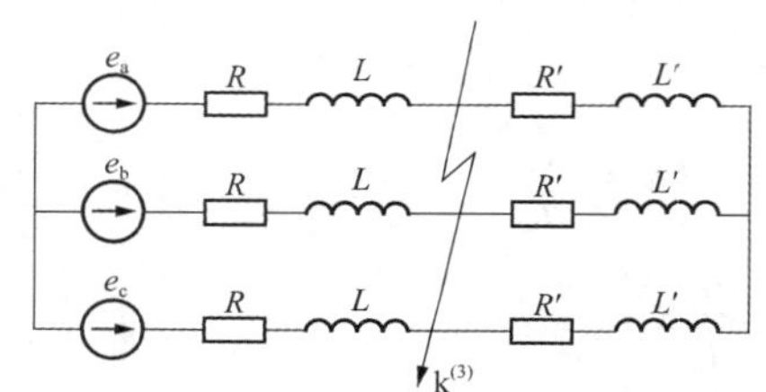

图 4 - 1 无穷大电源供电的三相电路突然短路

设 $e_a = E_m \sin(\omega t + \alpha)$

式中 ω——交流电源的角频率；

α——初相位，又称合闸角。

突然短路前电路处于稳态，其电流为

$$i_{a[0]} = I_{m[0]} \sin(\omega t + \alpha - \varphi_{[0]}) \qquad (4-1)$$

其中
$$I_{m[0]} = \frac{E_m}{\sqrt{(R+R')^2 + (\omega L + \omega L')^2}}$$

$$\varphi_{[0]} = \tan^{-1} \frac{\omega L + \omega L'}{R + R'}$$

当电路突然在 k 处发生三相短路时，网络被短路点分成两个相互独立的部分。短路点右侧的电路，其流过电感 L' 的电流由短路前瞬间（$t=0_-$）的电流逐渐衰减到零。储存在电感 L' 上的磁场能 $W = \frac{1}{2} L' i_{L(0-)}^2$ 全部以热能的形式在 R' 上消耗掉。由于没有电源的支持，其稳态电流为零。短路点左侧的电路，其电流由短路前瞬间（$t=0_-$）的电流逐渐过渡到以新的阻抗值（$R+jX_L$）所决定的电流，其暂态电流的计算如下（计算暂态电流的等效电路如图 4 - 2 所示）。

根据基尔霍夫电压定律可得

$$Ri_a + L\frac{di_a}{dt} = E_m \sin(\omega t + \alpha) \qquad (4-2)$$

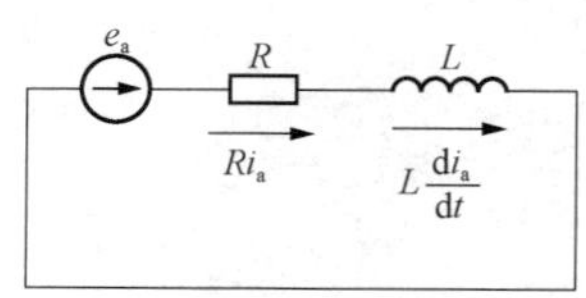

图 4 - 2 短路后的等效电路

式（4 - 2）是一阶非齐次微分方程，其通解为

通解 i_a 为一阶非齐次微分方程的一个特解 i'_a 和所对应的齐次方程的通解 i''_a,之和,即 $i_a = i'_a + i'^1_a$。

对于一阶非齐次方程的一个特解，可以取短路后 $t\to\infty$ 时的电路电流，也即电路的稳态电流

$$i'_{a}=I_{m}\sin(\omega t+\alpha-\varphi)$$

其中

$$I_{m}=\frac{E_{m}}{\sqrt{R^{2}+(\omega L)^{2}}}$$

$$\varphi=\tan^{-1}\frac{\omega L}{R}$$

式（4 - 2）所对应的齐次方程为

$$Ri_{a}+L\frac{\mathrm{d}i_{a}}{\mathrm{d}t}=0$$

所以

$$i''_{a}=c\mathrm{e}^{-\frac{R}{L}t}=c\mathrm{e}^{-\frac{t}{T_{a}}}$$

式中　c——积分常数，待定；

T_{a}——电流中自由分量衰减的时间常数，$T_{a}=-\dfrac{L}{R}$。

因此，式（4 - 2）的通解为

$$i_{a}=i'_{a}+i''_{a}=I_{m}\sin(\omega t+\alpha-\varphi)+c\mathrm{e}^{-\frac{t}{T_{a}}} \tag{4 - 3}$$

又因为 $i_{a(0-)}=i_{a(0+)}$，有

$$I_{m[0]}\sin(\alpha-\varphi_{[0]})=I_{m}\sin(\alpha-\varphi)+c$$

所以

$$c=I_{m[0]}\sin(\alpha-\varphi_{[0]})-I_{m}\sin(\alpha-\varphi)$$

将待定系数代入式（4 - 3）可得短路全电流为

$$i_{a}=I_{m}\sin(\omega t+\alpha-\varphi)+[I_{m[0]}\sin(\alpha-\varphi_{[0]})-I_{m}\sin(\alpha-\varphi)]\mathrm{e}^{-\frac{t}{T_{a}}} \tag{4 - 4}$$

将式（4 - 4）中的 α 全部置换成 $\alpha-120°$ 后，其电流为 i_{b}；将 α 全部置换成 $\alpha+120°$ 后，其电流为 i_{c}，也即

$$\left.\begin{aligned}i_{b}&=I_{m}\sin(\omega t+\alpha-120°-\varphi)+[I_{m[0]}\sin(\alpha-120°-\varphi_{[0]})-I_{m}\sin(\alpha-120°-\varphi)]\mathrm{e}^{-\frac{t}{T_{a}}}\\ i_{c}&=I_{m}\sin(\omega t+\alpha+120°-\varphi)+[I_{m[0]}\sin(\alpha+120°-\varphi_{[0]})-I_{m}\sin(\alpha+120°-\varphi)]\mathrm{e}^{-\frac{t}{T_{a}}}\end{aligned}\right\} \tag{4 - 5}$$

从式（4 - 4）和式（4 - 5）中可以看出，短路电流实际上包括两个分量：一个是周期分量，即稳态短路电流，它是短路电流中的强迫分量，其幅值 I_{m} 取决于电源电动势的幅值和电路参数。在整个暂态过程中，周期分量的幅值是不衰减的，并且 a、b、c 三相的周期分量对称。另一个分量称为非周期分量（或直流分量），它是短路电流中的自由分量，这非周期分量产生的原因是保证在短路前瞬间（$t=0_{-}$）和短路后瞬间（$t=0_{+}$）通过电感的电流不变。它是按指数形式衰减的。即使在三相短路中，a、b、c 三相的非周期分量不仅不对称，而且不相等，经过几个周期后衰减为零。

三相短路时的短路全电流的波形图如图 4 - 3 所示。

短路电流各分量之间的关系也可以用相量图表示（见图 4 - 4）。图中旋转相量 $\dot{E}_{m}$、$\dot{I}_{m[0]}$ 和 $\dot{I}_{pm}$ 在静止的时间轴 t 上的投影分别代表电源电动势、短路前电流和短路后周期分量的瞬时值。图中所示是 $t=0$ 时的情况。此时，短路前电流相量 $\dot{I}_{m}$ 在时间轴上的投影为 $I_{m}\sin(\alpha-\varphi_{[0]})$，而短路后的周期分量 $\dot{I}_{pm}$ 的投影则为 $I_{pm}\sin(\alpha-\varphi)$。

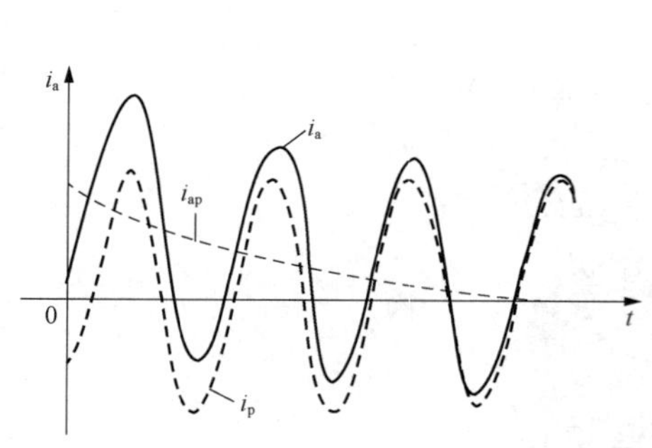

图 4 - 3 短路全电流波形图

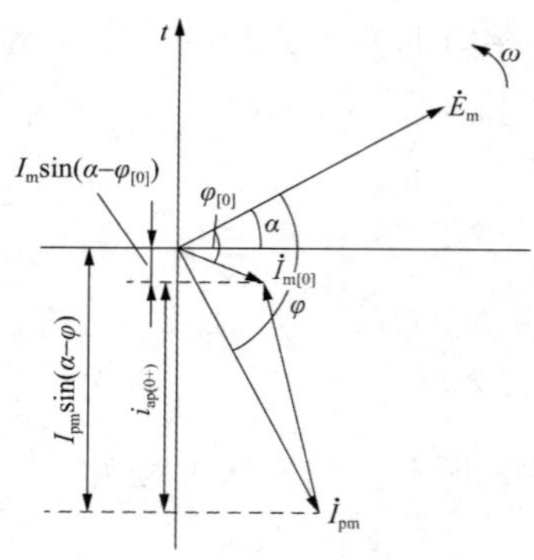

图 4 - 4 三相短路时的相量图

一般情况下，$I_{m[0]}\sin(\alpha-\varphi_{[0]})\neq I_{pm}\sin(\alpha-\varphi)$，为了保证电感中电流在短路瞬间不发生突变，电路中必须产生一个非周期自由电流，它的初始值应为 $I_{m[0]}\sin(\alpha-\varphi_{[0]})$ 与 $I_{pm}\sin(\alpha-\varphi)$ 之差。在相量图中短路发生瞬间的相量差 $\dot{I}_m-\dot{I}_{pm}$ 在时间轴 t 上的投影，就是非周期电流分量的初始值 $i_{ap}(0+)$。由此可见，非周期分量初值的大小同短路发生的时刻有关，亦即与短路发生时电源电动势的合闸角 α 有关。当相量差 $\dot{I}_{m[0]}-\dot{I}_{pm}$ 与时间轴 t 平行时，$i_{ap}(0+)$ 最大；当相量差 $\dot{I}_{m[0]}-\dot{I}_{pm}$ 与时间轴 t 垂直时，$i_{ap}(0+)=0$，为最小。在后一种情况下，非周期电流不存在，在短路发生瞬间，短路前电流的瞬时值刚好等于短路后周期分量的瞬时值，电路从一种稳态直接进入另一种稳态，而不经过过渡过程。以上所讨论的是一相的情况，对于其他两相也可做类似的分析。由于 a、b、c 三相电流的初相位不相等，非周期分量为最大值（或零值）的情况不可能在三相中同时出现，只可能在某一相中出现。

4.1.2 短路冲击电流

短路电流中最大可能的瞬时值，称为短路冲击电流，记为 i_{im}。

当电路的参数已知时，短路电流周期分量的幅值是一定的。而短路电流的非周期分量则是按指数规律单调衰减的直流电。因此，非周期分量的初始值越大，暂态过程中短路全电流的最大可能的瞬时值也越大。由相量图 4 - 4 可知，非周期电流的初始值 $i_{ap}(0+)$ 是相量差 $\dot{I}_{m[0]}-\dot{I}_{pm}$ 在时间轴 t 上的投影。使 $i_{ap}(0+)$ 为最大值的条件为：①相量差 $\dot{I}_{m[0]}-\dot{I}_{pm}$ 有最大可能值；②相量差 $\dot{I}_{m[0]}-\dot{I}_{pm}$ 在 $t=0$ 时与时间轴平行。也就是说，当电路的参数已知时，$i_{ap}(0+)$ 既同短路前电路的情况有关，又同短路时刻有关。在感性电路中，符合上述条件的情况是：①短路前空载（$I_{m[0]}=0$）；②合闸角 $\alpha=0°$。而实际电力系统接近于纯感性电路（$R\ll X$），所以近似地认为其阻抗角 $\varphi\approx 90°$。根据这些条件，短路全电流 i_a 可写成

$$\begin{aligned}i_a&=I_m\sin(\omega t+0°-90°)+[0-I_m\sin(-90°)]e^{-\frac{t}{T_a}}\\&=I_m\sin(\omega t-90°)+I_m e^{-\frac{t}{T_a}}\end{aligned}$$

短路冲击电流的波形如图 4 - 5 所示。由图可见，短路电流的最大瞬时值，即短路冲击电流，在短路发生后半个周期出现。若 $f=50$Hz，这个时间为 0.01s，由此可得冲击电流的计算式为

$$\begin{aligned} i_{im} &= I_m \sin\left(\frac{2\pi}{T} \times \frac{T}{2} - \frac{\pi}{2}\right) + I_m e^{-\frac{0.01}{T_a}} \\ &= I_m + I_m e^{-\frac{0.01}{T_a}} \\ &= (1 + e^{-\frac{0.01}{T_a}}) I_m \\ &= K_{im} I_m \end{aligned} \tag{4-6}$$

式（4 - 6）中的 $K_{im} = 1 + e^{-\frac{0.01}{T_a}}$，称为短路冲击系数。

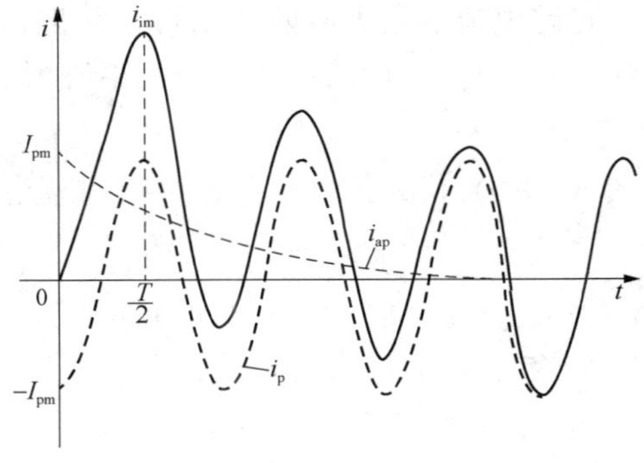

图 4 - 5　短路冲击电流 i_{im}

下面对 K_{im} 进行讨论：

（1）对纯电阻性电路，$T_a = \frac{L}{R} = 0$，这时 $K_{im}=1$；

（2）对纯电感性电路，$T_a = \frac{L}{R} = \infty$，这时 $K_{im}=2$；

（3）对实际电网而言，$X \gg R$，比较接近于纯电感性电路，因此 K_{im} 接近于 2。

当短路点在发电机机端时，工程计算中可取 $K_{im}=1.9$；

当短路点在发电厂高压母线时，工程计算中可取 $K_{im}=1.85$；

当短路发生在一般位置时，工程计算中可取 $K_{im}=1.8$。

（4）如果要准确计算 K_{im}，应首先计算出短路点的等效电阻和等效电抗，求出 T_a 的准确值，然后代入 $K_{im} = 1 + e^{-\frac{0.01}{T_a}}$ 计算可得。这种算法计算量极大，不适用。

4.1.3　短路电流的有效值

在短路过程中，任一时刻 t 的短路电流有效值 I_t，是指以时刻 t 为中心的一个周期内瞬时电流的均方根值，即

$$I_t = \sqrt{\frac{1}{T}\int_{t-\frac{T}{2}}^{t+\frac{T}{2}} i_t^2 \mathrm{d}t} = \sqrt{\frac{1}{T}\int_{t-\frac{T}{2}}^{t+\frac{T}{2}} (i_{pt} + i_{apt})^2 \mathrm{d}t} \tag{4-7}$$

式中　i_t、i_{pt}、i_{apt}——分别为 t 时刻短路电流、它的周期分量和非周期分量的瞬时值。

非周期分量电流是随时间衰减的。在实际电力系统中，短路电流周期分量的幅值，只有当由无穷大电源供电时才是恒定的，而在一般情况下也是衰减的（见图 4 - 6），利用式(4 - 7)进行计算是相当复杂的。为了简化计算，假定非周期分量电流在以时刻 t 为中心的一个周期内恒定不变，因而它在时刻 t 的有效值即等于它的瞬时值，即

$$I_{apt} = i_{apt}$$

对于周期分量电流，也认为它在所计算的周期内的幅值是恒定不变的，其幅值等于由周期电流包络线所确定的 t 时刻的幅值。因此，t 时刻的周期电流有效值应为

$$I_{pt} = \frac{I_{pmt}}{\sqrt{2}}$$

根据上面假定的条件，式（4 - 7）就可以简化为

$$I_t = \sqrt{I_{pt}^2 + I_{apt}^2} \tag{4-8}$$

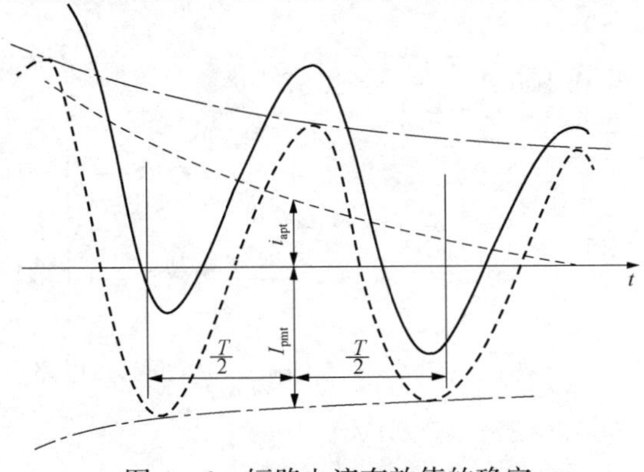

图 4 - 6　短路电流有效值的确定

短路电流的最大有效值出现在短路后的第一个周期。在最不利的情况下发生短路时有 $i_{ap}(0+) = I_{pm}$，而第一个周期的中心为 $t=0.01\text{s}$，这时非周期分量的有效值为

$$I_{apt} = I_{pm}e^{-\frac{0.01}{T_a}} = (K_{im}-1)I_{pm} \tag{4-9}$$

将式（4-9）代入式（4-8）可得到短路电流最大有效值 I_{im} 为

$$I_{im} = \sqrt{I_{pt}^2 + [(K_{im}-1)\sqrt{2}I_{pt}]^2} = I_{pm}\sqrt{1+2(K_{im}-1)^2} \tag{4-10}$$

当 $K_{im}=1.9$ 时，$I_{im}=1.62I_p$；

当 $K_{im}=1.85$ 时，$I_{im}=1.56I_p$；

当 $K_{im}=1.80$ 时，$I_{im}=1.52I_p$。

短路全电流有效值主要用于校验断路器的开断能力。

4.1.4　短路功率

短路功率等于短路电流 I_t 与短路处的平均额定电压 U_{av} 的乘积，用公式可表示为

$$S_t = \sqrt{3}U_{av}I_t \tag{4-11}$$

如果用标幺值表示，则为

$$S_{t*} = \frac{\sqrt{3}U_{av}I_t}{\sqrt{3}U_0I_0} = \frac{I_t}{I_0} = I_{t*} \tag{4-12}$$

把短路功率定义为短路电流和平均额定电压的乘积，这是因为断路器要切断这样大的电流；另外，在断路器断流时，其动、静触头应该承受工作电压的作用。在短路的实用计算中，经常只用周期分量电流计算短路功率。

短路功率主要用来校验断路器的切断能力。

【例 4-1】　某电力系统如图 4-7 所示。其参数如下：

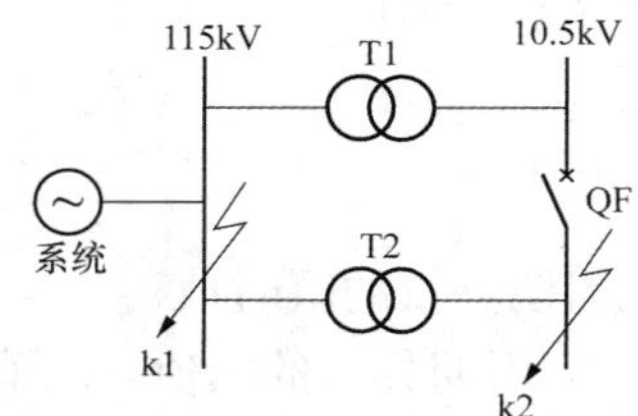

图 4-7　［例 4-1］系统图

当短路发生在 k1 点时，短路功率 $S_{k1}=500\text{MVA}$，变压器 T1 和 T2 的容量 31.5MVA，$U_k\%=10.5$，求在下列两种运行方式下，在 k2 点发生短路时的短路功率。

（1）断路器 QF 合闸后；

（2）断路器 QF 跳闸后。

解　设 $S_0=500\text{MVA}$，$U_0=U_{av}$，则

系统 S 的等效电抗　　$X_S = \frac{S_0}{S_{k1}} = \frac{500}{500} = 1$

变压器 T1、T2 的等效电抗

$$X_{T1} = X_{T2} = \frac{U_k\%}{100} \times \frac{S_0}{S_{Tn}} = 0.105 \times \frac{500}{31.5} = 1.67$$

该系统的等效电路如图 4-8 所示。

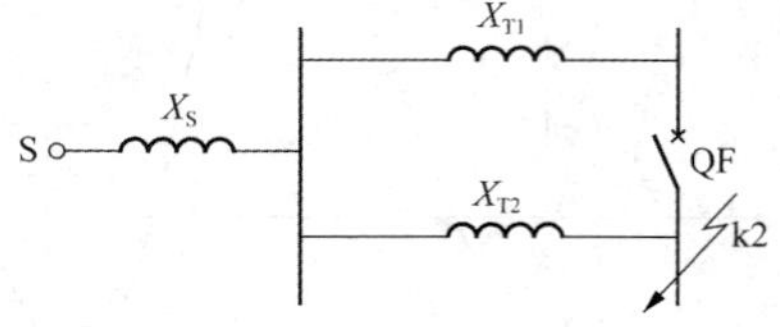

图 4-8　［例 4-1］的等效电路

（1）当 QF 合闸后

$$X_\Sigma = X_S + X_{T1} \parallel X_{T2} = 1 + 0.835 = 1.835$$

$$S_{k2*} = I_{k2*} = \frac{1}{1.835} = 0.545$$

有名值为

$$S_{k2} = S_{k2*}S_0 = 0.545 \times 500 = 272.45(\text{MVA})$$

（2）当 QF 跳闸后

$$X_{\Sigma}=X_{S}+X_{T2}=1+1.67=2.67$$

$$S_{k2*}=I_{k2*}=\frac{1}{2.67}=0.375$$

有名值为 $$S_{k2}=S_{k2*}S_{0}=0.375\times500=187.27(\mathrm{MVA})$$

4.2　三相短路电流的实用计算

本节介绍起始次暂态电流和短路冲击电流的实用计算。

起始次暂态电流就是短路电流周期分量的初始值。只要把系统中所有的元件都用其次暂态参数表示，次暂态电流的计算就同稳态电流的计算一样了。系统中所有静止元件的次暂态参数与其稳态参数相同，而旋转元件的次暂态参数则不同于其稳态参数。

在突然短路瞬间，同步电机（包括同步电动机和调相机）的次暂态电动势保持短路发生前瞬间的数值不变。发电机的电压方程式为

$$\dot{E}''_{0}=\dot{E}_{[0]}=\dot{U}_{[0]}+\mathrm{j}X''\dot{I}_{[0]}$$

其相量图如图 4 - 9 所示。在数值上近似地取

$$E''_{0}\approx U_{[0]}+X''I_{[0]}\sin\varphi_{[0]} \qquad (4-13)$$

式中　$\dot{E}_{[0]}$、$\dot{E}''_{0}$——短路前瞬间、短路后瞬间发电机的次暂态电动势；

$U_{[0]}$、$I_{[0]}$、$\varphi_{[0]}$——短路前瞬间的电压、电流和功率因数角。

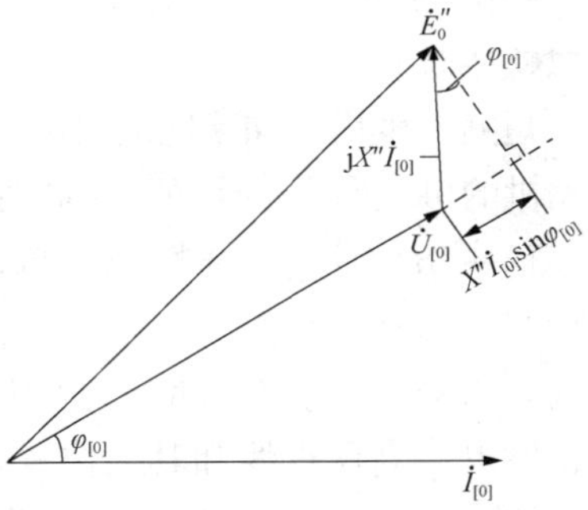

图 4 - 9　同步电机的相量图

在实用计算中，汽轮发电机和有阻尼绕组的凸极机的次暂态电抗可以取 $X''=X''_{d}$；无阻尼绕组的电机，由于转子铁芯的阻尼作用，也存在着次暂态状态，可以近似地认为 $X''=(0.75\sim0.9)X_{d}$。

假定发电机在短路前正常满载运行，也即 $U_{[0]}=1, I_{[0]}=1, \cos\varphi_{[0]}=0.85, X''=0.13$，则有

$$E''_{0}=1+0.13\times1\times\sqrt{1^{2}-0.85^{2}}=1.07$$

如果不能确切知道同步发电机短路前的运行参数，可取 $E''_{0}=1.05\sim1.1$ 。在电力系统的近似估算中，可直接取 $E''_{0}=1$。

电力系统的负荷中包含有大量的异步电动机。在正常运行情况下，异步电动机转差率很小（$s=2\%\sim5\%$），可以近似地将异步电动机当作同步运行。根据短路间转子绕组磁链守恒定则可知，异步电动机也可以有一个与转子绕组的总磁链成正比的次暂态电动势以及相应的次暂态电抗。异步电动机的次暂态电抗可以近似地计算为

$$X''_{M}=\frac{1}{I_{st}} \qquad (4-14)$$

式中的 I_{st} 是异步电动机的启动电流的标幺值。一般情况下可取 $I_{st}=5\sim7$，则 $X''_{M}=0.2$（在 $I_{st}=5$ 时）。由于异步电动机不可能直接接在电网上，而是通过配电变压器和馈线相连接，配电变压器和馈线的电抗的标幺值可取经验数据（归算到异步电动机为 0.15）。因此，异步电动机到电网的电抗应为

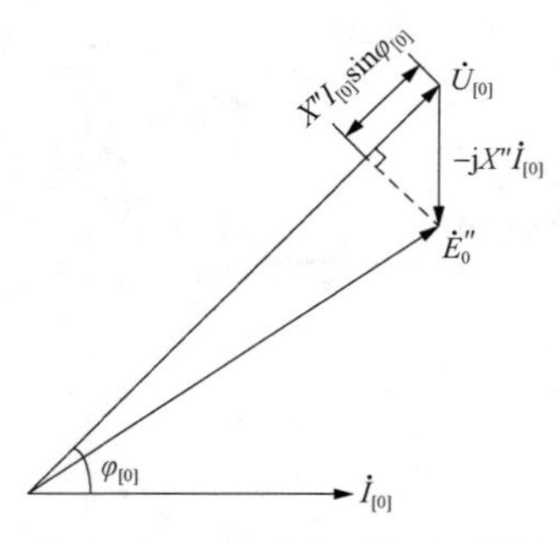

图 4－10 异步电动机相量图

$$X'' = 0.2 + 0.15 = 0.35$$

根据异步电动机的电压方程式

$$\dot{E}''_0 = \dot{E}''_{[0]} = \dot{U}_{[0]} - jX''I''_{[0]}$$

异步电动机的相量图如图 4－10 所示。在数值上近似地取

$$E''_0 \approx U_{[0]} - X''I_{[0]}\sin\varphi_{[0]} \tag{4-15}$$

式中 $\dot{E}''_0$、$\dot{E}''_{[0]}$——短路前瞬间、短路后瞬间异步电动机的次暂态电抗；

$U_{[0]}$、$I_{[0]}$、$\varphi_{[0]}$——短路前瞬间的电压、电流和功率因数角。

假定异步电动机在短路前正常满载运行，也即

$$U_{[0]} = 1, I_{[0]} = 1, \cos\varphi_{[0]} = 0.8, X'' = 0.35$$

则有

$$E''_0 \approx 1 - 0.35 \times 1 \times \sqrt{1-0.8^2} \approx 0.8$$

由于配电网络中电动机的数目很多，要查明它们在短路前的运行状态是困难的。又因为电动机向短路点提供的短路电流数值不大，所以在短路电流的实用计算中，对于直接接在短路点的电动机，才按照 $E''_0 = 0.8$、$X'' = 0.35$ 的有源支路来处理；而对其他的异步电动机，可忽略不计。

短路发生后，如果电动机端的残压大于 E''_0，则此时的电动机的工作性质仍是负载。如果电动机的机端残压小于 E''_0，此时电动机的工作性质是临时电源，它向短路点提供短路电流。

在实用计算中，短路点的短路冲击电流 i_{im} 为

$$i_{im} = K_{im}\sqrt{2}I'' + K_{imLD}\sqrt{2}I''_{LD} \tag{4-16}$$

式（4－16）中的第一部分为发电机向短路提供的短路冲击电流。当短路点分别在发电机机端、发电厂高压母线和其他位置时，K_{im}应分别取 1.90、1.85、1.80。

式（4－16）中的第二部分为负荷向短路点提供的短路冲击电流。负荷的短路电流冲击系数的取值如下：

对于小容量的电动机和综合负荷，$K_{imLD}=1$；

容量为 200～500kW 的异步电动机，$K_{imLD}=1.3$～1.5；

容量为 500～1 000kW 的异步电动机，$K_{imLD}=1.5$～1.7；

容量为1 000kW 以上的异步电动机，$K_{imLD}=1.7$～1.8。

同步电动机和调相机的冲击系数和相同容量的同步发电机大致相等。

【例 4－2】 试计算图 4－11 所示的电力系统在 k 点发生三相短路时的短路冲击电流 i_{im}。

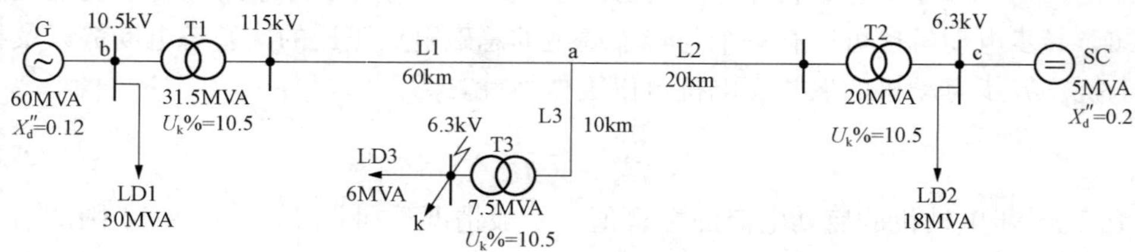

图 4－11 电力系统图

解　先精确计算。将全部负荷计入，以电抗为 0.35，电动势为 0.8 的有源支路表示。

（1）取 $S_0=100\text{MVA}$，$U_0=U_{av}$。计算等效网络见图 4 - 12。

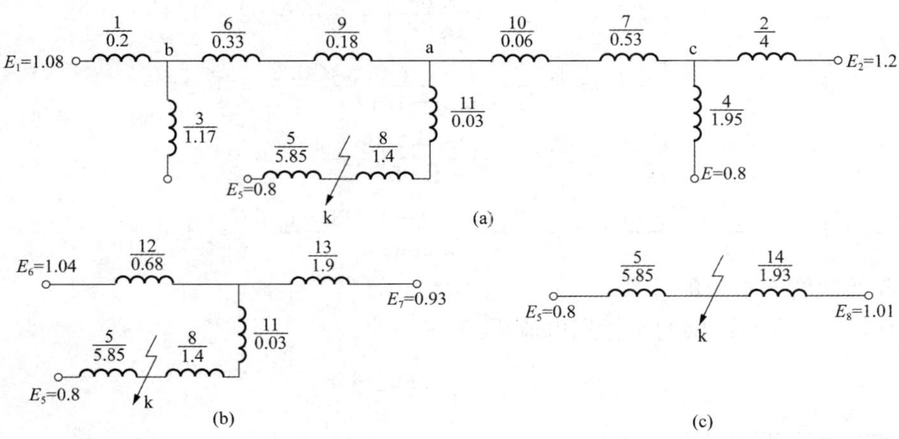

图 4 - 12　［例 4 - 2］的电力系统等效网络化简过程图

各元件参数计算如下：

汽轮发电机　$x_1=0.12\times\dfrac{100}{60}=0.2$

同步调相机　$x_2=0.2\times\dfrac{100}{5}=4$

负荷 LD1　$x_3=0.35\times\dfrac{100}{30}=1.17$

负荷 LD2　$x_4=0.35\times\dfrac{100}{18}=1.95$

负荷 LD3　$x_5=0.35\times\dfrac{100}{6}=5.85$

变压器 T1　$x_6=0.105\times\dfrac{100}{31.5}=0.33$

变压器 T2　$x_7=0.105\times\dfrac{100}{20}=0.53$

变压器 T3　$x_8=0.105\times\dfrac{100}{7.5}=1.4$

线路 L1　$x_9=0.4\times60\times\dfrac{100}{115^2}=0.18$

线路 L2　$x_{10}=0.4\times20\times\dfrac{100}{115^2}=0.06$

线路 L3　$x_{11}=0.4\times10\times\dfrac{100}{115^2}=0.03$

（2）进行网络化简

$$x_{12}=(x_1\parallel x_3)+x_6+x_9=\frac{0.2\times1.17}{0.2+1.17}+0.33+0.18=0.68$$

$$x_{13}=(x_2 \parallel x_4)+x_7+x_{10}=\frac{4\times 1.95}{4+1.95}+0.53+0.06=1.9$$

$$x_{14}=(x_{12} \parallel x_{13})+x_{11}+x_8=\frac{0.68\times 1.9}{0.68+1.9}+0.03+1.4=1.93$$

$$E_6=\frac{E_1x_3+E_3x_1}{x_1+x_3}=\frac{1.08\times 1.17+0.8\times 0.2}{0.2+1.17}=1.04$$

$$E_7=\frac{E_2x_4+E_4x_2}{x_2+x_4}=\frac{1.2\times 1.95+0.8\times 4}{4+1.95}=0.93$$

$$E_8=\frac{E_6x_{13}+E_7x_{12}}{x_{12}+x_{13}}=\frac{1.04\times 1.9+0.93\times 0.68}{0.68+1.9}=1.01$$

（3）起始次暂态电流的计算：

由变压器 T3 方面提供的次暂态电流为

$$I''=\frac{E_8}{x_{14}}=\frac{1.01}{1.93}=0.524$$

由负荷 LD3 提供的次暂态电流为

$$I''_{LD3}=\frac{E_5}{x_5}=\frac{0.8}{5.85}=0.137$$

（4）短路冲击电流的计算：为了判断负荷 LD1、LD2 是否向短路点提供冲击电流，先验算节点 b、c 的残余电压。

a 点的残余电压为

$$U_a=(x_8+x_{11})I''=(1.4+0.03)\times 0.524=0.75$$

线路 L1 的电流为

$$I''_{L1}=\frac{E_6-U_a}{x_{12}}=\frac{1.04-0.75}{0.68}=0.427$$

线路 L2 的电流为

$$I''_{L2}=I''-I''_{L1}=0.524-0.427=0.097$$

b 点的残余电压为

$$U_b=U_a+(x_9+x_6)I''_{L1}=0.75+(0.18+0.33)\times 0.427=0.97$$

c 点的残余电压为

$$U_c=U_a+(x_{10}+x_7)I''_{L2}=0.75+(0.06+0.53)\times 0.097=0.807$$

因为 U_b 和 U_c 都高于 0.8，所以负荷 LD1、LD2 不会变成电源向短路点供电。因此，由变压器 T3 方面来的短路电流都是发电机和调相机提供的，可取 $K_{im}=1.8$；而负荷 LD 提供的短路电流取 $K_{imLD}=1$。

短路处的电压级的基准电流为

$$I_0=\frac{S_0}{\sqrt{3}U_{av}}=\frac{100}{\sqrt{3}\times 6.3}=9.2(\text{kA})$$

短路处的短路冲击电流为

$$\begin{aligned}i_{im}&=(1.8\times\sqrt{2}I''+\sqrt{2}I''_{LD3})\times I_0\\&=(1.8\times\sqrt{2}\times 0.524+\sqrt{2}\times 0.137)\times 9.2=14.08(\text{kA})\end{aligned}$$

下面进行工程计算（简化计算）：

考虑到负荷 LD1 和 LD2 离短路点较远，可将它们略去不计。将同步发电机和调相的次暂态电动势均取为 $E''=1$。此时的等效网络如图 4－13 所示。

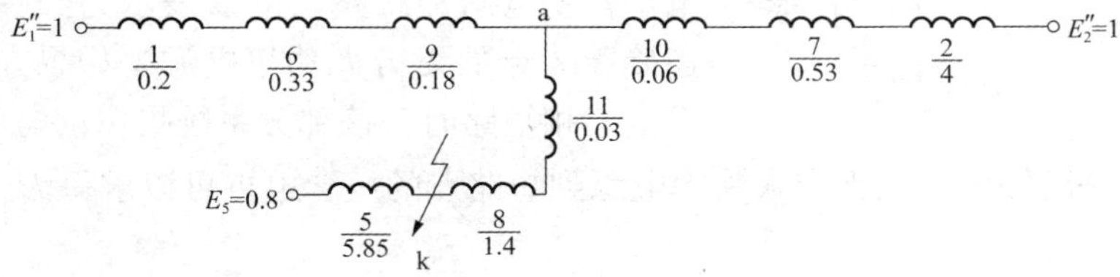

图 4－13　[例 4－2] 简化计算的等效网络图

此时网络（除 LD3 之外）对短路点的组合电抗为

$$
\begin{aligned}
x_{14} &= [(x_1+x_6+x_9) \parallel (x_2+x_7+x_{10})]+x_{11}+x_8 \\
&= [(0.2+0.33+0.18) \parallel (4+0.53+0.06)]+0.03+1.4=2.04
\end{aligned}
$$

因而由变压器 T3 方面提供的短路电流为

$$I''=\frac{1}{2.04}=0.49$$

短路处的短路冲击电流为

$$
\begin{aligned}
i_{\mathrm{im}} &= (1.8\times\sqrt{2}I''+\sqrt{2}I''_{\mathrm{LD3}})\times I_0 \\
&= (1.8\times\sqrt{2}\times 0.49+\sqrt{2}\times 0.137)\times 9.2=12.28(\mathrm{kA})
\end{aligned}
$$

这个数值较前面的精确计算约小 6%。因此，在工程计算中，采用这种简化计算是完全容许的。

4.3　短路电流周期分量的近似估算

在短路电流的近似估算中，可以假设短路支路连接到无穷大功率电源。所谓无穷大功率电源，就是内阻抗为零的恒定电动势源。无论外界情况如何，它的端电压始终是恒定的。因此，短路电流周期分量的幅值是恒定的，只有非周期分量才是衰减的。

计算时略去负荷，算出网络中电源对短路点的组合电抗的标幺值 $X_{\mathrm{k}\Sigma *}$，而电源的电动势通常取为 $U_*=1$。由此得出短路电流的周期分量为

$$I_{\mathrm{kp}*}=\frac{1}{X_{\mathrm{k}\Sigma *}} \tag{4-17}$$

相应的短路功率为

$$S_{\mathrm{kp}*}=I_{\mathrm{kp}*}=\frac{1}{X_{\mathrm{k}\Sigma *}} \tag{4-18}$$

这样算出的短路电流（或短路功率）要比实际值大些。但是它们的差别随着与短路点的距离的增大而迅速减少。因为短路点越远，假设的电源电压恒定条件就越接近于实际情况，尤其是当发电机装有自动励磁调节器的时候。

利用这种简化的算法，可以对短路电流（或短路功率）的最大可能值作出近似的估计。

在计算电力系统的某个发电厂（或变电站）内的短路电流时，往往缺乏整个系统的详细数据。在这种情况下，可以将整个系统（该发电厂或变电站除外）或它的某一部分看作是一

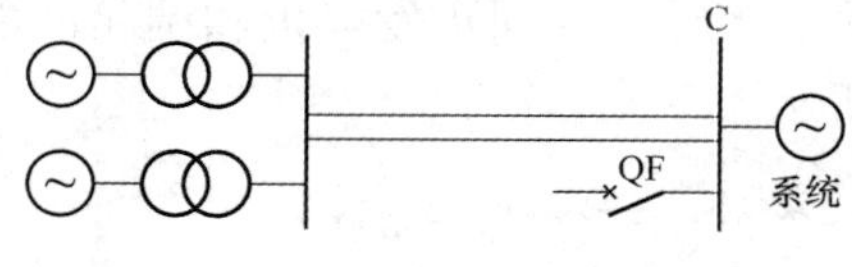

图 4 - 14　电力系统图

个由无穷大功率电源供电的网络。例如，图 4 - 14 的电力系统中，母线 c 的右侧的部分实际上包含许多发电厂、变电站和线路，可以表示为经一定的电抗 X_{ks} 连接于 c 点的无穷大功率电源。如果在网络中母线 c 发生三相短路时，该部分系统提供的短路电流 I_{ks}（或短路功率 S_{ks}）是已知的，则无穷大功率电源到短路点的组合电抗可以求得为

$$X_{ks*}=\frac{I_0}{I_{ks}}=\frac{S_0}{S_{ks}} \tag{4-19}$$

式（4 - 19）是以 S_0 为基准功率的电抗的标幺值。

如果连上述短路电流的数值也不知道，那么，还可以从与该部分系统连接的断路器的容量得到极限利用的条件来近似计算系统的电抗。

【例 4 - 3】　在如图 4 - 15 所示的电力系统中，三相短路发生在 k 点，试求短路发生时的短路冲击电流。已知参数如下：A、B、C 为三个等值电源，S_A＝75MVA，X_A＝0.380；S_B＝535MVA，X_B＝0.304（以它们的额定容量和 U_{av} 为基准的标幺值）；C 的容量不详，只知装设在母线上的断路器 QF 的最大遮断容量为3500MVA。线路 L1、L2、L3 长度分别为 10、5、24km，电抗为 0.4Ω/km。

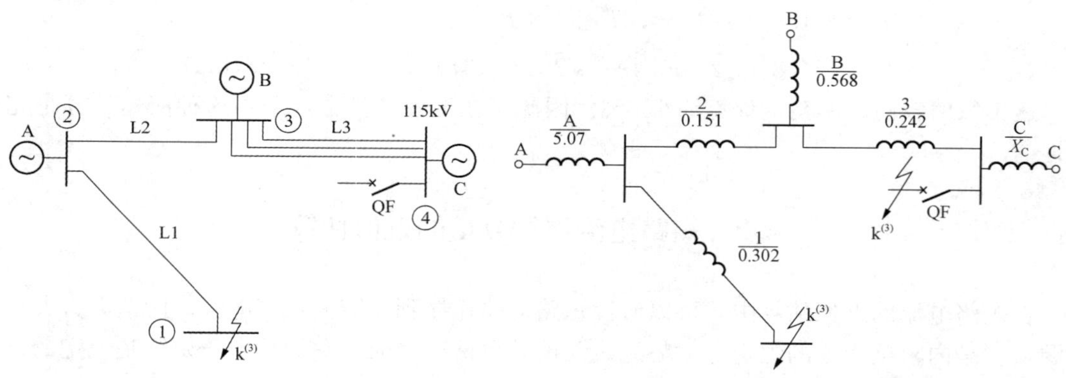

图 4 - 15　［例 4 - 3］系统图　　　　图 4 - 16　［例 4 - 3］的等效电路图

解　取 S_0＝1 000MVA，$U_0=U_{av}$，计算系统各元件的标幺值，并标入图 4 - 16 所示的等效电路中。

为了求取电源 C 的等效电抗，首先虚拟三相短路发生在断路器 QF 的后方。

A、B 两电源到虚拟短路点的转移电抗为

$$\begin{aligned}X_{ABk}&=[(X_A+x_2)\parallel X_B]+x_3\\&=[(5.07+0.151)\parallel 0.568]+0.242\\&=0.754\end{aligned}$$

则 A、B 两电源向虚拟短路点提供的短路功率为

$$S_{ABk}=\frac{1}{0.754}\times 1000=1328(\text{MVA})$$

断路器 QF 在其后方发生三相短路时，假定其遮断容量得到充分利用，则电源 C 向虚拟短路点提供的短路功率为

$$S_C = 3500 - 1328 = 2172(\text{MVA})$$

则电源 C 的等效电抗 X_C 为

$$X_C = \frac{S_0}{S_C} = \frac{1000}{2172} = 0.46$$

当三相短路点发生在母线①上时，整个网络到短路点的转移电抗 X_Σ 为

$$\begin{aligned} X_\Sigma &= [(X_C + x_3) \parallel X_B + x_2] \parallel X_A + x_1 \\ &= [(0.46 + 0.242) \parallel 0.568 + 0.151] \parallel 5.07 + 0.302 = 0.728 \end{aligned}$$

短路点的次暂态电流为

$$I''_k = \frac{1}{X_\Sigma} I_0 = \frac{1}{0.728} \times \frac{1000}{\sqrt{3} \times 115} = 6.9(\text{kA})$$

短路冲击电流为

$$i_{im} = K_{im} \sqrt{2} I''_k = 1.8 \times \sqrt{2} \times 6.9 = 17.56(\text{kA})$$

4.4　应用计算曲线求任意时刻短路点的短路电流

在短路电流的实用计算中，常应用计算曲线来计算短路后任意时刻短路电流的周期分量。对于短路的短路总电流和在短路点附近支路的电流分布的计算，计算曲线具有足够的精确度。

4.4.1　计算曲线的制作

制作计算曲线首先应考虑不同发电机类型的影响，由于汽轮发电机和水轮发电机的参数差异很大，它们向短路点提供的短路电流的变化规律差异很大，因此计算曲线是按汽轮发电机和水轮发电机分别制作的。

图 4 - 17 是制作计算曲线的等效网络。图中 G 是汽轮发电机组或水轮发电机组，短路前处于额定运行状态，稳态时的次暂态电动势和暂态电动势均可通过短路前的运行参数求得。系统 50%的负荷接于发电厂高压母线，50%的负荷接于短路点外侧。发生短路后，接于发电厂高压母线的负荷将成为短路回路的并联支路，分流了发电机供给的部分电流。该负荷在暂态过程中近似用恒定阻抗表示，其值为

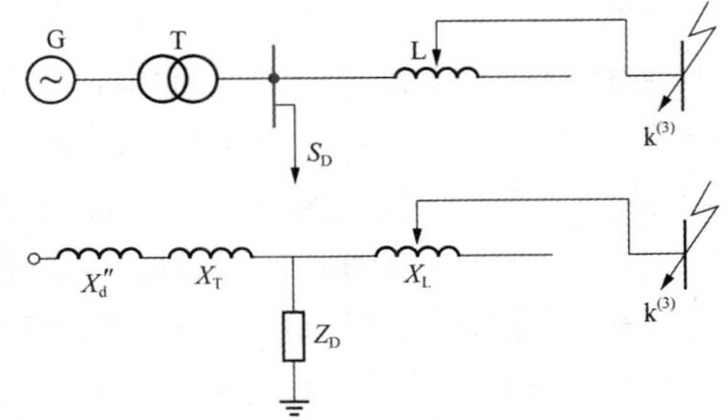

图 4 - 17　制作计算曲线的等效网络图

$$Z_D = \frac{U^2}{S_D}(\cos\varphi + j\sin\varphi) \tag{4 - 20}$$

式中　U——负荷节点的电压，取 $U=1$；

S_D——负荷的总容量，其值为发电机额定容量的 50%，即 $S_D=0.5$；

$\cos\varphi=0.9$。

短路点的位置可用 X_L 的取值的大小来表示。当然 X_L 不同，其短路电流的周期分量也就不同；短路后的时刻不同，短路电流周期分量也就不同，也即短路电流周期分量是 X_L 与 t 的函数，X_L 可用计算电抗 X_c表示，即

$$I_{P*} = f(X_c, t) \tag{4 - 21}$$

反映这个函数关系的曲线就是计算曲线（见本教材最后附图）。

某一定类型的发电机在某种条件下发生的短路，都被看作是计算曲线所代表的同型的发电机在相同条件下的短路。因此，可以直接从计算曲线中根据相应的条件查得结果。这就是应用计算曲线的基本前提。运用典型来指导一般，这就是计算曲线的实质。

在应用计算曲线时，应注意以下几个问题：

（1）计算曲线只绘制到 $X_c=3.45$ 为止。当 $X_c>3.45$ 时，短路电流的周期分量几乎不随时间变化，可以认为在整个短路过程中保持不变，其值为

$$I_{P*}=\frac{1}{X_c} \tag{4-22}$$

并且电抗 X_c越大，水轮发电机和汽轮发电机的计算曲线之间的差别就越小。

（2）有阻尼绕组同无阻尼绕组水轮发电机相比较，仅仅次暂态电抗值有一定的差别，其他参数均基本相同。因此，它们的短路过程也仅在次暂态阶段存在某些差异。由于时间常数 T''_d 甚小（一般 $T''_d=0.05s$），当 $t>0.1s$ 时，这种差别可忽略不计。所以水轮发电机的计算曲线都是按无阻尼绕组的情况绘制的。而对有阻尼绕组的发电机只在 $t<0.1s$ 的范围内另作虚线以资补充。又因为无阻尼绕组水轮发电机的 $X''_d=0.27$，有阻尼绕组水轮发电机 $X''_d=0.20$，两者存在 0.07 的差值。所以在计算有阻尼绕组水轮发电机的短路电流时，须将计算所得的电抗 X_c增加 0.07，然后再查曲线。

（3）如果实际发电机的参数与标准发电机的参数（制作计算曲线时的标准参数）相差很大，必须采用换算过的时间 t'，以取代实际时间 t，然后再应用计算曲线。它们之间的关系是

$$t'=t\frac{T'_{do}(t)}{T'_{do}} \tag{4-23}$$

式中 $T'_{do}(t)$——制作计算曲线的标准发电机的时间常数；

T'_{do}——实际发电机的时间常数；

t——待查的短路电流的实际时间；

t'——换算后用以查曲线的归算时间。

4.4.2 电网中各发电机之间合并的条件

在利用计算曲线计算任意时刻短路电流的周期分量时，如果对每一台发电机都进行单独计算时，需要计算出每一台发电机到短路点的计算电抗，然后对每一台发电机查曲线求值。由于电网中的发电机有几十台甚至几百台，如果这样计算，计算量非常大，十分不宜于工程计算。在工程计算中，常常需要先将某些发电机合并成一台等效发电机，然后再查曲线计算，以减小计算量，同时保证工程的计算精确度。

多台发电机可以合并为一台等效发电机的条件是：

（1）发电机的特性（类型、参数、有无自动励磁调节器）是否大致相同。

（2）发电机到短路点的电气距离是否大致相等。

实际上，能够满足上述两个条件的发电机，向短路点提供的短路电流的变化规律大致是相同的。这就是发电机能够合并的依据。根据这一依据，可以合并的情况有如下几种：

（1）水轮发电机和汽轮发电机不可合并。

（2）有自动励磁调节器和无自动励磁调节器的发电机不可合并。

（3）即便是发电机的特性相近，但电气距离相差悬殊的发电机不可合并；如果短路点非

常遥远，发电机到短路点之间的电抗数值甚大，不同类型的发电机特性引起的短路电流变化规律的差异受到极大的削弱，在这种情况下，容许将不同类型的发电机合并起来。

（4）直接接于短路点的发电机（或发电厂）应予以单独考虑。

（5）无穷大功率电源应单独计算（不查计算曲线），因为无穷大功率电源向短路点提供的短路电流不衰减。

现举例说明上述原则的应用。图 4 - 18 是某发电厂的主接线图。所有名称相同的元件都是一样的。当在 k1 点发生短路时，用一个发电机来代替整个发电厂并不会引起什么误差。因为全厂的发电机是处在相同的情况之下。当短路点发生在 k2 点时，这样的代替在实用计算中还是可以的，但有一定的误差。因为发电机 G2 比另外两台发电机距离短路点要远一些。如果在 k3 发生短路，则 G2 应单独处理，而另外两台发电机仍然可以合并成一台发电机。如果将整个发电厂的发电机合并成一台发电机，则会出现很大的误差。

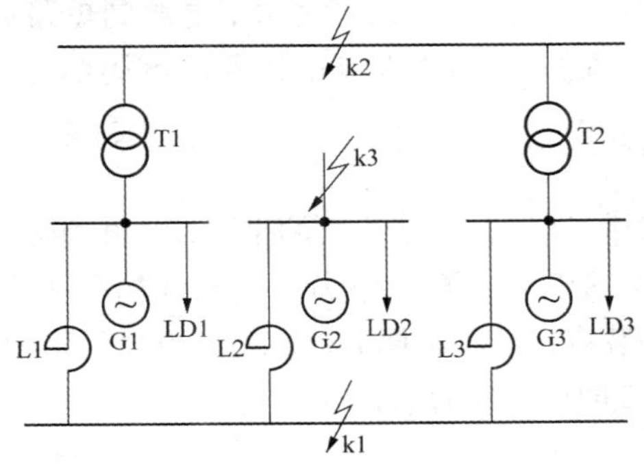

图 4 - 18　发电厂主接线图

4.4.3　应用计算曲线时的计算步骤

应用计算曲线时，其计算步骤如下：

（1）绘制等效网络。

1）对整个电网取基准功率 S_0 和基准电压 $U_0=U_{av}$；

2）发电机电抗采用 X''_d；

3）负荷忽略不计；

4）无穷大功率电源的内电抗 $X''_s=0$。

（2）进行网络化简。按前面所讲的原则，将网络中的发电机合并成若干组，每组用一个等效发电机代替。求出各等值发电机及无穷大功率电源对短路点的转移电抗 X_{1k}，X_{2k}，…；这时各转移电抗为以 S_0、U_0 为基准的标幺值。

（3）将各转移电抗转化为计算电抗，也就是将前面求得的转移电抗按各等效发电机的容量进行归算，其中

$$X_{c1}=X_{1k}\frac{S_{N\Sigma 1}}{S_0}$$

$$X_{c2}=X_{2k}\frac{S_{N\Sigma 2}}{S_0}$$

$$\vdots$$

$$X_{cn}=X_{nk}\frac{S_{N\Sigma n}}{S_0}$$

式中 $S_{N\Sigma 1}$，$S_{N\Sigma 2}$，…，$S_{N\Sigma n}$ ——等效发电机 1，2，…，n 的额定容量。

这时各计算电抗是以各自的等效发电机的额定容量为基准的标幺值，而计算曲线中的电流也是以等效发电机的额定容量为基准的标幺值。

（4）根据各等效发电机的计算电抗和指定时刻 t 查曲线，分别得出各等效发电机向短路点提供的短路电流周期分量的标幺值 I_{pt1*}，I_{pt2*}，…，I_{ptn*}。这些电流是以各等效发电机

的额定参数为基准的标幺值。

（5）对无穷大功率电源的处理。由于它向短路点提供的短路电流是不衰减的，不必查表，可直接计算为

$$I_{ps*}=\frac{1}{X_{ks}}$$

式中 X_{ks}——无穷大功率电源到短路点的转移电抗，其基准值为 S_0、U_0。

（6）计算短路点的短路电流周期分量的有名值

$$I_{pt}=\sum_{i=1}^{N}I_{pti*}\frac{S_{N\Sigma i}}{\sqrt{3}U_{av}}+\frac{1}{X_{ks}}\times\frac{S_0}{\sqrt{3}U_{av}}(\text{kA})$$

式中 U_{av}——短路点的平均额定电压。

【例 4 - 4】 电力系统接线如图 4 - 19 所示。G1 为汽轮发电机，G2、G3 为水轮发电机，均装有自动励磁调节器。当 k 点发生三相短路时，求短路点的冲击电流、稳态短路电流和 $t=0.2$ 时的短路容量。

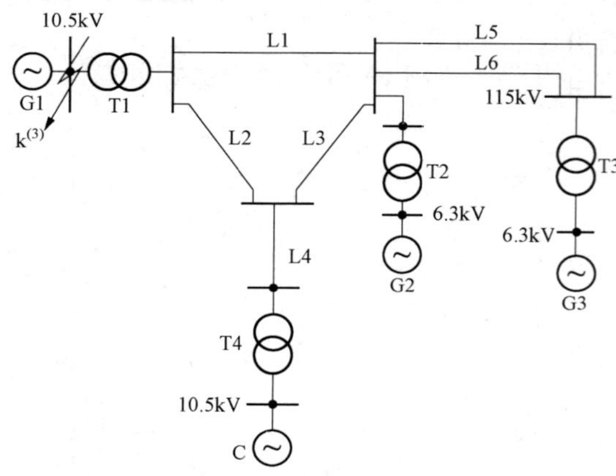

图 4 - 19 ［例 4 - 4］电力系统接线图

参数如下：

系统 C：$S=\infty$，$X=0$；

发电机 G1：80MVA，$X''_d=0.12$；

发电机 G2：15MVA，$X''_d=0.27$；

发电机 G3：45MVA，$X''_d=0.2$；

变压器 T1：60MVA，$U_k\%=10$；

变压器 T2：15MVA，$U_k\%=10$；

变压器 T3：40MVA，$U_k\%=10.5$；

变压器 T4：60MVA，$U_k\%=10.5$；

输电线路 L1：45km，$x_1=0.4\Omega/\text{km}$；

输电线路 L2：25km，$x_1=0.4\Omega/\text{km}$；

输电线路 L3：40km，$x_1=0.4\Omega/\text{km}$；

输电线路 L4：20km，$x_1=0.4\Omega/\text{km}$；

输电线路 L5：100km，$x_1=0.4\Omega/\text{km}$；

输电线路 L6：100km，$x_1=0.4\Omega/\text{km}$。

解 （1）取 $S_0=100\text{MVA}$，$U_0=U_{av}$，作等效电路

$$x_1=X_{G1}=0.12\times\frac{100}{80}=0.15;\quad x_2=X_{T1}=0.1\times\frac{100}{60}=0.167;$$

$$x_3=X_{L1}=0.4\times45\times\frac{100}{115^2}=0.136;\quad x_4=X_{L2}=0.4\times25\times\frac{100}{115^2}=0.076;$$

$$x_5=X_{L3}=0.4\times40\times\frac{100}{115^2}=0.121;\quad x_6=X_{L4}=0.4\times20\times\frac{100}{115^2}=0.061;$$

$$x_7=X_{L5}=X_{L6}=0.4\times100\times\frac{100}{115^2}=0.303;\quad x_8=X_{T4}=0.105\times\frac{100}{60}=0.175;$$

$$x_9=X_{T2}=0.1\times\frac{100}{15}=0.667;\quad x_{10}=X_{G2}=0.27\times\frac{100}{15}=1.8;$$

$$x_{11}=X_{T3}=0.105\times\frac{100}{40}=0.262;\quad x_{12}=X_{G3}=0.2\times\frac{100}{45}=0.445。$$

按计算结果作出等效电路如图 4 - 20（a）所示。

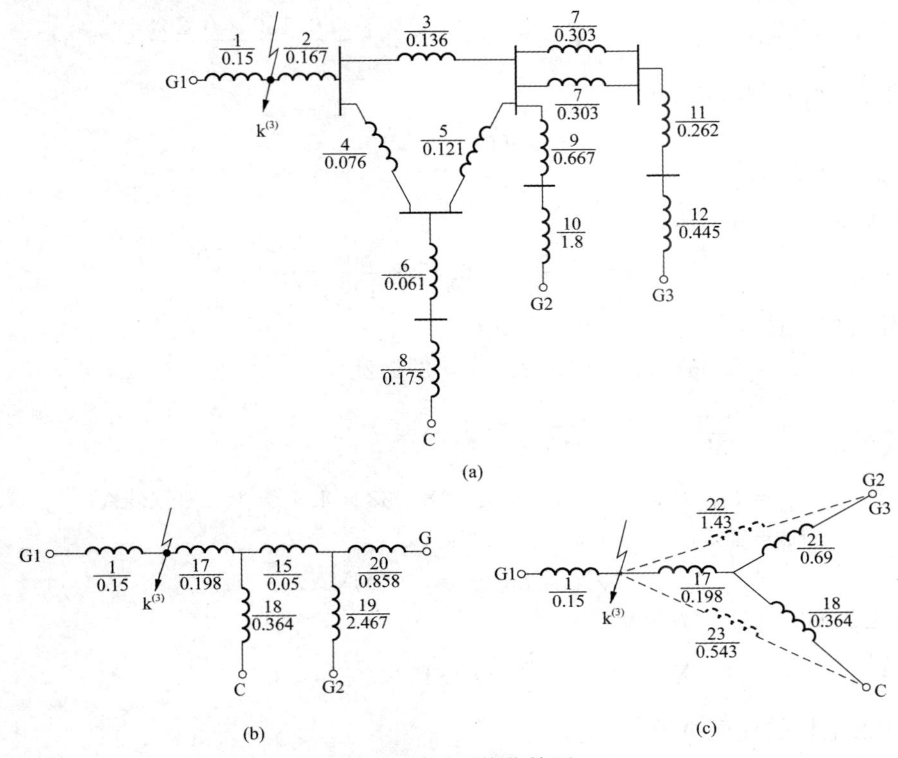

图 4 - 20　网络化简图

（a）、（b）、（c）等效电路图

（2）网络化简

$$x_{13}=\frac{1}{2}\times x_7=\frac{1}{2}\times 0.303=0.151$$

$$x_{14}=\frac{x_3x_4}{x_3+x_4+x_5}=\frac{0.136\times 0.076}{0.136+0.076+0.121}=0.031$$

$$x_{15}=\frac{x_3x_5}{x_3+x_4+x_5}=\frac{0.136\times 0.121}{0.136+0.076+0.121}=0.05$$

$$x_{16}=\frac{x_4x_5}{x_3+x_4+x_5}=\frac{0.076\times 0.121}{0.136+0.076+0.121}=0.028$$

$$x_{17}=x_2+x_{14}=0.167+0.031=0.198$$

$$x_{18}=x_{16}+x_6+x_8=0.028+0.061+0.175=0.264$$

$$x_{19}=x_9+x_{10}=0.667+1.8=2.467$$

$$x_{20}=x_{13}+x_{11}+x_{12}=0.151+0.262+0.445=0.858$$

根据短路计算要求，因 G2、G3 均是水轮发电机，故可以将 G2、G3 合并

$$x_{21}=x_{15}+x_{20}\parallel x_{19}=0.05+\frac{2.467\times 0.858}{2.467+0.858}=0.69$$

G2、G3 到短路点 k 的转移电抗为

$$x_{22}=x_{17}+x_{21}+\frac{x_{17}x_{21}}{x_{18}}=0.189+0.96+\frac{0.189\times 0.96}{0.264}=1.43$$

无穷大功率电源到短路点的转移电抗为

$$x_{23}=x_{17}+x_{18}+\frac{x_{17}x_{18}}{x_{21}}=0.189+0.264+\frac{0.189\times0.264}{0.69}=0.543$$

G1 到短路点 k 的转移电抗为

$$x_1=0.15$$

（3）短路电流的计算。

1）发电机 G1 计算电抗

$$X_{c1}=x_1\frac{S_{N1}}{S_0}=0.15\times\frac{80}{100}=0.12$$

查汽轮发电机计算曲线

$$I''=8.963;I_{0.2}=5.22;I_{\infty}=2.512$$

$$I_0=\frac{S_{N1}}{\sqrt{3}U_0}=\frac{80}{\sqrt{3}\times10.5}=4.4(\text{kA})$$

所以

$$i_{im}=K_{im}\sqrt{2}I''I_0=1.9\times\sqrt{2}\times8.963\times4.4=105.952(\text{kA})$$

$$I_{\infty}=2.512\times4.4=11.053(\text{kA})$$

$$S_{0.2}=I_{0.2}S_{N1}=5.22\times80=417.6(\text{MVA})$$

2）发电机 G2、G3 计算电抗

$$X_{c2、3}=X_{22}\frac{S_{N2}}{S_0}=1.43\times\frac{55}{100}=0.788$$

查水轮发电机的计算曲线

$$I''=1.38;I_{0.2}=1.3;I_{\infty}=1.7$$

$$I_0=\frac{S_{N2}}{\sqrt{3}U_0}=\frac{55}{\sqrt{3}\times10.5}=0.302(\text{kA})$$

所以

$$i_{im}=1.8\times\sqrt{2}\times1.38\times0.302=1.803(\text{kA})$$

$$I_{\infty}=1.7\times0.302=0.514(\text{kA})$$

$$S_{0.2}=I_{0.2}S_{N2}=1.3\times55=71.5(\text{MVA})$$

3）无穷大功率电源 C

$$I''=I_{0.2}=I_{\infty}=\frac{1}{X_{23}}=\frac{1}{0.543}=1.84$$

$$I_0=\frac{S_0}{\sqrt{3}U_0}=\frac{100}{\sqrt{3}\times10.5}=5.5(\text{kA})$$

所以

$$i_{im}=1.8\sqrt{2}\times1.84\times5.5=25.757(\text{kA})$$

$$I_{\infty}=1.84\times5.5=10.1(\text{kA})$$

$$S_{0.2}=I_{0.2}S_0=1.84\times100=184(\text{MVA})$$

4）短路点的总的短路电流及短路功率

$$i_{im}=105.952+1.803+25.757=133.512(\text{kA})$$

$$I_{\infty}=11.053\times0.513+10.1=21.666(\text{kA})$$

$$S_{0.2}=417.6+71.5+184=673.1(\text{MVA})$$

第 5 章　电力系统的不对称短路

5.1 对称分量法

5.1.1 对称分量法

在三相对称的交流电路中，三相电动势和电流都是对称的，三相中的电流 $\dot{I}_a$、$\dot{I}_b$、$\dot{I}_c$ 只能看作一个独立变量。若已知 $\dot{I}_a$，则有 $\dot{I}_b = \dot{I}_a e^{-j120^\circ}$，$\dot{I}_c = \dot{I}_a e^{j120^\circ}$；同理，三相电压也有同样的关系。所以计算对称三相电路时，只需对一相进行求解，即把对称三相电路的问题简化为单相电路的问题。

对于不对称的三相电路，三相中的电流 $\dot{I}_a$、$\dot{I}_b$、$\dot{I}_c$ 是三个相互独立的变量，它们的数值不等，也没有固定的相位关系，即使 $\dot{I}_a$ 已知，仍不可能求出 $\dot{I}_b$ 和 $\dot{I}_c$。

为了把不对称的三相电路化成对称电路来进行计算，可以采用“对称分量法”。该方法是将一组不对称的三相量看成三组不同的对称三相量之和。在线性电路中，可以对这三组对称分量分别按对称的三相电路求解，然后将结果叠加起来，就是不对称三相电路的解答。这三组相量分别为：

（1）正序分量，各相量的绝对值相等、相互之间有 120°的相位差，且与系统在正常对称运行方式下的相序相同。若以 A 相为基准相，则 $\dot{I}_{b1} = \dot{I}_{a1} e^{-j120^\circ}$，$\dot{I}_{c1} = \dot{I}_{a1} e^{j120^\circ}$。

（2）负序分量，各相量的绝对值相等、相互之间有 120°的相位差，但与正常运行时的相序相反。若以 A 相为基准相，则 $\dot{I}_{b2} = \dot{I}_{a2} e^{j120^\circ}$，$\dot{I}_{c2} = \dot{I}_{a2} e^{-j120^\circ}$。

（3）零序分量，各相量的绝对值相等、相位相同，也即 $\dot{I}_{a0} = \dot{I}_{b0} = \dot{I}_{c0}$。

利用上述三组对称分量，可以构成一组不对称的三相量 $\dot{I}_a$、$\dot{I}_b$、$\dot{I}_c$。

$$\left.\begin{aligned} \dot{I}_a &= \dot{I}_{a1} + \dot{I}_{a2} + \dot{I}_{a0} \\ \dot{I}_b &= \dot{I}_{b1} + \dot{I}_{b2} + \dot{I}_{b0} \\ \dot{I}_c &= \dot{I}_{c1} + \dot{I}_{c2} + \dot{I}_{c0} \end{aligned}\right\} \tag{5-1}$$

若三组对称分量如图 5 - 1 所示，也可以用作图法将各对称分量按相叠加，就可以得到一组不对称分量。

但是，任意一组不对称三相量能否找到与之相对应的完全确定的各序对称分量呢，在解决这类问题之前，先引入旋转因子 $a = e^{j120^\circ}$。

$$a = e^{j120^\circ} = \cos 120^\circ + j\sin 120^\circ = -\frac{1}{2} + j\frac{\sqrt{3}}{2}$$

$$a^2 = e^{j240^\circ} = \cos 240^\circ + j\sin 240^\circ = -\frac{1}{2} - j\frac{\sqrt{3}}{2}$$

所以 $1+a+a^2=1$。

利用旋转因子 a 将式（5 - 1）改写成为

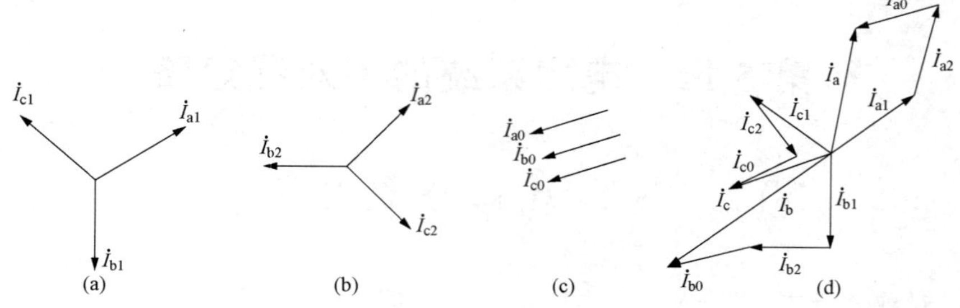

图 5-1 对称分量法

（a）正序分量；（b）负序分量；（c）零序分量；（d）合成的不对称分量

$$\left.\begin{aligned}\dot{I}_{a}&=\dot{I}_{a1}+\dot{I}_{a2}+\dot{I}_{a0}\\\dot{I}_{b}&=\dot{I}_{b1}+\dot{I}_{b2}+\dot{I}_{b0}=a^{2}\dot{I}_{a1}+a\dot{I}_{a2}+\dot{I}_{a0}\\\dot{I}_{c}&=\dot{I}_{c1}+\dot{I}_{c2}+\dot{I}_{c0}=a\dot{I}_{a1}+a^{2}\dot{I}_{a2}+\dot{I}_{a0}\end{aligned}\right\}\tag{5-2}$$

用矩阵的形式表示为

$$\begin{bmatrix}\dot{I}_{a}\\\dot{I}_{b}\\\dot{I}_{c}\end{bmatrix}=\begin{bmatrix}1&1&1\\a^{2}&a&1\\a&a^{2}&1\end{bmatrix}\begin{bmatrix}\dot{I}_{a1}\\\dot{I}_{a2}\\\dot{I}_{a0}\end{bmatrix}\tag{5-3}$$

式（5-3）可简写成

$$\boldsymbol{I}_{abc}=\boldsymbol{T}\boldsymbol{I}_{120}\tag{5-4}$$

式中 $\boldsymbol{T}$——系数矩阵。

如果用电压表示上述关系，也可得到如下的关系式

$$\boldsymbol{U}_{abc}=\boldsymbol{T}\boldsymbol{U}_{120}\tag{5-5}$$

因式（5-2）的系数矩阵

$$\boldsymbol{A}=\begin{bmatrix}1&1&1\\a^{2}&a&1\\a&a^{2}&1\end{bmatrix}$$

为非奇异矩阵，故方程式（5-2）有唯一解，即

$$\left.\begin{aligned}\dot{I}_{a1}&=\frac{1}{3}(\dot{I}_{a}+a\dot{I}_{b}+a^{2}\dot{I}_{c})\\\dot{I}_{a2}&=\frac{1}{3}(\dot{I}_{a}+a^{2}\dot{I}_{b}+a\dot{I}_{c})\\\dot{I}_{a0}&=\frac{1}{3}(\dot{I}_{a}+\dot{I}_{b}+\dot{I}_{c})\end{aligned}\right\}\tag{5-6}$$

用矩阵的形式表示为

$$\begin{bmatrix}\dot{I}_{a1}\\\dot{I}_{a2}\\\dot{I}_{a0}\end{bmatrix}=\frac{1}{3}\begin{bmatrix}1&a&a^{2}\\1&a^{2}&a\\1&1&1\end{bmatrix}\begin{bmatrix}\dot{I}_{a}\\\dot{I}_{b}\\\dot{I}_{c}\end{bmatrix}\tag{5-7}$$

式（5 - 7）可简写成

$$\boldsymbol{I}_{120}=\boldsymbol{T}^{-1}\boldsymbol{I}_{abc} \tag{5 - 8}$$

如果用电压表示上述类似的关系，也可得到如下的关系式，即

$$\boldsymbol{U}_{120}=\boldsymbol{T}^{-1}\boldsymbol{U}_{abc} \tag{5 - 9}$$

对称分量法说明了在阻抗对称的线性网络中发生不对称短路，可以把具有不对称电流和不对称电压的原网络分解为正、负、零序三个对称网络。同时，应用叠加原理，在三个对称网络中任一元件上流过的三个电流对称分量（$\dot{I}_{a1}$、$\dot{I}_{a2}$、$\dot{I}_{a0}$）或任一节点的三个电压对称分量（$\dot{U}_{a1}$、$\dot{U}_{a2}$、$\dot{U}_{a0}$）之相量和，等于对应原网络中同一元件上流过的电流相量（$\dot{I}_{a}$）或同一节点的电压相量（$\dot{U}_{a}$）。

5.1.2　序网的概念

在三相阻抗对称的线性网络中，正、负、零三组对称分量是相互独立的，可用下例得到进一步说明。

设输电线路末端发生了不对称短路。由于三相输电线路是对称元件，每相的自阻抗相等，为 Z_s；任意两相间的互阻抗相等，为 Z_m。发生不对称短路后，线路上流过三相不对称电流，这一组不对称电流在三相输电线路上的电压降落是不对称的，它们之间的关系可用如下矩阵方程表示为

$$\begin{bmatrix}\Delta\dot{U}_a\\ \Delta\dot{U}_b\\ \Delta\dot{U}_c\end{bmatrix}=\begin{bmatrix}Z_s & Z_m & Z_m\\ Z_m & Z_s & Z_m\\ Z_m & Z_m & Z_s\end{bmatrix}\begin{bmatrix}\dot{I}_a\\ \dot{I}_b\\ \dot{I}_c\end{bmatrix} \tag{5 - 10}$$

简写成

$$\Delta\boldsymbol{U}_{abc}=\boldsymbol{Z}\boldsymbol{I}_{abc} \tag{5 - 11}$$

利用式（5 - 5）和式（5 - 4）将三相电压降和三相电流交换为对称分量，则

$$\boldsymbol{T}\Delta\boldsymbol{U}_{120}=\boldsymbol{Z}\boldsymbol{T}\boldsymbol{I}_{120}$$

得

$$\Delta\boldsymbol{U}_{120}=\boldsymbol{T}^{-1}\boldsymbol{Z}\boldsymbol{T}\boldsymbol{I}_{120}=\boldsymbol{Z}_{120}\boldsymbol{I}_{120} \tag{5 - 12}$$

式中 $\boldsymbol{Z}_{120}$ 称为序阻抗矩阵，展开后可得

$$\boldsymbol{Z}_{120}=\boldsymbol{T}^{-1}\boldsymbol{Z}\boldsymbol{T}=\begin{bmatrix}Z_s-Z_m & & \\ & Z_s-Z_m & \\ & & Z_s+2Z_m\end{bmatrix}=\begin{bmatrix}Z_1 & & \\ & Z_2 & \\ & & Z_3\end{bmatrix} \tag{5 - 13}$$

其中　$Z_1=Z_s-Z_m$；$Z_2=Z_s-Z_m$；$Z_0=Z_s+2Z_m$

式中，Z_1、Z_2、Z_0 分别为输电线路的正、负、零序阻抗。

由式（5 - 13）可以看出：

（1）只有当三相输电线路的参数对称时，$\boldsymbol{Z}_{120}$ 才是一个对角矩阵；当三相参数不对称时，$\boldsymbol{Z}_{120}$ 不是对角矩阵。

（2）正序阻抗等于负序阻抗。这个结论适用于所有的静止元件，而旋转元件（如发电机、电动机等）的正序阻抗和负序阻抗不相等。

（3）三相对称系统中通入正序或负序电流时，任意两相对第三相的互感是去磁的，而通

入零序电流时，由于三相的零序电流大小相等、方向相同，任意两相对第三相的互感是助磁的。因此，输电线路的零序电抗总大于正序电抗，一般地，取 $X_0=(3\sim5)X_1$，将式（5-12）展开计算可得

$$\left.\begin{aligned}\Delta\dot{U}_{a1}&=Z_1\dot{I}_{a1}\\\Delta\dot{U}_{a2}&=Z_2\dot{I}_{a2}\\\Delta\dot{U}_{a0}&=Z_0\dot{I}_{a0}\end{aligned}\right\}\tag{5-14}$$

式（5-14）说明：各序对称分量是独立作用的。因为在三相参数对称的网络中，当通入某序电流对称分量时，将仅产生该序电压降落的对称分量；或者说在网络中施加某序电压对称分量时，电路中仅产生该序的电流对称分量。因此，当需要计算阻抗对称网络中的不对称电流和不对称电压时，可以把原网络分解成正、负、零三个序网，分别按序独立进行计算。

必须指出：当网络不对称时，电流的正、负、零序对称分量与电压的正、负、零序对称分量没有上述所讲的一一对应的关系。

5.1.3 对称分量法在不对称短路分析中的应用

设三相对称电力系统如图 5-2（a）所示，在 k 点发生不对称短路［泛指的不对称短路用上标（n）表示］，其等值电路如图 5-2（b）所示。将网络化简，并根据对称分量法，将经短路点流入地中的电流 $\dot{I}_{ka}$ 、$\dot{I}_{kb}$ 、$\dot{I}_{kc}$ 和短路点 k 的三相电压 $\dot{U}_{ka}$ 、$\dot{U}_{kb}$ 、$\dot{U}_{kc}$ 分别分解为正、负、零序对称分量，则图 5-2（b）所示的电路可用图 5-2（c）表示。

由于各序对称分量是独立作用的，可以把图 5-2（c）分解为图 5-2（d）、图 5-2（e）、图 5-2（f）三个对称网络相叠加。

其中 5-2（d）所示的网络作用着电源的对称三相电动势，$\dot{I}_{ka1}$ 、$\dot{I}_{kb1}$ 、$\dot{I}_{kc1}$ 和 $\dot{U}_{ka1}$ 、$\dot{U}_{kb1}$ 、$\dot{U}_{kc1}$ 分别为短路点各相短路电流和电压的正序分量，网络各元件的阻抗是正序阻抗，所以图 5-2（d）称为正序网络；图 5-2（e）和图 5-2（f）中电流分别为短路点各相短路电流的负序分量和零序分量，短路点的电压分别为该点各相电压的负序分量和零序分量，各元件阻抗分别为该元件的负序阻抗和零序阻抗，它们分别称为负序网络和零序网络。由于电源电动势是对称的，仅有正序分量，因此在负序网络和零序网络中无电源电动势。另外，在正序网络和负序网络中，中性线上无电流，故在中性点与地之间的阻抗 Z_n 可以不画出来，而在零序网络中中性线流过的电流是一相零序电流的三倍，为 $3\dot{I}_{a0}$。

正、负、零序网络三相完全对称，可以取一相来代替三相。在不对称短路的分析计算中，可把图 5-2(d)、(e)、(f) 画成单相图，如图 5-3 所示。在单相图中，由于正序网和负序网中 Z_n 上无电流流过，故被短接；而在零序网络中，在 Z_n 上流过的电流为 $3\dot{I}_a$ 其电压降落为$3\dot{I}_{a0}Z_n$，为了在单相图中将这一电压降表示出来，应将其阻抗扩大三倍变为 $3Z_n$ 串联在电路中。

运用戴维南定理进一步将单相图简化，得到图 5-4 的等效网络。其中 $Z_{1\Sigma}$ 、$Z_{2\Sigma}$ 、$Z_{0\Sigma}$ 分别为正序网络、负序网络和零序网络的等效电抗，$\dot{E}_{\Sigma}$ 为正序网络的开口电压。

根据图 5-4 的三个等效网络，可列出三个电压方程式

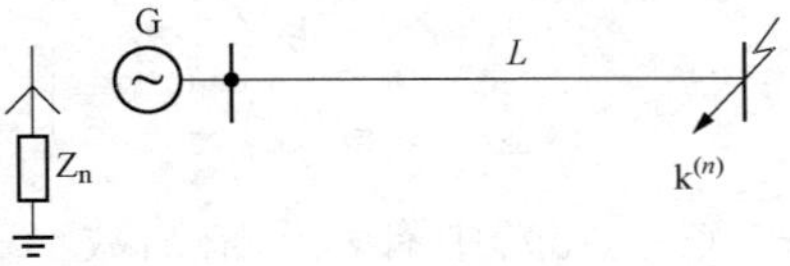

(a) 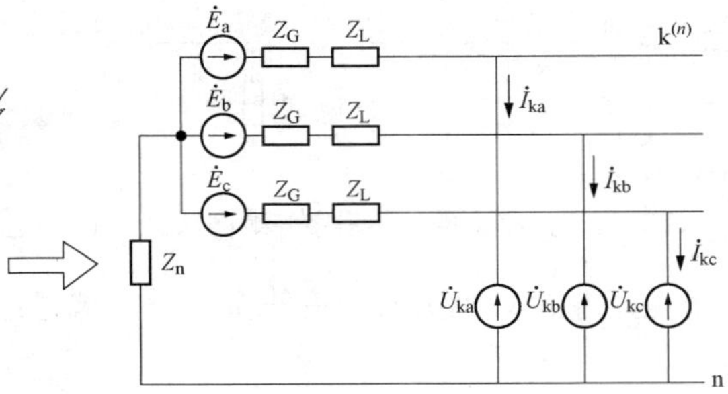　(b)

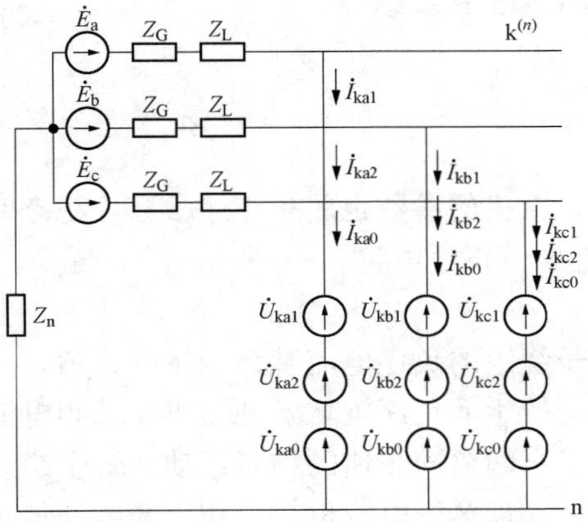

(c) 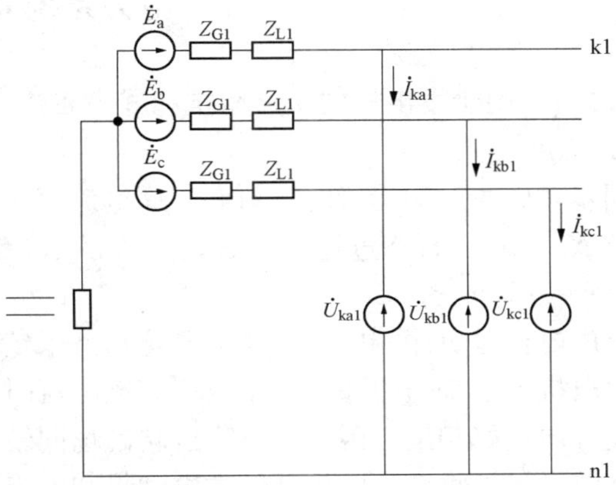　(d)

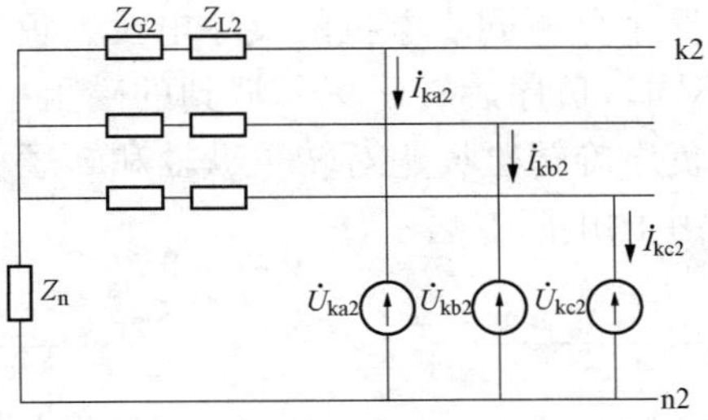

(e) 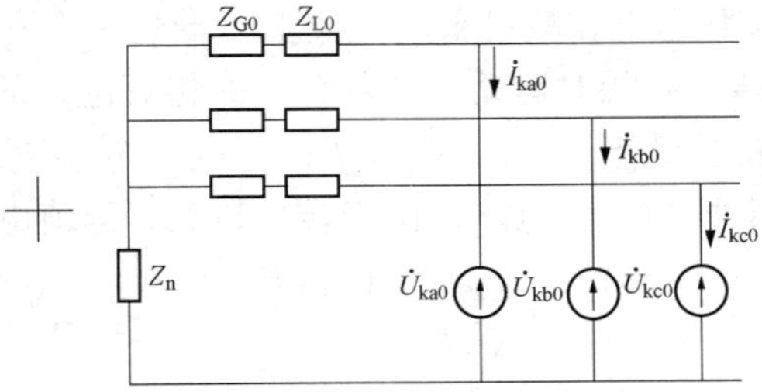　(f)

图 5-2　对称分量法在不对称短路中的应用

(a) 系统图；(b) 等值电路；(c) ～ (f) 对称分量法的应用

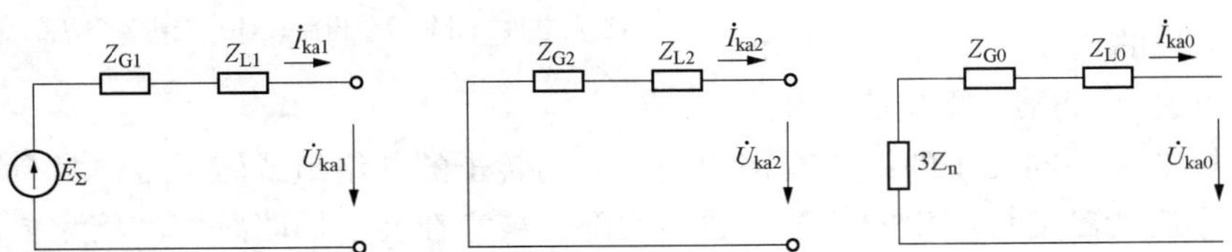

图 5-3　正序、负序、零序网络的单相图

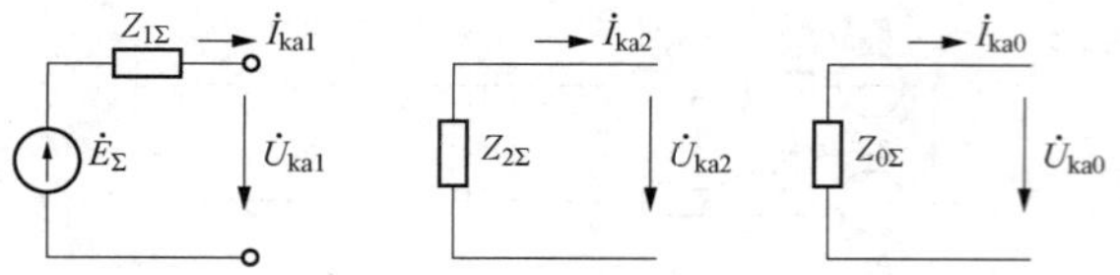

$$\left.\begin{aligned}\dot{U}_{ka1} &= \dot{E}_{\Sigma} - \dot{I}_{ka1}Z_{1\Sigma} \\ \dot{U}_{ka2} &= -\dot{I}_{ka2}Z_{2\Sigma} \\ \dot{U}_{ka0} &= -\dot{I}_{ka0}Z_{0\Sigma}\end{aligned}\right\} \quad (5-15)$$

图 5 - 4　正序、负序、零序等效网络

式（5 - 15）中有六个未知数（$\dot{I}_{ka1}$、$\dot{I}_{ka2}$、$\dot{I}_{ka0}$、$\dot{U}_{ka1}$、$\dot{U}_{ka2}$、$\dot{U}_{ka0}$），而方程只有三个，无法求解，这需要借助于短路点的边界条件联立求解才行。

5.2　电力系统元件的序参数

5.2.1　同步发电机的负序阻抗和零序阻抗

1. 正序电抗

同步发电机对称运行时，只有正序电流存在，电机的参数也就是正序参数，稳态时的同步电抗 X_d、X_q，暂态过程中的 X'_d、X''_d 及 X''_q 都属于正序电抗。

2. 负序电抗

负序电抗是负序端电压的基频分量与流入定子绕组的负序电流基频分量的比值。

发电机定子绕组中通过一组负序基频电流时，产生的负序旋转磁场与正序基频电流产生的磁场方向正好相反，因此，负序旋转磁场同转子有两倍同步速的相对运动。转子绕组切割负序旋转磁场，将产生两倍基频的电动势和电流。这种转子电流也产生相应的磁动势，反过来削弱定子的负序旋转磁场。由此可见，对于三相负序电流，同步电机是工作在转差率 $s=2$ 的异步状态下，故可采用类似于异步机的等值电路来分析同步电机的负序电抗。负序旋转磁场同转子有相对运动，随着转子的相对位置的不同，负序旋转磁场所遇到的磁阻也不同，负序阻抗也就不同。图 5 - 5（a）、（b）分别表示负序旋转磁场正对转子纵轴和转子横轴时的负序电抗的等值电路，由于转差较大，等值电路中的电阻忽略不计。

从图 5 - 5（a）、（b）可以得知

$$\left.\begin{aligned}X_{2d} &= X''_d \\ X_{2q} &= X''_q\end{aligned}\right\} \quad (5-16)$$

如果发电机没有阻尼绕组，则图 5 - 5 中的 $X_{\sigma D}$、$X_{\sigma Q}$ 支路应开路，则

$$\left.\begin{aligned}X_{2d} &= X'_d \\ X_{2q} &= X_q\end{aligned}\right\} \quad (5-17)$$

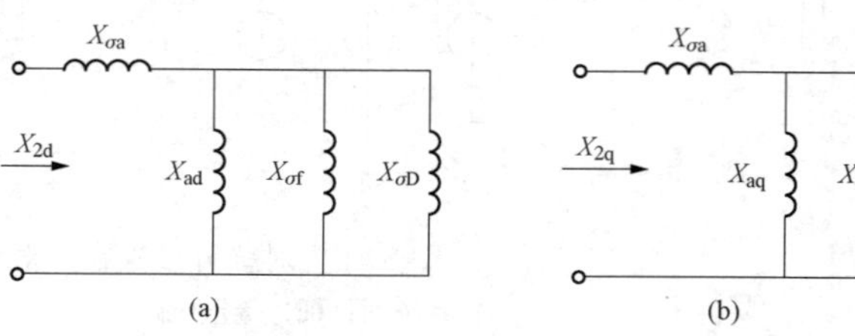

图 5 - 5　同步发电机负序电抗的等效电路

（a）同步发电机的 d 轴等效电路；（b）同步发电机的 q 轴等效电路

因此凸极发电机的负序电抗应为 X''_d 和 X''_q（或 X'_d 和 X'_q）的某一平均值。

负序电抗的大小同转子的结构有密切关系。当转子的各绕组或转子本体具有很强的阻尼作用时，负序旋转磁动势产生的气隙磁通绝大部分被它在转子回路感应的倍频电流产生的气隙磁通所抵消，使负序电流所产生的磁通几乎只剩下定子的漏磁通，负序电抗值最小，$X_2 \approx X_{\sigma a}$。在另一极端情况下，完全没有阻尼绕组，励磁绕组也开路，负序旋转磁场不能在转子中感应任何电流，此时的负序电抗值为最大，$X_{2d}=X_d$，$X_{2q}=X_q$。所以，负序电抗值

的范围是 $X_{\sigma a}<X_2<X_d$。无阻尼绕组水轮发电机的负序电抗较大，有阻尼绕组水轮发电机的负序电抗次之；汽轮发电机的转子由整块钢锻成，钢体中感应的涡流具有很强的阻尼作用，其负序电抗最小。

在发生不对称故障时，对于凸极电机，由于其转子不对称，定子绕组电流和电压中会出现一系列的高次谐波。因此，凸极电机对各种不同形式的不对称短路所呈现的负序电抗 X_2 将具有不同的数值，其具体计算公式见表 5 - 1。

表 5 - 1　　负序电抗 X_2 计算公式

短路种类	负序电抗 X_2
电机端两相短路	$X_2^{(2)}=\sqrt{X''_d X''_q}$
电机端单相短路	$X_2^{(1)}=\sqrt{\left(X''_q+\frac{X_0}{2}\right)\left(X''_d+\frac{X_0}{2}\right)}-\frac{X_0}{2}$
电机端两相短路接地	$X_2^{(1.1)}=\frac{X''_d X''_q+\sqrt{X''_d X''_q(2X_0+X''_d)(2X_0+X''_q)}}{2X_0+X''_d+X''_q}$

表中 X_0 为同步发电机的零序电抗。由表 5 - 1 可以得知，若 $X''_d=X''_q$ 时，则负序电抗 $X_2=X''_d$，与短路的形式无关。当同步电机经外接电抗 X 短路时，表中所有 X''_d、X''_q、X_0 都应以 X''_d+X、X''_q+X、X_0+X 代替。此时电机转子纵横不对称的影响将被削弱。因为电力系统的短路，一般都发生在线路上，所以在短路电流的计算中，同步电机本身的负序电抗可以当做与短路种类无关，并取为 X''_d 和 X''_q 的算术平均值，即

$$X_2=\frac{1}{2}(X''_d+X''_q)$$

作为近似计算，对汽轮发电机及有阻尼绕组的水轮发电机，可以取 $X_2=1.22X'_d$；对于没有阻尼绕组的发电机，可以取 $X_2=1.45X'_d$。

3. 零序电抗

当零序电流通过定子三相绕组时，各相电枢磁动势的基波大小相同，相位相同，且在空间相差 120°电角度，它们在气隙中的合成磁动势等于零。所以发电机的零序电抗只由定子绕组的漏磁通确定。零序电抗的数值范围大致为 $X_0=(0.15\sim0.6)X''_d$。

5.2.2　变压器的零序电抗及等效电路

一、变压器零序励磁电抗 X_{m0} 与变压器铁芯结构的关系

零序励磁电抗 X_{m0} 的数值取决于零序主磁通所遇磁阻的大小，对于不同铁芯结构的变压器，零序主磁通的磁路是不一样的。

1. 三个单相变压器组成的三相变压器组

由于每相的磁通分别在各相的铁芯中形成回路［见图 5 - 6（a）］，励磁回路的参数与外加电压的序别无关，励磁电流数值很小，可以略去不计，即当作 $X_{m0}=\infty$。

实际上，单独的变压器并不能识别外加电压的相序。

2. 三相四柱式变压器

由于零序磁通可以通过没有线圈的铁芯部分而形成回路，磁导很大，零序励磁电流很小，也可近似地认为 $X_{m0}=\infty$。

3. 三相三柱式变压器

由于三相零序磁通大小相等、相位相同，不能像正序主磁通那样，一相的主磁通以另外

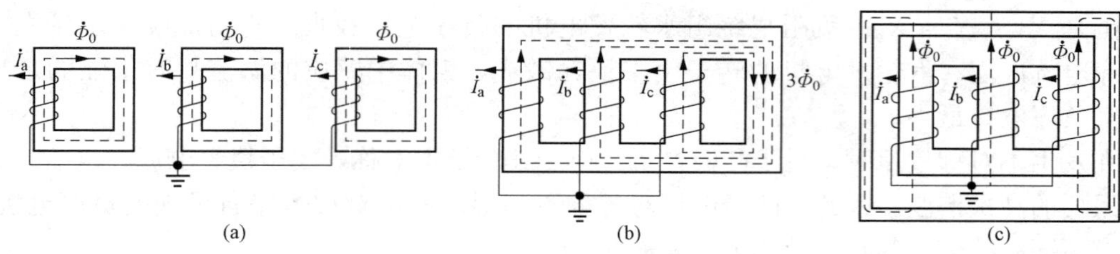

图 5－6 零序主磁通的通路

（a）三台单相变压器组成的三相变压器组；（b）三相四柱式变压器；（c）三相三柱式变压器

两相的铁芯形成回路。在此情况下，零序磁通被迫经过绝缘介质和铁外壳形成回路，如图 5－6（c）所示。零序主磁通所遇到的磁阻很大，因而需要相当大的零序励磁电流。所以，这种变压器的零序励磁电抗 X_{m0} 应视为有限值，其数值范围大致是 $X_{m0}=0.3\sim1.0$，视变压器的构造而不同。其实际数值只能用试验方法才可确定。虽然这时 X_{m0} 为有限值，但仍比绕组的漏抗大得多。

二、双绕组变压器的零序等效电路

变压器是静止元件，当变压器通以一组正序电流或负序电流时，各相的磁通路径完全相同，相与相之间的互感也不因相序的改变而改变，所以变压器的正序电抗与负序电抗相等。

变压器的零序等效电路与绕组的接线方式有关。以下分析在变压器一次侧施加零序电压的情况。

1. YNyn 接线的变压器

假设变压器二次侧电路至少有一个接地的中性点。当在变压器一次侧施加三相零序电压时，一次侧、二次侧的电磁关系与外加正序电压是一样的，并且由于三相零序电压对称，故可用与正序等效电路相似的单相等效电路表示，如图 5－7 所示。在图中 X_{I}、X_{II} 表示绕组Ⅰ、Ⅱ的漏抗，因为漏磁通是各相独立的，因此漏抗同电流的序别无关。零序漏抗即等于正序漏抗。X_{m0} 为零序励磁电抗，其数值与变压器的铁芯结构有关。

施加于绕组Ⅰ的零序电压 $\dot{U}_0$，用来抵偿零序电流 $\dot{I}_{0\mathrm{I}}$ 在漏抗 X_{I} 中的电压降及平衡变压器的感应电动势。这一感应电动势的数值与零序励磁电流 I_{m0} 在零序激励电抗 X_{m0} 中所产生的电压降的数值相等。并且此感应电动势与变压器绕组Ⅱ侧零序电流 $I_{0\mathrm{II}}$ 在其通路中的电压降相平衡。

这时变压器的零序电抗

$$X_0 = X_{\mathrm{I}} + X_{\mathrm{II}} = X_1 = X_2$$

如果变压器二次侧的外电路中没有接地中性点，那么尽管绕组Ⅱ感应有零序电动势，但绕组Ⅱ中的零序电流无法流通，故图 5－7 中的开关 S 应断开，变压器的零序电抗 $X_0 = X_{\mathrm{I}} + X_{m0} \approx \infty$。

2. YNy 接线的变压器

YNyn 接线与 YNyn 接线的变压器不同之处是：无论其二次侧的外电路有无接地的中性点变压器绕组Ⅱ中都没有零序电流流通，其接线与等效电路如图 5－8 所示。变压器的零序电抗

$$X_0 = X_{\mathrm{I}} + X_{m0} \approx \infty$$

3. YNd 接线的变压器

当外加零序电压于变压器绕组Ⅰ时，变压器中感应的三相零序电动势大小相等，相位相

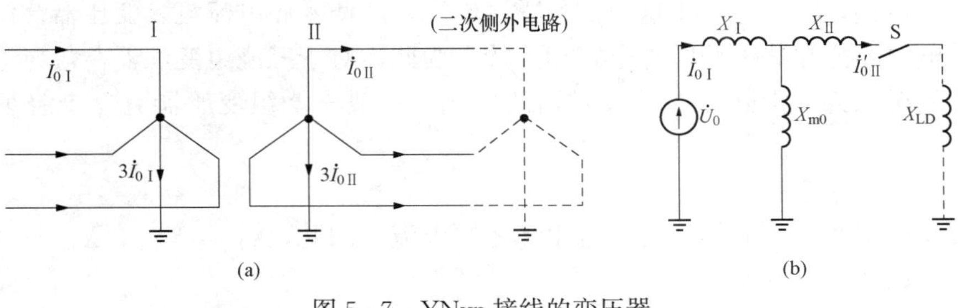

图 5-7　YNyn 接线的变压器

(a) 接线图；(b) 零序等效电路

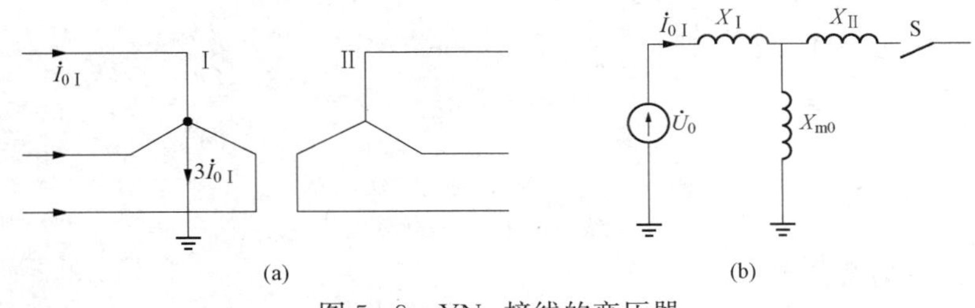

图 5-8　YNy 接线的变压器

(a) 接线图；(b) 零序等效电路

同。由于绕组Ⅱ为三角形接线，三相零序电动势在闭合的三角形中形成了回路电动势，其值为每相零序电动势的三倍。由它产生的零序电流将只在三角形中环流，如图 5-9 所示。变压器的零序电动势将完全用来平衡零序电流在绕组Ⅱ的漏电抗上的电压降。图 5-9 中的 a、b、c 三点的零序电位完全一样（可以证明），故在零序等效电路中，绕组Ⅱ的一端是短接的，而绕组Ⅱ的外电路是断开的。

这时，变压器的零序电抗 X_0 为

$$X_0 = X_{\mathrm{I}} + \frac{X_{\mathrm{II}} X_{m0}}{X_{\mathrm{II}} + X_{m0}} \approx X_{\mathrm{I}} + X_{\mathrm{II}} = X_1 = X_2$$

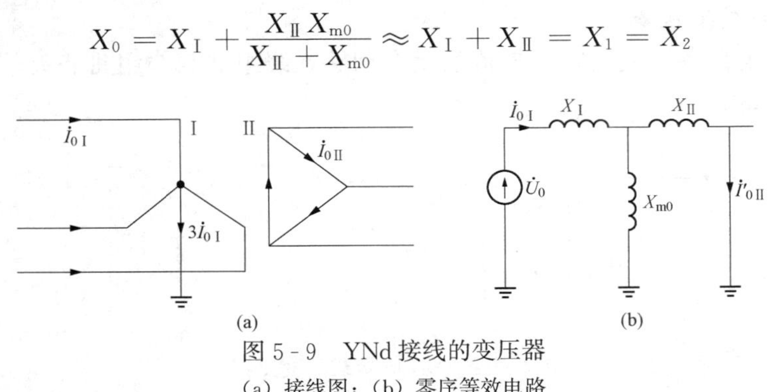

图 5-9　YNd 接线的变压器

(a) 接线图；(b) 零序等效电路

4. Yd、Yy、Yyn、Dd 接线的变压器

由于绕组Ⅰ接成三角形或星形不接地时，当在这一侧施加零序电压时，零序电流无法流通，故变压器的零序电抗 $X_0 = \infty$。

三、三绕组变压器的零序电抗及等效电路

从上面讨论的各种接线的双绕组变压器的零序等效电路可以看出，只有当变压器绕组接

成星形且中性点接地时，作用于这一侧的零序电压才能使零序电流流入变压器绕组，变压器的零序等效电路才能在这一侧同外电路相连接。为此，对于三绕组变压器，仅讨论绕组Ⅰ为星形接地的情况。为了消除三次谐波磁通的影响，一般三绕组变压器有一个绕组连接成三角形。

1. YNdy 接线的变压器

对于 YNdy 接线的变压器，绕组Ⅲ中无零序电流，因此，$X_0 = X_{\mathrm{I}} + X_{\mathrm{II}} = X_{\mathrm{I-II}}$，其零序等效电路如图 5 - 10 所示。

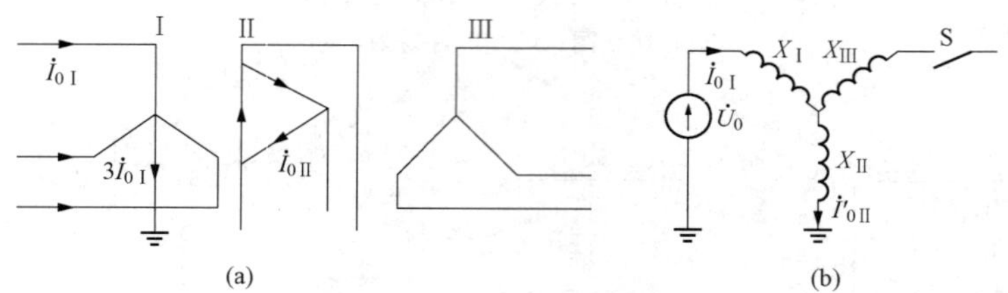

图 5 - 10 YNdy 接线的变压器

(a) 接线图；(b) 零序等效电路

2. YNdyn 接线的变压器

当绕组Ⅲ的外电路有接地点时，零序等效电路如图 5 - 11 所示。

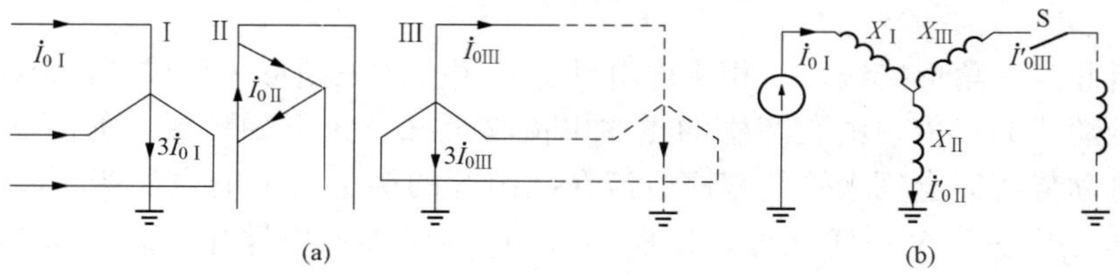

图 5 - 11 YNdyn 接线的变压器

(a) 接线图；(b) 零序等效电路

3. YNdd 接线的变压器

绕组Ⅱ和绕组Ⅲ各自成为零序电流的闭合回路，绕组Ⅱ与绕组Ⅲ各有一个虚拟的接地点，其等效电路如图 5 - 12 所示。

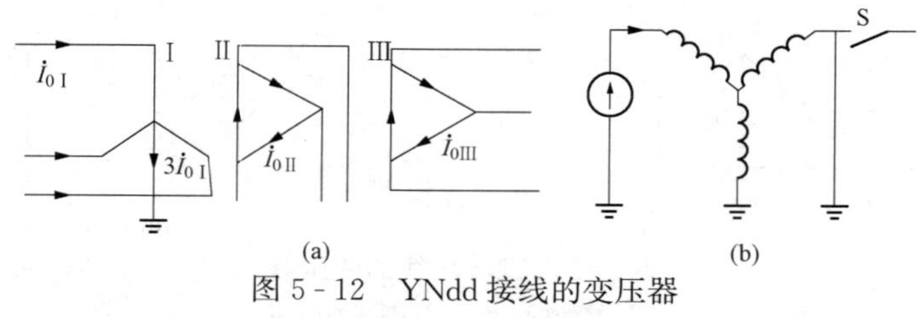

图 5 - 12 YNdd 接线的变压器

(a) 接线图；(b) 零序等效电路

5.2.3 异步电动机的负序电抗和零序电抗

设异步电动机正常运行时的转差率为 s，当异步电动机的定子绕组通以负序电流同步频率的分量时，转子对定子负序旋转磁场的转差率为 $2-s$。因此，异步电动机的负序参数应由转差率 $2-s$ 来确定。图 5 - 13 示出了异步电动机的负序等值电路。对应于电动机表示机械功率输出的等值电阻为$-\dfrac{1-s}{2-s}r_{\mathrm{r}}$。这说明在负序系统中对应于这个电阻的机械功率是制动性质的。

当系统发生不对称短路时，电动机端点三相电压不对称，可将其分解为正、负、零序电压。其中正序电压低于正常运行时的值，使电动机的动力转矩减小；负序电压又产生制动转矩。这就使电动机转速下降，甚至失速、停转。转差率 s 随着转速的下降而增大。电动机停转时，$s=1$。转速下降越多，等值电路中的电阻$\left(-\dfrac{1-s}{2-s}r_{\mathrm{r}}\right)$越接近于零，此时相当于将转子绕组短接，略去各绕组电阻并假设励磁电抗 $X_{\mathrm{m0}}=\infty$，可得到异步电动机的负序电抗

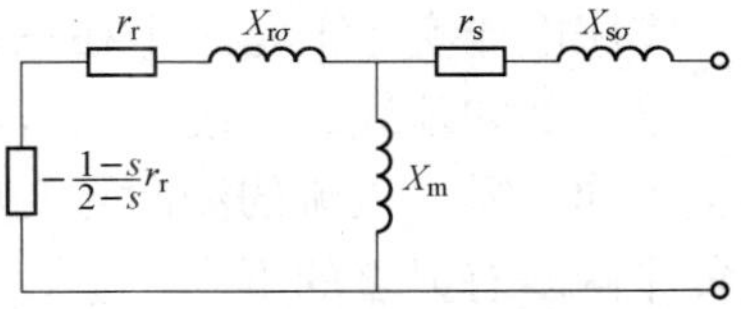

图 5 - 13　异步电动机负序等效电路

$$X_2=X_{\mathrm{s}\sigma}+X_{\mathrm{r}\sigma}=X''$$

即异步电动机的负序电抗等于它的次暂态电抗。

由于异步电动机的定子绕组与电网相接，并且其接线方式为三角形接线或星形不接地接线，从而即使在端点施加零序电压，定子绕组中也无零序电流流通，也就是说异步机的零序电抗

$$X_0=\infty。$$

5.3　各序网络的制定

电力系统正常运行情况是对称的。当电力系统中某一处发生不对称故障时，除在该点出现某种不对称之外，电力系统的其他部分仍旧是对称的。可以在故障点接入一组不对称电动势源来代替系统中发生的不对称故障。利用对称分量法，可以用三个对称系统来代替原来的不对称。这三个对称系统的网络分别称为正序网络、负序网络和零序网络。因为三相对称，故正、负、零序网络均可用单相图表示。绘制电力系统的各序网络是分析计算不对称故障的重要步骤之一。由于各序分量各有特点，各序的等值网络是不一样的。在制定各序网络时必须先了解系统的接线图，接地中性点的分布状态以及各元件的各序参数。

5.3.1　正序网络

通常用于计算三相短路的网络就是正序网络。在网络中须引入各电源的电动势。除了中性点接地阻抗之外，网络中流过正序电流的各元件均用它们的正序阻抗来代替。在故障点的电压不等于零，而应引入代替故障条件的不对称电动势源中的正序分量 $\dot{U}_{\mathrm{ka1}}$。由此可知，在短路时异步电动机作为附加电源向短路点反馈电流的可能性较三相短路时小。

应用计算曲线法进行计算时，等效网络中的发电机需用其暂态电抗来代替，而负荷则略去不计。

制作正序网络时，除了中性点接地电抗不予考虑外，对空载线路和空载变压器也不予考虑，因为其通过的正序电流很小。

5.3.2　负序网络

系统中通过负序电流的元件，与通过正序电流的元件相同。因此，组成负序网络的元件与组成正序网络的元件完全相同。负序网络中各元件的参数均为其负序参数，发电机及负荷的负序阻抗与正序阻抗不同，其他静止元件的负序阻抗都与正序阻抗相同。

在负序网络中，短路点作用着代替故障条件的不对称电动势源中的负序分量 U_{ka2}，而发电机的负序电动势为零。各电源支路的中性点和负荷中性点的负序电位都等于零。

5.3.3 零序网络

零序电流实际上是一个在三相电路中流通的同一单相电流。它必须经过大地或与地平行的电路（例如地线、电缆包皮），再返回三相电路中，其通过的路径与正序电流或负序电流完全不同。零序电流的流向与变压器的接线方式有极大的关系。因此，零序网络与正序网络或负序网络有显著的不同。

作零序网络时，应先从短路点开始。在短路点作用一个代替故障条件的不对称电动势源中的零序分量 $\dot{U}_{ka0}$，并从这一点开始，逐一查明零序电流可能通过的途径。在零序网络中，只能把有零序电流通过的元件包括进去，并用它们的零序阻抗来表示；而没通过零序电流的元件应统统舍去。

【例 5-1】 电力系统接线图如图 5-14（a）所示，若在 k 点发生不对称短路，试作出正序网络、负序网络和零序网络。

解 作正序网络、负序网络如图 5-14（b）、（c）所示。

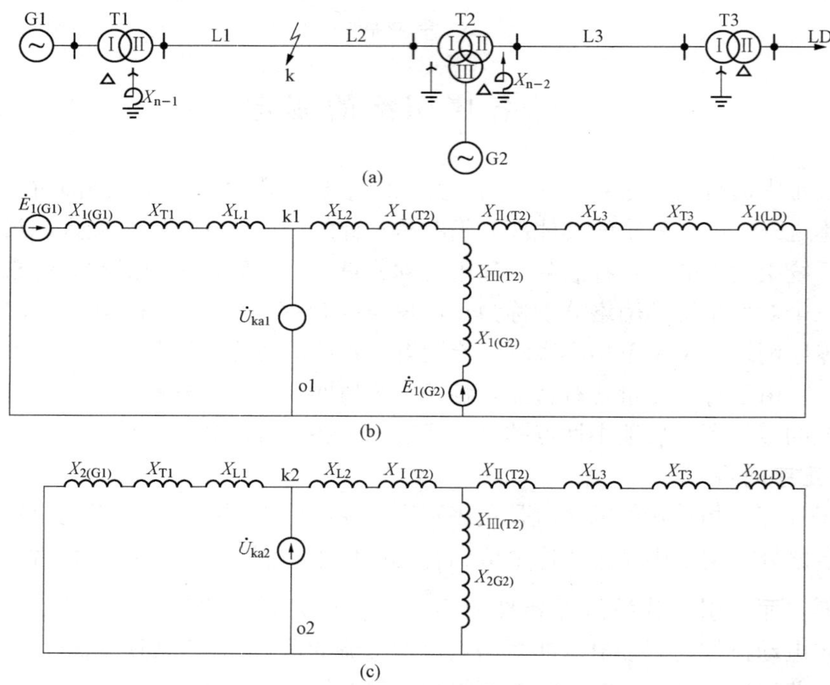

图 5-14 ［例 5-1］系统接线图及等效电路

（a）系统接线图；（b）正序网络；（c）负序网络

作零序网络时，为了查明零序电流的流通路径，可以画出原系统的三线图［见图 5-15（a）］。将各相在短路点相连，并在短路点加上一个零序电动势源，分析零序电流将通过哪些元件。变压器 T1、T2 在短路点侧的绕组都是中性点接地的星形接线，零序电流可以经过这两台变压器的中性点由地返回线路。变压器 T1 的绕组Ⅰ接成三角形，零序电流只能在三角形中流通，而不能流到三角形的外电路中去。变压器 T2 的绕组Ⅲ接成三角形，所以零序电流也不能流到这一侧绕组的外电路中去；绕组Ⅱ是通过电抗器接地的星形接线，它的外电路中采用中性点直接接地星形接线变压器 T3 的绕组Ⅰ，所以零序电流在变压器 T2 的绕组Ⅱ及变压器 T3 中都能通过，发电机 G1、G2 及负载都与三角形接线的变压器绕组相连接，零序电流流不到发电机和负载里面去，它们都不会出现在零序网络中。在图 5 - 15（a）中用箭头表明了零序电流可以通过的路径。

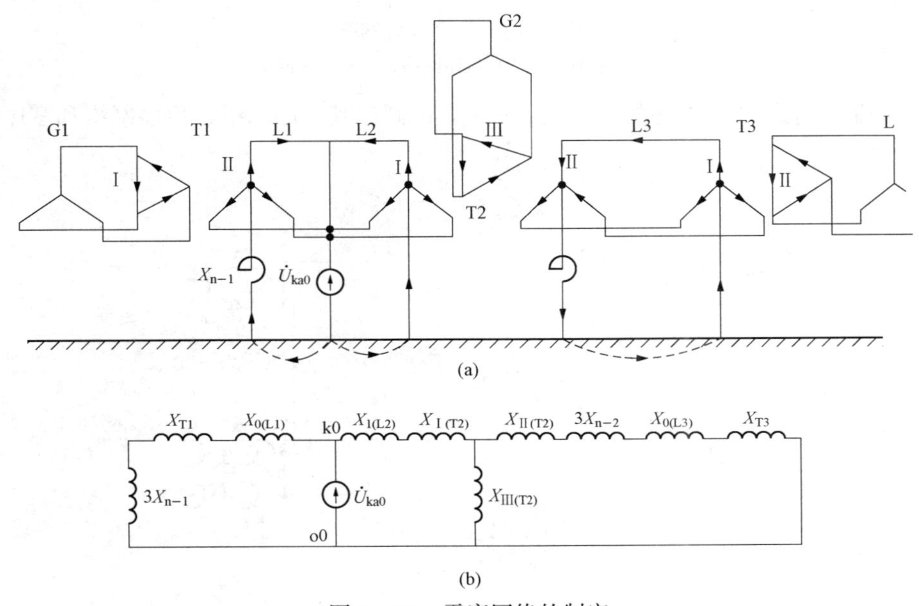

图 5 - 15　零序网络的制定

（a）零序电流流向图；（b）零序网络

根据零序电流通过的路径和前面所讲的变压器零序等效电路的画法，在短路点的左边，线路 L1、变压器 T1 和接地电抗器构成了零序电流的一条支路。变压器 T1 是 YNd 接线，其零序电抗即是正序电抗 X_{T1}，流过电抗器的电流是通过变压器 T1 的零序电流的 3 倍，所以在等效电路中，这一条支路由线路 L1 的零序电抗 $X_{0(L1)}$，变压器 T1 的电抗 X_{T1}和 3 倍于接地电抗 $3X_{n-1}$串联而成。在短路点右边，零序电流通过线路 L2、三绕组变压器 T2 的绕组Ⅰ，然后分配到它的二次侧绕组Ⅱ和Ⅲ，绕组Ⅲ自行短路，而绕组Ⅱ则与其外电路，即线路 L3、变压器 T3 和接地电抗器 X_{n-2}组成零序电流的另一条通路。根据以上分析，可以作出系统的零序网络如图 5 - 15（b）所示。

如果将图 5 - 14（b）化简，即可求得正序网络的等效网络。方法如下：从图 5 - 14（b）中的 k1o1 看进去，可求得入端电抗 $X_{1\Sigma}$和 k1o1 的开口电压 $\dot{E}_{1\Sigma}$，便可画出正序等效网络如图 5 - 16（a）所示。

如果将图 5 - 14（c）化简，即可求得负序网络的等效网络。方法如下：利用戴维南定理，从图 5 - 14（c）中的 k2o2 看进去，可求得入端电抗 $X_{2\Sigma}$，其开口电压为零，便可画出负序等效网络，如图 5 - 16（b）所示。

如果将图 5 - 15（b）化简，即可求得零序网络的等效网络。方法如下：利用戴维南定理，求得 k0o2 两端的入端电抗 $X_{0\Sigma}$，其开口电压为零，便可画出零序等效网络，如图5 - 16（c）所示。

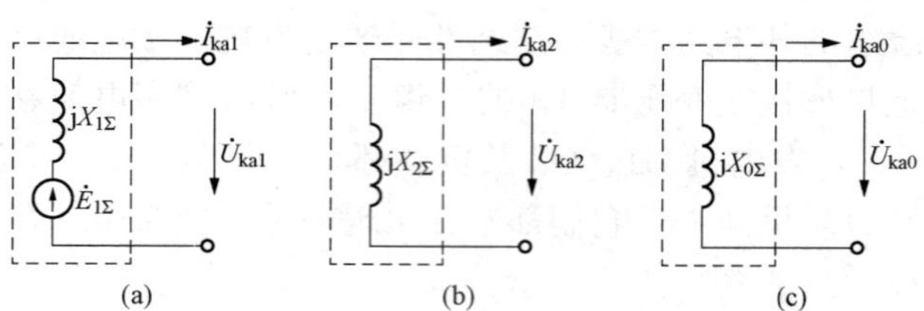

图 5-16 各序等效网络

（a）正序网络；（b）负序网络；（c）零序网络

【例 5-2】 系统的接线图如图 5-17 所示，试画出其正序网络、负序网络和零序网络图。

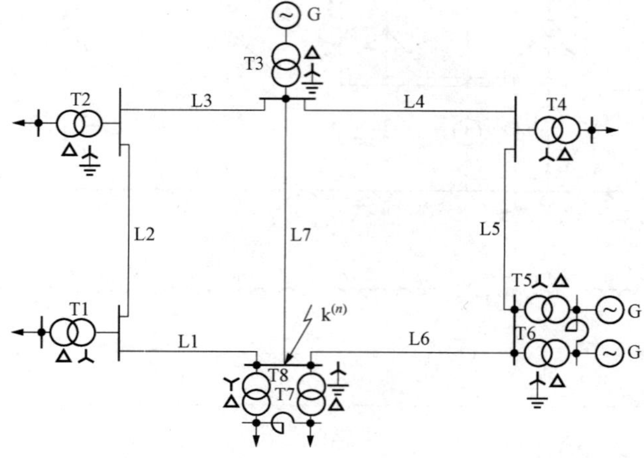

图 5-17 ［例 5-2］系统接线图

解 （1）正序网络如图 5-18（a）所示（略去负荷）。

（2）负序网络如图 5-18（b）所示。

（3）零序网络如图 5-18（c）所示。

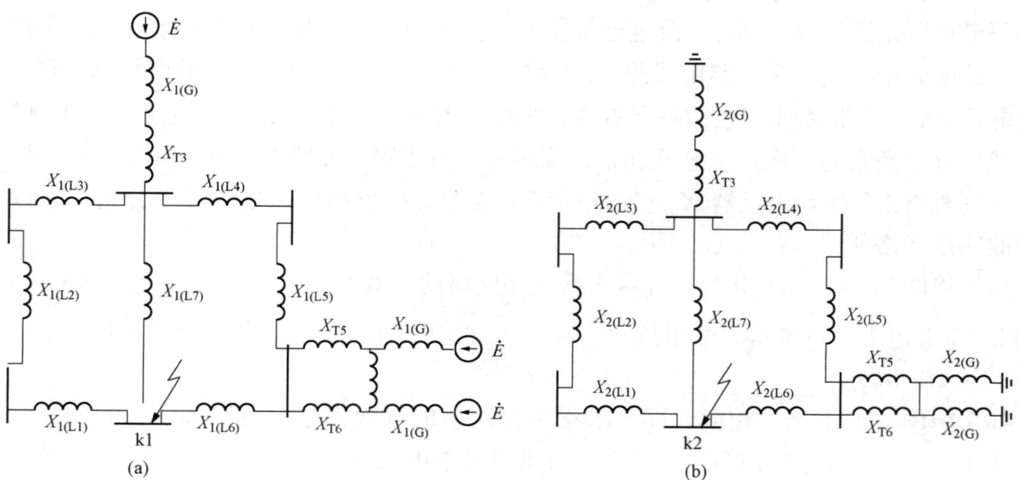

图 5-18 ［例 5-2］各序网络图（一）

（a）正序网络；（b）负序网络

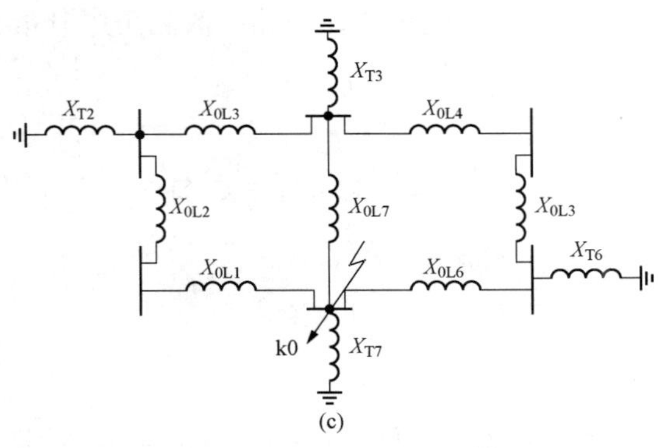

图 5 - 18　［例 5 - 2］各序网络图（二）
（c）零序网络

5.4　简单不对称短路的分析计算

在中性点接地的电力系统中，简单不对称短路有单相接地短路、两相短路和两相短路接地。无论是哪一种短路形式，都需要从图 5 - 16 中列出各序网络的电压方程式，即

$$\left.\begin{aligned}\dot{E}_{1\Sigma}-\mathrm{j}\dot{I}_{ka1}X_{1\Sigma}&=\dot{U}_{ka1}\\-\mathrm{j}\dot{I}_{ka2}X_{2\Sigma}&=\dot{U}_{ka2}\\-\mathrm{j}\dot{I}_{ka0}X_{0\Sigma}&=\dot{U}_{ka0}\end{aligned}\right\}\tag{5-18}$$

这三个方程中有六个未知数：故障处的电流和电压的各序分量。因此，还需要根据不对称短路的具体的边界条件写出另外三个方程式，才能进行求解。现在对上述三种简单不对称短路逐个进行分析讨论。

5.4.1　单相（a 相）接地短路

单相接地短路时，故障点的情况如图 5 - 19 所示。故障相的边界条件为

$$\begin{cases}\dot{U}_{ka}=0\\\dot{I}_{kb}=\dot{I}_{kc}=0\end{cases}$$

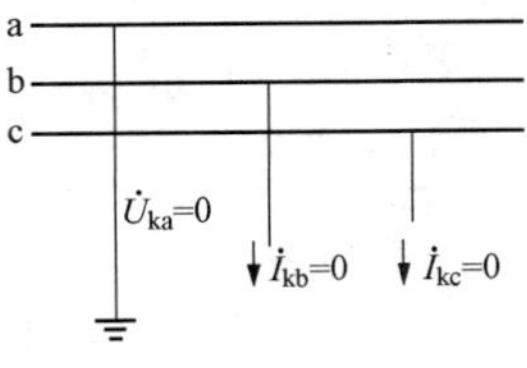

图 5 - 19　单相短路接地

利用对称分量法将边界条件展开可得

$$\left.\begin{aligned}\dot{U}_{ka1}+\dot{U}_{ka2}+\dot{U}_{ka0}&=0\\a^2\dot{I}_{ka1}+a\dot{I}_{ka2}+\dot{I}_{ka0}&=0\\a\dot{I}_{ka1}+a^2\dot{I}_{ka2}+\dot{I}_{ka0}&=0\end{aligned}\right\}$$

整理可得其新的边界条件

$$\left.\begin{aligned}\dot{U}_{ka1}+\dot{U}_{ka2}+\dot{U}_{ka0}&=0\\\dot{I}_{ka1}=\dot{I}_{ka2}&=\dot{I}_{ka0}\end{aligned}\right\}\tag{5-19}$$

方程组（5 - 19）和方程组（5 - 18）联立可求得

$$\dot{I}_{ka1}=\frac{\dot{E}_{1\Sigma}}{\mathrm{j}(X_{1\Sigma}+X_{2\Sigma}+X_{0\Sigma})}\tag{5-20}$$

式（5-20）是单相短路计算的关键公式。短路电流的负序分量和零序分量为

$$\dot{I}_{ka2}=\dot{I}_{ka0}=\dot{I}_{ka1}$$

故障点电压的各序分量为

$$\left.\begin{aligned}\dot{U}_{ka1}&=\dot{E}_{1\Sigma}-j\dot{I}_{ka1}X_{1\Sigma}\\ \dot{U}_{ka2}&=-j\dot{I}_{ka2}X_{2\Sigma}\\ \dot{U}_{ka0}&=-j\dot{I}_{ka0}X_{0\Sigma}\end{aligned}\right\}\tag{5-21}$$

则故障相的短路电流为

$$\dot{I}_k^{(1)}=\dot{I}_{ka}=\dot{I}_{ka1}+\dot{I}_{ka2}+\dot{I}_{ka0}=3\dot{I}_{ka1}=\frac{3\dot{E}_{1\Sigma}}{j(X_{1\Sigma}+X_{2\Sigma}+X_{0\Sigma})}\tag{5-22}$$

非故障相的残压为

$$\dot{U}_{kb}=a^2\dot{U}_{ka1}+a\dot{U}_{ka2}+\dot{U}_{ka0}=j[(a^2-a)X_{2\Sigma}+(a^2-1)X_{0\Sigma}]\dot{I}_{ka1}$$

$$\dot{U}_{kc}=a\dot{U}_{ka1}+a^2\dot{U}_{ka2}+\dot{U}_{ka0}=j[(a-a^2)X_{2\Sigma}+(a-1)X_{0\Sigma}]\dot{I}_{ka1}$$

其电压、电流的相量图如图 5-20 所示。

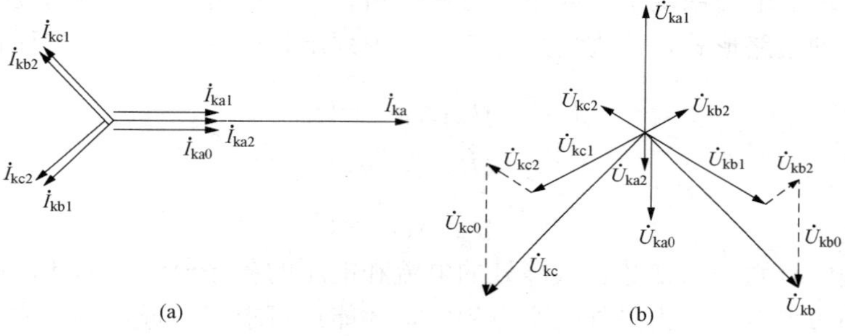

图 5-20 单相短路接地处的电流、电压相量图

（a）电流相量图；（b）电压相量图

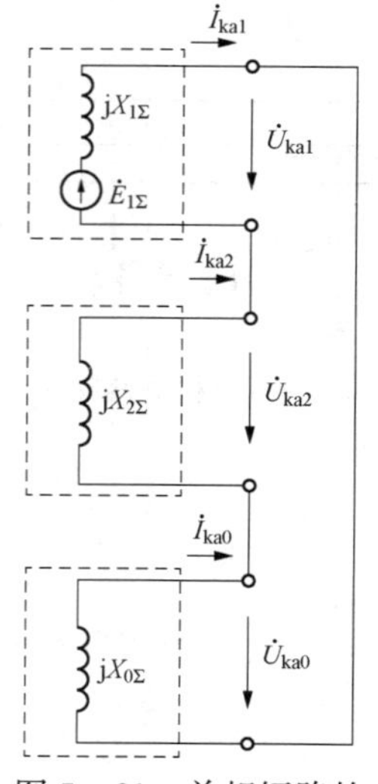

图 5-21 单相短路的复合序网

电压和电流的各序分量还可以从复合序网中直接求得。所谓复合序网，就是根据新的边界条件，将正序网络、负序网络和零序网络适当串并联而得到新的序网。由式（5-19）可知 $\dot{I}_{ka1}=\dot{I}_{ka2}=\dot{I}_{ka0}$，说明正序网络、负序网络和零序网络是串联结构；由式（5-19）可知 $\dot{U}_{ka1}=\dot{U}_{ka2}=\dot{U}_{ka0}$，说明正序网络端口、负序网络端口和零序网络端口构成一个闭合回路。根据这一点，可做出复合序网如图 5-21 所示。

从复合序网中可以很方便地计算出电流的各序分量及电压的各序分量，然后合成即可计算出短路电流和非故障相的残压。

5.4.2 两相（b 相和 c 相）短路

两相短路时的情况示于图 5-22。故障处的边界条件为

$$\left.\begin{aligned}\dot{I}_{ka}&=0\\ \dot{I}_{kb}+\dot{I}_{kc}&=0\\ \dot{U}_{kb}&=\dot{U}_{kc}\end{aligned}\right\}$$

利用对称分量法展开可得

$$\dot{I}_{ka1}+\dot{I}_{ka2}+\dot{I}_{ka0}=0$$

$$a^2\dot{I}_{ka1}+a\dot{I}_{ka2}+\dot{I}_{ka0}+a\dot{I}_{ka1}+a^2\dot{I}_{ka2}+\dot{I}_{ka0}=0$$

$$a^2\dot{U}_{ka1}+a\dot{U}_{ka2}+\dot{U}_{ka0}=a\dot{U}_{ka1}+a^2\dot{U}_{ka2}+\dot{U}_{ka0}$$

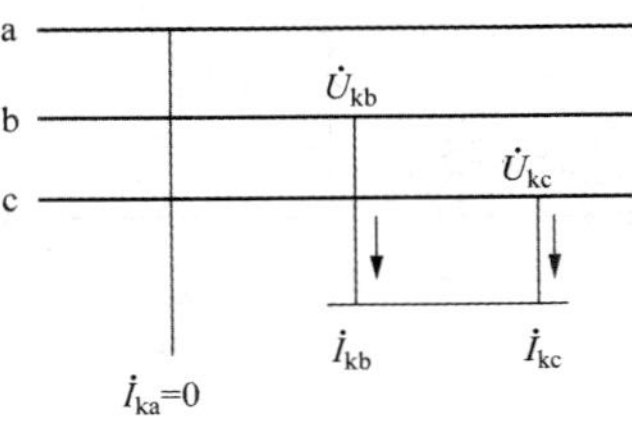

图 5 - 22　两相短路

整理可得新的边界条件

$$\left.\begin{aligned}&\dot{I}_{ka0}=0\\&\dot{I}_{ka1}+\dot{I}_{ka2}=0\\&\dot{U}_{ka1}=\dot{U}_{ka2}\end{aligned}\right\}\tag{5 - 23}$$

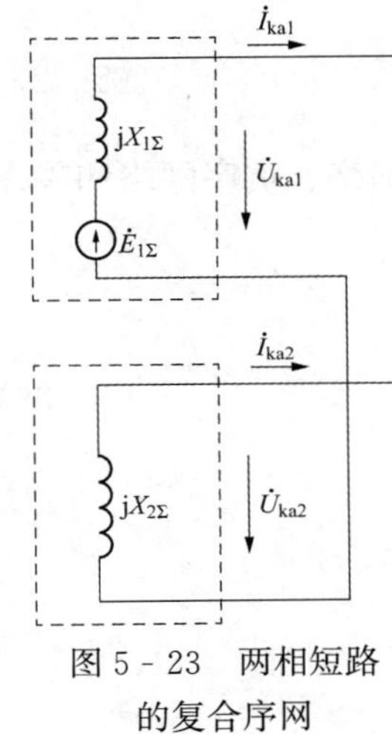

图 5 - 23　两相短路的复合序网

根据新的边界条件可以推断出其复合序网为正序网络和负序网络的并联结构，零序网络不存在。两相短路时的复合序网如图 5 - 23 所示。

从复合序网中可以求得

$$\dot{I}_{ka1}=\frac{\dot{E}_{1\Sigma}}{\mathrm{j}(X_{2\Sigma}+X_{0\Sigma})}\tag{5 - 24}$$

$$\dot{I}_{ka2}=-\dot{I}_{ka1}$$

$$\dot{I}_{ka0}=0$$

则短路电流为

$$\dot{I}_{kb}=-\dot{I}_{kc}=a^2\dot{I}_{ka1}+a\dot{I}_{ka2}+\dot{I}_{ka0}=-\mathrm{j}\frac{\sqrt{3}\dot{E}_{1\Sigma}}{(X_{1\Sigma}+X_{2\Sigma})}$$

取绝对值为

$$I_k^{(2)}=|\dot{I}_{kb}|=\sqrt{3}\frac{E_{1\Sigma}}{X_{2\Sigma}+X_{0\Sigma}}=\sqrt{3}I_{ka1}\tag{5 - 25}$$

电压的各序分量为

$$\dot{U}_{ka1}=\dot{U}_{ka2}=-\mathrm{j}X_{2\Sigma}\dot{I}_{ka2}=\mathrm{j}X_{2\Sigma}\dot{I}_{ka1}$$

故障点非故障相的残压为

$$\dot{U}_{ka}=\dot{U}_{ka1}+\dot{U}_{ka2}+\dot{U}_{ka0}=\mathrm{j}2X_{2\Sigma}\dot{I}_{ka1}\tag{5 - 26}$$

两相短路时的电流、电压的相量图如图 5 - 24 所示。

5.4.3　两相（b 相和 c 相）短路接地

两相短路接地时故障处的情况示于图 5 - 25。故障处的边界条件为

$$\dot{I}_{ka}=0$$

$$\dot{U}_{kb}=\dot{U}_{kc}=0$$

利用对称分量法展开可得

$$\dot{I}_{ka1}+\dot{I}_{ka2}+\dot{I}_{ka0}=0$$

$$a^2\dot{U}_{ka1}+a\dot{U}_{ka2}+\dot{U}_{ka0}=0$$

$$a\dot{U}_{ka1}+a^2\dot{U}_{ka2}+\dot{U}_{ka0}=0$$

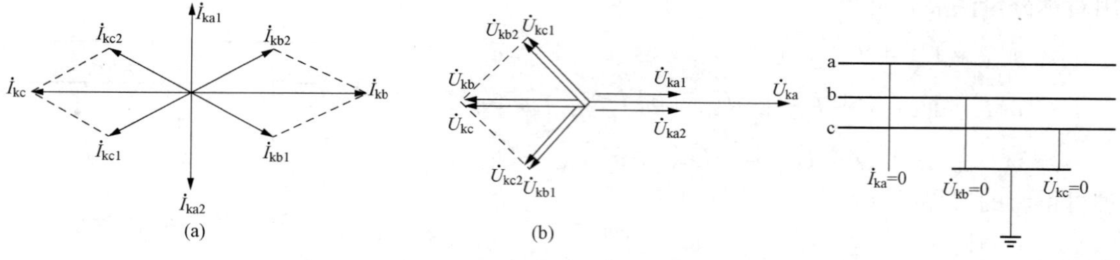

图 5 - 24　两相短路时的电流、电压相量图

（a）电流相量图；（b）电压相量图

图 5 - 25　两相短路接地

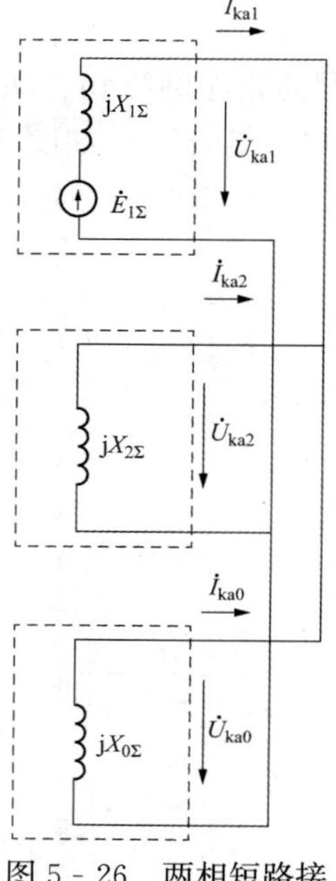

图 5 - 26　两相短路接地的复合序网

整理后可得新的边界条件为

$$\left.\begin{aligned}\dot{I}_{ka1}+\dot{I}_{ka2}+\dot{I}_{ka0}&=0\\ \dot{U}_{ka1}=\dot{U}_{ka2}&=\dot{U}_{ka0}\end{aligned}\right\}\tag{5 - 27}$$

从新的边界条件可知，复合序网为正序网络、负序网络和零序网络的并联结构，如图 5 - 26 所示。

从复合序网中可以计算

$$\dot{I}_{ka1}=\frac{\dot{E}_{1\Sigma}}{j(X_{1\Sigma}+X_{2\Sigma}\parallel X_{0\Sigma})}\tag{5 - 28}$$

电流的负序分量和零序分量为

$$\dot{I}_{ka2}=-\frac{X_{0\Sigma}}{X_{0\Sigma}+X_{2\Sigma}}\dot{I}_{ka1}$$

$$\dot{I}_{ka0}=-\frac{X_{2\Sigma}}{X_{0\Sigma}+X_{2\Sigma}}\dot{I}_{ka1}$$

短路点故障相的电流为

$$\begin{aligned}\dot{I}_{kb}&=a^2\dot{I}_{ka1}+a\dot{I}_{ka2}+\dot{I}_{ka0}=\left(a-\frac{X_{2\Sigma}+aX_{0\Sigma}}{X_{2\Sigma}+X_{0\Sigma}}\right)\dot{I}_{ka1}\\&=\frac{-3X_{2\Sigma}-j\sqrt{3}(X_{2\Sigma}+2X_{0\Sigma})}{2(X_{2\Sigma}+X_{0\Sigma})}\dot{I}_{ka1}\end{aligned}$$

$$\dot{I}_{kc}=a\dot{I}_{ka1}+a^2\dot{I}_{ka2}+\dot{I}_{ka0}=\left(a-\frac{X_{2\Sigma}+a^2X_{0\Sigma}}{X_{2\Sigma}+X_{0\Sigma}}\right)\dot{I}_{ka1}=\frac{-3X_{2\Sigma}+j\sqrt{3}(X_{2\Sigma}+2X_{0\Sigma})}{2(X_{2\Sigma}+X_{0\Sigma})}\dot{I}_{ka1}$$

短路电流取其绝对值为

$$I_k^{(1.1)}=I_{kb}=\sqrt{3}\sqrt{1-\frac{X_{0\Sigma}X_{2\Sigma}}{(X_{0\Sigma}+X_{2\Sigma})^2}}\dot{I}_{ka2}\tag{5 - 29}$$

短路点电压的各序分量为

$$\dot{U}_{ka1}=\dot{U}_{ka2}=\dot{U}_{ka0}=j\frac{X_{2\Sigma}X_{0\Sigma}}{X_{2\Sigma}+X_{0\Sigma}}\dot{I}_{ka1}$$

短路点非故障相的残压为

$$\dot{U}_{ka}=3\dot{U}_{ka1}=j\frac{3X_{2\Sigma}X_{0\Sigma}}{X_{2\Sigma}+X_{0\Sigma}}\dot{I}_{ka1}\tag{5 - 30}$$

两相短路接地时电流和电压的相量图如图 5 - 27 所示。

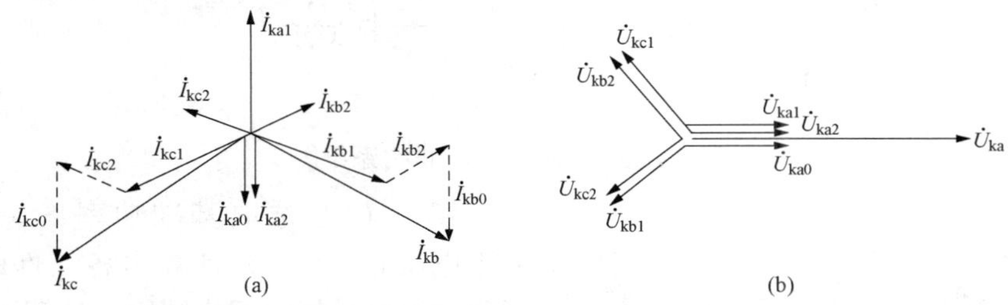

图 5 - 27　两相短路接地时电流及电压的相量图

(a) 电流相量图；(b) 电压相量图

5.4.4　正序等效定则

根据上面讨论的三种简单不对称短路的正序电流分量的算式（5 - 20）、式（5 - 24）和式（5 - 28），可以写成统一的计算公式为

$$\dot{I}_{ka}^{(n)} = \frac{\dot{E}_{1\Sigma}}{j(X_{1\Sigma} + X_{\Delta}^{(n)})} \tag{5-31}$$

式中，$X_{\Delta}^{(n)}$ 表示附加电抗，其值随着短路的方式的不同而不同，上标（n）代表短路类型。

式（5 - 31）说明了一个很重要的概念：在简单不对称短路的情况下，短路点短路电流的正序分量，与在短路点每一相中加入附加电抗 $X_{\Delta}^{(n)}$ 而发生的三相短路的短路电流相等。这个概念称为正序等效定则。

此外，由式（5 - 22）、式（5 - 25）、式（5 - 29）可以总结出：短路电流的绝对值与它的正序分量的绝对值成正比，即

$$I_{k}^{(n)} = m^{(n)} I_{ka1} \tag{5-32}$$

式中　$m^{(n)}$——比例系数，其值与短路方式有关。

各种简单不对称短路时的 $X_{\Delta}^{(n)}$ 和 $m^{(n)}$ 列于表 5 - 2 中。

表 5 - 2　　简单不对称短路时的 $X_{\Delta}^{(n)}$ 及 $m^{(n)}$

短路类型	代表符号	$X_{\Delta}^{(n)}$	$m^{(n)}$
三相短路	$k^{(3)}$	0	1
两相短路接地	$k^{(1,1)}$	$X_{2\Sigma} \parallel X_{0\Sigma}$	$\sqrt{3}\sqrt{1-\frac{X_{2\Sigma}X_{0\Sigma}}{(X_{2\Sigma}+X_{0\Sigma})^2}}$
两相短路	$k^{(2)}$	$X_{2\Sigma}$	$\sqrt{3}$
单相短路接地	$k^{(1)}$	$X_{2\Sigma} + X_{0\Sigma}$	3

【例 5 - 3】　图 5 - 28 示出的具有双回路架空线路的输电系统。系统各元件的参数如下：

发电机：120MVA，10.5kV，$E_1=1.67$，$X_1=0.9$，$X_2=0.45$；

变压器 T1：60MVA，10.5/115kV，$U_k\%=10.5$；

变压器 T2：60MVA，115/6.3kV，$U_k\%=10.5$；

线路 L1：双回路 105km，$X_1=0.4\Omega/km$，$X_0=3X_1$；

负荷LD1：60MVA，$X_1=1.2$，$X_2=0.35$；

负荷 LD2：40MVA，$X_1=1.2$，$X_2=0.35$。

短路发生在 k 点。试计算各种不对称短路时的短路电流。

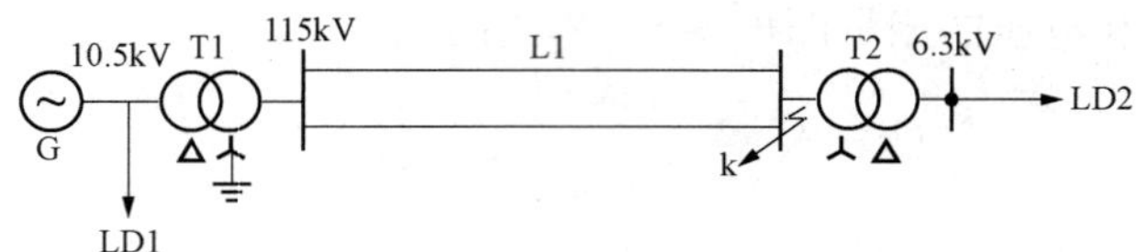

图 5 - 28 ［例 5 - 3］电力系统图

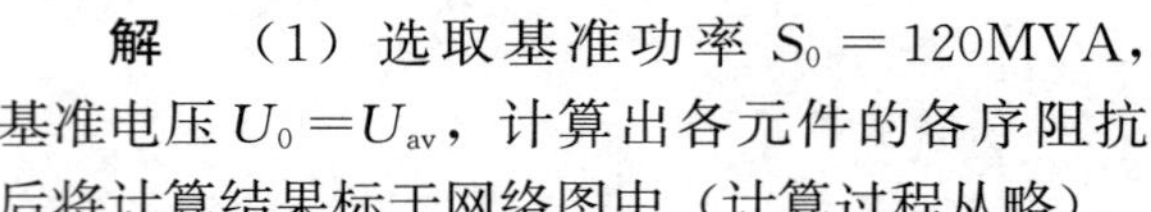

解 （1）选取基准功率 $S_0=120\text{MVA}$，基准电压 $U_0=U_{av}$，计算出各元件的各序阻抗后将计算结果标于网络图中（计算过程从略）。

（2）制定各序网络并化简。

1）正序网络及其化简（见图 5 - 29）

$$x_7=x_1\parallel x_5=\frac{0.9\times 2.4}{0.9+2.4}=0.66$$

$$E_7=\frac{E_1x_5}{x_1+x_5}=\frac{1.67\times 2.4}{0.9+2.4}=1.22$$

$$x_9=x_7+x_2+x_4$$
$$=0.66+0.21+0.19=1.06$$

$$E_{1\Sigma}=\frac{1.22\times 3.81}{1.06+3.81}=0.95$$

$$X_{1\Sigma}=x_8\parallel x_9=\frac{1.06\times 3.81}{3.81+1.06}=0.83$$

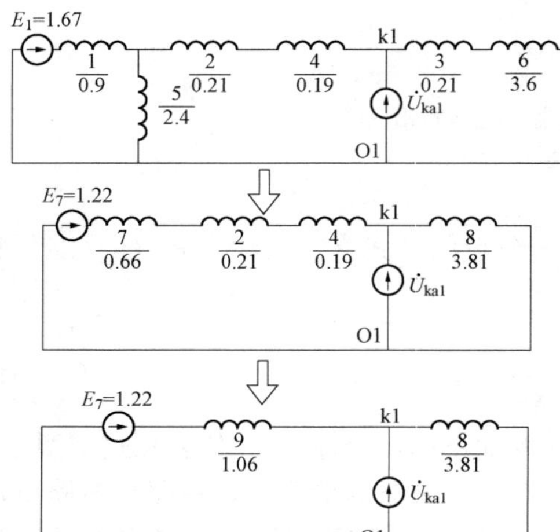

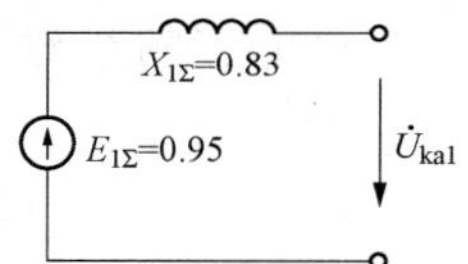

图 5 - 29 正序网络及其化简

2）负序网络及其化简（见图 5 - 30）

$$x_7=x_1\parallel x_5=0.45\parallel 0.7=0.27$$

$$x_9=x_7+x_2+x_4$$
$$=0.27+0.21+0.19=0.67$$

$$x_8=x_3+x_6=0.21+1.05=1.26$$

$$X_{2\Sigma}=x_9\parallel x_8=0.67\parallel 1.26=0.44$$

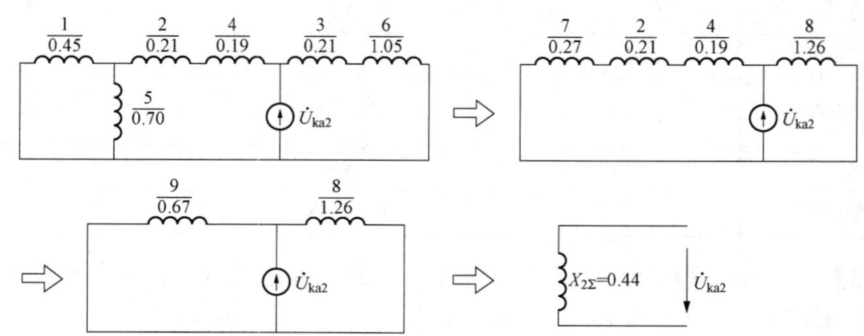

图 5 - 30 负序网络及其化简

3）零序网络（见图 5 - 31）

$$x_4=0.19\times 3=0.57$$

$$X_{0\Sigma}=x_2+x_4=0.21+0.57=0.78$$

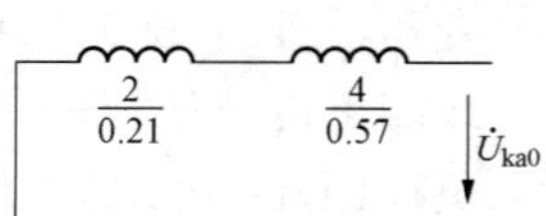

图 5 - 31 零序网络图

（3）计算各种不对称短路时的短路电流。

1）单相短路时

$$x_{\Delta}^{(1)} = X_{2\Sigma} + X_{0\Sigma} = 0.44 + 0.78 = 1.22$$

$$m^{(1)} = 3$$

$$I_0 = \frac{S_0}{\sqrt{3}U_{\mathrm{av}}} = \frac{120}{\sqrt{3} \times 115} = 0.6(\mathrm{kA})$$

因此

$$I_{\mathrm{ka1}}^{(1)} = \frac{E_{1\Sigma}}{X_{1\Sigma} + X_{\Delta}^{(1)}} I_0 = \frac{0.95}{0.83 + 1.22} \times 0.6 = 0.28(\mathrm{kA})$$

$$I_{\mathrm{ka}}^{(1)} = m^{(1)} I_{\mathrm{ka1}}^{(1)} = 3 \times 0.28 = 0.84(\mathrm{kA})$$

2）两相短路时

$$X_{\Delta}^{(2)} = X_{2\Sigma} = 0.44$$

$$m^{(2)} = \sqrt{3}$$

$$I_{\mathrm{ka1}}^{(2)} = \frac{E_{1\Sigma}}{X_{1\Sigma} + X_{\Delta}^{(2)}} I_0 = \frac{0.95}{0.83 + 0.44} \times 0.6 = 0.44(\mathrm{kA})$$

$$I_{\mathrm{ka}}^{(2)} = m^{(2)} I_{\mathrm{ka1}}^{(2)} = \sqrt{3} \times 0.44 = 0.77(\mathrm{kA})$$

3）两相短路接地时

$$X_{\Sigma}^{(1.1)} = X_{2\Sigma} \parallel X_{0\Sigma} = 0.44 \parallel 0.78 = 0.28$$

$$m^{(1.1)} = \sqrt{3} \times \sqrt{1 - \frac{X_{2\Sigma} X_{0\Sigma}}{(X_{2\Sigma} + X_{0\Sigma})^2}} = \sqrt{3} \times \sqrt{1 - \frac{0.44 \times 0.78}{(0.44 + 0.78)^2}} = 1.52$$

$$I_{\mathrm{ka1}}^{(1.1)} = \frac{E_{1\Sigma}}{X_{1\Sigma} + X_{\Delta}^{(1.1)}} I_0 = \frac{0.95}{0.83 + 0.28} \times 0.6 = 0.513(\mathrm{kA})$$

$$I_{\mathrm{ka}}^{(1.1)} = m^{(1.1)} I_{\mathrm{ka1}}^{(1.1)} = 1.52 \times 0.513 = 0.78(\mathrm{kA})$$

4）三相短路时

$$X_{\Delta}^{(3)} = 0; \quad m^{(3)} = 1$$

$$I_{\mathrm{ka}}^{(3)} = I_{\mathrm{ka1}}^{(3)} = \frac{E_{1\Sigma}}{X_{1\Sigma}} I_0 = \frac{0.95}{0.83} \times 0.6 = 0.7(\mathrm{kA})$$

5.5　非故障处电流、电压的计算

求解不对称短路问题，除了求取短路点的电流和电压之外，实用计算中还要求计算网络中各支路电流和各母线电压。在不对称短路时，求取各支路电流和各节点电压，通常可按如下步骤求解。

5.5.1　求各支路电流

求各支路电流的步骤如下：

（1）用正序等效定则求出短路点的正序电流分量 $\dot{I}_{\mathrm{ka1}}$。

（2）根据边界条件求出 $\dot{I}_{\mathrm{ka2}}$ 和 $\dot{I}_{\mathrm{ka0}}$。

（3）将 $\dot{I}_{\mathrm{ka1}}$、$\dot{I}_{\mathrm{ka2}}$、$\dot{I}_{\mathrm{ka0}}$ 分别在正序、负序、零序网络中进行分配，求出待求支路的各序电流分量。

（4）用待求支路的各序电流分量合成该支路的各相电流，即 $\boldsymbol{I}_{\mathrm{abc}} = \boldsymbol{T}\boldsymbol{I}_{120}$。

5.5.2 求各母线的电压

一般而言，在求出了短路点的各序电流分量之后，可以用电工原理中的任何一种可用的方法求出待求母线的电压各序分量，然后用它们合成该母线的各相电压。通常可用如下步骤：

（1）求出短路点各序电流分量 $\dot{I}_{ka1}$、$\dot{I}_{ka2}$、$\dot{I}_{ka0}$。

（2）根据复合序网求出短路点的各序电压分量 $\dot{U}_{ka1}$、$\dot{U}_{ka2}$、$\dot{U}_{ka0}$。

（3）分别在各序网络中进行电流分配，求出待求母线 W 到短路点 k 之间有关线路的各序电流分量，然后仍在各序网络求出待求母线 W 到短路点 k 之间有关电抗上的各序电压降落 $\Delta\dot{U}_{La1}$、$\Delta\dot{U}_{La2}$、$\Delta\dot{U}_{La0}$。

（4）待求母线 W 的各序电压分量为

$$\begin{cases}\dot{U}_{Wa1}=\dot{U}_{ka1}+\Delta\dot{U}_{La1}\\ \dot{U}_{Wa2}=\dot{U}_{ka2}+\Delta\dot{U}_{La2}\\ \dot{U}_{Wa0}=\dot{U}_{ka0}+\Delta\dot{U}_{La0}\end{cases}\tag{5-33}$$

（5）利用公式 $\boldsymbol{U}_{abc}=\boldsymbol{TU}_{120}$ 求出母线 W 的各相电压。

为了说明各序电压的分布情况，在图 5－32 示出了某一简单网络在发生各种不对称短路时各序电压的分布情况。电源点的正序电压最高，随着与短路点的接近，正序电压将逐渐降低，到短路点正好等于短路点的正序电压。短路点的负序电压和零序电压最高，电源点的负序电压为零。由于变压器是 YNd 接法，所以零序电压在变压器三角形一侧的出线端已经降到零了。

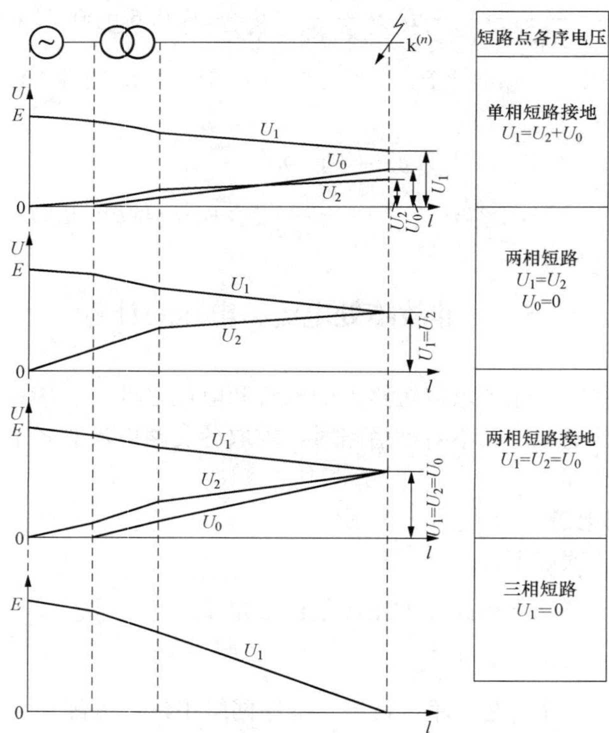

图 5－32　各种短路类型的短路点电压各序分量的分布规律

网络中各点电压的不对称程度主要由负序分量决定。负序分量越大，电压就越不对称。比较图 5 - 32 中的各个图形可以看出，单相短路时电压的不对称程度要比其他类型的不对称短路小一些。不管发生何种不对称短路，短路点的电压最不对称，而且电压的不对称程度将随着离短路点距离的增加而逐渐减弱。

以上所讲的求网络中各序电流和各序电压分布的方法，对于与短路点具有直接电气联系的那部分网络，才可获得各序对称分量间正确的相位关系。在由变压器联系的两段电路中，由于变压器绕组的连接方式，变压器一侧的相电压和相电流的正序分量，对另一侧具有相位移动，并且正序分量与负序分量的相位移动可能是不相同的。所以对与短路点经变压器隔开的各支路与各节点，为了正确求得各序电流和各序电压，必须考虑它们经过变压器时的相位移动问题。

【例 5 - 4】　图 5 - 33 所示的电力系统接线中，已知各元件参数如下：

发电机 G1：$S_N=100$MVA，$U_N=10.5$kA，$X''_d=0.12$，$X_2=X''_d$；

发电机 G2：$S_N=30$MVA，$U_N=6.3$kA，$X''_d=X_2=0.12$；

发电机 G3：同 G2。

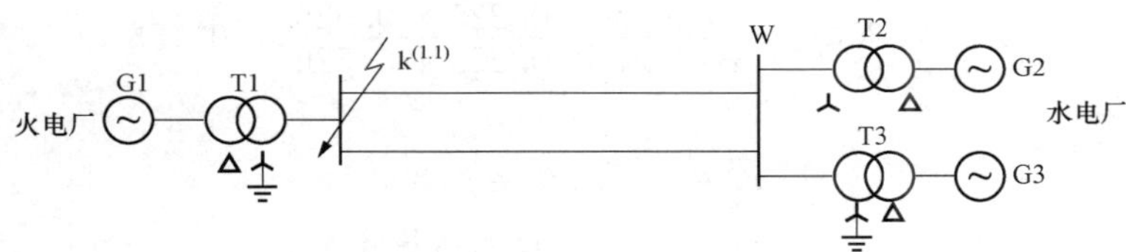

图 5 - 33　[例 5 - 4] 电力系统接线图

变压器 T1：$S_N=100$MVA，$k=121/10.5$kA，$U_k\%=10.5$；

变压器 T2：$S_N=30$MVA，$U_k\%=10.5$；

变压器 T3：同 T2。

输电线路：2×100km，$X_1=0.4\Omega$/km，$X_0=3X_1$。

试求：当系统在 k 点发生两相（b、c）短路接地时，流过输电线路的各相电流及母线 W 的各相电压。

解　(1) 设 $S_0=100$MVA，$U_0=U_{av}$，计算各元件的标幺值，并制作正、负、零序等值电路。

$$x_1=0.12;\quad x_2=0.105$$

$$x_3=\frac{1}{2}\times0.4\times100\times\frac{100}{115^2}=0.151$$

$$x_4=x_5=0.105\times\frac{100}{30}=0.35$$

$$x_6=x_7=0.12\times\frac{100}{30}=0.4$$

输电线路的零序电抗

$$x_{3(0)}=3x_1=3\times0.151=0.453$$

作各序网络如图 5 - 34 所示。

(2) 网络化简并求出各序等效网络。

正、负序网络

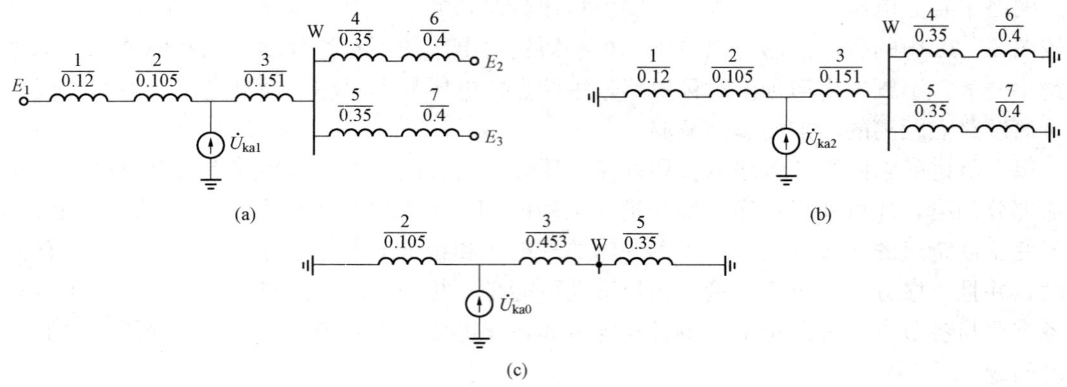

图 5 - 34 ［例 5 - 4］的各序网络图

（a）正序网络；（b）负序网络；（c）零序网络

$$x_8 = x_1 + x_2 = 0.225; \qquad x_9 = x_3 + \frac{1}{2}(x_4 + x_6) = 0.526$$

$$X_{1\Sigma} = X_{2\Sigma} = \frac{x_8 x_9}{x_8 + x_9} = \frac{0.225 \times 0.526}{0.225 + 0.526} = 0.158$$

零序网络

$$x_9 = x_3 + x_5 = 0.803$$

$$X_{0\Sigma} = \frac{x_2 x_9}{x_2 + x_9} = \frac{0.105 \times 0.803}{0.105 + 0.803} = 0.093$$

各序等效网络图如图 5 - 35 所示。

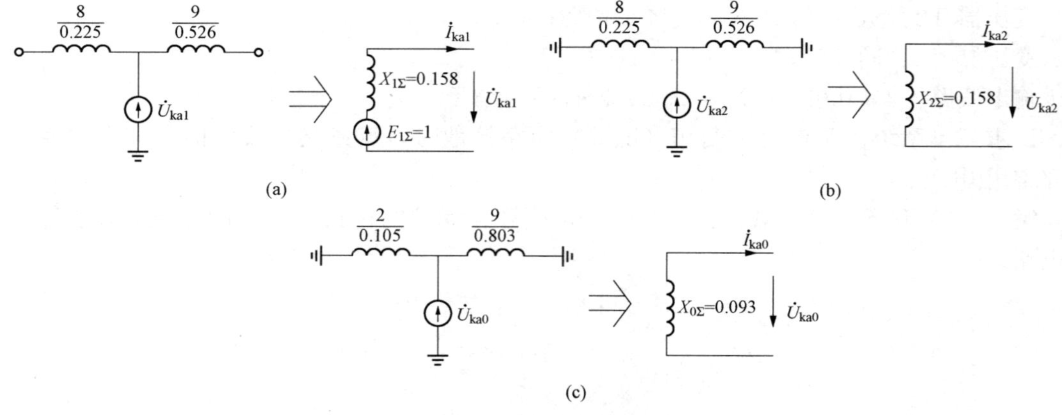

图 5 - 35 各序等效网络图

（a）正序等效网络；（b）负序等效网络；（c）零序等效网络

（3）计算短路点的各序电流分量和各序电压分量。

$$X_{\triangle}^{(1.1)} = \frac{X_{2\Sigma} X_{0\Sigma}}{X_{2\Sigma} + X_{0\Sigma}} = \frac{0.158 \times 0.093}{0.158 + 0.093} = 0.059$$

$$\dot{I}_{ka1} = \frac{\dot{E}_{1\Sigma}}{X_{1\Sigma} + X_{\Delta}^{(1.1)}} = \frac{1}{0.158 + 0.059} = 4.608$$

$$\dot{I}_{ka2}=-\frac{X_{0\Sigma}}{X_{2\Sigma}+X_{0\Sigma}}\dot{I}_{ka1}=-\frac{0.093}{0.158+0.093}\times 4.608=-1.707$$

$$\dot{I}_{ka0}=-\frac{X_{2\Sigma}}{X_{2\Sigma}+X_{0\Sigma}}\dot{I}_{ka1}=-\frac{0.158}{0.158+0.093}\times 4.608=-2.901$$

$$\dot{U}_{ka1}=\dot{U}_{ka2}=\dot{U}_{ka0}=-\mathrm{j}X_{2\Sigma}\dot{I}_{ka2}=-\mathrm{j}0.158\times(-1.707)=\mathrm{j}0.27$$

（4）计算输电线路的各相电流。

正序电流分量，从图 5 - 36 中求得

$$\dot{I}_{La1}=\frac{0.225}{0.225+0.526}\dot{I}_{ka1}=1.384$$

负序电流分量为

$$\dot{I}_{La2}=\frac{0.225}{0.225+0.526}\times(-1.707)=-0.513$$

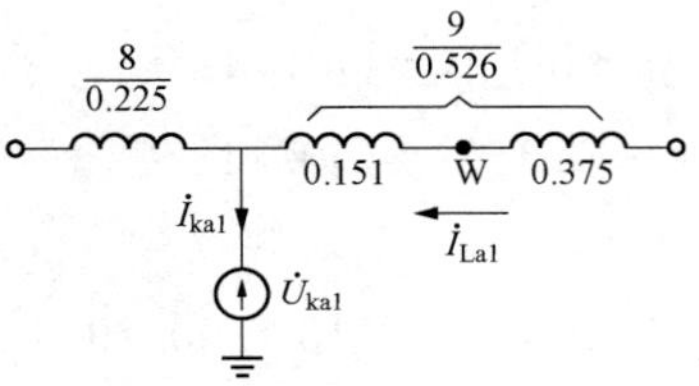

图 5 - 36　[例 5 - 4] 正序网络

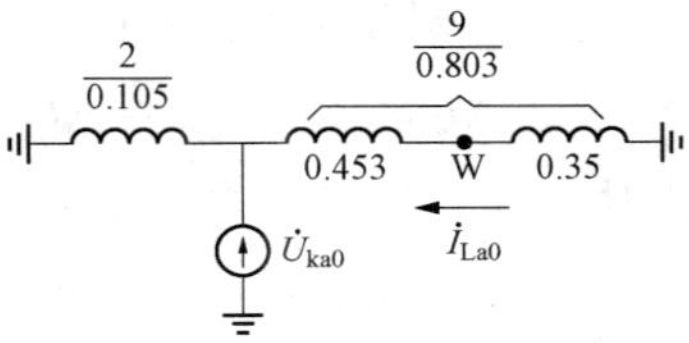

图 5 - 37　[例 5 - 4] 零序网络

零序电流分量，从图 5 - 37 中求得

$$\dot{I}_{La0}=\frac{0.105}{0.105+0.803}\times(-2.901)=-0.336$$

输电线路 a 相电流为

$$\dot{I}_{La}=\dot{I}_{La1}+\dot{I}_{La2}+\dot{I}_{La0}=[1.384+(-0.513)+(-0.336)]=0.535$$

有名值为

$$I_{La}=0.535\times\frac{100}{\sqrt{3}\times 115}=0.269(\text{kA})$$

输电线路 b 相电流为

$$\begin{aligned}\dot{I}_{Lb}&=a^2\dot{I}_{La1}+a\dot{I}_{La2}+\dot{I}_{La0}\\&=\left(-\frac{1}{2}-\mathrm{j}\frac{\sqrt{3}}{2}\right)\times 1.384+\left(-\frac{1}{2}+\mathrm{j}\frac{\sqrt{3}}{2}\right)\times(-0.513)+(-0.336)\\&=1.815\angle-115.14^\circ\end{aligned}$$

有名值为

$$I_{Lb}=1.815\times\frac{100}{\sqrt{3}\times 115}=0.911(\text{kA})$$

输电线路 c 相电流为

$$\begin{aligned}\dot{I}_{Lc}&=a\dot{I}_{La1}+a^2\dot{I}_{La2}+\dot{I}_{La0}\\&=\left(-\frac{1}{2}+\mathrm{j}\frac{\sqrt{3}}{2}\right)\times 1.384+\left(-\frac{1}{2}-\mathrm{j}\frac{\sqrt{3}}{2}\right)\times(-0.513)+(-0.336)\\&=1.815\angle 115.14^\circ\end{aligned}$$

有名值为

$$I_{Lc}=1.815\times\frac{100}{\sqrt{3}\times115}=0.911(kA)$$

（5）计算母线 W 的各相电压。

在正序网络中（见图 5 - 36）

$$\Delta\dot{U}_{La1}=jX_{L1}\dot{I}_{La1}=j0.151\times1.384=j0.209$$

$$\dot{U}_{Wa1}=\dot{U}_{ka1}+\Delta\dot{U}_{La1}=j0.27+j0.209=j0.479$$

在负序网络中

$$\Delta\dot{U}_{La2}=jX_{L2}\dot{I}_{La2}=j0.151\times(-0.513)=-j0.077$$

$$\dot{U}_{Wa2}=\dot{U}_{ka2}+\Delta\dot{U}_{La2}=j0.27+(-j0.077)=j0.193$$

在零序网络中（见图 5 - 37）

$$\Delta\dot{U}_{La0}=jX_{L0}\dot{I}_{La0}=j0.453\times(-0.336)=-j0.152$$

$$\Delta\dot{U}_{Wa0}=\dot{U}_{ka0}+\Delta\dot{U}_{La0}=j0.27+(-j0.152)=j0.118$$

a 相的电压

$$\dot{U}_{Wa}=\dot{U}_{Wa1}+\dot{U}_{Wa2}+\dot{U}_{Wa0}=j0.479+j0.193+j0.118=j0.79$$

有名值为

$$U_{Wa}=0.79\times\frac{115}{\sqrt{3}}=52.45(kV)$$

b 相的电压

$$\begin{aligned}\dot{U}_{Wb}&=a^2\dot{U}_{Wa1}+a\dot{U}_{Wa2}+\dot{U}_{Wa0}\\&=\left(-\frac{1}{2}-j\frac{\sqrt{3}}{2}\right)\times(j0.479)+\left(-\frac{1}{2}+j\frac{\sqrt{3}}{2}\right)\times(j0.193)+(j0.118)\\&=0.331\angle-41.45^\circ\end{aligned}$$

有名值为

$$U_{Wb}=0.331\times\frac{115}{\sqrt{3}}=21.98(kV)$$

c 相的电压

$$\begin{aligned}\dot{U}_{Wc}&=a\dot{U}_{Wa1}+a^2\dot{U}_{Wa2}+\dot{U}_{Wa0}\\&=\left(-\frac{1}{2}+j\frac{\sqrt{3}}{2}\right)\times(j0.479)+\left(-\frac{1}{2}-j\frac{\sqrt{3}}{2}\right)\times(j0.193)+(j0.118)\\&=0.331\angle-138.5^\circ\end{aligned}$$

有名值为

$$U_{Wc}=0.331\times\frac{115}{\sqrt{3}}=21.98(kV)$$

5.6 不对称短路时计算曲线的应用

在不对称短路的实用计算中，假定正序等效定则不仅适用于计算稳定电流，而且也适用于计算短路暂态过程中任一时刻的周期电流值。这就是认为不对称短路时正序电流的变化规律，与在短路点每相接入附加电流 $X_{\Delta}^{(n)}$ 而发生的三相短路时周期分量的变化规律相同。因此，对称短路的计算曲线可以用来确定不对称短路过程中任意时刻的正序电流。其计算步骤如下：

第一步：制定电力系统的各序网络。在计算过程中，忽略电阻，只用纯电抗表示各元件。算出各序网络对短路点的组合电抗 $X_{1\Sigma}$、$X_{2\Sigma}$、$X_{0\Sigma}$，并由此计算出附加电流 $X_{\Delta}^{(n)}$。

第二步：计算出计算电抗

$$X_{ci}=\frac{X_{1\Sigma}+X_{\Delta}^{(n)}}{c_i}\times\frac{S_{Ni}}{S_0} \tag{5-34}$$

式中　c_i——第 i 条有源支路的电流分布系数；

S_{Ni}——第 i 条有源支路的所有发电机的额定功率之和；

X_{ci}——第 i 条有源支路到短路点的计算电抗。

第三步：查曲线求得短路点的正序电流的标幺值 $I_{\mathrm{ka1}i*}$。

第四步：对无穷大电源的处理。先求出无穷大功率电源对短路点的转移电抗，即

$$X_{ks}^{(n)}=\frac{X_{1\Sigma}+X_{\Delta}^{(n)}}{C_s} \tag{5-35}$$

式中　C_s——无穷大电源支路的电流分布系数。

由无穷大功率电源供给的短路点的正序电流为

$$I_{ks}^{(n)}=\frac{1}{X_{ks}^{(n)}}\times\frac{S_0}{\sqrt{3}U_{av}} \tag{5-36}$$

第五步：求出短路点的短路总电流（有名值），即

$$I_k^{(n)}=m^{(n)}\left[\sum_{i=1}^{n}I_{\mathrm{ka1}i*}\frac{S_{Ni}}{\sqrt{3}U_{av}}+\frac{1}{X_{ks}^{(n)}}\times\frac{S_0}{\sqrt{3}U_{av}}\right] \tag{5-37}$$

因为在不对称短路时须在短路点接上附加电抗 $X_{\Delta}^{(n)}$，再求正序电流，所以发电机距短路点距离不同以及发电机类型不同等因素，对计算结果的影响要比同一点发生三相短路时小。因而一般可以采用同一变化法来进行短路电流的计算。在需要采用个别计算的情况下，分出等值有源支路的数目要比三相短路计算时少。

因为不对称短路点的正序电压仍有一定的数值，所以靠近短路点的异步电动机在短路初期的供电作用，要比三相短路时小得多。因此，在计算不对称短路情况下的冲击电流时，即使异步电动机直接连接在故障点上，它的影响仍可忽略不计。

【例 5 - 5】　图 5 - 38 所示的电力系统，各元件参数如下：线路 $x_1=0.4\Omega/\mathrm{km}$，单回线路 $x_0=3.5x_1$，双回线路 $x_0=5.5x_1$。k 点发生单相短路，试求 $t=0.5\mathrm{s}$ 的短路电流。

解　(1) 取 $S_0=100\mathrm{MVA}$，$U_0=U_{av}$，计算系统各元件各序电抗的标幺值，计算结果标明在等值网络中。

(2) 绘制系统的各序等效网络（见图 5 - 39），在正序网络中令电源电动势等于零，便得到负序网络。

(3) 求 $X_{1\Sigma}$、$X_{2\Sigma}$、$X_{0\Sigma}$。

$$X_{1\Sigma}=[x_{2(1)}+x_{5(1)}+x_{7(1)}]\parallel[x_{1(1)}+(x_{3(1)}\parallel x_{4(1)})+x_{10(1)}]\parallel[x_{8(1)}+x_{9(1)}+x_{6(1)}]$$
$$=[0.65+0.26+0.09]\parallel[0.2+(0.52\parallel 0.52)+0.1]\parallel[0.04+0.04+0.2]=0.157$$

$$X_{2\Sigma}=X_{1\Sigma}=0.157$$

$$X_{0\Sigma} = [x_{5(0)} + x_{7(0)}] \| [x_{3(0)} + x_{10(0)}] \| x_{11(0)} \| [x_{8(0)} + x_{12(0)}]$$
$$= [0.26 + 0.32] \| [0.52 + 0.55] \| 0.7 \| [0.14 + 1.05] = 0.20$$

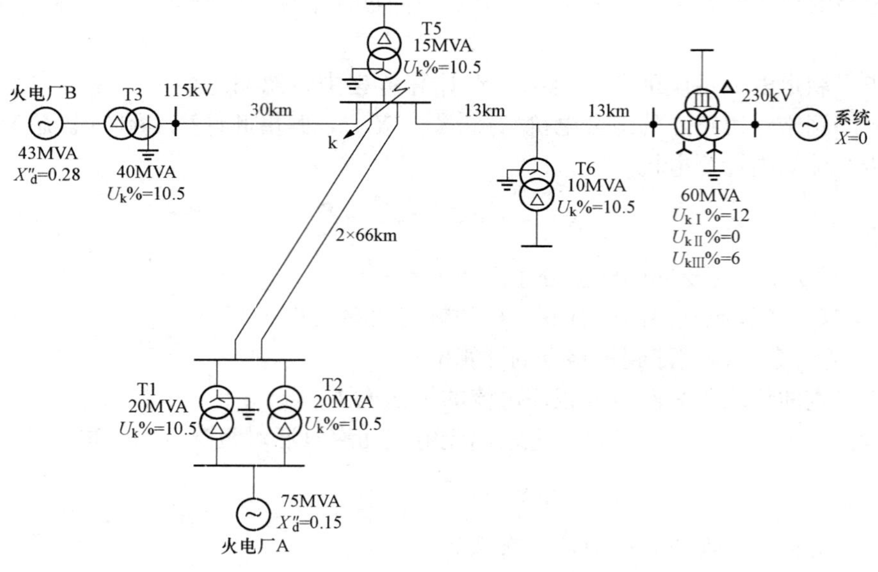

图 5 - 38 [例 5 - 5] 电力系统接线图

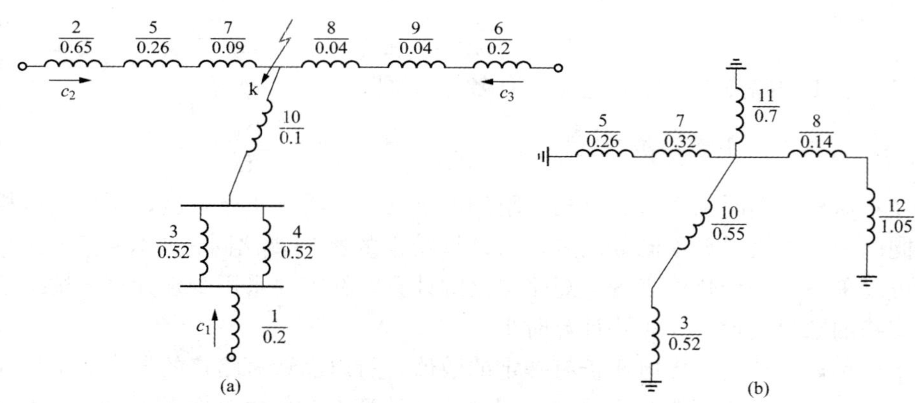

图 5 - 39 各序网络图

(a) 正序网络；(b) 零序网络

（4）计算电流分布系数

$$C_3 = \frac{x_{1\Sigma}}{x_{8(1)} + x_{9(1)} + x_{6(1)}} = \frac{0.157}{0.04 + 0.04 + 0.2} = 0.56$$

$$C_2 = \frac{x_{1\Sigma}}{x_{2(1)} + x_{5(1)} + x_{7(1)}} = \frac{0.157}{0.65 + 0.26 + 0.09} = 0.157$$

$$C_1 = \frac{x_{1\Sigma}}{x_{1(1)} + x_{3(1)} \| x_{4(1)}} = \frac{0.157}{0.2 + 0.52 \| 0.52} = 0.28$$

对电流分布系数进行校验

$$C_1 + C_2 + C_3 = 0.28 + 0.157 + 0.56 = 1$$

计算结果是正确的。

（5）计算各发电厂的计算电抗和转移电抗。

火电厂的计算电抗

$$X_{c1}^{(1)}=\frac{X_{1\Sigma}+X_{\Delta}^{(1)}}{C_1}\times\frac{S_{n1}}{S_0}=\frac{0.157+0.157+0.2}{0.28}\times\frac{75}{100}=1.36$$

水电厂的计算电抗

$$X_{c2}^{(1)}=\frac{X_{1\Sigma}+X_{\Delta}^{(1)}}{C_2}\times\frac{S_{n2}}{S_0}=\frac{0.157+0.157+0.2}{0.157}\times\frac{43}{100}=1.4$$

系统（$X=0$）的转移电抗

$$X_{ks}^{(1)}=\frac{X_{1\Sigma}+X_{\Delta}^{(1)}}{C_3}=\frac{0.157+0.157+0.2}{0.56}=0.92$$

（6）查曲线（$t=0.05$s）。

由 $X_{c1}^{(1)}=1.36$ 查曲线可得，$I_{\text{ka1}*1}^{(1)}=0.67$；

由 $X_{c2}^{(1)}=1.4$ 查曲线可得，$I_{\text{ka1}*2}^{(1)}=0.74$。

（7）计算短路总电流

$$\begin{aligned}I_{k}^{(1)}&=m^{(1)}\left(\Sigma\dot{I}_{\text{ka1}i*}\frac{S_{ni}}{\sqrt{3}U_{av}}+\frac{1}{X_{ks}}\times\frac{S_0}{\sqrt{3}U_{av}}\right)\\&=3\times\left(0.67\times\frac{75}{\sqrt{3}\times115}+0.74\times\frac{43}{\sqrt{3}\times115}+\frac{1}{0.92}\times\frac{100}{\sqrt{3}\times115}\right)\\&=2.86(\text{kA})\end{aligned}$$

5.7　非全相断线的分析计算

5.7.1　纵向故障

电力系统的短路通常称为横向故障，它是指在网络的节点 k 处出现了相与相之间或相与地面之间不正常的接通情况。横向故障时，由故障点 k 同地面组成故障端口。不对称故障的另一种类型是纵向故障，它是指网络中的两个相邻节点 k 和 k′（都不是零电位点）之间出现不正常的断开或三相阻抗不相等的情况。纵向故障时，由这两个节点 k 和 k′组成故障端口（见图 5 - 40）。

本节将讨论纵向不对称故障的两种极端状态，即一相断线和两相断线的非全相运行状态。造成非全相断线的原因是很多的。例如某一线路单相接地后故障相断路器跳闸；导线一相或两相断线，分相检修线路或断路器设备以及断路器合闸过程中三相触头不同步接通等。

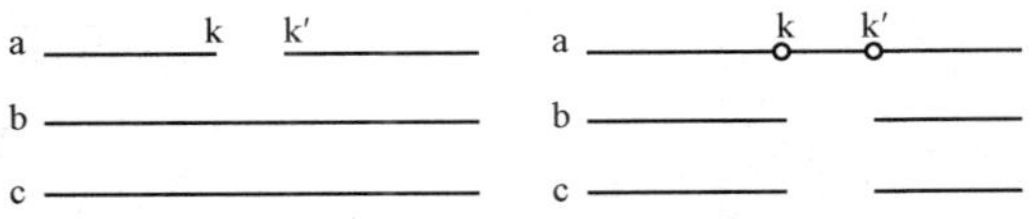

a k k′ b c　　a k k′ b c

图 5 - 40　非全相断线

纵向故障时，同横向不对称故障一样，也只是在故障口出现了某种不对称状态，系统的其余部分的参数还是三相对称的，可以应用对称分量法进行分析。用插入在故障口 kk′的一组不对称电动势源来代替实际存在的不对称状态。然后将这组不对称电动势源分解成正、负、零序分量。根据叠加原理，分别作出各序等效网络（见图 5 - 41）。与不对称短路时一样，可以列出各序网络对于故障口的电压方程式，即

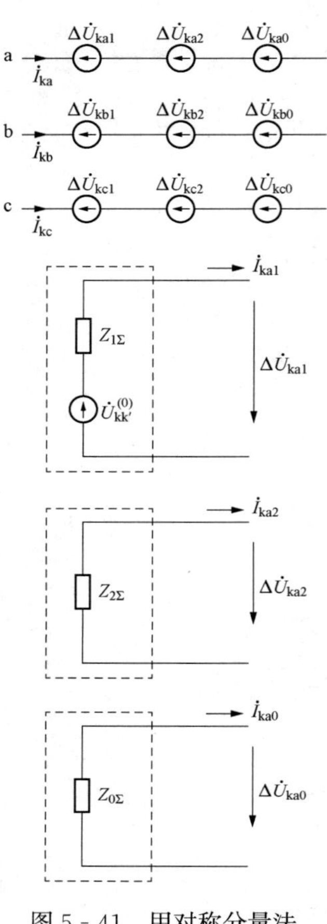

图 5 - 41　用对称分量法分析非全相运行

$$\left.\begin{aligned}\dot{U}_{kk'}^{(0)}-Z_{1\Sigma}\dot{I}_{ka1}&=\Delta\dot{U}_{ka1}\\-Z_{2\Sigma}\dot{I}_{ka2}&=\Delta\dot{U}_{ka2}\\-Z_{0\Sigma}\dot{I}_{ka0}&=\Delta\dot{U}_{ka0}\end{aligned}\right\}\tag{5 - 38}$$

式中　$\dot{U}_{kk'}^{(0)}$——故障口 kk′的开路电压；

$Z_{1\Sigma}$、$Z_{2\Sigma}$、$Z_{0\Sigma}$——正序、负序、零序网络从故障口 kk′处看进去的等效阻抗。

若网络各元件都用纯电抗表示时，式（5 - 38）可变成为

$$\left.\begin{aligned}\dot{U}_{kk'}^{(0)}-\mathrm{j}\dot{I}_{ka1}X_{1\Sigma}&=\Delta\dot{U}_{ka1}\\-\mathrm{j}\dot{I}_{ka2}X_{2\Sigma}&=\Delta\dot{U}_{ka2}\\-\mathrm{j}\dot{I}_{ka0}X_{0\Sigma}&=\Delta\dot{U}_{ka0}\end{aligned}\right\}\tag{5 - 39}$$

方程式（5 - 39）中有六个未知数，无法用三元一次方程组求解。以下分别讨论单相和两相断线的情况。

5.7.2　单相（a 相）断线

故障处的边界条件是（见图 5 - 40）

$$\dot{I}_{ka}=0$$

$$\Delta\dot{U}_{kb}=\Delta\dot{U}_{kc}=0$$

用对称分量法展开整理可得

$$\left.\begin{aligned}\dot{I}_{ka1}+\dot{I}_{ka2}+\dot{I}_{ka0}&=0\\\Delta\dot{U}_{ka1}=\Delta\dot{U}_{ka2}&=\Delta\dot{U}_{ka0}\end{aligned}\right\}\tag{5 - 40}$$

根据新的边界条件可知，其复合序网如图 5 - 42 所示。由此可以算出故障处的各序电流为

$$\left.\begin{aligned}\dot{I}_{ka1}&=\frac{\dot{U}_{kk'}^{(0)}}{\mathrm{j}\left(X_{1\Sigma}+\dfrac{X_{2\Sigma}X_{0\Sigma}}{X_{2\Sigma}+X_{0\Sigma}}\right)}\\\dot{I}_{ka2}&=-\frac{X_{0\Sigma}}{X_{0\Sigma}+X_{2\Sigma}}\dot{I}_{ka1}\\\dot{I}_{ka0}&=-\frac{X_{2\Sigma}}{X_{2\Sigma}+X_{0\Sigma}}\dot{I}_{ka1}\end{aligned}\right\}\tag{5 - 41}$$

非故障相电流为

$$\begin{aligned}\dot{I}_{kb}&=a^2\dot{I}_{ka1}+a\dot{I}_{ka2}+\dot{I}_{ka0}=\left(a^2-\frac{X_{2\Sigma}+aX_{0\Sigma}}{X_{2\Sigma}+X_{0\Sigma}}\right)\dot{I}_{ka1}\\&=\frac{-3X_{2\Sigma}-\mathrm{j}\sqrt{3}(X_{2\Sigma}+2X_{0\Sigma})}{2(X_{2\Sigma}+X_{0\Sigma})}\dot{I}_{ka1}\\\dot{I}_{kc}&=a\dot{I}_{ka1}+a^2\dot{I}_{ka2}+\dot{I}_{ka0}=\left(a-\frac{X_{2\Sigma}+a^2X_{0\Sigma}}{X_{2\Sigma}+X_{0\Sigma}}\right)\dot{I}_{ka1}\\&=\frac{-3X_{2\Sigma}+\mathrm{j}\sqrt{3}(X_{2\Sigma}+2X_{0\Sigma})}{2(X_{2\Sigma}+X_{0\Sigma})}\dot{I}_{ka1}\end{aligned}\tag{5 - 42}$$

故障相的断口电压为

$$\Delta\dot{U}_{ka}=3\Delta\dot{U}_{ka1}=\frac{j3X_{2\Sigma}X_{0\Sigma}}{X_{2\Sigma}+X_{0\Sigma}}\dot{I}_{ka1} \tag{5-43}$$

故障相的断口电压与非故障相的电流的计算方法，与两相短路接地时的计算完全相似，复合序网的结构（见图5-43）也完全相似。

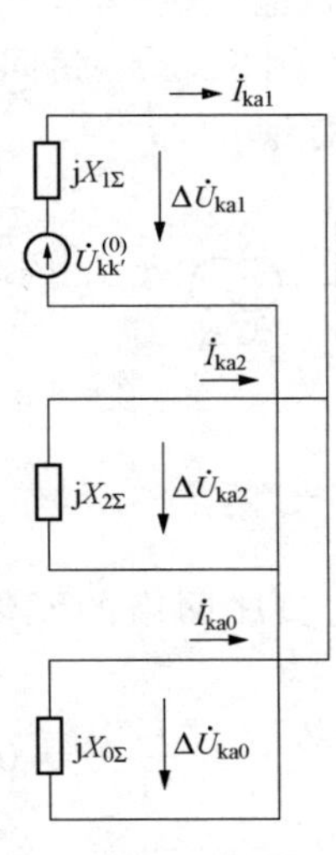

图5-42　单相断线的复合序网

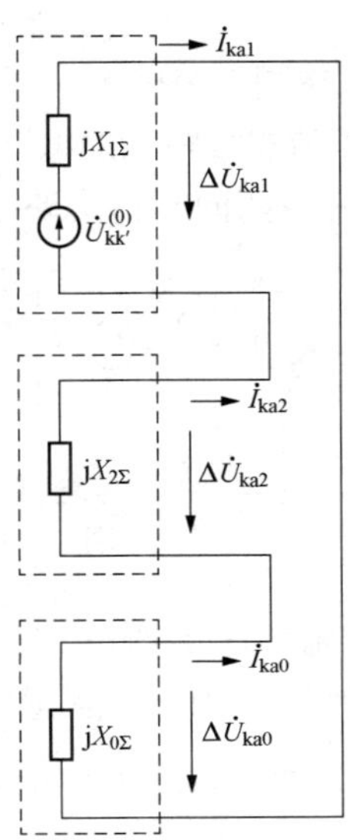

图5-43　两相断线的复合序网

5.7.3　两相（b、c相）断线

故障处的边界条件为（见图5-40）

$$\dot{I}_{kb}=\dot{I}_{kc}=0$$

$$\Delta\dot{U}_{ka}=0$$

利用对称分量法展开整理可得

$$\left.\begin{aligned}&\dot{I}_{ka1}=\dot{I}_{ka2}=\dot{I}_{ka0}\\&\Delta\dot{U}_{ka1}+\Delta\dot{U}_{ka2}+\Delta\dot{U}_{ka0}=0\end{aligned}\right\} \tag{5-44}$$

式（5-44）表明，其复合序网与单相短路接地相似。

电流分量为

$$\dot{I}_{ka1}=\dot{I}_{ka2}=\dot{I}_{ka0}=\frac{\dot{U}_{kk'}^{(0)}}{j(X_{1\Sigma}+X_{2\Sigma}+X_{0\Sigma})} \tag{5-45}$$

非故障相电流为

$$\dot{I}_{ka}=3\dot{I}_{ka1}=\frac{3\dot{U}_{kk'}^{(0)}}{j(X_{1\Sigma}+X_{2\Sigma}+X_{0\Sigma})} \tag{5-46}$$

故障相断口电压为

$$
\left.\begin{aligned}
\Delta\dot{U}_{\mathrm{kb}} &= \mathrm{j}[(a^2-a)X_{2\Sigma}+(a^2-1)X_{0\Sigma}]\dot{I}_{\mathrm{ka1}}\\
&=\frac{\sqrt{3}}{2}[(2X_{2\Sigma}+X_{0\Sigma})-\mathrm{j}\sqrt{3}X_{0\Sigma}]\dot{I}_{\mathrm{ka1}}\\
\Delta\dot{U}_{\mathrm{kc}} &= \mathrm{j}[(a-a^2)X_{2\Sigma}+(a-1)X_{0\Sigma}]\dot{I}_{\mathrm{ka1}}\\
&=\frac{\sqrt{3}}{2}[-(2X_{2\Sigma}+X_{0\Sigma})-\mathrm{j}\sqrt{3}X_{0\Sigma}]\dot{I}_{\mathrm{ka1}}
\end{aligned}\right\} \tag{5-47}
$$

【例 5 - 6】 在图 5 - 44 所示的电力系统接线中，平行输电线路I首端单相断开，试计算断开相的断口电压和非故障相的电流。系统各元件参数同［例 5 - 3］。每回输电线路本身的零序电抗为 0.8Ω/km，两回平行线路间的零序互感抗为 0.4Ω/km。

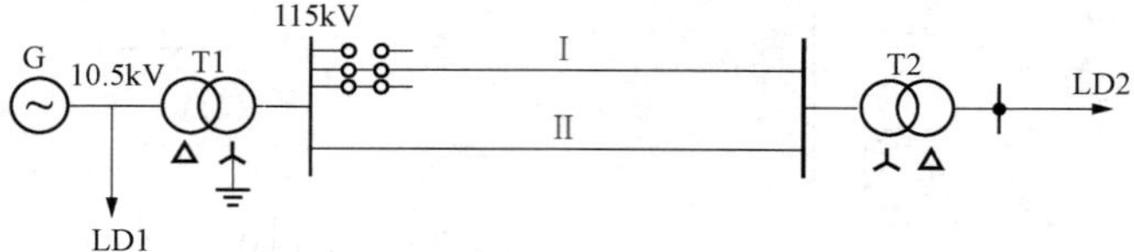

图 5 - 44　［例 5 - 6］电力系统接线图

解　(1) 绘制各序等值电路，计算各序参数（正、负序网络的元件参数直接取自例 5 - 3。对于零序网络采用消去互感的等效电路）

$$x_{3(0)}=x_{4(0)}=x_{\mathrm{I}0}-x_{\mathrm{II}0}=(0.8-0.4)\times105\times\frac{120}{115^2}=0.38$$

$$x_{8(0)}=x_{\mathrm{I}\cdot\mathrm{II}0}=0.4\times105\times\frac{120}{115^2}=0.38$$

绘制的复合序网如图 5 - 45 所示。

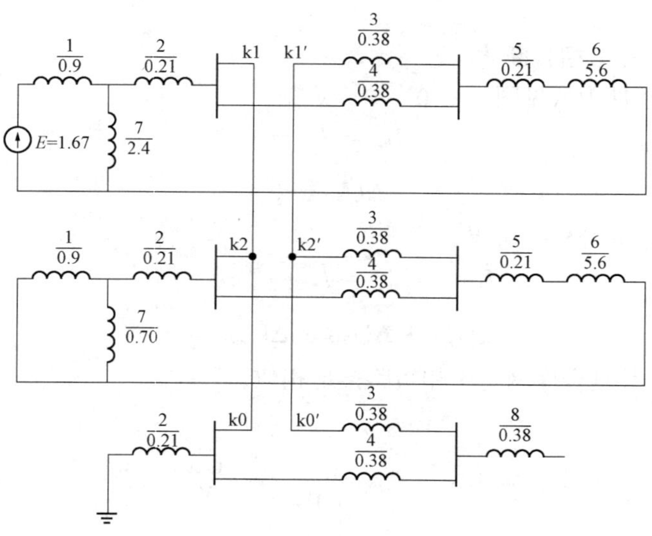

图 5 - 45　［例 5 - 6］复合序网

(2) 计算各序等效电抗及故障口开路电压。

$$X_{1\Sigma}=[(x_{1(1)}\parallel x_{7(1)})+x_{2(1)}+x_{5(1)}+x_{6(1)}]\parallel x_{4(1)}+x_{3(1)}$$

$$=[0.9\parallel2.4+0.21+0.21+3.6]\parallel0.38+0.38=0.734$$

$$X_{2\Sigma}=[(0.45\|0.7)+0.21+0.21+1.05]\|0.38+0.38=0.692$$

$$X_{0\Sigma}=x_{3(0)}+x_{4(0)}=0.38+0.38=0.76$$

故障口的开路电压 $\dot{U}_{kk'}^{(0)}$ 应等于线路Ⅰ断开时线路Ⅱ的全线电压降。先将发电机同负荷 LD1 并联，可得

$$E_{eq}=\frac{\frac{1.67}{0.9}}{\frac{1}{0.9}+\frac{1}{2.4}}=1.215;\quad X_{eq}=0.9\|2.4=0.655$$

$$\dot{U}_{kk'}^{(0)}=\frac{E_{eq}x_{4(1)}}{x_{eq}+x_{2(1)}+x_{4(1)}+x_{5(1)}+x_{6(1)}}=\frac{1.215\times 0.38}{0.655+0.21+0.38+0.21+3.6}=0.0914$$

（3）计算故障口正序电流（设 $\dot{U}_{kk'}^{(0)}=\mathrm{j}\,0.0914$）

$$\dot{I}_{ka1}=\frac{\dot{U}_{kk'}^{(0)}}{\mathrm{j}(X_{1\Sigma}+X_{2\Sigma}\parallel X_{0\Sigma})}=\frac{\mathrm{j}\,0.0914}{\mathrm{j}(0.734+0.692\parallel 0.76)}=0.0835$$

$$\dot{I}_{ka2}=-\frac{X_{0\Sigma}}{X_{2\Sigma}+X_{0\Sigma}}\dot{I}_{ka1}=-\frac{0.76}{0.692+0.76}\times 0.0835=-0.0438$$

$$\dot{I}_{ka0}=-\frac{X_{2\Sigma}}{X_{2\Sigma}+X_{0\Sigma}}\dot{I}_{ka1}=-\frac{0.692}{0.692+0.76}\times 0.0835=-0.0398$$

（4）计算故障相断口电压和非故障相电流

$$\Delta\dot{U}_{ka}=3\times\mathrm{j}(X_{2\Sigma}\parallel X_{0\Sigma})\times\dot{I}_{ka1}\times\frac{U_0}{\sqrt{3}}$$

$$=3\times\mathrm{j}0.362\times 0.0835\times\frac{115}{\sqrt{3}}=\mathrm{j}6.02(\mathrm{kV})$$

$$\dot{I}_{kb}=\frac{-3X_{2\Sigma}-\mathrm{j}\sqrt{3}(X_{2\Sigma}+2X_{0\Sigma})}{2(X_{2\Sigma}+X_{0\Sigma})}\dot{I}_{ka1}\times I_0$$

$$=\frac{-3\times 0.692-\mathrm{j}\sqrt{3}\times(0.692+2\times 0.76)}{2(0.692+0.76)}\times 0.0835\times 0.6$$

$$=-0.0751\angle 61.6^\circ(\mathrm{kA})$$

同理可得

$$\dot{I}_c=-0.075\angle -61.6^\circ(\mathrm{kA})$$

第6章　电力系统的潮流计算

6.1　概　　述

潮流计算是电力系统的基本计算。这部分内容难度不大，但计算量很大。现在虽然凭借计算机，可以很方便地完成潮流计算，但是潮流计算的原理与方法还是需要掌握的，因为这是电力系统的基础。潮流计算主要包括以下内容：

（1）电流和功率分布的计算。

（2）节点电压和电压损耗的计算。

（3）功率损耗的计算。

无论是进行电力系统的规划设计，还是对电力系统运行状态的分析研究，都需要进行潮流计算。潮流计算的主要目的是：

（1）为电力系统规划设计提供接线，为电气设备的选择和导线的选择提供依据。

（2）为电力系统运行方式的制定提供依据。

（3）为电力系统的设计提供依据。

（4）为调压计算、经济运行计算提供依据。

（5）为电力系统的稳定的分析计算提供依据。

本章主要阐述手算方法，下一章主要讲述计算机算法。

6.2　电网中的电压计算

6.2.1　集中负荷的电压计算

电力线路或变压器绕组上的电压降主要是由于电流通过其串联的阻抗支路而产生的。下面就这个问题加以讨论。

一个串联阻抗支路的等效电路如图6-1（a）所示，负荷全部集中在末端，它的相量图如图6-1（b）所示。

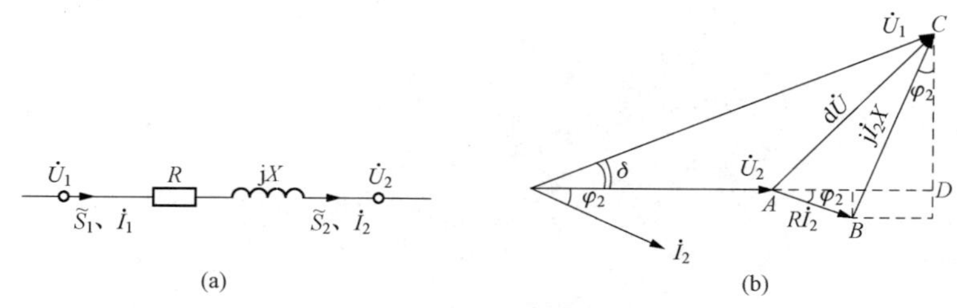

图6-1　串联阻抗支路

（a）等效电路；（b）相量图

串联阻抗支路两端电压的相量差称为电压降落。从图6-1中可以看到

$$\mathrm{d}\dot{U}=\dot{U}_1-\dot{U}_2=R\dot{I}_2+\mathrm{j}X\dot{I}_2=(R+\mathrm{j}X)\dot{I}_2$$

图 6-1（b）是末端 $\dot{U}_2$、$\dot{I}_2$、$\cos\varphi_2$ 已知时，以 $\dot{U}_2$ 为参考相量的相量图。图中 $\overline{AC}$ 为电压降相量 $(R+\mathrm{j}X)\dot{I}_2$。此电压相量可以分解为与 $\dot{U}_2$ 同方向的纵轴分量 $\overline{AD}$ 和与 $\dot{U}_2$ 成垂直关系的横轴分量 $\overline{CD}$。其中：

纵轴分量

$$\begin{aligned}\Delta U_2 &= RI_2\cos\varphi_2 + XI_2\sin\varphi = \frac{RI_2U_2\cos\varphi_2 + XI_2U_2\sin\varphi}{U_2}\\ &= \frac{P_2R+Q_2X}{U_2}\end{aligned} \tag{6-1}$$

横轴分量

$$\begin{aligned}\delta U_2 &= I_2X\cos\varphi_2 - RI_2\sin\varphi_2 = \frac{XI_2U_2\cos\varphi_2 - RI_2U_2\sin\varphi_2}{U_2}\\ &= \frac{P_2X-Q_2R}{U_2}\end{aligned} \tag{6-2}$$

这时，阻抗支路始端的电压相量为

$$\begin{aligned}\dot{U}_1 &= \dot{U}_2 + \Delta\dot{U}_2 + \mathrm{j}\delta\dot{U}_2 = (U_2+\Delta U_2) + \mathrm{j}\delta U_2\\ &= \left(U_2 + \frac{P_2R+Q_2X}{U_2}\right) + \mathrm{j}\,\frac{P_2X-Q_2R}{U_2}\\ &= U_1\angle\delta\end{aligned}$$

其中

$$\left.\begin{aligned}U_1 &= \sqrt{(U_2+\Delta U_2)^2 + (\delta U_2)^2}\\ \delta &= \tan^{-1}\frac{\delta U_2}{U_2+\Delta U_2}\end{aligned}\right\} \tag{6-3}$$

式（6-3）是在已知串联阻抗支路末端参数求始端参数的计算公式。

当支路首端参数 $\dot{U}_1$、I_1 和 $\cos\varphi_1$ 为已知时，以 $\dot{U}_1$ 为参考相量，将电压降落相量分解为与 $\dot{U}_1$ 同方向的纵轴分量 ΔU_1 和与之垂直的横轴分量 δU_1，同理可得

$$\Delta U_1 = \frac{P_1R+Q_1X}{U_1}$$

$$\delta U_1 = \frac{P_1X-Q_1R}{U_1}$$

这时串联阻抗支路的末端电压为

$$\dot{U}_2 = \dot{U}_1 - \Delta\dot{U}_1 - \mathrm{j}\delta\dot{U}_1 = \left(U_1 - \frac{P_1R+Q_1X}{U_1}\right) - \mathrm{j}\,\frac{P_1X-QR}{U_1} = U_2\angle-\delta$$

$$\left.\begin{aligned}U_2 &= \sqrt{(U_1-\Delta U_1)^2 + (\delta U_1)^2}\\ \delta &= \tan^{-1}\frac{\delta U_1}{U_1-\Delta U_1}\end{aligned}\right\} \tag{6-4}$$

这里需要特别说明：由于参考轴不同，同一电压降的两个分量也不同，即 $\Delta U_1 \neq \Delta U_2$，$\delta U_1 \neq \delta U_2$。

应用式（6-3）、式（6-4）时应注意以下几点：

（1）上面两组公式虽然是由相量图按单相交流电路推导的，但用三相功率、线电压代入

也同样成立。因此，这两组公式对单相交流电路和三相交流电路均适用。在三相交流电路中，功率是三相功率，电压和电压降都是相间的（即线电压）；在单相交流电路中，功率是单相功率，电压和电压降都是单相的；无论是三相电路还是单相电路，阻抗均为单相参数。

（2）公式中的单位分别为 MW、Mvar、kV、Ω。

（3）公式是按负荷为感性无功推导的，当负荷为容性无功时，式中与 Q 有关的项要变号。

（4）P、Q、U 是同一节点参数，都是始端参数或都是末端参数均可以，但不可混用。

（5）$P+\mathrm{j}Q$ 必须是通过 $R+\mathrm{j}X$ 或将要通过 $R+\mathrm{j}X$ 的真正的功率。

（6）在实际计算中，当确实存在需要计算电压降落，但节点的实际电压又不知道的情况时，这可以用额定电压代替实际电压。因为实际电压与额定电压相差不大，否则，电网的运行方式本身就有问题。

（7）式（6-3）、式（6-4）的计算量巨大，不宜进行工程计算。其近似公式推导如下：

式（6-3）的推导简化（利用傅里叶级数展开），即

$$U_1 = U_2 + \Delta U_2 + \frac{1}{2} \times \frac{(\delta U_2)^2}{U_2} + \cdots \approx U_2 + \Delta U_2 \tag{6-5}$$

同理可得

$$U_2 = U_1 - \Delta U_1 + \frac{1}{2} \times \frac{(\delta U_1)^2}{U_1} + \cdots \approx U_1 - \Delta U_1 \tag{6-6}$$

也就是说：影响电压损耗的主要因素是电压降的纵轴分量 ΔU，而其横轴分量的影响并不大。式（6-5）、式（6-6）是潮流计算中经常用到的公式。

在潮流计算中，常用到电压降落、电压损耗、电压偏移和电压调整几个物理量。

（1）电压降落，指供电支路首末两端电压的相量差，如图 6-1（b）中的 $\overline{AC}$。其电压降落为

$$\mathrm{d}\dot{U} = \dot{U}_1 - \dot{U}_2 = \Delta U_2 + \mathrm{j}\delta U_2$$

（2）电压损耗，指供电支路首末两端电压的数量差。其电压损耗 $U_1 - U_2$ 仍为数量差。

（3）电压偏移，指电网中某点的实际电压 U 与其额定电压 U_{N} 之差，有时用百分数表示，即

$$\text{电压偏移} = \frac{U - U_{\mathrm{N}}}{U_{\mathrm{N}}} \times 100\%$$

（4）电压调整，指线路末端在空载时的电压 U_{20} 与负载时的电压 U_2 的数量差。由于输电线路的电容效应，特别是超高压输电线路的电容效应，在空载时线路末端电压值上升较大。电压调整也常以百分数表示，则有

$$\text{电压调整} = \frac{U_{20} - U_2}{U_{20}} \times 100$$

保证电压质量即是保证用户处的电压偏移在允许范围之内。造成用户电压偏移的主要原因就是网络中的电压损耗。所以在潮流计算中，主要研究电压损耗的计算；在分析功率传输和系统稳定中，传输线路两端的电压降落的相位差 δ 则是主要研究对象。

6.2.2 沿线路均匀分布负荷时电压的计算

在某些地方，电网的负荷很密，各负荷大小相似，如果采用 6.2.1 的计算方法进行计

算，就显得十分繁杂，这时可以看作是均匀分布的负荷。

设均匀分布负荷的电网如图 6-2 所示。又设在 BC 段上有均匀分布的负荷，单位长度的负荷为 $p+\mathrm{j}q$（单位：kVA），线路单位长度的阻抗为 $r_1+\mathrm{j}x_1$（单位：Ω），这条线路电压损耗计算如下：

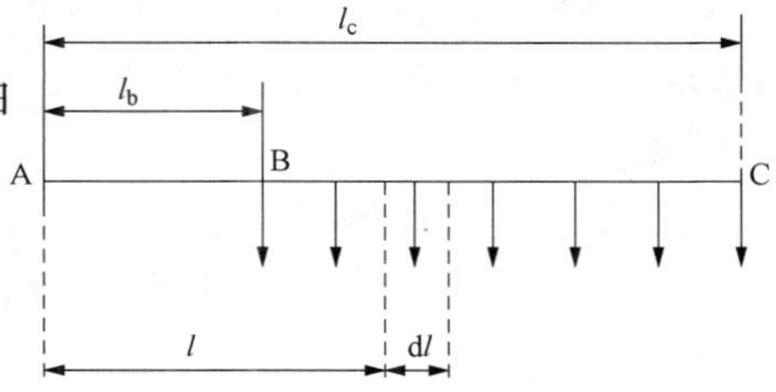

对于线路上一微小线段 $\mathrm{d}l$，当只考虑电压纵轴分量时，$\mathrm{d}l$ 上的电压损耗为

$$\mathrm{d}(\Delta U)=\frac{p(\mathrm{d}l)r_1 l+q(\mathrm{d}l)x_1 l}{U_\mathrm{N}}=\frac{(pr_1+qx_1)l}{U_\mathrm{N}}\mathrm{d}l$$

图 6-2　均匀分布负荷的电网

整个线路 AC 的电压损耗为

$$\begin{aligned}\Delta U_{\mathrm{AC}}&=\int_{l_\mathrm{b}}^{l_\mathrm{c}}\mathrm{d}(\Delta U)\\&=\int_{l_\mathrm{b}}^{l_\mathrm{c}}\frac{pr_1+qx_1}{U_\mathrm{n}}l\mathrm{d}l=\frac{pr_1+qx_1}{U_\mathrm{n}}\left[\frac{(l_\mathrm{c}-l_\mathrm{b})(l_\mathrm{c}+l_\mathrm{b})}{2}\right]\\&=\frac{pr_1+qx_1}{U_\mathrm{N}}(l_\mathrm{c}-l_\mathrm{b})\left(l_\mathrm{b}+\frac{l_\mathrm{c}-l_\mathrm{b}}{2}\right)\\&=\frac{Pr_1+Qx_1}{U_\mathrm{N}}\left(l_\mathrm{b}+\frac{l_\mathrm{c}-l_\mathrm{b}}{2}\right)\end{aligned}\tag{6-7}$$

式中　P、Q——线路总有功功率，kW；无功功率，kvar。

式（6-7）表明：计算均匀分布负荷的电压损耗，可用一个位于均匀分布负荷的中点，并与分布负荷总数值相等的集中负荷来代替。

6.3　电网的功率损耗

电网在传输功率的过程中要消耗功率。消耗的功率由两部分组成：一部分是产生在输电线路和变压器串联阻抗上的损耗，随着传输功率的增大而增大，是电网损耗的主要部分；另一部分是输电线路和变压器并联导纳上的损耗，可以近似地认为只与电压有关，与传输功率无关。

6.3.1　电力线路上的功率损耗

1. 串联阻抗的损耗

根据输电线路的等效电路（见图 6-3），当线路末端有一集中负荷时，在线路串联阻抗上的有功功率损耗为

$$\begin{aligned}\Delta P&=3I_1^2R=3I_2^2R\\&=\frac{P_1^2+Q_1^2}{U_1^2}R=\frac{P_2^2+Q_2^2}{U_2^2}R\end{aligned}\tag{6-8}$$

$$\begin{aligned}\Delta Q&=3I_1^2X=3I_2^2X\\&=\frac{P_1^2+Q_1^2}{U_1^2}X=\frac{P_2^2+Q_2^2}{U_2^2}X\end{aligned}\tag{6-9}$$

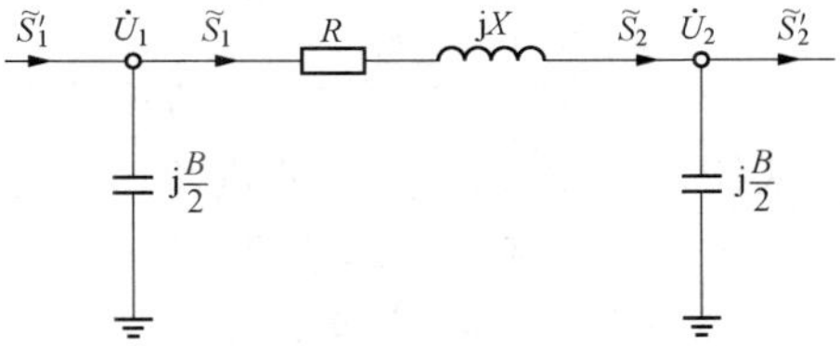

图 6-3　输电线路的等效电路

根据式（6-8）、式（6-9）可得

$$\Delta \widetilde{S}=\frac{P_1^2+Q_1^2}{U_1^2}(R+\mathrm{j}X)=\frac{P_2^2+Q_2^2}{U_2^2}(R+\mathrm{j}X) \tag{6-10}$$

应用式（6-8）～式（6-10）应注意的问题：

（1）公式虽然是从单相交流电路中导出的，但这些公式也同样适应于三相交流电路。这时的功率是三相功率，电压是线电压，得到的功率损耗是三相电路的损耗，电阻和电抗仍然是相参数。

（2）单位：功率的单位是 MVA、MW、Mvar；阻抗的单位是 Ω；电压的单位是 kV。

（3）P、Q、U 是同一个节点的参数，同为始端参数可以，同为末端参数也可以，但不能混用。

（4）在工程计算中，可以用节点的额定电压代替实际电压。

2. 输电线路的充电功率

由于输电线路的电导 $G\approx 0$，可以认为并联支路的有功损耗忽略不计。在外加电压的作用下，并联支路中的电纳产生的无功功率是容性的。由于通常认定功率从电网向外流动为正，而电纳产生的无功功率的实际方向是向电网流动的，因此充电功率取负值，即

$$\left.\begin{aligned}\Delta Q_{\mathrm{B1}}&=-\frac{1}{2}BU_1^2\\ \Delta Q_{\mathrm{B2}}&=-\frac{1}{2}BU_2^2\end{aligned}\right\} \tag{6-11}$$

在工程计算中，有时用节点的额定电压 U_{N} 代替实际节点电压进行计算，即

$$\Delta Q_{\mathrm{B}}=-\frac{1}{2}BU_{\mathrm{N}}^2$$

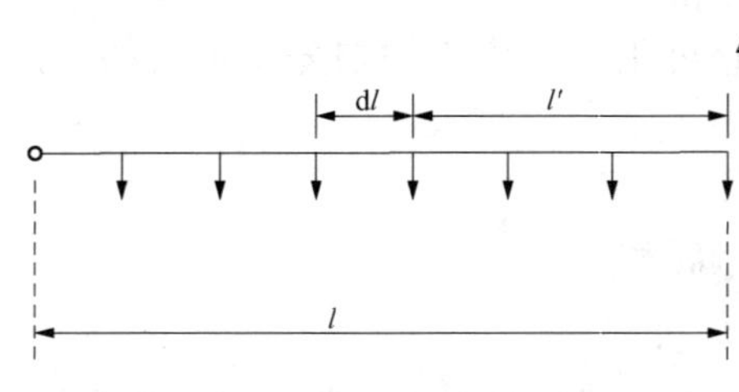

图 6-4 负荷均匀分布的线路

3. 在均匀分布的负荷线路上的功率损耗

在某些地方电网中，沿线负荷较密，各点负荷大小也大致相等，可视为均匀分布的负荷，如图 6-4 所示。

设这条线路上总负荷功率所对应的相电流为 I，线路的长度为 l，则线路上单位负荷电流为 $\frac{I}{l}$，距线路末端 l' 处的电流为 $\frac{I}{l}l'$；如线路单位长度的电阻为 r_1，线路总电阻为 R，则线路三相总有功功率损耗为

$$\Delta P=\int_0^l 3\left(\frac{I}{l}l'\right)^2 r_1\mathrm{d}l'=\int_0^l \frac{3I^2}{l^2}r_1 l'^2\mathrm{d}l'=I^2r_1l=I^2R \tag{6-12}$$

同理：三相总无功功率损耗为

$$\Delta Q=I^2X$$

可见：沿线路均匀分布负荷功率损耗计算，无需知道每一负荷的大小，只要知道线路总负荷即可；而同样大小的负荷，均匀分布的功率损耗仅为末端集中负荷的 1/3。

6.3.2 变压器的功率损耗

变压器的等效电路如图 6-5 所示。其可变损耗为

$$\Delta \widetilde{S}_{\mathrm{T}}=\left(\frac{S}{U}\right)^2(R_{\mathrm{T}}+\mathrm{j}X_{\mathrm{T}})$$

$$= \frac{P^2 + Q^2}{U^2}(R_T + jX_T) \tag{6-13}$$

其不变损耗为

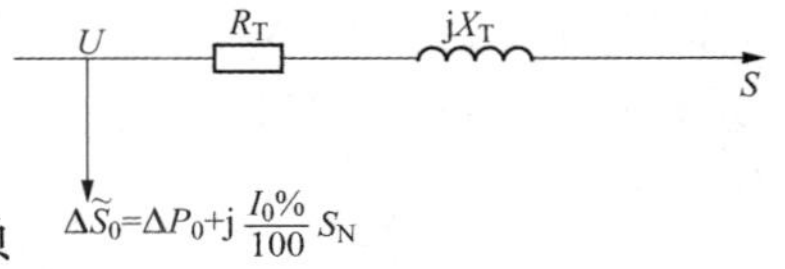

$$\Delta \widetilde{S}_0 = \Delta P_0 + j\frac{I_0\%}{100}S_N$$

图 6-5　双绕组变压器的等效电路

当有 n 台相同型号的同容量变压器并联运行时的总负荷为 S，其总的功率损耗：

可变损耗为

$$\Delta \widetilde{S}_T = n\Delta P_k\left(\frac{S}{nS_N}\right)^2 + j\frac{U_k\%}{100}S_N n\left(\frac{S}{nS_N}\right)^2 \tag{6-14}$$

不变损耗为

$$\Delta \widetilde{S}_0 = \left(\Delta P_0 + j\frac{I_0\%}{100}S_N\right)n \tag{6-15}$$

6.4　开式网络的潮流计算

6.4.1　开式网络的潮流计算

负荷所需要的电力只能从一个方向提供，而不是从两个或两个以上的方向同时提供，这样的电网称为开式网络。开式网络的功率分布由基尔霍夫第一定律可以确定。

开式网络的潮流计算，主要是求取供电支路的首端功率、电流、末端功率、电压这四个参数中的未知量。根据已知原始条件的不同，计算方法也不尽相同。在电网的实际计算中，主要有两种类型。

1. 已知同一端的电压和功率

这类问题的求解比较简单。例如已知末端负荷及末端电压，求首端的功率和电压，则可以根据末端的已知条件，利用功率损耗和电压损耗的计算公式，逐步推出首端的功率和电压。如果已知首端的负荷和电压，同样的道理，可以从首端逐步地推向末端，得出末端的功率和电压。

2. 已知不同端的功率和电压

这类计算略为复杂。例如已知末端负荷和首端电压，求末端的电压和首端的功率。因为功率损耗和电压损耗的计算公式中的 P、Q、U 必须是同一节点参数，因此不能直接用这两个公式进行计算。此时可以用“逐步逼近法”求解。这个方法的计算过程分为两步：首先假定末端及供电支路的其他节点电压等于额定电压，用末端的负荷功率和额定电压由末端向首端计算出各段的功率损耗，求出各段的近似的功率分布和首端功率；然后用首端电压和求得的首端功率及各段近似的功率分布，再由首端向末端求出包括末端在内的各节点电压。如果要求的计算精确度较高，可以按照上述的方法重新计算一次，直到达到计算精确度为止。实际上，由于刚开始计算时假设的节点电压为额定电压 U_N，比较接近于实际值（如果实际电压与额定电压相差过大，这只能说明电网本身或运行方式的制定有问题），因此计算出的结果也就比较精确。对于一般的潮流计算，一般往返计算一次即可达到精确度。对于电力系统的稳定计算，往往需要往返计算多次，因为稳定性的计算精确度要求较高。

【例 6-1】　如图 6-6（a）所示，双回路输电线路额定电压为 110kV，长度为 80km，采用 LGJ - 150 导线，其参数为 $r_0=0.21\Omega/\text{km}$、$x_0=0.416\Omega/\text{km}$、$b_0=2.74\times10^{-6}\text{S/km}$。变电站中装有两台三相 110/11kV 的变压器，每台的容量为 15MVA，参数为 $\Delta P_0=40.5\text{kW}$、$\Delta P_{ks}=128\text{kW}$、$U_k\%=10.5$、$I_0\%=3.5$。母线 A 的实际运行电压为 117kV，负荷功率 $\widetilde{S}_{LD\cdot b}=30+\text{j}12\text{MVA}$，$\widetilde{S}_{LD\cdot c}=20+\text{j}15\text{MVA}$。当变压器取主分接头时，求母线 c 的电压。

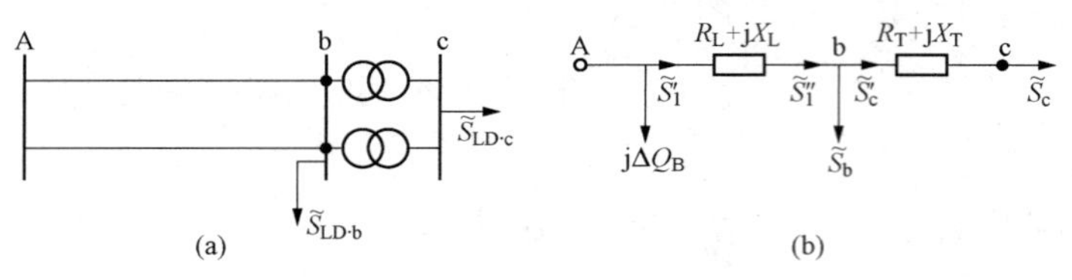

图 6 - 6 ［例 6 - 1］的电网

(a) 接线图；(b) 等效电路

解 （1）计算参数并作等效电路图。

输电线路的电阻、等效电抗和电纳分别为

$$R_L=\frac{1}{2}\times80\times0.21=8.4(\Omega)$$

$$X_L=\frac{1}{2}\times80\times0.416=16.6(\Omega)$$

$$B_0=2\times80\times2.74\times10^{-6}=4.38\times10^{-4}(\text{S})$$

由于线路电压未知，可用线路额定电压计算线路产生的充电功率，并将其等分为两部分，便得

$$\Delta Q_B=-\frac{1}{2}B_0U_N^2=-\frac{1}{2}\times4.38\times10^{-4}\times110^2=-2.65(\text{Mvar})$$

将 ΔQ_B 分别接于节点 A 和 b，作为节点负荷的一部分。

两台变压器并联运行时，它们的组合电阻、电抗及励磁功率分别为

$$R_T=\frac{1}{2}\times\frac{\Delta P_kU_N^2}{S_N^2}\times10^3=\frac{1}{2}\times\frac{128\times110^2}{15000^2}\times10^3=3.4(\Omega)$$

$$X_T=\frac{1}{2}\times\frac{U_k\%U_N^2}{S_N}\times10=\frac{1}{2}\times\frac{10.5\times110^2}{15000}\times10=42.4(\Omega)$$

$$\Delta P_0+\text{j}\Delta Q_0=2\times\left(0.0405+\text{j}\,\frac{3.5\times15}{100}\right)=0.08+\text{j}1.05(\text{MVA})$$

变压器的励磁功率也作为接于节点 b 的一种负荷，于是 b 点的总负荷

$$\widetilde{S}_b=30+\text{j}12+0.08+\text{j}1.05-\text{j}2.65=30.08+\text{j}10.4(\text{MVA})$$

节点 c 的功率就是负荷功率，即

$$\widetilde{S}_c=20+\text{j}15\text{MVA}$$

这样就得到图 6 - 6（b）所示的等效电路。

（2）计算由母线 A 输出的功率。

先按电网的额定电压计算电网中的功率损耗。变压器绕组中的功率损耗为

$$\Delta\widetilde{S}_T=\left(\frac{S_c}{U_N}\right)^2(R_T+\text{j}X_T)$$

$$=\frac{20^2+15^2}{110^2}\times(3.4+\text{j}42.4)=0.18+\text{j}2.19(\text{MVA})$$

由图 6 - 6（b）可知

$$\widetilde{S}'_c=\widetilde{S}_c+\Delta P_T+\text{j}\Delta Q_T=20+\text{j}15+0.18+\text{j}2.19=20.18+\text{j}17.19(\text{MVA})$$

$$\widetilde{S}''_1=\widetilde{S}'_c+\widetilde{S}_b=20.18+\text{j}17.19+30.08+\text{j}10.4=50.26+\text{j}27.59(\text{MVA})$$

线路中的功率损耗为

$$\Delta\widetilde{S}_{L}=\left(\frac{\widetilde{S}''_{1}}{U_{N}}\right)^{2}(R_{L}+jX_{L})=\frac{50.26^{2}+27.59^{2}}{110^{2}}\times(8.4+j16.6)=2.28+j4.51(MVA)$$

于是可得

$$\widetilde{S}'_{1}=\widetilde{S}''_{1}+\Delta\widetilde{S}_{L}=50.26+j27.59+2.28+j4.51=52.54+j32.1(MVA)$$

由母线 A 输出的功率为

$$\widetilde{S}_{A}=\widetilde{S}'_{1}+j\Delta Q_{B}=52.54+j32.1-j2.65=52.54+j29.45(MVA)$$

（3）计算各节点电压。

线路中电压降落的纵轴、横轴分量分别为

$$\Delta U_{L}=\frac{P'_{1}R_{L}+Q'_{1}X_{L}}{U_{A}}=\frac{52.54\times8.4+32.1\times16.6}{117}=8.3(kV)$$

$$\delta U_{L}=\frac{P'_{1}X_{L}-Q'_{1}R_{L}}{U_{A}}=\frac{52.54\times16.6-32.1\times8.4}{117}=5.2(kV)$$

利用式（6 - 6）可得 b 点的电压为

$$U_{b}=U_{A}-\Delta U_{L}+\frac{(\delta U_{L})^{2}}{2U_{A}}=117-8.3+\frac{5.2^{2}}{2\times117}=108.8(kV)$$

变压器中电压降落的纵轴、横轴分量分别为

$$\Delta U_{T}=\frac{P'_{c}R_{T}+Q'_{c}X_{T}}{U_{b}}=\frac{20.18\times3.4+17.19\times42.4}{108.8}=7.3(kV)$$

$$\delta U_{T}=\frac{P'_{c}X_{T}-Q'_{c}R_{T}}{U_{b}}=\frac{20.18\times42.4-17.19\times3.4}{108.8}=7.3(kV)$$

归算到高压侧的 c 点电压为

$$U'_{c}=U_{b}-\Delta U_{T}+\frac{(\delta U_{T})^{2}}{2U_{b}}=108.8-7.3+\frac{7.3^{2}}{2\times108.8}=101.7(kV)$$

变电站低压母线 c 的实际电压为

$$U_{c}=U'_{c}\times\frac{11}{110}=101.7\times\frac{11}{110}=10.17(kV)$$

如果在上述计算中都将电压降落的横轴分量略去不计，所得的结果是

$$U_{b}=108.7kV;\quad U'_{c}=101.4kV;\quad U_{c}=10.14kV$$

同计及电压降落横轴分量的计算结果相比较，误差是很小的。

6.4.2　电网潮流的简化计算

对于 35kV 及以下的地方电网，由于电压较低、线路较短、输送功率较小，在潮流计算中可以采取以下的简化措施：

（1）忽略电力线路和变压器等效电路中的并联导纳支路。

（2）计算各段线路的功率损耗和电压损耗时，可以忽略后面线段的功率损耗对前面线段的影响。

（3）不计算电压降落的横轴分量，只计算电压降落的纵轴分量，也即忽略了线路各点电压相量的相位差。

（4）在计算公式中用额定电压代替实际电压。

例如，在图 6 - 7 所示的地方电网中，其第 i 段功率损耗的计算式为

$$\Delta\widetilde{S}_{i}=\left(\frac{S_{i}}{U_{N}}\right)^{2}(R_{i}+jX_{i})\qquad(i=1,2,3)$$

式中，$\widetilde{S}_i$ 为通过第 i 线段的功率，也即

$$\widetilde{S}_1=\widetilde{S}_b+\widetilde{S}_c+\widetilde{S}_d$$
$$\widetilde{S}_2=\widetilde{S}_c+\widetilde{S}_d$$
$$\widetilde{S}_3=\widetilde{S}_d$$

第 i 段电压损耗计算式为

$$\Delta U_i=\frac{P_iR_i+Q_iX_i}{U_N}\qquad(i=1,2,3)$$

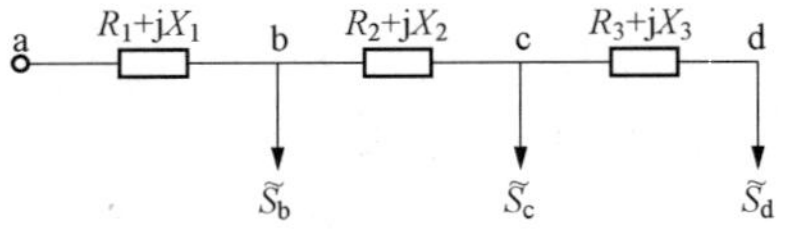

图 6 - 7　地方电网等效电路

式中，ΔU_i 为第 i 段电压损耗，即

$$\Delta U_1=\Delta U_{ab}$$
$$\Delta U_2=\Delta U_{bc}$$
$$\Delta U_3=\Delta U_{cd}$$

电压的最大损耗为各段电压损耗之和，即

$$\Delta U_{ad}=\Delta U_{ab}+\Delta U_{bc}+\Delta U_{cd}=\frac{\sum_{i=1}^{3}(P_iR_i+Q_iX_i)}{U_N}$$

6.5　闭式网络的潮流分析

任何一个负荷所需要的电力都可以从两个或两个方向以上得到，这样的电网称为闭式网络。如果任何一个负荷都能从两个方向得到电力，该网络称为简单闭式网络；如果在闭式网络中，某些负荷可以同时从三个及以上方向得到电力，称为复杂闭式网络。

6.5.1　闭式网络潮流计算的特点

（1）闭式网络的功率分布不仅与负荷功率有关，而且还取决于电网各部分电气参数和电源电压，因此，不能由基尔霍夫第一定律简单地求得。当功率分布求得以后，电网运行状态的分析计算就与开式网络的基本相同。

（2）开式网络某一支路因事故或检修断开，不影响或不恶化其他支路的运行状态。但闭式网络在某一支路因事故或检修断开后，网络的功率分布和电压分布将发生较大的变化，某些支路可能过载，某些节点电压可能超出偏移的允许范围。

6.5.2　简单闭式网络的功率分布计算

简单闭式网络有两端供电网络和环网两种基本形式。环网实际上是两端电压相等的两端供电网络。下面就以两端供电网络（见图 6 - 8）为例推导其简单闭式网络功率分布的一般计算公式。

在不计网损的情况下，对节点 a、广义节点（a、b）、广义节点（a、b、c），有

$$\left.\begin{aligned}\widetilde{S}_2&=\widetilde{S}_1-\widetilde{S}_a\\\widetilde{S}_3&=\widetilde{S}_a+\widetilde{S}_b-\widetilde{S}_1\\\widetilde{S}_4&=\widetilde{S}_a+\widetilde{S}_b+\widetilde{S}_c-\widetilde{S}_1\end{aligned}\right\}\qquad(6-16)$$

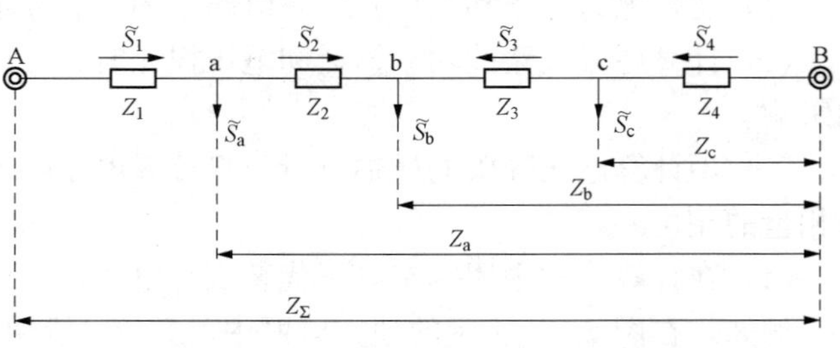

图 6 - 8　两端供电网等值电路

线路中总的电压降落为两端电源的

电压之差，即

$$d\dot{U}_{AB}=\dot{U}_A-\dot{U}_B=\sqrt{3}(\dot{I}_1Z_1+\dot{I}_2Z_2-\dot{I}_3Z_3-\dot{I}_4Z_4) \tag{6-17}$$

在不计网损的情况下，各段电流可用网络的额定电压 U_N 来计算，故有

$$d\dot{U}_{AB}=\frac{\widetilde{S}_1}{U_N}Z_1+\frac{\widetilde{S}_2}{U_N}Z_2-\frac{\widetilde{S}_3}{U_N}Z_3-\frac{\widetilde{S}_4}{U_N}Z_4 \tag{6-18}$$

将式（6-16）中的 $\widetilde{S}_2$、$\widetilde{S}_3$、$\widetilde{S}_4$ 代入式（6-18）中，可得

$$\widetilde{S}_1=\frac{\widetilde{S}_a(\overset{*}{Z}_2+\overset{*}{Z}_3+\overset{*}{Z}_4)+\widetilde{S}_b(\overset{*}{Z}_3+\overset{*}{Z}_4)+\widetilde{S}_c\overset{*}{Z}_4}{\overset{*}{Z}_1+\overset{*}{Z}_2+\overset{*}{Z}_3+\overset{*}{Z}_4}+\frac{U_N d\overset{*}{U}_{AB}}{\overset{*}{Z}_1+\overset{*}{Z}_2+\overset{*}{Z}_3+\overset{*}{Z}_4} \tag{6-19}$$

在图 6-9 中，令

$$\begin{aligned}Z_\Sigma&=Z_1+Z_2+Z_3+Z_4\\Z_a&=Z_2+Z_3+Z_4\\Z_b&=Z_3+Z_4\\Z_c&=Z_4\end{aligned}$$

则式（6-19）可改写成

$$\widetilde{S}_1=\frac{\widetilde{S}_a\overset{*}{Z}_a+\widetilde{S}_b\overset{*}{Z}_b+\widetilde{S}_c\overset{*}{Z}_c}{\overset{*}{Z}_\Sigma}+\frac{U_N d\overset{*}{U}_{AB}}{\overset{*}{Z}_\Sigma}$$

式中　$\overset{*}{Z}_a$、$\overset{*}{Z}_b$、$\overset{*}{Z}_c$——负荷 $\widetilde{S}_a$、$\widetilde{S}_b$、$\widetilde{S}_c$ 到电源 B 的总阻抗的共轭复数；

$\overset{*}{Z}_\Sigma$——两个电源 A、B 之间总阻抗的共轭复数。

同理可得出

$$\widetilde{S}_4=\frac{\widetilde{S}_a\overset{*}{Z}_a{}'+\widetilde{S}_b\overset{*}{Z}_b{}'+\widetilde{S}_c\overset{*}{Z}_c{}'}{\overset{*}{Z}_\Sigma}+\frac{U_N d\overset{*}{U}_{BA}}{\overset{*}{Z}_\Sigma} \tag{6-20}$$

$$d\overset{*}{U}_{BA}=\overset{*}{U}_B-\overset{*}{U}_A$$

式中　$\overset{*}{Z}_a{}'$、$\overset{*}{Z}_b{}'$、$\overset{*}{Z}_c{}'$——负荷 $\widetilde{S}_a$、$\widetilde{S}_b$、$\widetilde{S}_c$ 到电源 A 的总阻抗的共轭复数。

在求出 $\widetilde{S}_1$ 和 $\widetilde{S}_4$ 后，可以根据节点上功率守恒的原理，求出其他支路的功率。

式（6-19）、式（6-20）就是在不考虑网损情况下的潮流计算公式。这个公式可以加以推广。当两端供电网络中有 n 个负荷时，则有

$$\left.\begin{aligned}\widetilde{S}_A&=\frac{\sum_{i=1}^{n}\widetilde{S}_i\overset{*}{Z}_i}{\overset{*}{Z}_\Sigma}+\frac{U_N d\overset{*}{U}_{AB}}{\overset{*}{Z}_\Sigma}\\\widetilde{S}_B&=\frac{\sum_{i=1}^{n}\widetilde{S}_i\overset{*}{Z}_i{}'}{\overset{*}{Z}_\Sigma}+\frac{U_N d\overset{*}{U}_{BA}}{\overset{*}{Z}_\Sigma}\end{aligned}\right\} \tag{6-21}$$

式中　$\widetilde{S}_A$、$\widetilde{S}_B$——分别是电源 A、B 送出的功率；

$\widetilde{S}_i$——第 i 个节点上的总负荷（运算负荷）；

$\overset{*}{Z}_i$、$\overset{*}{Z}_i{}'$——分别是第 i 个负荷到电源 B 和电源 A 之间总阻抗的共轭复数。

式（6-21）即为两端供电网络潮流计算的一般表达式。由式可见：电源输出的功率由两部分组成。第一部分与负荷和线路阻抗有关，称为供载功率；第二部分与负荷无关，只与

两端电源的电压差和线路阻抗有关，称为循环功率。如果两端电源的电压差为零，则循环功率也为零。此时式（6－21）可以改写为

$$\left.\begin{aligned}\widetilde{S}_A &= \frac{\sum_{i=1}^{n}\widetilde{S}_i\overset{*}{Z}_i}{\overset{*}{Z}_\Sigma}\\ \widetilde{S}_B &= \frac{\sum_{i=1}^{n}\widetilde{S}_i\overset{*}{Z}_i{}'}{\overset{*}{Z}_\Sigma}\end{aligned}\right\} \qquad (6-22)$$

6.5.3 闭式网络中电压最低点的判断

闭式网络的功率分布按上述方法计算完成之后，通过对负荷节点的功率流向的分析会发现：有的负荷只需要单方向提供电力就能满足负荷供电的要求，而有的负荷必须从两个方向或两个方向以上同时提供电力才能满足负荷的供电要求。这种必须同时从两个方向或两个方向以上提供电力才能满足负荷供电要求的负荷节点，称为功率分点。如果是有功功率分点，则用▼表示；如果是无功功率分点，则用▽表示。

功率分点就是整个电网电压的最低点（标幺值）。在较高电压级的电网中，由于 $X\gg R$，根据 $\Delta U=\dfrac{PR}{U}+\dfrac{QX}{U}$ 可知，电压损耗 ΔU 主要是由 $\dfrac{QX}{U}$ 引起的，即 $\dfrac{QX}{U}$ 在整个 ΔU 中所占的比例很大，这时的电压最低点往往是无功功率分点；而在较低电压级的电网中，由于$R\gg X$，电压损耗 ΔU 的主要成分是 $\dfrac{PR}{U}$，也即 $\dfrac{PR}{U}$ 在 ΔU 中的比例很大，这时的电压最低点往往是有功功率分点。

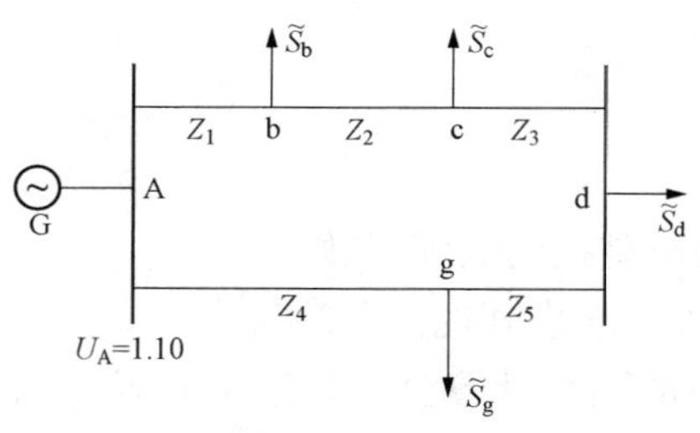

图 6－9 ［例 6－2］环网接线图

【例 6－2】 一环网接线图如图 6－9 所示。图中所有参数都已归算到以 S_B=100MVA、U_B=220kV 为基准值的标幺值。其中 $Z_1=0.0402+\mathrm{j}0.216$，$Z_2=0.0219+\mathrm{j}0.117$，$Z_3=0.0148+\mathrm{j}0.08$，$Z_4=0.0565+\mathrm{j}0.311$，$Z_5=0.0045+\mathrm{j}\,0.0252$；$\widetilde{S}_b=0.4+\mathrm{j}0.05$，$\widetilde{S}_c=0.20-\mathrm{j}0.05$，$\widetilde{S}_d=-0.5-\mathrm{j}0.20$，$\widetilde{S}_g=2.5+\mathrm{j}0.6$；$U_A=1.10$。试求忽略功率损耗时该网络的近似功率分布和电压最低点的电压。

解 根据环网接线图 6－9 有

$$\widetilde{S}_{Ag}=\frac{\widetilde{S}_b\overset{*}{Z}_1+\widetilde{S}_c(\overset{*}{Z}_1+\overset{*}{Z}_2)+\widetilde{S}_d(\overset{*}{Z}_1+\overset{*}{Z}_2+\overset{*}{Z}_3)+\widetilde{S}_g(\overset{*}{Z}_1+\overset{*}{Z}_2+\overset{*}{Z}_3+\overset{*}{Z}_5)}{\overset{*}{Z}_1+\overset{*}{Z}_2+\overset{*}{Z}_3+\overset{*}{Z}_4+\overset{*}{Z}_5}$$

其中

$$\overset{*}{Z}_1=0.0183-\mathrm{j}0.099=0.1\angle-76.6^\circ$$

$$\overset{*}{Z}_1+\overset{*}{Z}_2=(0.0402-\mathrm{j}0.216)+(0.0148-\mathrm{j}0.08)=0.055-\mathrm{j}0.296=0.22\angle-79.5^\circ$$

$$\overset{*}{Z}_1+\overset{*}{Z}_2+\overset{*}{Z}_3=(0.0402-\mathrm{j}0.216)+(0.0148-\mathrm{j}0.08)=0.055-\mathrm{j}0.296=0.3\angle79.5^\circ$$

$$\begin{aligned}\overset{*}{Z}_1+\overset{*}{Z}_2+\overset{*}{Z}_3+\overset{*}{Z}_5&=(0.055-\mathrm{j}0.296)+(0.0045-\mathrm{j}\,0.0252)=0.0595-\mathrm{j}\,0.3212\\&=0.326\angle-79.5^\circ\end{aligned}$$

$$\overset{*}{Z}_1+\overset{*}{Z}_2+\overset{*}{Z}_3+\overset{*}{Z}_4+\overset{*}{Z}_5=(0.0595-\mathrm{j}0.3212)+(0.0565-\mathrm{j}0.311)=0.116-\mathrm{j}0.6322$$
$$=0.644\angle-79.6^\circ$$
$$\widetilde{S}_b=0.4+\mathrm{j}0.05=0.405\angle7.1^\circ$$
$$\widetilde{S}_c=0.20-\mathrm{j}0.05=0.206\angle-14^\circ$$
$$\widetilde{S}_d=-0.5-\mathrm{j}0.20=0.54\angle-158.2^\circ$$
$$\widetilde{S}_g=2.5+\mathrm{j}0.60=2.57\angle13.5^\circ$$

将以上计算数据代入，经计算得

$$\widetilde{S}_{Ag}=1.18\angle9.9^\circ=1.164+\mathrm{j}0.205$$

由基尔霍夫第一定律可得

$$\widetilde{S}_{dg}=\widetilde{S}_g-\widetilde{S}_{Ag}=(2.5+\mathrm{j}0.60)-(1.164+\mathrm{j}0.205)=1.336+\mathrm{j}0.395$$
$$\widetilde{S}_{cd}=\widetilde{S}_d+\widetilde{S}_{dg}=(-0.5-\mathrm{j}0.20)+(1.336+\mathrm{j}0.395)=0.836+\mathrm{j}0.195$$
$$\widetilde{S}_{bc}=\widetilde{S}_c+\widetilde{S}_{cd}=(0.20-\mathrm{j}0.05)+(0.836+\mathrm{j}0.195)=1.036+\mathrm{j}0.145$$
$$\widetilde{S}_{Ab}=\widetilde{S}_b+\widetilde{S}_{bc}=(0.40+\mathrm{j}0.05)+(1.036+\mathrm{j}0.145)=1.436+\mathrm{j}0.195$$

各线段功率有名值为

$$\widetilde{S}_{Ag}=(1.164+\mathrm{j}0.205)\times100=116.4+\mathrm{j}20.5(\mathrm{MVA})$$
$$\widetilde{S}_{dg}=(1.336+\mathrm{j}0.395)\times100=133.6+\mathrm{j}39.5(\mathrm{MVA})$$
$$\widetilde{S}_{cd}=(0.836+\mathrm{j}0.195)\times100=83.6+\mathrm{j}19.5(\mathrm{MVA})$$
$$\widetilde{S}_{bc}=(1.036+\mathrm{j}0.145)\times100=103.6+\mathrm{j}14.5(\mathrm{MVA})$$
$$\widetilde{S}_{Ab}=(1.436+\mathrm{j}0.195)\times100=143.6+\mathrm{j}19.5(\mathrm{MVA})$$

该环网功率近似分布如图 6 - 10 所示。

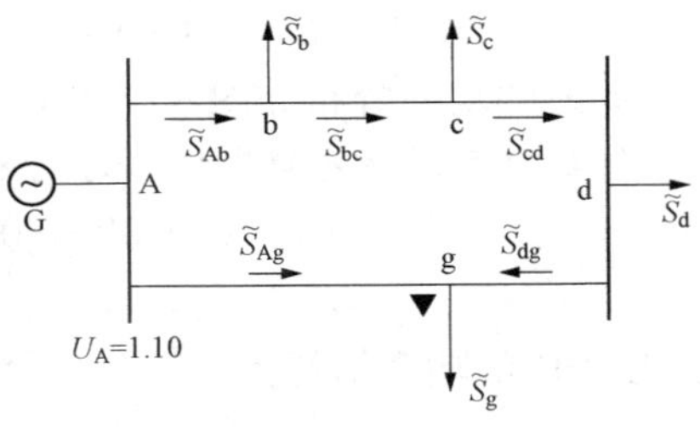

图 6 - 10　[例 6 - 2] 环网潮流分布图

根据以上的功率近似计算，g 点是功率分点，因此该点电压最低。

$$\dot{U}_g=\dot{U}_A-\frac{P_{Ag}R_4+Q_{Ag}X_4}{U_A}-\mathrm{j}\frac{P_{Ag}X_4-Q_{Ag}R_4}{U_A}$$
$$=1.10-\frac{1.164\times0.0565+0.205\times0.311}{1.10}-\mathrm{j}\frac{1.164\times0.311-0.205\times0.0565}{1.10}$$
$$=1.10-0.117-\mathrm{j}0.319=1.033\angle-17.98^\circ$$

g 点电压的有名值为

$$U_g=1.033\times220=227(\mathrm{kV})$$

6.5.4　闭式网络潮流计算的一般步骤

（1）在不计网络损耗的前提下，利用式（6 - 21）计算网络的潮流分布。

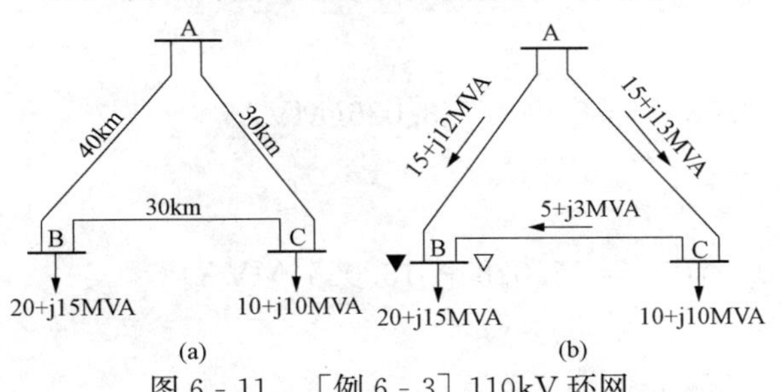

图 6 - 11　[例 6 - 3] 110kV 环网
（a）网络图；（b）不计网损时的功率分布

（2）确定功率分点。在功率分点处将闭式网络拆开变成开式网络，在完成这一过程之后，不计网损时的潮流分布作废，因为这种潮流分布误差太大，不能作为最终结果。

（3）在开式网络中，在考虑网损的前提下，精确计算网络的潮流分布。

（4）把开式网络在功率分点处重新

还原成原来的闭式网络。

（5）在闭式网络上计算各个节点的电压。

【例 6 - 3】 图 6 - 11（a）所示为 110kV 的简单环网，导线均采用 LGJ - 95 型（$r_1=0.33\Omega/\text{km}$，$x_0=0.429\Omega/\text{km}$），负荷均为变电站的运算负荷。设母线 A 的电压维持 115kV，求该网络的潮流分布。

解 计算不计网损时的潮流。

由于全网由同型号导线架设，具有均一性，故可按长度计算其功率分布，有

$$\begin{aligned}\widetilde{S}_{AB}&=\frac{1}{l_\Sigma}[\widetilde{S}_B(l_{BC}+l_{AC})+\widetilde{S}_C l_{AC}]\\&=\frac{1}{100}[(20+j15)\times 60+(10+j10)\times 30]=15+j12(\text{MVA})\end{aligned}$$

$$\begin{aligned}\widetilde{S}_{CB}&=\widetilde{S}_B-\widetilde{S}_{AB}\\&=(20+j15)-(15+j12)=5+j3(\text{MVA})\end{aligned}$$

$$\begin{aligned}\widetilde{S}_{AC}&=\widetilde{S}_C+\widetilde{S}_{CB}\\&=(10+j10)+(5+j3)=15+j13(\text{MVA})\end{aligned}$$

此时的功率分布如图 6 - 11（b）所示。可见 B 点为功率分点，是全网的电压最低点。

计算计及功率损耗时的功率分布。各线段的复阻抗分别为

$$Z_{AB}=(0.33+j0.429)\times 40=13.2+j17.16(\Omega)$$

$$Z_{BC}=Z_{AC}=(0.33+j0.429)\times 30=9.9+j12.87(\Omega)$$

A - B 线段的功率损耗为

$$\begin{aligned}\Delta\widetilde{S}_{AB}&=\frac{(P_{AB}^2+Q_{AB}^2)}{U_N^2}(R_{AB}+jX_{AB})\\&=\frac{15^2+12^2}{110^2}\times(13.2+j17.16)=0.4025+j\,0.5233(\text{MVA})\end{aligned}$$

A - B 线段送端功率为

$$\begin{aligned}\widetilde{S}'_{AB}&=\widetilde{S}_{AB}+\Delta\widetilde{S}_{AB}\\&=(15+j12)+(0.4025+j\,0.5233)=15.4025+j\,12.5233(\text{MVA})\end{aligned}$$

C - B 线段的功率损耗为

$$\begin{aligned}\Delta\widetilde{S}_{CB}&=\frac{(P_{C'B}^2+Q_{C'B}^2)}{U_N^2}(R_{CB}+jX_{CB})\\&=\frac{5^2+3^2}{110^2}\times(9.9+j12.87)=0.028+j0.036(\text{MVA})\end{aligned}$$

C - B 线段首端功率为

$$\begin{aligned}\widetilde{S}'_{CB}&=\widetilde{S}_{CB}+\Delta\widetilde{S}_{CB}\\&=(5+j3)+(0.028+j0.036)=5.028+j3.036(\text{MVA})\end{aligned}$$

A - C 线段的末端功率为

$$\begin{aligned}\widetilde{S}''_{AC}&=\widetilde{S}'_{CB}+\widetilde{S}_C\\&=(5.028+j3.036)+(10+j10)=15.028+j13.036(\text{MVA})\end{aligned}$$

A - C 线段的功率损耗为

$$\Delta\widetilde{S}_{AC}=\frac{P_{AC}^2+Q_{AC}^2}{U_N^2}(R_{AC}+jX_{AC})$$

$$= \frac{15.028^2 + 13.036^2}{110^2} \times (9.9 + \mathrm{j}12.87) = 0.324 + \mathrm{j}0.421(\mathrm{MVA})$$

A - C 线段的首端功率为

$$\widetilde{S}'_{\mathrm{AC}} = \widetilde{S}''_{\mathrm{AC}} + \Delta \widetilde{S}_{\mathrm{AC}}$$
$$= (15.028 + \mathrm{j}13.036) + (0.324 + \mathrm{j}0.421) = 15.352 + \mathrm{j}13.457(\mathrm{MVA})$$

计算电压分布

$$U_{\mathrm{B}} = U_{\mathrm{A}} - \frac{P'_{\mathrm{AB}}R_{\mathrm{AB}} + Q'_{\mathrm{AB}}X_{\mathrm{AB}}}{U_{\mathrm{A}}}$$
$$= 115 - \frac{15.4025 \times 13.2 + 12.5233 \times 17.16}{115}$$
$$= 111.363(\mathrm{kV})$$
$$U_{\mathrm{C}} = U_{\mathrm{A}} - \frac{P'_{\mathrm{AC}}R_{\mathrm{AC}} + Q'_{\mathrm{AC}}X_{\mathrm{AC}}}{U_{\mathrm{A}}}$$
$$= 115 - \frac{15.352 \times 9.9 + 13.457 \times 12.87}{115}$$
$$= 112.172(\mathrm{kV})$$

根据计算结果作潮流分布图，如图 6 - 12 所示。

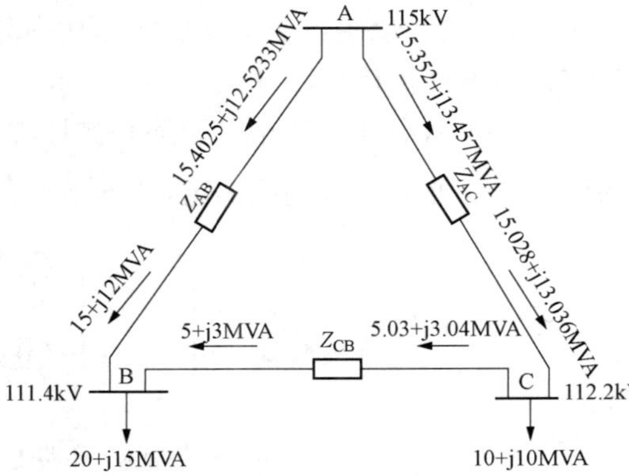

图 6 - 12　［例 6 - 3］潮流分布图

6.5.5　含几个电压等级的环网的功率分布

先讨论变比不等的两台升压变压器并联运行时的功率分布。设两台变压器的变比，即高压侧分接头电压与低压侧额定电压之比，分别为 k_1 和 k_2，并且 $k_1 \neq k_2$。不计变压器的励磁支路的等值电路示于图 6 - 13（b）。图中 Z'_{T1} 和 Z'_{T2} 是归算到高压侧的变压器绕组的阻抗值。

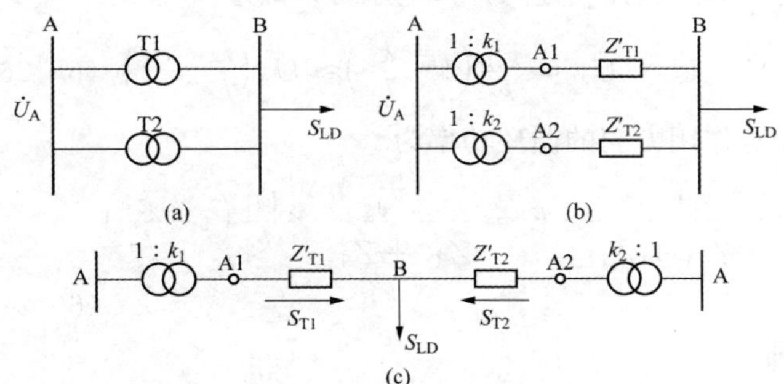

图 6 - 13　变比不同的变压器并联运行时的功率分布

(a) 系统接线图；(b) 系统等效电路；(c) 分裂电动势源后的等效电路

如果已给出变压器一次侧的电压 $\dot{U}_{\mathrm{A}}$，则有 $\dot{U}_{\mathrm{A1}} = k_1 U_{\mathrm{A}}, \dot{U}_{\mathrm{A2}} = k_2 \dot{U}_{\mathrm{A}}$。将等值电路从 A 点拆开，便得到一个供电点电压不等的两端供电网络，如图 6 - 13（c）所示。利用式（6 - 21）可得

$$\left.\begin{aligned} \widetilde{S}_{\mathrm{T1}} &= \frac{\widetilde{S}_{\mathrm{LD}}\overset{*}{Z}'_{\mathrm{T2}}}{\overset{*}{Z}'_{\mathrm{T1}} + \overset{*}{Z}'_{\mathrm{T2}}} + \frac{(\overset{*}{\dot{U}}_{\mathrm{A1}} - \overset{*}{\dot{U}}_{\mathrm{A2}})U_{\mathrm{Nh}}}{\overset{*}{Z}'_{\mathrm{T1}} + \overset{*}{Z}'_{\mathrm{T2}}} \\ \widetilde{S}_{\mathrm{T2}} &= \frac{\widetilde{S}_{\mathrm{LD}}\overset{*}{Z}'_{\mathrm{T1}}}{\overset{*}{Z}'_{\mathrm{T1}} + \overset{*}{Z}'_{\mathrm{T2}}} + \frac{(\overset{*}{\dot{U}}_{\mathrm{A2}} - \overset{*}{\dot{U}}_{\mathrm{A1}})U_{\mathrm{Nh}}}{\overset{*}{Z}'_{\mathrm{T1}} + \overset{*}{Z}'_{\mathrm{T2}}} \end{aligned}\right\} \tag{6 - 23}$$

式中　U_{Nh}——变压器高压侧的额定电压。

假定循环功率是由节点 A1 经变压器阻抗流向 A2，也即在原电路中为顺时针方向，并令

$$\Delta \dot{E}' = \dot{U}_{\mathrm{A1}} - \dot{U}_{\mathrm{A2}} = U_{\mathrm{A}}(k_1 - k_2) = \dot{U}_{\mathrm{A}}k_1\left(1 - \frac{k_2}{k_1}\right) \tag{6 - 24}$$

则循环功率为

$$S_C = \frac{(\overset{*}{\dot{U}}_{A1} - \overset{*}{\dot{U}}_{A2})U_{Nh}}{\overset{*}{Z}'_{T1} + \overset{*}{Z}'_{T2}} = \frac{\Delta \overset{*}{\dot{E}}' U_{Nh}}{\overset{*}{Z}'_{T1} + \overset{*}{Z}'_{T2}} \tag{6-25}$$

$\Delta \dot{E}'$ 称为环路电动势，它是因并联变压器的变比不等而造成的。循环功率是由环路电动势产生的。因此，循环功率的方向同环路电动势的作用方向是一致的。当两台变压器的变比相等时（$\Delta \dot{E}' = 0$），循环功率便不存在。

式（6-23）说明：变压器的实际功率分布是由变压器变比相等且供给实际负荷时的功率分布，与不计负荷仅因变比不同而引起的循环功率叠加而成。

图 6-14 示出计算环路电动势和循环功率的等效电路。环路电动势可以由电路空载状况下高压侧任一处的开口电压确定，$\Delta \dot{E}' = \dot{U}_P - \dot{U}_{P'} = \dot{U}_A(k_1 - k_2)$。

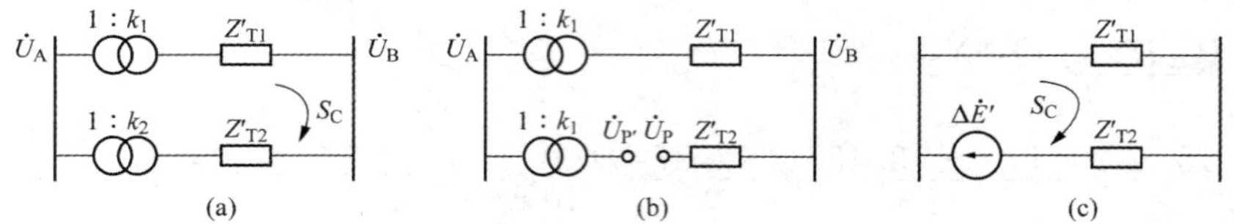

图 6-14　环路电动势和环路功率的确定

（a）系统接线图；（b）环路电动势确定图；（c）环路功率确定图

如果变压器的阻抗归算到低压侧，且已给定高压侧电压 $\dot{U}_B$（见图6-15），同时仍选顺时针方向作为环路电动势的作用方向，则由低压侧任一处的开口电压可以确定

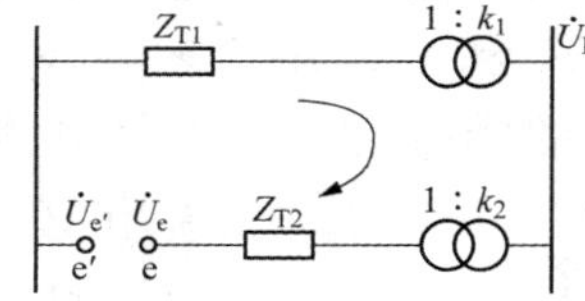

图 6-15　在低压侧确定环路电动势

$$\Delta \dot{E} = \dot{U}_e - \dot{U}_{e'} = \frac{\dot{U}_B}{k_2}\left(1 - \frac{k_2}{k_1}\right) \approx \dot{U}_A\left(\frac{k_1}{k_2} - 1\right) \tag{6-26}$$

沿环路电动势作用方向的循环功率为

$$\widetilde{S}_C = \frac{U_{Nl}}{\overset{*}{Z}_{T1} + \overset{*}{Z}_{T2}} \Delta \overset{*}{\dot{E}} = \frac{U_{Nl}}{\overset{*}{Z}_{T1} + \overset{*}{Z}_{T2}} \times \frac{\overset{*}{\dot{U}}_B}{k_2}\left(1 - \frac{k_2}{k_1}\right) \tag{6-27}$$

式中　U_{Nl}——低压侧变压器的额定电压。

如果电网的电压 $\dot{U}_A$（或 $\dot{U}_B$）未给出，或者为了简化计算，可以取

$$\left.\begin{aligned} \Delta E' &\approx U_{Nh}\left(1 - \frac{k_2}{k_1}\right) \\ \Delta E &\approx U_{Nl}\left(1 - \frac{k_2}{k_1}\right) \end{aligned}\right\} \tag{6-28}$$

于是循环功率便为

$$\widetilde{S}_C = \frac{U_{Nh}^2\left(1 - \frac{k_2}{k_1}\right)}{\overset{*}{Z}'_{T1} + \overset{*}{Z}'_{T2}} = \frac{U_{Nl}^2\left(1 - \frac{k_2}{k_1}\right)}{\overset{*}{Z}_{T1} + \overset{*}{Z}_{T2}} \tag{6-29}$$

【例 6-4】　如图6-16所示，变比分别为 $k_1 = 110/11$ 和 $k_2 = 115.5/11$ 的两台变压器并联运行，每台变压器归算到低压侧的电抗均为 1Ω，其电阻和励磁支路忽略不计。已知低压母线电压为 10kV，负荷功率为 16+j12MVA。试求变压器的功率分布和高压侧电压。

解　（1）假定两台变压器变比相同，计算其功率分布。因变压器电抗相等，故

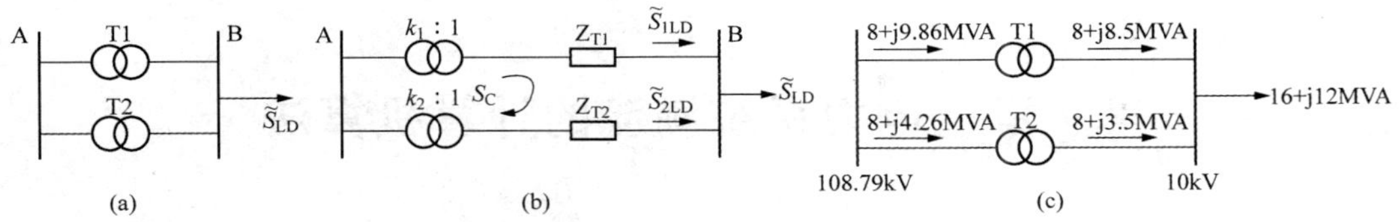

图 6 - 16　［例 6 - 4］的电路及其功率分布

（a）系统接线图；（b）环路功率确定图；（c）潮流分布图

$$\tilde{S}_{1LD} = \tilde{S}_{2LD} = \frac{1}{2}\tilde{S}_{LD} = \frac{1}{2} \times (16 + j12) = 8 + j6(\text{MVA})$$

（2）求循环功率。因为阻抗已归算到低压侧，环路电动势宜用低压侧的值。若取其假定正方向为顺时针方向，则可得

$$\Delta E \approx U_B\left(\frac{k_2}{k_1} - 1\right) = 10 \times \left(\frac{10.5}{10} - 1\right) = 0.5(\text{kV})$$

故循环功率为

$$S_C \approx \frac{U_B \Delta E}{\overset{*}{Z}_{T1} + \overset{*}{Z}_{T2}} = \frac{10 \times 0.5}{-j1 - j1} = j2.5(\text{MVA})$$

（3）计算两台变压器的实际功率分布，有

$$S_{T1} = S_{1LD} + S_C = (8 + j6) + j2.5 = 8 + j8.5(\text{MVA})$$

$$S_{T2} = S_{2LD} - S_C = (8 + j6) - j2.5 = 8 + j3.5(\text{MVA})$$

（4）计算高压侧电压。不计电压降落的横轴分量，按变压器 T1 计算可得高压母线电压为

$$U_A = \left(10 + \frac{8.5 \times 1}{10}\right)k_1 = (10 + 0.85) \times 10 = 108.5(\text{kV})$$

按变压器 T2 计算可得

$$U_A = \left(10 + \frac{3.5 \times 1}{10}\right)k_2 = (10 + 0.35) \times 10.5 = 108.68(\text{kV})$$

（5）计算从高压侧输入变压器 T1、T2 的功率，有

$$S'_{T1} = (8 + j8.5) + \frac{8^2 + 8.5^2}{10^2} \times j1 = 8 + j9.86(\text{MVA})$$

$$S'_{T2} = (8 + j3.5) + \frac{8^2 + 3.5^2}{10^2} \times j1 = 8 + j4.26(\text{MVA})$$

输入高压母线的总功率为

$$S' = S'_{T1} + S'_{T2} = (8 + j9.86) + (8 + j4.26) = 16 + j14.12(\text{MVA})$$

功率分布示于图 6 - 16（c）中。

第7章　电力系统潮流的计算机算法

7.1　概　　述

随着电力系统规模的不断发展，潮流计量的工作量越来越大。目前，我国省级电力系统就具有数百个节点并具有多个电压等级。如此规模的电力系统，其潮流计算是不可能由人工在短期内完成的。同时，在实际生产中往往对同一网络进行多种运行方式的反复计算，以便求得最佳的运行方式。这种在短时间内的反复计算也只有计算机才能迅速准确地完成。

本章主要讲解潮流计算的数学模型，以及潮流计算的一般方法。

7.2　潮流计算的数学模型

电力系统潮流计算的数学模型，是建立在电力系统等值物理模型基础上，用来描述电力系统稳态特性的一组数学方程式。因此，要建立电力系统潮流计算的数学模型，必须先了解电力系统的等值物理模型，即必须先作出适宜于计算机计算的电力系统的等值电路。下面分别对电力系统中的各元件的等效电路予以确认。

同步发电机的等效电路是一个给定电动势源的恒定阻抗支路，在潮流计算中用发电机的输出功率和其端电压表示。

输电线路用Π形等效电路表示。

电力负荷的等效电路是一个接在负荷节点上并与地面相连的阻抗支路，用负荷功率和端电压表示，如需考虑负荷静特性，则负荷功率是端电压的函数。

变压器的等效电路不再采用以前所介绍的Γ形等效电路，而是采用下面将要讨论的适用于计算机反复计算的Π形等效电路。

输电线路、变压器、电抗器等静止元件是线性的，构成的电力网络也是线性网络，用它们的导纳矩阵或阻抗矩阵来描述；而发电机和负荷是非线性元件，用其节点电压和节点功率表示。在对电力系统［见图7-1（a)］进行潮流计算时，可以将网络中的各个节点引出，用其节点电压和节点注入电流来反映系统的运行状态。此时电力系统的等值模型见图7-1（b）虚线框内的部分：网络是线性网络，运行参数$\dot{U}_i$、$\dot{I}_i$的关系也是线性的，在此基础上建立的数学模型也是一组线性方程式。但在工程计算中大多数情况下$\dot{I}_i$是未知的，需要用节点注入功率$\widetilde{S}_i$代替节点注入电流$\dot{I}_i$来反映系统的运行状态，而节点注入功率$\widetilde{S}_i$和节点电压$\dot{U}_i$是非线性关系。因此，用$\widetilde{S}_i$、$\dot{U}_i$和线性网络表示的是一非线性的等值模型，在此基础上建立的数学模型必然是一组非线性的数学方程式。

图7-1（b）是图7-1（a）所示系统的等值网络图。图中节点注入电流（功率）的正方向的规定如下：流入节点为正，流出节点为负。所以发电机的注入电流（功率）为正，负荷

节点的注入电流（功率）为负，起联络作用的中间节点的注入电流（功率）为 0。

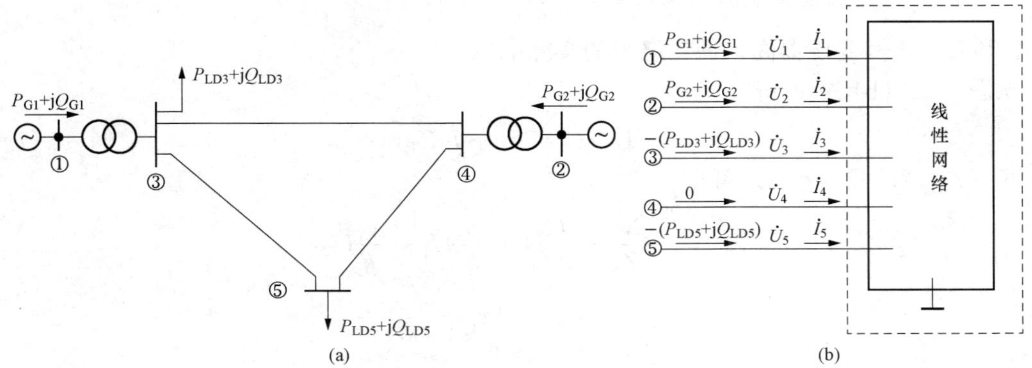

图 7 - 1　电力系统及其等值模型

（a）系统接线图；（b）等值模型图

7.2.1　变压器的等效电路

1. 双绕组变压器的 Π 形等效电路

在进行电力系统计算时，如果使用变压器的 Γ 形等效电路，则各元件的参数都存在归算问题：如果采用有名值计算，则各元件应归算到同一电压等级；如果采用标幺值计算，各元件的参数应归算到同一基准值。这样，各元件参数就变成变压器变比 k 的函数。一个已归算完毕的电力网络，当变压器的变比发生变化时（在运行中变比经常变化），对全网络的参数都应该重新计算一次，计算量巨大，且十分不便。另外，如果等效网络中有电磁环网，当变压器的变比不匹配时，参数的归算就会遇到困难。正是因为上述原因，变压器才采用 Π 形等效电路。

变压器的等效电路在不计励磁支路的前提下，可以用其阻抗与一个理想变压器串联来表示，如图 7 - 2（a）、（b）所示。理想变压器是一个无漏磁、无损耗、只能变换电压和电流的元件，它只有一个参数，那就是变比 $k=U_{\text{I}}/U_{\text{II}}$。现以变压器阻抗按实际变比归算到低压侧的情况为例，推导出其 Π 形等效电路。

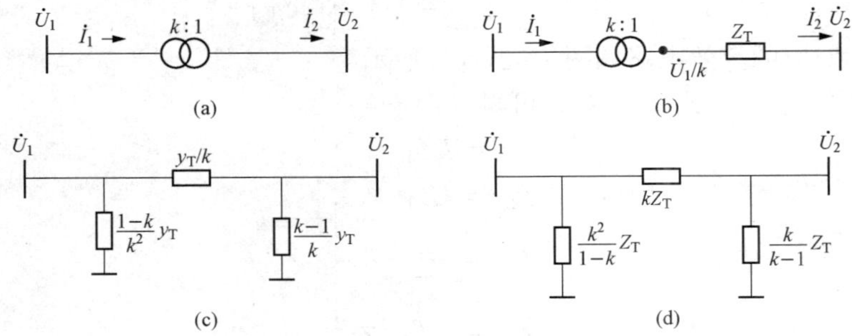

图 7 - 2　双绕组变压器 Π 形等效电路

（a）原理接线图；（b）等效电路；

（c）用导纳表示的等效电路；（d）用阻抗表示的等效电路

因为流入和流出理想变压器的功率相等，即

$$\dot{U}_1\dot{I}_1=\dot{U}_1\dot{I}_2/k$$

得

$$\dot{I}_1=\dot{I}_2/k \tag{7-1}$$

式中 k——理想变压器的变比，$k=\dfrac{U_{\mathrm{I}}}{U_{\mathrm{II}}}$；

U_{I} 和 U_{II}——变压器高、低压绕组的实际电压。

从图 7 - 2（b）中可得

$$\dot{U}_1/k=\dot{U}_2+\dot{I}_2Z_{\mathrm{T}} \tag{7 - 2}$$

联立式（7 - 1）、式（7 - 2）可得

$$\left.\begin{aligned}\dot{I}_1&=\frac{\dot{U}_1}{k^2Z_{\mathrm{T}}}-\frac{\dot{U}_2}{kZ_{\mathrm{T}}}=\frac{y_{\mathrm{T}}}{k^2}\dot{U}_1-\frac{y_{\mathrm{T}}}{k}\dot{U}_2\\ \dot{I}_2&=\frac{\dot{U}_1}{kZ_{\mathrm{T}}}-\frac{\dot{U}_2}{Z_{\mathrm{T}}}=\frac{y_{\mathrm{T}}}{k}\dot{U}_1-y_{\mathrm{T}}\dot{U}_2\end{aligned}\right\} \tag{7 - 3}$$

其中，$y_{\mathrm{T}}=\dfrac{1}{Z_{\mathrm{T}}}$。

根据电路与磁路原理，节点 1、2 的标准节点电流方程应具有如下形式

$$\left.\begin{aligned}\dot{I}_1&=Y_{11}\dot{U}_1+Y_{12}\dot{U}_2\\ -\dot{I}_2&=Y_{21}\dot{U}_1+Y_{22}\dot{U}_2\end{aligned}\right\} \tag{7 - 4}$$

将式（7 - 3）与式（7 - 4）比较可得

$$Y_{11}=y_{\mathrm{T}}/k^2;\quad Y_{12}=-y_{\mathrm{T}}/k$$
$$Y_{21}=-y_{\mathrm{T}}/k;\quad Y_{22}=y_{\mathrm{T}}$$

因此可求得等效电路各支路的参数为

$$\left.\begin{aligned}y_{12}&=-Y_{12}=y_{\mathrm{T}}/k\\ y_{21}&=-Y_{21}=y_{\mathrm{T}}/k\\ y_{10}&=Y_{11}-y_{12}=\frac{1-k}{k^2}y_{\mathrm{T}}\\ y_{20}&=Y_{22}-y_{21}=\frac{k-1}{k}y_{\mathrm{T}}\end{aligned}\right\} \tag{7 - 5}$$

与式（7 - 5）相对应的等效电路如图 7 - 2（c）所示。

若将 $Z_{\mathrm{T}}=1/y_{\mathrm{T}}$ 代入式（7 - 5），可得

$$\left.\begin{aligned}Z_{12}&=kZ_{\mathrm{T}}\\ Z_{21}&=kZ_{\mathrm{T}}\\ Z_{10}&=\frac{k^2}{1-k}Z_{\mathrm{T}}\\ Z_{20}&=\frac{k}{k-1}Z_{\mathrm{T}}\end{aligned}\right\} \tag{7 - 6}$$

与式（7 - 6）相对应的等效电路如图 7 - 2（d）所示。

如果双绕组变压器的阻抗归算到高压侧［见图 7 - 3（b）］，则可用类似的方法，根据图 7 - 3（b）列出联立方程组求解，得

$$\left.\begin{aligned}\dot{I}_1&=\dot{I}_2/k\\ \dot{U}_1-\dot{I}_1Z_{\mathrm{T}}&=k\dot{U}_2\end{aligned}\right\} \tag{7 - 7}$$

则

$$\left.\begin{aligned} \dot{I}_1 &= \frac{1}{Z_T}\dot{U}_1 - \frac{k}{Z_T}\dot{U}_2 = y_T\dot{U}_1 - ky_T\dot{U}_2 \\ \dot{I}_2 &= \frac{k}{Z_T}\dot{U}_1 - \frac{k^2}{Z_T}\dot{U}_2 = ky_T\dot{U}_1 - k^2y_T\dot{U}_2 \end{aligned}\right\} \tag{7-8}$$

将式（7-8）与式（7-4）比较可得

$$\left.\begin{aligned} y_{12} &= ky_T \\ y_{10} &= Y_{11} - y_{12} = y_T - ky_T = (1-k)y_T \\ y_{20} &= Y_{22} - y_{21} = k^2y_T - ky_T = k(k-1)y_T \end{aligned}\right\} \tag{7-9}$$

与式（7-9）相对应的等效电路如图 7-3（c）所示。

若利用 $Z_T = \frac{1}{y_T}$ 的关系代入式（7-9）可得

$$\left.\begin{aligned} Z_{12} &= Z_T/k \\ Z_{10} &= Z_T/(1-k) \\ Z_{20} &= Z_T/k(k-1) \end{aligned}\right\} \tag{7-10}$$

与式（7-10）相对应的等效电路如图 7-3（d）所示。

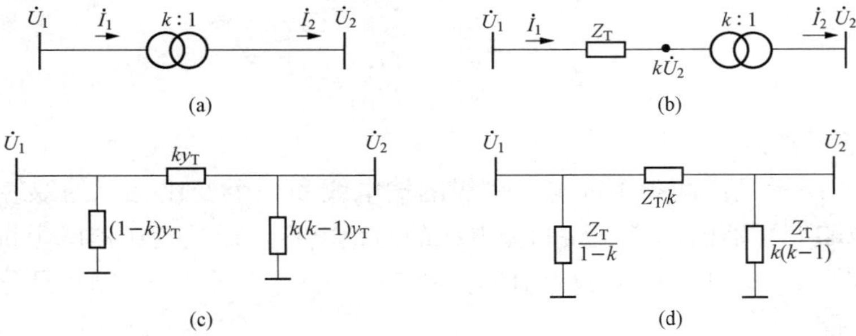

图 7-3　双绕组变压器 Π 形等效电路

（a）原理接线图；（b）等效电路；

（c）用导纳表示的等效电路；（d）用阻抗表示的等效电路

2. 三绕组变压器的 Π 形等效电路

三绕组变压器可以看成是两个双绕组变压器的组合，当忽略励磁支路时，原则上可以用理想变压器接在任意两侧绕组端点的等效模型表示。但应注意：由于三绕组变压器仅高、中压侧有分接头，所以一般多采用理想变压器接于高、中压绕组端点的电路，如图 7-4（b）所示。变压器阻抗归算到低压侧，则三绕组变压器的等效电路如图 7-4（c）所示或如图 7-4（d）所示。这样做的优点在于：当高、中压侧调整分接头时，由于低压侧绕组匝数不变，与之对应的电压 $U_{\text{Ⅲ}}$ 亦保持额定值 $U_{\text{Ⅲ}N}$ 不变，归算在低压侧的各绕组阻抗也不变，因此便于计算机重复计算。

图 7-4（a）和图 7-4（b）所示电路如果用有名值计算，则理想变压器的变比分别为实际变比 $k_1 = U_{\text{Ⅰ}}/U_{\text{Ⅱ}}$，$k_2 = U_{\text{Ⅱ}}/U_{\text{Ⅲ}}$，$U_{\text{Ⅰ}}$、$U_{\text{Ⅱ}}$、$U_{\text{Ⅲ}}$ 分别为变压器高、中、低三侧的实际电压。

图 7-4（c）和图 7-4（d）所示电路如果用标幺值计算，变压器各绕组阻抗均按低压侧选定的基准值取标幺值。

理想变压器的变比为

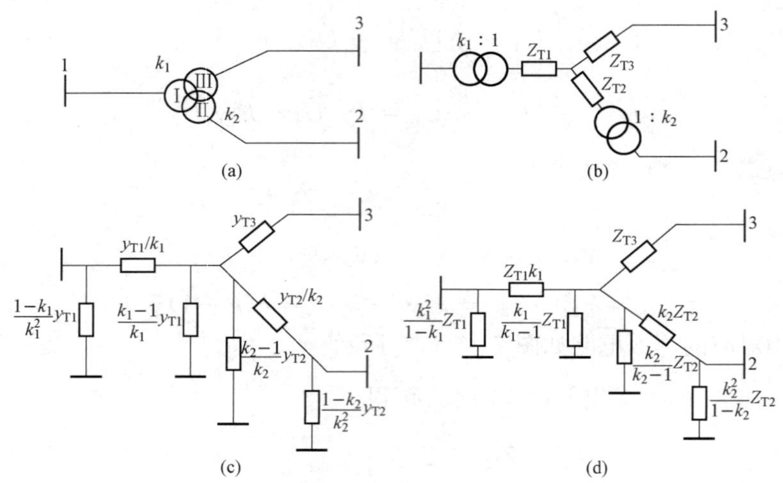

图 7-4　三绕组变压器的Π形等效电路

(a) 原理接线图；(b) 等效电路；(c) 用导纳表示的等效电路；(d) 用阻抗表示的等效电路

$$\left.\begin{aligned} k_{1*} &= \frac{k_1}{k_{1B}} = \frac{U_{\mathrm{I}}U_{\mathrm{III}B}}{U_{\mathrm{III}}U_{\mathrm{I}B}} \\ k_{2*} &= \frac{k_2}{k_{2B}} = \frac{U_{\mathrm{II}}U_{\mathrm{III}B}}{U_{\mathrm{III}}U_{\mathrm{II}B}} \end{aligned}\right\} \tag{7-11}$$

3. 多电压级网络的等值电路

图 7-5 (a) 所示是由两条不同电压等级的输电线和一个变比为 k 的双绕组变压器构成的网络，如果忽略变压器的励磁支路和输电线的对地电容，而且变压器的阻抗归算到低压侧（即Ⅱ侧），得到图 7-5 (b) 所示的等值模。图 7-5 (c) 和图 7-5 (d) 是分别用导纳和阻抗表示的等效电路。

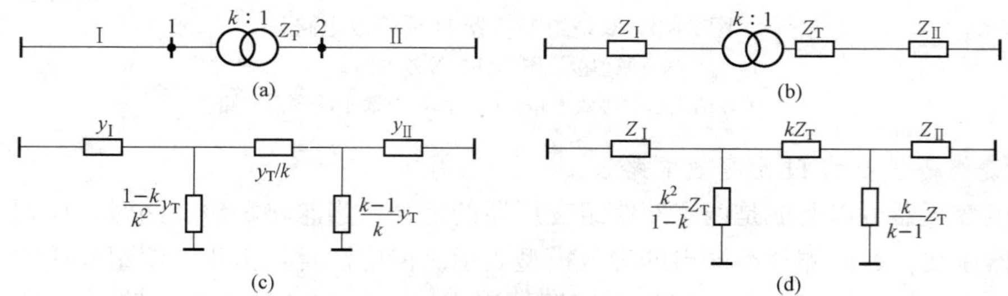

图 7-5　多电压级网络的等效电路

(a) 原理接线图；(b) 等效电路；(c) 用导纳表示的等效电路；(d) 用阻抗表示的等效电路

显然，使用图 7-5 (b) 所示的等效电路和图 7-5 (c)、(d) 所示的等效电路都有如下的优点：如用有名值计算，Z_{I} 和 Z_{II} 都是未经归算的线路阻抗，可以获得所有参数都归算到同一电压等级的效果，即可以看作低压侧的变压器阻抗和线路Ⅱ的阻抗已归算到高压侧，或高压侧的线路Ⅰ阻抗已归算到低压侧，从而可以直接进行潮流计算。同时，在计算过程中，倘若变压器的变比发生了变化，只需用新的变比，即用实际变比修正变压器自身的参数，其他元件的参数则保持不变。

如果用标幺值进行计算，Z_{I} 和 Z_{II} 分别为选定的基准电压 $U_{\mathrm{I}B}$ 和 $U_{\mathrm{II}B}$ 下的标幺值，变压器阻抗是归算到低压侧的标幺值。此时，图 7-5(b) ～ 图 7-5(d) 可以获得所有参数和变量都已归算到同一基准值下的标幺值的效果。而且，当 k 值改变时，与用有名值计算的情况相同，也只需用一个 k_* 值修正变压器的参数就可以了，其他元件的参数保持不变。

通常，在用计算机计算潮流分布前，网络各元件的参数和变量往往是用一组选定的基准变比归算为标幺值的。基准变比 $k_B = U_{IB}/U_{IIB}$，一般为变压器两侧额定电压或平均额定电压之比，称标准变比。当变压器的实际变比不等于基准变比而又要求按实际变比计算时，可以用变压器阻抗的标幺值与一变比为 k_* 的理想变压器串联电路来表示，从而可以构成 Π 形等效电路，计算出各支路的参数，这个理想变压器的变比为

$$k_* = k/k_B$$

式中　k_*——理想变压器的变比，称非标准变比；

k——变压器的实际变比，$k=U_I/U_{II}$，U_I、U_{II} 分别为高低压侧的实际电压；

k_B——基准变比，$k_B=U_{IB}/U_{IIB}$，U_{IB}、U_{IIB}分别是高低压侧的基准电压。

综上所述，变压器 Π 形等效电路是一个便于修改的模型，因此适用于计算机反复计算。

7.3　网络方程式

7.3.1　节点电压方程

在电路课程中，已经导出了运用节点导纳矩阵的节点电压方程为

$$\boldsymbol{I} = \boldsymbol{YU}$$

它可展开为

$$\begin{bmatrix} \dot{I}_1 \\ \dot{I}_2 \\ \vdots \\ \dot{I}_i \\ \vdots \\ \dot{I}_n \end{bmatrix} = \begin{bmatrix} Y_{11} & Y_{12} & Y_{13} & \cdots & Y_{1n} \\ Y_{21} & Y_{22} & Y_{23} & \cdots & Y_{2n} \\ \vdots & & & & \vdots \\ Y_{i1} & Y_{i2} & Y_{i3} & \cdots & Y_{in} \\ \vdots & & & & \vdots \\ Y_{n1} & Y_{n2} & Y_{n3} & \cdots & Y_{nn} \end{bmatrix} \begin{bmatrix} \dot{U}_1 \\ \dot{U}_2 \\ \vdots \\ \dot{U}_i \\ \vdots \\ \dot{U}_n \end{bmatrix} \tag{7-12}$$

结合图 7-6（a）、式（7-12）则为

$$\begin{bmatrix} \dot{I}_1 \\ \dot{I}_2 \\ \dot{I}_3 \end{bmatrix} = \begin{bmatrix} Y_{11} & Y_{12} & Y_{13} \\ Y_{21} & Y_{22} & Y_{23} \\ Y_{31} & Y_{32} & Y_{33} \end{bmatrix} \begin{bmatrix} \dot{U}_1 \\ \dot{U}_2 \\ \dot{U}_3 \end{bmatrix}$$

这些方程中，$\boldsymbol{I}$ 是节点注入电流的列向量。在电力系统计算中，节点注入电流可理解为各该节点电源电流与负荷电流之和，并规定电源流向网络的注入电流为正。因此，只有负荷的节点注入电流具有负值。某些仅起联络作用的中间节点，如图 7-6（a）中节点 3，注入电流为零。$\boldsymbol{U}$ 是节点电压的列向量。网络中有接地支路时，节点电压通常就指该节点的对地电压，因通常就以大地作为电位参考点。网络中没有接地支路时，节点电压可指该节点与某一个被选定参考节点之间的电压差。本节中如无特别说明，一般都以大地作参考节点，并规定编号为零。$\boldsymbol{Y}$ 是一个 $n\times n$ 阶的节点导纳矩阵，其阶数 n 等于网络中除参考节点之外的独立节点数。例如图 7-6（a）中，$n=3$。

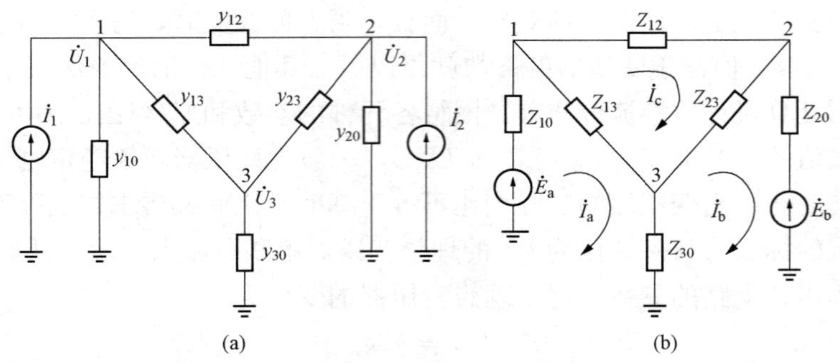

图 7-6 电力系统的等效网络图

(a) 运用节点电压法时；(b) 运用回路电流法时

节点导纳矩阵的对角线元素 $Y_{ii}(i=1,2,\cdots,n)$ 称为自导纳。由式（7-12）可见，自导纳 Y_{ii} 在数值上等于在节点 i 施加单位电压，其他节点全部接地时，经节点 i 注入网络的电流。因此，Y_{ii} 可以定义为

$$Y_{ii}=\left.\frac{\dot{I}_i}{\dot{U}_i}\right|_{(\dot{U}_j=0,j\neq i)} \tag{7-13}$$

以图 7-7 所示网络为例，取 $i=2$，在节点 2 接入单位电压源 $\dot{U}_2$，节点 1、3 的电压源短接，按如上定义可得

$$Y_{22}=\left.\frac{\dot{I}_2}{\dot{U}_2}\right|_{(\dot{U}_1=\dot{U}_3=0)}=\frac{\dot{U}_2y_{20}+\dot{U}_2y_{12}+\dot{U}_2y_{23}}{\dot{U}_2}=y_{20}+y_{12}+y_{23}$$

由此可见：节点 i 的自导纳 Y_{ii} 在数值上等于与该节点直接相连的所有支路的导纳之和，并可推广为

$$Y_{ii}=y_{i0}+\sum y_{ij} \tag{7-14}$$

式中 y_{i0} ——节点 i 对地支路的导纳；

y_{ij} ——节点 i 与其直接相连的其他独立节点的支路导纳。

节点导纳矩阵的非对角线元素 $Y_{ji}(j=1,2,\cdots,n;i=1,2,\cdots,n;j\neq i)$ 称为互导纳。由式（7-12）可见：互导纳 Y_{ji} 在数值上就等于在节点 i 施加单位电压，其余节点全部接地时，经节点 j 注入网络的电流。因此，它可定义为

$$Y_{ji}=\left.\frac{\dot{I}_j}{\dot{U}_i}\right|_{(\dot{U}_j=0,j\neq i)} \tag{7-15}$$

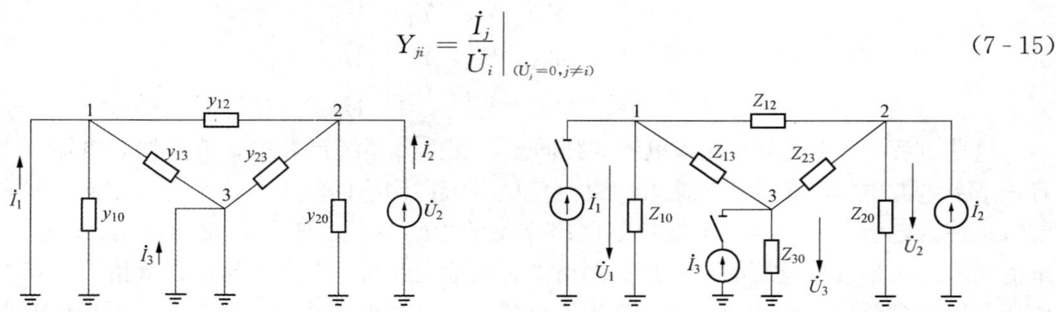

图 7-7 节点导纳矩阵中 Y_{ii} 与 Y_{j2} 的确定　　图 7-8 节点阻抗矩阵中 Z_{ii} 与 Z_{ji} 的确定

仍以图 7-7 所示网络为例，仍取 $i=2$，在节点 2 接入电压源 $\dot{U}_2$，节点 1、3 的电压源短接，按上述定义可得

$$Y_{12}=\frac{\dot{I}_1}{\dot{U}_2}\Bigg|_{(\dot{U}_1=\dot{U}_3=0)}=\frac{(\dot{U}_1-\dot{U}_2)y_{12}}{\dot{U}_2}=-y_{12}$$

$$Y_{32}=\frac{\dot{I}_3}{\dot{U}_2}\Bigg|_{(\dot{U}_1=\dot{U}_3=0)}=\frac{(\dot{U}_3-\dot{U}_2)y_{23}}{\dot{U}_2}=-y_{23}$$

由此可见：节点 i、j 之间的互导纳 Y_{ji} 在数值上等于连接节点 j、i 支路的导纳的负值。显然 $Y_{ij}=Y_{ji}$。

如果节点 i、j 之间没有直接通路，也不考虑互感影响时，便有 $Y_{ij}=0$。互导纳的这些性质决定了 $\boldsymbol{Y}$ 是一个对称的稀疏矩阵。而且，由于每个节点所连接的支路数总是有限的，随着网络中节点数的增多，非零元素相对越来越少，节点导纳矩阵中的零元素越来越多，即节点导纳矩阵的稀疏程度越来越高。

将式 $\boldsymbol{I}=\boldsymbol{YU}$ 的两边左乘 $\boldsymbol{Y}^{-1}$ 可得

$$\boldsymbol{Y}^{-1}\boldsymbol{I}=\boldsymbol{U} \tag{7-16}$$

如令 $\boldsymbol{Y}^{-1}=\boldsymbol{Z}$，式（7-16）可改写成

$$\boldsymbol{ZI}=\boldsymbol{U} \tag{7-17}$$

它展开为

$$\begin{bmatrix} Z_{11} & Z_{12} & Z_{13} & \cdots & Z_{1n} \\ Z_{21} & Z_{22} & Z_{23} & \cdots & Z_{2n} \\ \vdots & & & & \vdots \\ Z_{i1} & Z_{i2} & Z_{i3} & \cdots & Z_{in} \\ \vdots & & & & \vdots \\ Z_{n1} & Z_{n2} & Z_{n3} & \cdots & Z_{nn} \end{bmatrix} = \begin{bmatrix} \dot{I}_1 \\ \dot{I}_2 \\ \vdots \\ \dot{I}_i \\ \vdots \\ \dot{I}_n \end{bmatrix} = \begin{bmatrix} \dot{U}_1 \\ \dot{U}_2 \\ \vdots \\ \dot{U}_i \\ \vdots \\ \dot{U}_n \end{bmatrix} \tag{7-18}$$

结合图 7-6（a）、式（7-18）则为

$$\begin{bmatrix} Z_{11} & Z_{12} & Z_{13} \\ Z_{21} & Z_{22} & Z_{23} \\ Z_{31} & Z_{32} & Z_{33} \end{bmatrix} = \begin{bmatrix} \dot{I}_1 \\ \dot{I}_2 \\ \dot{I}_3 \end{bmatrix} \begin{bmatrix} \dot{U}_1 \\ \dot{U}_2 \\ \dot{U}_3 \end{bmatrix}$$

这些方程式中的 $\boldsymbol{Z}=\boldsymbol{Y}^{-1}$ 称为节点阻抗矩阵。显然，节点阻抗矩阵也是一个 $n\times n$ 阶对称矩阵。

节点阻抗矩阵的对角线元素 $Z_{ii}(i=1,2,\cdots,n)$ 称为自阻抗。由式（7-18）可见，自阻抗 Z_{ii} 在数值上等于经节点 i 注入单位电流，而其他节点都不注入电流时，节点 i 的电压。因此，它可定义为

$$Z_{ii}=\frac{\dot{U}_i}{\dot{I}_i}\Bigg|_{(\dot{I}_j=0,j\neq i)} \tag{7-19}$$

以图 7-8 所示网络为例，取 $i=2$，在节点 2 接入电流源 $\dot{I}_2$，而节点 1、3 的电流源开路，按上述定义可得

$$Z_{22}=\frac{\dot{U}_2}{\dot{I}_2}\Bigg|_{(\dot{I}_1=\dot{I}_3=0)}$$

节点阻抗矩阵的非对角线元素 $Z_{ji}(j=1,2,\cdots,n;i=1,2,\cdots,n;j\neq i)$ 称为互阻抗。而由式（7-18）可见，互阻抗 Z_{ji} 在数值上等于经节点 i 注入单位电流，而其他节点都不注入电流时，节点 j 的电压。因此，它可定义为

$$Z_{ji}=\frac{\dot{U}_j}{\dot{I}_i}\Bigg|_{(\dot{I}_j=0,j\neq i)}$$

仍以图 7 - 8 所示网络为例，取 $i=2$，在节点 2 接入电流源 $\dot{I}_2$，节点 1、3 的电流源开路，按上述定义，可得

$$Z_{12}=\left.\frac{\dot{U}_1}{\dot{I}_2}\right|_{(\dot{I}_1=\dot{I}_3=0)}$$

$$Z_{32}=\left.\frac{\dot{U}_3}{\dot{I}_2}\right|_{(\dot{I}_1=\dot{I}_3=0)}$$

显然：$Z_{ji}=Z_{ij}$。

互阻抗的这些性质决定了节点导纳矩阵也是对称矩阵，但不是稀疏矩阵，而是满矩阵。因网络中各节点相互之间有直接或间接的联系，节点 i 有注入电流而其他节点注入电流都为零时，网络中除电压参考点之外，其他节点电压都不为零。

【例 7 - 1】 试求图 7 - 9 所示网络的节点导纳矩阵。图中给出了以 $S_B=100$MVA、$U_B=U_{av}$ 时的支路阻抗和对地导纳的标幺值，变压器给出了归算到低压侧阻抗的标幺值和变比的实际值。

解 图 7 - 9 的变压器用 Π 形等效电路表示得到图 7 - 10 所示的等效电路。首先求出理想变压器的变比，即

$$k_*=k/k_B=\frac{121}{10.5}\bigg/\frac{115}{10.5}=1.05$$

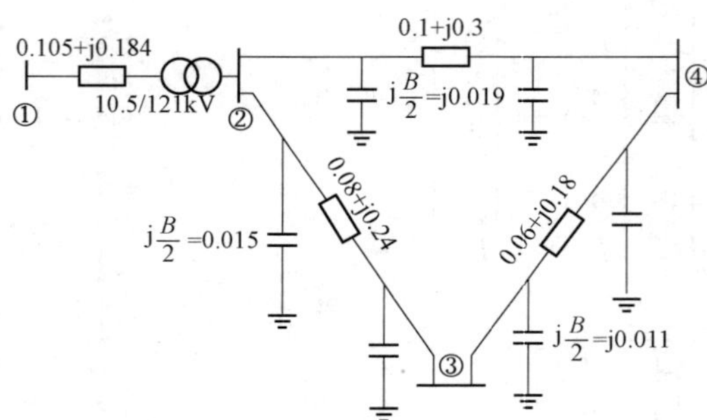

图 7 - 9 ［例 7 - 1］四节点电力网络

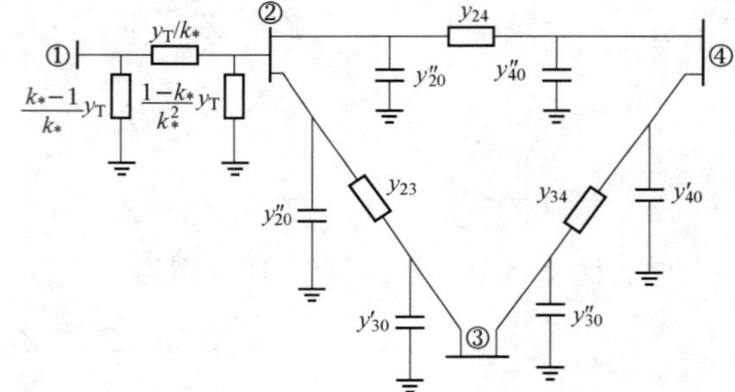

图 7 - 10 四节点电力网络的等效电路

求导纳矩阵中的各元素分别为

$$Y_{11}=\frac{k_*-1}{k_*}y_T+\frac{1}{k_*}y_T=y_T=\frac{1}{0.105+j0.184}=2.3395-j\,4.0997$$

$$Y_{12}=Y_{21}=-\frac{y_T}{k_*}=-2.2281+j\,3.9045$$

$$Y_{23}=Y_{32}=-y_{23}=-\frac{1}{0.08+j0.24}=-1.2500+j\,3.7500$$

$$Y_{24}=Y_{42}=-y_{24}=-\frac{1}{0.1+j0.3}=-1.0000+j\,3.0000$$

$$Y_{34}=Y_{43}=-y_{34}=-\frac{1}{0.06+j0.18}=-1.6667+j\,5.0000$$

$$\begin{aligned}Y_{22}&=\frac{y_T}{k_*^2}+y_{24}+y_{23}+y'_{20}+y''_{20}\\&=(2.1220-j\,3.7185)+(1.0000-j\,3.0000)+(1.2500-j\,3.7500)+j0.015+j0.019\\&=4.3720-j\,10.4345\end{aligned}$$

$$Y_{33}=y_{23}+y_{34}+y'_{30}+y''_{30}$$

$= (1.2500 - j3.7500) + (1.6667 - j5.0000) + j0.015 + j0.011 = 2.9167 - j8.7240$

$Y_{44} = y_{24} + y_{34} + y'_{40} + y''_{40}$

$= (1.0000 - j3.0000) + (1.6667 - j5.0000) + j0.011 + j0.019 = 2.6667 - j7.9700$

将上述计算结果写成矩阵形式，可得

$$Y = \begin{bmatrix} 2.3395 - j4.0997 & -2.2281 + j3.9045 & 0 & 0 \\ -2.2281 + j3.9045 & 4.3720 - j10.4345 & -1.2500 + j3.7500 & -1.0000 + j3.0000 \\ 0 & -1.2500 + j3.7500 & 2.9167 - j8.7240 & -1.6667 + j5.0000 \\ 0 & -1.0000 + j3.0000 & -1.6667 + j5.0000 & 2.6667 - j7.9700 \end{bmatrix}$$

【例 7-2】　已知某网络内无变压器支路，该网络的节点导纳矩阵 $\boldsymbol{Y}$［单位 S（西门子）］为

$$\boldsymbol{Y} = \begin{bmatrix} j9 & -j2 & 0 & -j3 & 0 \\ -j2 & j7 & -j1 & -j4 & 0 \\ 0 & -j1 & j1 & 0 & 0 \\ -j3 & -j4 & 0 & j13 & -j5 \\ 0 & 0 & 0 & -j5 & j5 \end{bmatrix}$$

试求该网络的结构及参数。

解　由于节点导纳矩阵是 5×5 阶方阵，故该网络有 5 个独立节点，设为节点①、节点②、节点③、节点④、节点⑤。

（1）先求节点之间的支路参数，有

$y_{12} = y_{21} = -Y_{12} = -Y_{21} = -(-j2) = j2$

$y_{13} = y_{31} = -Y_{13} = -Y_{31} = 0$，说明节点①与节点③之间无直接通路

$y_{14} = y_{41} = -Y_{14} = -Y_{41} = j3$

$y_{15} = y_{51} = -Y_{51} = -Y_{15} = 0$，说明节点①与节点⑤之间无直接通路

$y_{23} = y_{32} = -Y_{23} = -Y_{32} = j1$

$y_{24} = y_{42} = -Y_{24} = -Y_{42} = j4$

$y_{25} = y_{52} = -Y_{25} = -Y_{52} = 0$，说明节点②与节点⑤之间无直接通路

$y_{34} = y_{43} = -Y_{34} = -Y_{43} = 0$，说明节点③与节点④之间无直接通路

$y_{35} = y_{53} = -Y_{35} = -Y_{53} = 0$，说明节点③与节点⑤之间无直接通路

$y_{45} = y_{54} = -Y_{45} = -Y_{54} = j5$

（2）判断各节点是否有对地支路。根据公式 $Y_{ii} = y_{i0} + \sum y_{ij}$ 可得

$$y_{i0} = Y_{ii} - \sum y_{ij}$$

所以

$y_{10} = Y_{11} - \sum y_{1j} = j9 - j2 - j3 = j4$

$y_{20} = Y_{22} - \sum y_{2j} = j7 - j1 - j2 - j4 = 0$

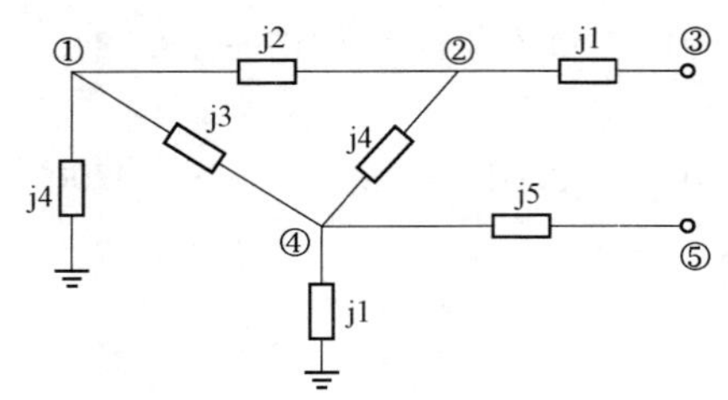

图 7-11 ［例 7-2］的网络结构及参数

说明节点②无接地支路

$y_{30}=Y_{33}-\sum y_{3j}=\mathrm{j}1-\mathrm{j}1=0$，说明节点③无接地支路

$y_{40}=Y_{44}-\sum y_{4j}=\mathrm{j}13-\mathrm{j}3-\mathrm{j}4-\mathrm{j}5=\mathrm{j}1$

$y_{50}=Y_{55}-\sum y_{5j}=\mathrm{j}5-\mathrm{j}5=0$，说明节点⑤无接地支路

综合上面的分析计算，可得该网络的结构及参数如图 7-11 所示。

7.3.2 节点导纳矩阵的修改

在实际电网中有几百个节点，其节点导纳矩阵的形成计算是艰巨的。在电力系统中，往往要对不同运行方式进行潮流计算，如某元件检修前后的运行方式、采用某种调压措施（如调整变压器的分接头）前后的运行方式等。当运行方式改变时，与之相对应的节点导纳矩阵也将随之改变。但节点导纳矩阵也只是几个元素发生变化，绝大多数的元素并没有变化。如果在运行方式改变时，重新计算一个完整的节点导纳矩阵，计算量太大，也无必要重新计算，只需对相关元素做适当的修改即可。

下面讨论几种典型的网络局部变化时的导纳矩阵的修改。

（1）原有网络上增加一条新支路，并增加一个新节点（见图 7-12）。

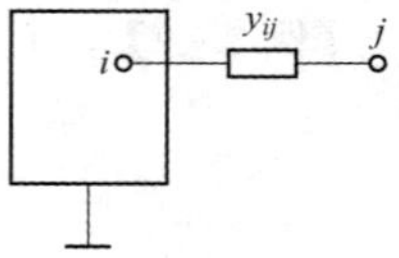

1）由于独立的节点数增加了 1 个，故节点导纳矩阵增加了一行一列。

2）新增的对角线元素 $Y_{jj}=y_{ij}$。

3）原有的对角线元素 $Y_{ii}=Y_{ii}^{(0)}+y_{ij}$。

4）节点 i、j 之间的互导纳 $Y_{ij}=Y_{ij}^{(0)}-y_{ij}$。

5）其他原有元素的值不变，其他新增元素为 0。

图 7-12 增加一条新支路一个新节点的网络

当新增支路为变压器（见图 7-13），若变压器用 Π 形等效电路表示时：

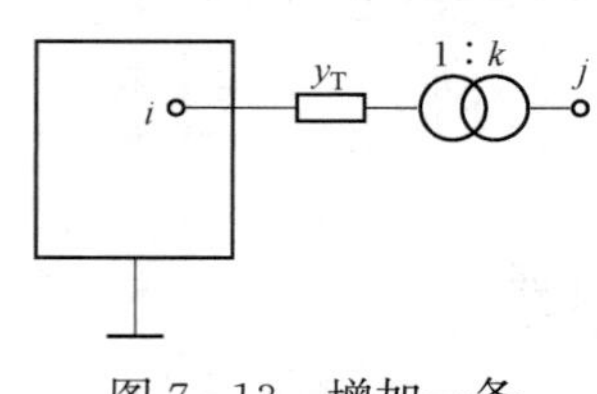

图 7-13 增加一条变压器支路的网络

1）节点导纳矩阵增加一行一列。

2）新增对角线元素

$$Y_{jj}=\frac{1}{k}y_{\mathrm{T}}+\frac{1-k}{k^2}y_{\mathrm{T}}=\frac{1}{k^2}y_{\mathrm{T}}$$

3）原有对角线元素

$$Y_{ii}=Y_{ii}^{(0)}+\frac{k-1}{k}y_{\mathrm{T}}+\frac{1}{k}y_{\mathrm{T}}=Y_{ii}^{(0)}+y_{\mathrm{T}}$$

4）节点 i、j 之间的互导纳

$$Y_{ij}=Y_{ji}=Y_{ij}^{(0)}-\frac{1}{k}y_{\mathrm{T}}$$

5）其他原有元素不变，其他新增元素为 0。

（2）在原网络的节点 i、j 之间增加一条阻抗为 Z_{ij} 的新支路（见图 7-14）。

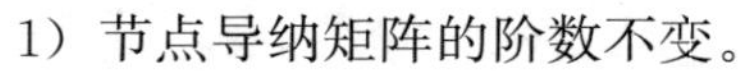

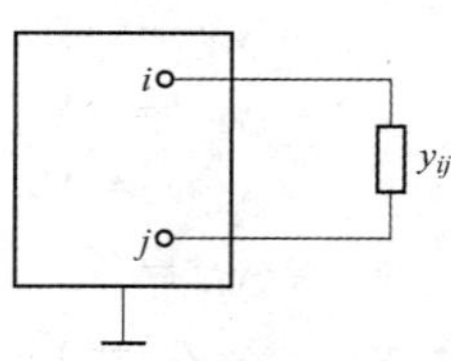

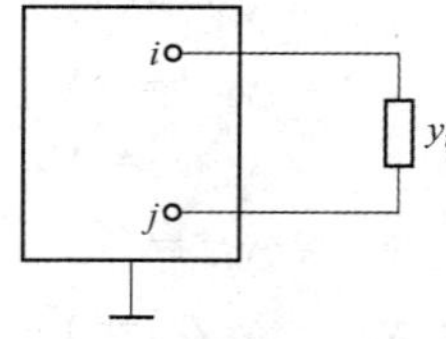

图 7-14 在原节点增加一条新支路的网络

1）节点导纳矩阵的阶数不变。

2）自导纳

$$Y_{ii}=Y_{ii}^{(0)}+y_{ij}$$

$$Y_{jj}=Y_{jj}^{(0)}+y_{ij}$$

3）互导纳

$$Y_{ij}=Y_{ji}=Y_{ij}^{(0)}-y_{ij}$$

4）其他元素不变。

当新增的支路为变压器支路时（见图 7-15），修改如下：

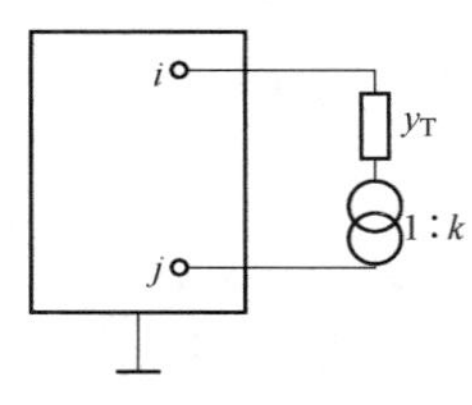

图 7-15　在原节点增加一条变压器支路的网络

1）节点导纳矩阵的阶数不变。

2）自导纳

$$Y_{ii}=Y_{ii}^{(0)}+y_T$$

$$Y_{jj}=Y_{jj}^{(0)}+\frac{1}{k^2}y_T$$

3）互导纳

$$Y_{ij}=Y_{ji}=Y_{ij}^{(0)}-\frac{1}{k}y_T$$

4）其他元素不变。

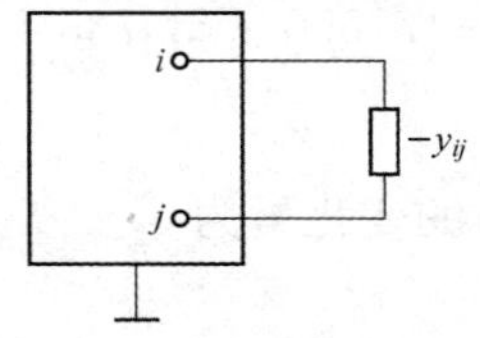

图 7-16　在原节点上切除一条旧支路的网络

（3）在原网络的节点 i、j 之间切除一条阻抗为 Z_{ij} 的支路（见图 7-16）。切除一条支路，相当于增加一条（$-Z_{ij}$）的支路。

1）节点导纳矩阵的阶数不变。

2）自导纳

$$Y_{ii}=Y_{ii}^{(0)}-y_{ij}$$

$$Y_{jj}=Y_{jj}^{(0)}-y_{ij}$$

3）互导纳

$$Y_{ij}=Y_{ji}=Y_{ij}^{(0)}+y_{ij}$$

4）其他元素不变。

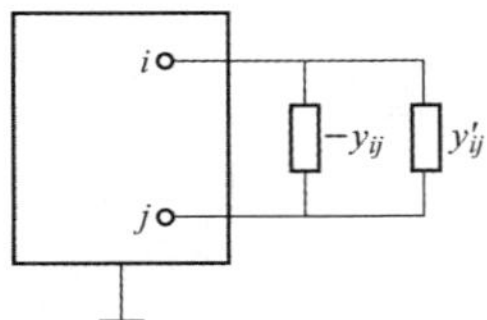

图 7-17　将原支路参数改变的网络

（4）在原网络节点 i、j 之间的支路参数由 y_{ij} 变成 y'_{ij}（见图 7-17）。这种情况相当于先切除旧支路 y_{ij}，然后再在原节点 i、j 上增加一条新支路的情况。

1）节点导纳矩阵的阶数不变。

2）自导纳

$$Y_{ii}=Y_{ii}^{(0)}-y_{ij}+y'_{ij}$$

$$Y_{jj}=Y_{jj}^{(0)}-y_{ij}+y'_{ij}$$

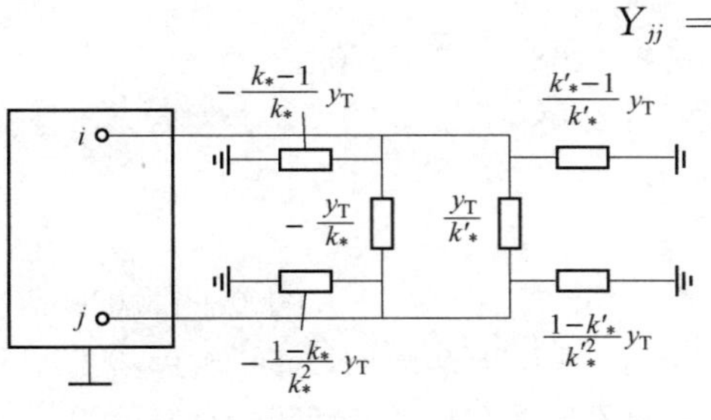

图 7-18　将变压器变比改变的网络

3）互导纳

$$Y_{ij}=Y_{ji}=Y_{ij}^{(0)}+y_{ij}-y'_{ij}$$

4）其他元素不变。

（5）在原网络节点 i、j 之间将变压器的变比由 k_* 变成 k'_*（见图 7-18）。这种情况相当于切除一台变比为 k_* 的变压器，同时又投入一台变比为 k_* 的变压器。

1）节点导纳矩阵的阶数不变。

2）自导纳

$$Y_{ii}=Y_{ii}^{(0)}+\left(\frac{k'_*-1}{k'_*}y_T+\frac{y_T}{k'_*}\right)-\left(\frac{k_*-1}{k_*}y_T+\frac{y_T}{k_*}\right)$$

$$=Y_{ii}^{(0)}+0=Y_{ii}^{(0)}$$

$$Y_{jj}=Y_{jj}^{(0)}+\left(\frac{1-k'_*}{k'^2_*}y_T+\frac{1}{k'_*}y_T\right)-\left(\frac{1-k_*}{k_*^2}y_T+\frac{1}{k_*}y_T\right)$$

$$=Y_{jj}^{(0)}+\left(\frac{1}{k'^2_*}-\frac{1}{k_*^2}\right)y_T$$

3）互导纳

$$Y_{ij}=Y_{ji}=Y_{ij}^{(0)}+\left(\frac{1}{k_*}-\frac{1}{k_*}\right)y_T$$

4）其他元素不变。

【例 7 - 3】 在［例 7 - 1］的系统中，当输电线路 2～3 因事故切除，同时为了保证电能质量又将变压器变比调整为10.5/127kV，试修改原导纳矩阵。

解 切除支路 y_{23}，与节点 2、3 相关的元素变化量为

$$\Delta Y'_{22}=\Delta Y'_{33}=-y_{23}-y'_{20}=-1.2500+j3.7500-j0.015=-1.2500+j3.735$$

$$\Delta Y'_{23}=\Delta Y'_{32}=y_{23}=1.2500-j3.7500$$

将变压器变比从 k_* 调整到 $k'_*=\dfrac{127}{10.5}\Big/\dfrac{115}{10.5}=1.10$ 后，相关元素的变化量为

$$\Delta Y''_{11}=0$$

$$\Delta Y''_{22}=\left(\frac{1}{k'^2_*}-\frac{1}{k_*^2}\right)y_T$$

$$=\left(\frac{1}{1.1^2}-\frac{1}{1.05^2}\right)\times(2.3395-j4.0997)=-0.1885+j0.3304$$

$$\Delta Y''_{21}=\Delta Y''_{12}=\left(\frac{1}{k_*}-\frac{1}{k'_*}\right)y_T$$

$$=\left(\frac{1}{1.05}-\frac{1}{1.1}\right)\times(2.3395-j4.0997)=0.1013-j0.1775$$

故修改后的导纳矩阵元素为

$$Y'_{11}=Y_{11}+\Delta Y''_{11}=2.3395-j4.0997$$

$$Y'_{22}=Y_{22}+\Delta Y'_{22}+\Delta Y''_{22}=2.9335-j6.3691$$

$$Y'_{32}=Y'_{23}=Y_{23}+\Delta Y'_{23}=0$$

$$Y'_{12}=Y'_{21}=Y_{12}+\Delta Y''_{12}=-2.1268+j3.7270$$

$$Y'_{33}=Y_{33}+\Delta Y'_{33}=1.6667-j4.9890$$

原矩阵中的其他元素不变，故修改后的导纳矩阵为

$$\boldsymbol{Y}'=\begin{bmatrix}2.3395-j4.0997 & -2.1268+j3.7270 & 0 & 0\\ -2.1268+j3.7270 & 2.9335-j6.3691 & 0 & -1.0000+j3.0000\\ 0 & 0 & 1.6667-j4.9890 & -1.6667+j5.0000\\ 0 & -1.0000+j3.0000 & -1.6667+j5.0000 & 2.6667-j7.9700\end{bmatrix}$$

7.4 潮流计算的限制条件

7.4.1 潮流计算的定解条件

式（7 - 12）的网络方程式可以简化为

$$Y_{i1}\dot{U}_1+Y_{i2}\dot{U}_2+\cdots+Y_{ij}\dot{U}_j+\cdots+Y_{in}\dot{U}_n=\dot{I}_i$$

也即
$$\sum_{j=1}^{n} Y_{ij}\dot{U}_j = \dot{I}_i \tag{7-20}$$

但在潮流计算结束之前，无论是电源的电动势源，还是节点的注入电流，都是无法准确给定的。式（7-20）中的注入电流可以用节点功率和电压来表示，即

$$\dot{I}_i = \frac{\overset{*}{\tilde{S}}}{\overset{*}{U}_i} = \frac{\overset{*}{\tilde{S}}_{Gi} - \overset{*}{\tilde{S}}_{LDi}}{\overset{*}{U}_i} = \frac{(P_{Gi} - P_{LDi}) - \mathrm{j}(Q_{Gi} - Q_{LDi})}{\overset{*}{U}_i} \tag{7-21}$$

把式（7-21）代入式（7-20）可得

$$\frac{(P_{Gi} - P_{LDi}) - \mathrm{j}(Q_{Gi} - Q_{LDi})}{\overset{*}{U}_i} = \sum_{j=1}^{n} Y_{ij}\dot{U}_j \tag{7-22}$$

通常把节点 i 的负荷功率看作已知量，并令 $P_i = P_{Gi} - P_{LDi}$，$Q_i = Q_{Gi} - Q_{LDi}$，则式(7-22)可变为

$$\frac{P_i - \mathrm{j}Q_i}{\overset{*}{U}_i} = \sum_{j=1}^{n} Y_{ij}\dot{U}_j \tag{7-23}$$

对每个节点 i 来讲，通常有四个变量，即发电机发出的有功功率和无功功率，节点的电压幅值 U 和相位 δ。式（7-23）是一个复数方程。根据等式的两边实部和虚部应分别相等，一个节点可以列出两个方程，但一个节点却有四个未知数（P、Q、U、δ），无法求解。根据电力系统的实际运行条件，按给定变量的不同，一般将节点分为以下三种类型：

(1) PQ 节点。这类节点的有功功率 P 和无功功率 Q 是给定的，节点电压幅值和相位（U、δ）是待求量。通常变电站都是这一类型的节点。由于变电站没有发电设备，故发电功率为零。在一些情况下，系统中某些发电厂送出的功率在一定时间内为固定时，该发电厂母线也作为 PQ 节点。因此，电力系统中的绝大多数节点属于这一类型。

(2) PV 节点。这类节点的有功功率 P 和电压幅值 U（V）是给定的，节点的无功功率 Q 和电压的相位 δ 是待求量。这类节点必须有足够的可调无功功率，用以维持给定的电压幅值，因而又称之为电压控制节点。一般选择有一定无功储备的发电厂和具有可调无功电源设备的变电站作为 PV 节点。在电力系统中，这一类节点的数目很少。

(3) 平衡节点。在潮流分布算出之前，网络中的功率损耗是未知的，因此，网络中至少有一个节点的有功功率 P 不能给定。这个节点承担了系统的有功功率平衡，故称之为平衡节点。另外，必须选定一个节点，指定其电压相位为零，作为计算各点电压相位的参考。这个节点称为基准节点。基准节点的电压幅值也是给定的。为了计算上的方便，常将平衡节点和基准节点选为同一节点，习惯上称为平衡节点。平衡节点只有一个。它的电压幅值和相位已给定，而其有功功率和无功功率是待求量。

一般选择主调频厂为平衡节点比较合理，但在进行潮流计算时也可以按照其他原则来选择。例如，为了提高导纳矩阵法程序的收敛性，也可以选择出线最多的发电厂母线作为平衡节点。

7.4.2　潮流计算的约束条件

通过对网络方程式的求解，可以进一步计算各类节点的功率以及网络中的功率分布。但其计算结果是否具有实际意义呢？还需要进行校验。因为电力系统必须满足一定技术上和经济上的要求。这些要求构成了潮流问题中的某些变量的约束条件。常用的约束条件有：

（1）所有节点电压必须满足

$$U_{i\min} \leqslant U_i \leqslant U_{i\max} \quad (i = 1,2,\cdots,n) \tag{7-24}$$

这个条件是说明各节点电压的幅值应限制在一定的范围之内。从保证电能质量和供电安全的要求看，电力系统的所有设备都必须运行在额定电压附近。对于 PV 节点，其电压幅值必须按上述条件给定。因此，这一约束条件主要是对 PQ 节点而言的。

（2）所有电源节点的有功功率和无功功率必须满足

$$\left.\begin{aligned} P_{\mathrm{G}i\min} \leqslant P_{\mathrm{G}i} \leqslant P_{\mathrm{G}i\max} \\ Q_{\mathrm{G}i\min} \leqslant Q_{\mathrm{G}i} \leqslant Q_{\mathrm{G}i\max} \end{aligned}\right\} \tag{7-25}$$

PQ 节点的有功功率和无功功率以及 PV 节点的有功功率，在给定时必须满足上述条件。因此，对平衡节点的有功功率 P 和无功功率 Q 应按上述条件进行校验。

（3）某些节点之间的电压的相位差应满足

$$|\delta_i - \delta_j| < |\delta_i - \delta_j|_{\max} \tag{7-26}$$

为了保证系统运行的稳定性，要求某些输电线路两端的电压相位差不得超过一定的数值。关于这一点，在第 11 章电力系统的稳定性中专门讲述。

7.5 迭代法潮流计算

7.5.1 雅可比迭代法

设有 n 个非线性方程组成的方程组

$$\left.\begin{aligned} f_1(x_1,x_2,x_3,\cdots,x_n) = 0 \\ f_2(x_1,x_2,x_3,\cdots,x_n) = 0 \\ \vdots \\ f_i(x_1,x_2,x_3,\cdots,x_n) = 0 \\ \vdots \\ f_n(x_1,x_2,x_3,\cdots,x_n) = 0 \end{aligned}\right\} \tag{7-27}$$

要求求出此方程组的近似解。此类问题可以采用逐步逼近真解的迭代法计算。其计算步骤如下：

第一步：将原方程组变形成如下的形式，即

$$\left.\begin{aligned} x_1 = g_1(x_1,x_2,x_3,\cdots,x_n) \\ x_2 = g_2(x_1,x_2,x_3,\cdots,x_n) \\ \vdots \\ x_i = g_i(x_1,x_2,x_3,\cdots,x_n) \\ \vdots \\ x_n = g_n(x_1,x_2,x_3,\cdots,x_n) \end{aligned}\right\} \tag{7-28}$$

第二步：给定初始值，逐次进行迭代。

（1）给定初始值 $x_1^{(0)},x_2^{(0)},x_3^{(0)},\cdots,x_i^{(0)},\cdots,x_n^{(0)}$ 。

（2）将给定的初始值代入式（7-28）中计算可得

$$\left.\begin{aligned} x_1^{(1)} &= g_1(x_1^{(0)}, x_2^{(0)}, x_3^{(0)}, \cdots, x_n^{(0)}) \\ x_2^{(1)} &= g_1(x_1^{(0)}, x_2^{(0)}, x_3^{(0)}, \cdots, x_n^{(0)}) \\ &\vdots \\ x_n^{(1)} &= g_n(x_1^{(0)}, x_2^{(0)}, x_3^{(0)}, \cdots, x_n^{(0)}) \end{aligned}\right\}$$

因此第一次迭代后的近似值 $x_1^{(1)}, x_2^{(1)}, x_3^{(1)}, \cdots, x_n^{(1)}$。

重新将第一次迭代的近似值代入式（7-28）中可以得出第二次迭代的近似值为

$$x_1^{(2)}, x_2^{(2)}, x_3^{(2)}, \cdots, x_n^{(2)}$$

然后将每一次迭代得到的近似值继续代入式（7-28）中，继续迭代。

其中第 k 次迭代的近似值为

$$x_1^{(k)}, x_2^{(k)}, x_3^{(k)}, \cdots, x_n^{(k)}$$

将第 k 次迭代的近似值代入式（7-28）中可得到第 $k+1$ 次迭代的近似值为

$$x_1^{(k+1)}, x_2^{(k+1)}, x_3^{(k+1)}, \cdots, x_n^{(k+1)}$$

第三步：校验计算结果是否满足工程要求。

当迭代结果满足 $|x_i^{(k+1)} - x_i^{(k)}| < \varepsilon$ 时，计算精确度达到要求，停止迭代。当不满足 $|x_i^{(k+1)} - x_i^{(k)}| < \varepsilon$ 时，计算精确度没有达到要求，应继续迭代下去，直到达到计算精确度为止。其中 ε 是预先给定的小正数，它与工程的精确度要求有关。精确度要求越高，ε 越小；反之，ε 越大。

雅可比迭代的优点是简单易懂，但收敛性较差，往往需要多次迭代。初始值是否接近于准确值决定了迭代的次数。在网络方程（节点电压方程组）中，未知数是节点电压，可以取节点电压的初始值为节点的额定电压 U_N，这样取其初始值比较科学。为了加快收敛速度，常引入一种加速系数。具体的做法是，将迭代后算出的新值，经过修改以后才用于下一次的迭代计算，其计算式为

$$x_i^{(k+1)} = g_i(x'^{(k)}_1, x'^{(k)}_2, \cdots, x'^{(k)}_n)$$

$$x'^{(k+1)}_i = x_i^{(k)} + \alpha(x_i^{(k+1)} - x_i^{(k)}) \quad (i = 1, 2, \cdots, n)$$

式中　α——大于 1 的实数，称为加速系数，在潮流计算中加速系数 α 值的选择，取决于系统的结构情况，我国的电力系统一般取 $\alpha = 1.3 \sim 1.7$。

7.5.2　高斯—塞德尔迭代法

这种方法是在雅可比迭代法的基础上改进而形成的。它与雅可比迭代法最大的区别是：把迭代计算所求得的最新值 $x_1^{(k+1)}, x_2^{(k+1)}, \cdots, x_{i-1}^{(k+1)}$ 立即用于计算下一个变量的新值 $x_i^{(k+1)}$，而不是等到这一轮迭代结束之后。因此，需要对雅可比迭代法的计算公式作如下改进

$$\left.\begin{aligned} x_1^{(k+1)} &= g_1(x_1^{(k)}, x_2^{(k)}, \cdots, x_n^{(k)}) \\ x_2^{(k+1)} &= g_2(x_1^{(k+1)}, x_2^{(k)}, \cdots, x_n^{(k)}) \\ &\vdots \\ x_i^{(k+1)} &= g_i(x_1^{(k+1)}, x_2^{(k+1)}, \cdots, x_{i-1}^{(k+1)}, x_i^{(k)}, \cdots, x_n^{(k)}) \\ &\vdots \\ x_n^{(k+1)} &= g_n(x_1^{(k+1)}, x_2^{(k+1)}, \cdots, x_{n-1}^{(k+1)}, x_n^{(k)}) \end{aligned}\right\} \quad (7-29)$$

采用这种算法，也可以引入加速系数。

7.5.3　高斯—塞德尔潮流计算法

由网络方程式（7-23）可得

$$\frac{P_i-\mathrm{j}Q_i}{\overset{*}{U}_i}=\sum_{j=1}^{n}Y_{ij}\dot{U}_j \quad (i=1,2,\cdots,n)$$

将 $j=i$ 的一项从"Σ"中提出来可得

$$\frac{P_i-\mathrm{j}Q_i}{\overset{*}{U}_i}=Y_{ii}\dot{U}_i+\sum_{\substack{j=1\\j\neq i}}^{n}Y_{ij}\dot{U}_j \quad (i=1,2,\cdots,n)$$

再改写成以节点电压 $\dot{U}_i$ 为求解对象的形式

$$\dot{U}_i=\frac{1}{Y_{ii}}\left[\frac{P_i-\mathrm{j}Q_i}{\overset{*}{U}_i}-\sum_{\substack{j=1\\j\neq i}}^{n}Y_{ij}\dot{U}_j\right] \quad (i=1,2,\cdots,n) \tag{7-30}$$

设电力系统中有 n 个节点，其中有 m 个 PQ 节点，$n-(m+1)$ 个 PV 节点和一个平衡节点。平衡节点由于电压幅值和相位已知，不参入迭代，故计算式为

$$\left.\begin{aligned}
\dot{U}_2^{(k+1)}&=\frac{1}{Y_{22}}\left[\frac{P_2-\mathrm{j}Q_2}{\overset{*}{U}{}_2^{(k)}}-Y_{21}\dot{U}_1-Y_{23}\dot{U}_3^{(k)}-Y_{24}\dot{U}_4^{(k)}-\cdots-Y_{2n}\dot{U}_n^{(k)}\right]\\
\dot{U}_3^{(k+1)}&=\frac{1}{Y_{33}}\left[\frac{P_3-\mathrm{j}Q_3}{\overset{*}{U}{}_3^{(k)}}-Y_{31}\dot{U}_1-Y_{32}\dot{U}_2^{(k+1)}-Y_{34}\dot{U}_4^{(k)}-\cdots-Y_{3n}\dot{U}_n^{(k)}\right]\\
&\vdots\\
\dot{U}_i^{(k+1)}&=\frac{1}{Y_{ii}}\left[\frac{P_i-\mathrm{j}Q_i}{\overset{*}{U}{}_i^{(k)}}-Y_{i1}\dot{U}_1-\sum_{j=2}^{i-1}Y_{ij}\dot{U}_j^{(k+1)}-\sum_{j=i+1}^{n}Y_{ij}U_j^{(k)}\right]\\
&\vdots\\
\dot{U}_n^{(k+1)}&=\frac{1}{Y_{nn}}\left[\frac{P_n-\mathrm{j}Q_n}{\overset{*}{U}{}_n^{(k)}}-Y_{n1}\dot{U}_1-Y_{n2}\dot{U}_2^{(k+1)}-Y_{n3}\dot{U}_3^{(k+1)}-\cdots-Y_{n(n-1)}U_{n-1}^{(k+1)}\right]
\end{aligned}\right\} \tag{7-31}$$

在应用这些迭代公式时，PQ 节点的功率是给定的，因此只要给出节点电压的初值 $\dot{U}_i^{(0)}$，就可以进行迭代计算。

对于 PV 节点，节点的有功功率 P_i 和电压幅值 U_i 是给定的，但是节点的无功功率只在迭代开始时给出初值 $Q_i^{(0)}$，此后的迭代值必须在迭代过程中逐次地算出。因此，在每一次迭代中，对于 PV 节点，必须作以下几项计算：

（1）修正节点电压。在迭代计算中，由式（7 - 31）求得节点电压，其幅值不一定等于给定的电压幅值 U_{is}。为满足这个给定条件，只保留节点电压的相位 $\delta_i^{(k)}$，而把其幅值直接取为给定值 U_{is}，即令

$$\dot{U}_i^{(k)}=U_{is}\angle\delta^{(k)}$$

（2）计算节点无功功率。其计算公式为

$$Q_i^{(k)}=I_{\mathrm{m}}[\dot{U}_i^{(k)}\overset{*}{I}{}_i^{(k)}]=I_{\mathrm{m}}\left[\dot{U}_i^{(k)}\left(\sum_{j=1}^{i-1}\overset{*}{Y}_{ij}\overset{*}{U}{}_j^{(k+1)}+\sum_{j=i}^{n}\overset{*}{Y}_{ij}\overset{*}{U}{}_j^{(k)}\right)\right] \tag{7-32}$$

（3）无功功率越限检查。对由式（7 - 31）算出的无功功率需按以下的不等式进行检验，即

$$Q_{i\min}\leqslant Q_i^{(k)}\leqslant Q_{i\max}$$

如果 $Q_i^{(k)}>Q_{i\max}$，则取 $Q_i^{(k)}=Q_{i\max}$；如果 $Q_i^{(k)}<Q_{i\min}$，则取 $Q_i^{(k)}=Q_{i\min}$。

作完上述三项计算后，才进行节点电压的下一次迭代，计算出节点电压的新值。平衡节点的电压幅值和相位都是给定的，通常设为节点"1"，不必进行迭代。

迭代收敛的判据为

$$\max\{|\dot{U}_i^{(k+1)} - \dot{U}_i^{(k)}|\} < \varepsilon \quad (i = 1,2,\cdots,n) \tag{7-33}$$

迭代结束后，还要计算出平衡节点的功率和网络中的功率分布。输电线路功率的计算公式（见图 7 - 19）为

$$\tilde{S}_{ij} = P_{ij} + jQ_{ij} = \dot{U}_i\overset{*}{I}_{ij} = U_i^2 y_{i0} + \dot{U}_i(\overset{*}{U}_i - \overset{*}{U}_j)\overset{*}{y}_{ij} \tag{7-34}$$

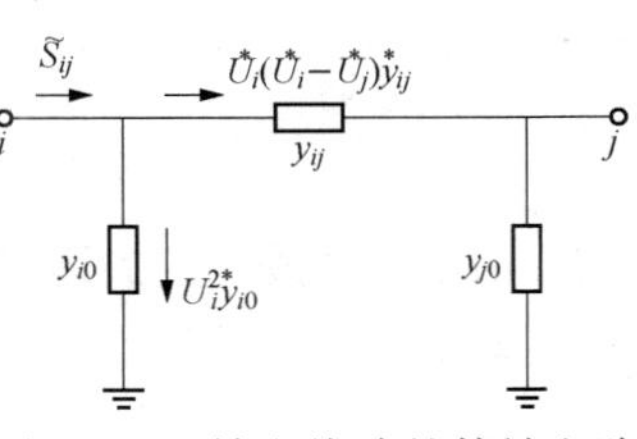

图 7 - 19　输电线路的等效电路

图 7 - 20 是高斯—塞德尔迭代法潮流计算的流程图。

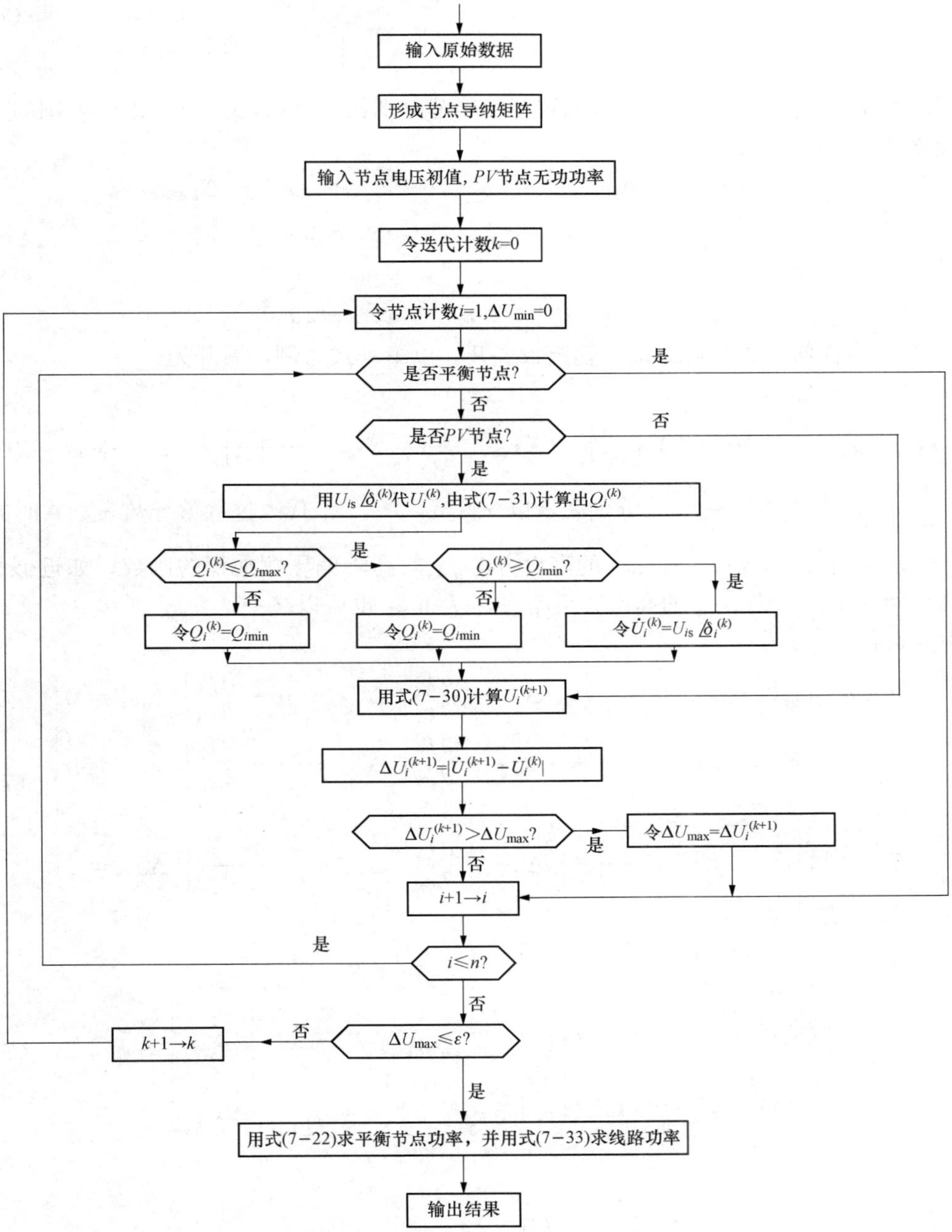

输入原始数据

形成节点导纳矩阵

输入节点电压初值，PV节点无功功率

令迭代计数k=0

令节点计数i=1，$\Delta U_{\min}$=0

是否平衡节点？（是／否）

是否PV节点？（是／否）

用$U_{is}\angle\delta_i^{(k)}$代$U_i^{(k)}$，由式(7−31)计算出$Q_i^{(k)}$

$Q_i^{(k)} \leqslant Q_{i\max}$？（是／否）

$Q_i^{(k)} \geqslant Q_{i\min}$？（是／否）

令$Q_i^{(k)}=Q_{i\min}$

令$Q_i^{(k)}=Q_{i\min}$

令$\dot{U}_i^{(k)}=U_{is}\angle\delta_i^{(k)}$

用式(7−30)计算$U_i^{(k+1)}$

$\Delta U_i^{(k+1)}=|\dot{U}_i^{(k+1)}-\dot{U}_i^{(k)}|$

$\Delta U_i^{(k+1)}>\Delta U_{\max}$？（是／否）

令$\Delta U_{\max}=\Delta U_i^{(k+1)}$

$i+1\rightarrow i$

$i \leqslant n$？（是／否）

$\Delta U_{\max} \leqslant \varepsilon$？（是／否）

$k+1\rightarrow k$

用式(7−22)求平衡节点功率，并用式(7−33)求线路功率

输出结果

图 7 - 20　高斯—塞德尔迭代法潮流计算流程图

7.6　牛顿—拉夫逊法潮流计算

7.6.1　牛顿—拉夫逊法简介

设非线性方程组为

$$\left.\begin{aligned} f_1(x_1,x_2,\cdots,x_n)&=0\\ f_2(x_1,x_2,\cdots,x_n)&=0\\ &\vdots\\ f_n(x_1,x_2,\cdots,x_n)&=0 \end{aligned}\right\} \tag{7 - 35}$$

其近似解为 $x_1^{(0)},x_2^{(0)},\cdots,x_n^{(0)}$ 。设近似解与精确解分别相差 $\Delta x_1,\Delta x_2,\cdots,\Delta x_n$ ，则如下的关系式应该成立，即

$$\left.\begin{aligned} f_1(x_1^{(0)}+\Delta x_1,x_2^{(0)}+\Delta x_2,\cdots,x_n^{(0)}+\Delta x_n)&=0\\ f_2(x_1^{(0)}+\Delta x_1,x_2^{(0)}+\Delta x_2,\cdots,x_n^{(0)}+\Delta x_n)&=0\\ &\vdots\\ f_n(x_1^{(0)}+\Delta x_1,x_2^{(0)}+\Delta x_2,\cdots,x_n^{(0)}+\Delta x_n)&=0 \end{aligned}\right\} \tag{7 - 36}$$

式（7 - 36）中任何一式都可以按泰勒级数展开。以第一式为例，展开为

$$\begin{aligned} &f_1(x_1^{(0)}+\Delta x_1,x_2^{(0)}+\Delta x_2,\cdots,x_n^{(0)}+\Delta x_n)\\ &=f_1(x_1^{(0)},x_2^{(0)},\cdots,x_n^{(0)})+\left.\frac{\partial f_1}{\partial x_1}\right|_0\Delta x_1+\left.\frac{\partial f_1}{\partial x_2}\right|_0\Delta x_2+\cdots+\left.\frac{\partial f_1}{\partial x_n}\right|_0\Delta x_n+\phi_1=0 \end{aligned}$$

式中：$\left.\frac{\partial f_1}{\partial x_1}\right|_0,\left.\frac{\partial f_1}{\partial x_2}\right|_0,\cdots,\left.\frac{\partial f_1}{\partial x_n}\right|_0$ 分别表示以 $x_1^{(0)},x_2^{(0)}\cdots,x_n^{(0)}$ 代入这些偏导数表示式时的计算值；ϕ_1 则是包括 $\Delta x_1,\Delta x_2,\cdots,\Delta x_n$ 的高次方与 f_1 的高阶偏导数乘积的函数，如近似解 $x_i^{(0)}$ 与精确解相差不大，则 Δx_i 的高次方可略去，从而 ϕ_1 也可以略去。

由此可得

$$\left.\begin{aligned} f_1(x_1^{(0)},x_2^{(0)},\cdots,x_n^{(0)})+\left.\frac{\partial f_1}{\partial x_1}\right|_0\Delta x_1+\left.\frac{\partial f_1}{\partial x_2}\right|_0\Delta x_2+\cdots+\left.\frac{\partial f_1}{\partial x_n}\right|_0\Delta x_n&=0\\ f_2(x_1^{(0)},x_2^{(0)},\cdots,x_n^{(0)})+\left.\frac{\partial f_2}{\partial x_1}\right|_0\Delta x_1+\left.\frac{\partial f_2}{\partial x_2}\right|_0\Delta x_2+\cdots+\left.\frac{\partial f_2}{\partial x_n}\right|_0\Delta x_n&=0\\ &\vdots\\ f_n(x_1^{(0)},x_2^{(0)},\cdots,x_n^{(0)})+\left.\frac{\partial f_n}{\partial x_1}\right|_0\Delta x_1+\left.\frac{\partial f_n}{\partial x_2}\right|_0\Delta x_2+\cdots+\left.\frac{\partial f_n}{\partial x_n}\right|_0\Delta x_n&=0 \end{aligned}\right\} \tag{7 - 37}$$

式（7 - 35）可改写为

$$\begin{bmatrix} f_1(x_1^{(0)},x_2^{(0)},\cdots,x_n^{(0)})\\ f_2(x_1^{(0)},x_2^{(0)},\cdots,x_n^{(0)})\\ \vdots\\ f_n(x_1^{(0)},x_2^{(0)},\cdots,x_n^{(0)}) \end{bmatrix}+\begin{bmatrix} \left.\frac{\partial f_1}{\partial x_1}\right|_0 & \left.\frac{\partial f_1}{\partial x_2}\right|_0 & \cdots\left.\frac{\partial f_1}{\partial x_n}\right|_0\\ \left.\frac{\partial f_2}{\partial x_1}\right|_0 & \left.\frac{\partial f_2}{\partial x_1}\right|_0 & \cdots\left.\frac{\partial f_2}{\partial x_n}\right|_0\\ & \vdots & \\ \left.\frac{\partial f_n}{\partial x_1}\right|_0 & \left.\frac{\partial f_n}{\partial x_2}\right|_0 & \cdots\left.\frac{\partial f_n}{\partial x_n}\right|_0 \end{bmatrix}\begin{bmatrix} \Delta x_1\\ \vdots\\ \Delta x_2\\ \vdots\\ \Delta x_n \end{bmatrix}=0 \tag{7 - 38}$$

或简写为

$$\boldsymbol{f}+\boldsymbol{J}\Delta\boldsymbol{x}=0 \tag{7 - 39}$$

式中　$\boldsymbol{J}$——称为函数 $\boldsymbol{f}_i$ 的雅可比矩阵；

$\Delta \boldsymbol{x}$——称为 Δx_i 组成的列向量；

$\boldsymbol{f}$——也是列向量。

将 $x_i^{(0)}$ 代入，可得 $\boldsymbol{f}$、$\boldsymbol{J}$ 中各元素。然后运用任何一种解线性代数方程的方法，求得 $\Delta x_i^{(0)}$，从而得经第一次迭代后 x_i 的新值 $x_i^{(1)} = x_i^{(0)} + \Delta x_i^{(0)}$ 。再将求得的 $x_i^{(1)}$ 代入，又可得到 $\boldsymbol{f}$、$\boldsymbol{J}$ 中各元素的新值，从而解得 $\Delta x_i^{(1)}$ 以及 $x_i^{(2)} = x_i^{(1)} + \Delta x_i^{(1)}$ 。如此循环不已，最后可获得对式（7 - 35）足够精确的解。

运用这种方法计算时，x_i 的初始值要选择得比较接近它们的精确解，否则迭代过程可能不收敛。将这种情况简要说明如下：设函数 $f(x)$ 的图形如图 7 - 21 所示。运用这种方法计算 $f(x) = 0$ 时的修正方程式 $f(x^{(k)}) + \left.\dfrac{\mathrm{d}f}{\mathrm{d}x}\right|_k \Delta x^{(k)} = 0$。按这种修正方程式迭代求解的过程就如图中由 $x^{(0)}$ 依次求解 $x^{(1)}$、$x^{(2)}$ …的过程。由图可见，如果 x 的初始值 $x^{(0)}$ 选择得接近其精确解，其迭代过程将迅速收敛；反之，将不收敛。正因为如此，运用牛顿—拉夫逊法计算潮流的某些程序中，最初的第一次、第二次迭代采用高斯—塞德尔法，亦即整个程序采用两种方法配合使用的方案，因后者对 x_i 的初始值的选择没有严格的要求。

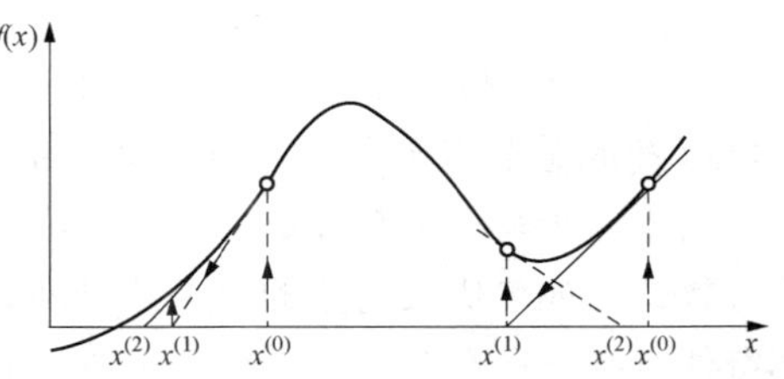

图 7 - 21　牛顿—拉夫逊法的求解过程

运用这种方法计算时，如每次迭代所得的 x_i 变化不大，也可以经若干次迭代后重新计算一次雅可比矩阵的各元素。

7.6.2　潮流计算时的修正方程式

由节点电压方程可知

$$\sum_{j=1}^{n} Y_{ij}\dot{U}_j = \dot{I}_i \quad (i = 1,2,\cdots,n)$$

又因为 $\widetilde{S}_i = \dot{U}_i \overset{*}{I}_i$ ，所以

$$\widetilde{S}_i - \dot{U}_i \sum_{j=1}^{n} \overset{*}{Y}_{ij} \overset{*}{U}_j = 0$$

也即

$$(P_i + \mathrm{j}Q_i) - \dot{U}_i \sum_{j=1}^{n} \overset{*}{Y}_{ij} \overset{*}{U}_j = 0 \tag{7 - 40}$$

式中的第一部分为给定的节点注入功率，第二部分为由节点电压求得的节点注入功率，它们二者之差就是节点功率的不平衡量。有待解决的问题是各节点功率的不平衡量都趋近于零时，各节点电压应为何值。

由此可见，如将式（7 - 40）与式（7 - 35）相比较，式（7 - 35）中的 $f_i(x_1, x_2, \cdots, x_n)$ 就对应于这里的节点功率不平衡量，而式（7 - 35）中的 $x_1, x_2, \cdots, x_n$ 则对应这里的节点电压。

建立了这种对应关系，就可仿照式（7 - 38）列出修正方程式，并迭代求解。

当节点电压以直角坐标表示时，令 $Y_{ij} = G_{ij} + \mathrm{j}B_{ij}$，$\dot{U}_i = e_i + \mathrm{j}f_i$ 并将式（7 - 40）改写为

$$(P_i + \mathrm{j}Q_i) - (e_i + \mathrm{j}f_i)\sum_{j=1}^{n}(G_{ij} - \mathrm{j}B_{ij})(e_j - \mathrm{j}f_j) = 0$$

将实数部分和虚数部分分列，可得

$$P_i-\sum_{j=1}^{n}\left[e_i(G_{ij}e_j-B_{ij}f_j)+f_i(G_{ij}f_j+B_{ij}e_j)\right]=0 \tag{7-41a}$$

$$Q_i-\sum_{j=1}^{n}\left[f_i(G_{ij}e_j-B_{ij}f_j)-e_i(G_{ij}f_j+B_{ij}e_j)\right]=0 \tag{7-41b}$$

对于系统中的 PV 节点，由于其电压值已给定，还应由 $U_i=e_i+\mathrm{j}f_i$ 列出为

$$U_i^2-(e_i^2+f_i^2)=0 \tag{7-41c}$$

式中的第一部分为给定的节点电压的平方，第二部分为求得的节点电压的平方，它们二者之差可以看成是节点电压大小（模数）的不平衡量。

对于一个具有 n 个节点的网络，或（7-41a）～式（7-41c）组成的方程组中共有 $2(n-1)$ 个方程式。如果仍按前述的节点编号划分方法，则式（7-41a）类型的有 $n-1$ 个，包括除平衡节点外所有节点有功功率不平衡量 ΔP_i 的表示式，即 $i=1,2,\cdots,n;i\neq s$；式（7-41b）类型的有 $m-1$ 个，包括所有 PQ 节点无功功率不平衡量 ΔQ_i 的表示式，即 $i=1,2,\cdots,m,i\neq s$；式（7-41c）类型的有 $(n-1)-(m-1)=n-m$ 个，包括所有 PV 节点电压大小不平衡量 ΔU_i^2 表示式，即 $i=m+1,m+2,\cdots,n$ 。平衡节点 s 的功率和电压之所以不包括在这个方程式组内，是由于平衡节点的注入功率不可能事先给定，从而不可能列出相应的 ΔP_s、ΔQ_s 的表示式，而平衡节点的电压 $\dot{U}_s=e_s+\mathrm{j}f_s$ 则不必求取。

这样，就可以建立类似式（7-38）的修正方程式，即

$$\begin{array}{c}PQ\text{节点}\\ \\ \\ PV\text{节点}\end{array}\begin{bmatrix}\Delta P_1\\ \Delta Q_1\\ \Delta P_2\\ \Delta Q_2\\ \vdots\\ \cdots\\ \Delta P_p\\ \Delta U_p^2\\ \Delta P_n\\ \Delta U_n^2\end{bmatrix}=-\left[\begin{array}{cccc:cccc}H_{11} & N_{11} & H_{12} & N_{12} & H_{1p} & N_{1p} & H_{1n} & N_{1n}\\ J_{11} & L_{11} & J_{12} & L_{12} & J_{1p} & L_{1p} & J_{1n} & L_{1n}\\ H_{21} & N_{21} & H_{22} & N_{22} & H_{2p} & N_{2p} & H_{2n} & N_{2n}\\ J_{21} & L_{21} & J_{22} & L_{22} & J_{2p} & L_{2p} & J_{2n} & L_{2n}\\ & & & & & & & \\ \hdashline H_{p1} & N_{p1} & H_{p2} & N_{p2} & H_{pp} & N_{pp} & H_{pn} & N_{pn}\\ R_{p1} & S_{p1} & R_{p2} & S_{p2} & R_{pp} & S_{pp} & R_{pn} & S_{pn}\\ H_{n1} & N_{n1} & H_{n2} & N_{n2} & H_{np} & N_{np} & H_{nn} & N_{nn}\\ R_{n1} & S_{n1} & R_{n2} & S_{n2} & R_{np} & S_{np} & R_{nn} & S_{nn}\end{array}\right]\begin{bmatrix}\Delta f_1\\ \Delta e_1\\ \Delta f_2\\ \Delta e_2\\ \vdots\\ \cdots\\ \Delta f_p\\ \Delta e_p\\ \Delta f_n\\ \Delta e_n\end{bmatrix}\begin{array}{l}\left.\begin{array}{l}\\ \\ \\ \\ \end{array}\right\}2(m-1)\\ \left.\begin{array}{l}\\ \\ \\ \\ \end{array}\right\}2(n-m)\end{array} \tag{7-42}$$

$$\quad\underbrace{\qquad\qquad}_{2(m-1)}\quad\underbrace{\qquad\qquad}_{2(n-m)}$$

式中的 ΔP_i、ΔQ_i、ΔU_i^2 分别如式（7-41a）、式（7-41b）、式（7-41c）所示，而式中雅可比矩阵的各元素则分别为

$$\left.\begin{aligned}H_{ij}&=\frac{\partial\Delta P_i}{\partial f_j};N_{ij}=\frac{\partial\Delta P_i}{\partial e_j}\\ J_{ij}&=\frac{\partial\Delta Q_i}{\partial f_j};L_{ij}=\frac{\partial\Delta Q_i}{\partial e_j}\\ R_{ij}&=\frac{\partial\Delta U_i^2}{\partial f_j};S_{ij}=\frac{\partial\Delta U_i^2}{\partial e_j}\end{aligned}\right\} \tag{7-43}$$

为求取这些偏导数，可将 ΔP_i、ΔQ_i、ΔU_i^2 分别展开为

$$\Delta P_i = P_i - e_i(G_{ii}e_i - B_{ii}f_i) - f_i(G_{ii}f_i + B_{ii}e_i) - \sum_{\substack{j=1\\j\neq i}}^{n}[e_i(G_{ij}e_j - B_{ij}f_j) + e_i(G_{ij}f_j + B_{ij}e_j)] \tag{7-44a}$$

$$\Delta Q_i = Q_i - f_i(G_{ii}e_i - B_{ii}f_i) + e_i(G_{ii}f_i + B_{ii}e_i) - \sum_{\substack{j=1\\j\neq i}}^{n}[f_i(G_{ij}e_j - B_{ij}f_j) - e_i(G_{ij}f_j + B_{ij}e_j)] \tag{7-44b}$$

$$\Delta U_i^2 = U_i^2 - (e_i^2 + f_i^2) \tag{7-44c}$$

当 $j\neq i$ 时，由于对特定的 j，只有该特定节点的 f_i 和 e_i 是变量，由式（7-43）、式（7-44）可得

$$\left.\begin{aligned}
H_{ij} &= \frac{\partial \Delta P_i}{\partial f_j} = B_{ij}e_i - G_{ij}f_i; \quad N_{ij} = \frac{\partial \Delta P_i}{\partial e_j} = -G_{ij}e_i - B_{ij}f_i\\
J_{ij} &= \frac{\partial \Delta Q_i}{\partial f_j} = B_{ij}f_i + G_{ij}e_i = -N_{ij}; \quad L_{ij} = \frac{\partial \Delta Q_i}{\partial e_j} = -G_{ij}f_i + B_{ij}e_i = H_{ij}\\
R_{ij} &= \frac{\partial \Delta U_i^2}{\partial f_j} = 0; \quad S_{ij} = \frac{\partial \Delta U_i^2}{\partial e_j} = 0
\end{aligned}\right\} \tag{7-45a}$$

当 $j=i$ 时，为使这些偏导数的表示式更简洁，先引入节点的注入电流，其表示式为

$$\begin{aligned}
\dot{I}_i &= Y_{ii}\dot{U}_i + \sum_{\substack{j=1\\j\neq i}}^{n} Y_{ij}\dot{U}_j\\
&= \Big[(G_{ii}e_i - B_{ii}f_i) + \sum_{\substack{j=1\\j\neq i}}^{n}(G_{ij}e_j - B_{ij}f_j)\Big] + \mathrm{j}\Big[(G_{ii}f_i + B_{ii}e_i) + \sum_{\substack{j=1\\j\neq i}}^{n}(G_{ij}f_j + B_{ij}e_j)\Big]\\
&= a_{ii} + \mathrm{j}b_{ii}
\end{aligned}$$

然后由式（7-43）、式（7-44）可得

$$\left.\begin{aligned}
H_{ii} &= \frac{\partial \Delta P_i}{\partial f_i} = B_{ii}e_i - 2G_{ii}f_i - B_{ii}e_i - \sum_{\substack{j=1\\j\neq i}}^{n}(G_{ij}f_j + B_{ij}e_j) = B_{ii}e_i - G_{ii}f_i - b_{ii}\\
N_{ii} &= \frac{\partial \Delta P_i}{\partial e_i} = -2G_{ii}e_i + B_{ii}f_i - B_{ii}f_i - \sum_{\substack{j=1\\j\neq i}}^{n}(G_{ij}e_j - B_{ij}f_j) = -G_{ii}e_i - B_{ii}f_i - a_{ii}\\
J_{ii} &= \frac{\partial \Delta Q_i}{\partial f_i} = 2B_{ii}f_i - G_{ii}e_i + G_{ii}e_i - \sum_{\substack{j=1\\j\neq i}}^{n}(G_{ij}e_j - B_{ij}f_j) = G_{ii}e_i + B_{ii}f_i - a_{ii}\\
L_{ii} &= \frac{\partial \Delta Q_i}{\partial e_i} = -G_{ii}f_i + G_{ii}f_i + 2B_{ii}e_i + \sum_{\substack{j=1\\j\neq i}}^{n}(G_{ij}f_j + B_{ij}e_j) = B_{ii}e_i - G_{ii}f_i + b_{ii}\\
R_{ii} &= \frac{\partial \Delta U_i^2}{\partial f_i} = -2f_i\\
S_{ii} &= \frac{\partial \Delta U_i^2}{\partial e_i} = -2e_i
\end{aligned}\right\} \tag{7-45b}$$

由式（7-45a）可见，如果 $Y_{ij}=G_{ij}+\mathrm{j}B_{ij}=0$，即节点 i、j 之间无直接联系，这些元素都等

于 0。如将雅可比矩阵分块，而将每 2×2 阶子阵 $\begin{bmatrix} H_{ij} & N_{ij} \\ J_{ij} & L_{ij} \end{bmatrix}$、$\begin{bmatrix} H_{ij} & N_{ij} \\ R_{ij} & S_{ij} \end{bmatrix}$ 看作分块矩阵元素时，分块雅可比矩阵和节点导纳矩阵 $\boldsymbol{Y}_B$ 将有相同的结构。但前者与后者不同，前者因 $H_{ij} \neq H_{ji}$、$N_{ij} \neq N_{ji}$、$J_{ij} \neq J_{ji}$、$L_{ij} \neq L_{ji}$，不是对称矩阵。分块雅可比矩阵和节点导纳矩阵的结构相同，是一个可以利用的特点。

需要说明的是：由于 PV 节点可能向 PQ 节点转化，修正方程式的结构不是一成不变的。在 PV 节点因无功功率越限而向 PQ 节点转化时，修正方程式中相应的行也应随之转化。采用直角坐标系表示时，应以对应于该节点无功功率不平衡量 $\Delta Q_i^{(k)}$ 的关系式取代原来对应于该节点的电压不平衡量 $\Delta U_i^{(k)^2}$ 的关系式。

7.6.3 潮流计算的基本步骤

形成了雅可比矩阵并建立了修正方程式，运用牛顿—拉夫逊潮流计算法计算潮流的核心问题已解决，已有可能列出基本计算步骤并编制原理框图。

潮流计算步骤如下：

（1）形成节点导纳矩阵 $\boldsymbol{Y}$。

（2）设各节点电压的初始值 $e_i^{(0)} f_i^{(0)}$。

（3）将各节点电压的初始值代入式（7-44a）～式（7-44c）中，求修正方程式中的不平衡量 $\Delta P_i^{(0)}$、$\Delta Q_i^{(0)}$ 以及 $\Delta U_i^{(0)2}$。

（4）将各节点电压的初始值代入式（7-45a）和式（7-45b）中，求修正方程式的系数矩阵——雅可比矩阵的各元素 $H_{ij}^{(0)}$、$N_{ij}^{(0)}$、$J_{ij}^{(0)}$、$L_{ij}^{(0)}$、$R_{ij}^{(0)}$、$S_{ij}^{(0)}$。

（5）解修正方程式，求各节点电压的变量，即修正量 $\Delta e_i^{(0)}$、$\Delta f_i^{(0)}$。

（6）计算各节点电压的新值，即修正后值

$$e_i^{(1)} = e_i^{(0)} + \Delta e_i^{(0)}; \quad f_i^{(1)} = f_i^{(0)} + \Delta f_i^{(0)}$$

（7）运用各节点电压的新值自第三步开始进入下一次迭代。

（8）计算平衡节点功率和线路功率。

图 7-22 为牛顿—拉夫逊潮流计算流程框图。

【例 7-4】 导纳表示的网络如图 7-23 所示。节点①为平衡节点，保持 $\dot{U}_1 = 1.06 + \mathrm{j}0$ 为定值；其他四个节点都是 PQ 节点。给定的注入功率分别为

$$\widetilde{S}_2 = 0.20 + \mathrm{j}0.20; \quad \widetilde{S}_3 = -0.45 - \mathrm{j}0.15$$
$$\widetilde{S}_4 = -0.40 - \mathrm{j}0.05; \quad \widetilde{S}_5 = -0.60 - \mathrm{j}0.10$$

试求系统中的潮流分布。计算精确度要求各节点电压变量或修正量不大于 10^{-5}。

解 （1）形成节点导纳矩阵

$$\boldsymbol{Y} = \begin{bmatrix} 6.250-\mathrm{j}18.750 & -5.000+\mathrm{j}15.000 & -1.250+\mathrm{j}3.750 & 0 & 0 \\ -5.000+\mathrm{j}15.000 & 10.834-\mathrm{j}32.500 & -1.667+\mathrm{j}5.000 & -1.667+\mathrm{j}5.000 & -2.500+\mathrm{j}7.500 \\ -1.250+\mathrm{j}3.750 & -1.667+\mathrm{j}5.000 & 12.917-\mathrm{j}38.750 & -10.000+\mathrm{j}30.000 & 0 \\ 0 & -1.667+\mathrm{j}5.000 & -10.000+\mathrm{j}30.000 & 12.917-\mathrm{j}38.750 & -1.250+\mathrm{j}3.750 \\ 0 & -2.500+\mathrm{j}7.500 & 0 & -1.250+\mathrm{j}3.750 & 3.750-\mathrm{j}11.250 \end{bmatrix}$$

（2）计算各节点功率的不平衡量。

取 $\dot{U}_1 = 1.06 + \mathrm{j}0$，$\dot{U}_2^{(0)} = 1.00 + \mathrm{j}0$，$\dot{U}_3^{(0)} = 1.00 + \mathrm{j}0$，$\dot{U}_4^{(0)} = 1.00 + \mathrm{j}0$，$\dot{U}_5^{(0)} = 1.00 + \mathrm{j}0$，计算各节点功率 $P_i^{(0)}$、$Q_i^{(0)}$ 为

$$P_i^{(0)} = \sum_{j=1}^{n} [e_i^{(0)}(G_{ij}e_j^{(0)} - B_{ij}f_j^{(0)}) + f_i^{(0)}(G_{ij}f_j^{(0)} + B_{ij}e_j^{(0)})]$$

$$Q_i^{(0)} = \sum_{j=1}^{n} [f_i^{(0)}(G_{ij}e_j^{(0)} - B_{ij}f_j^{(0)}) - e_j^{(0)}(G_{ij}f_j^{(0)} + B_{ij}e_j^{(0)})]$$

所以

$$\begin{aligned} P_2^{(0)} = & 1.0\times(-5.000\times1.06-15.000\times0.0)+0.0\times(-5.000\times0.0+15.000\times1.06)\\ &+1.0\times(10.834\times1.0+32.500\times0.0)+0.0\times(10.834\times0.0-32.500\times1.0)\\ &+1.0\times(-1.667\times1.0-5.000\times0.0)+0.0\times(-1.667\times0.0+5.000\times1.0)\\ &+1.0\times(-1.667\times1.0-5.000\times0.0)+0.0\times(-1.667\times0.0+5.000\times1.0)\\ &+1.0\times(-2.500\times1.0-7.500\times0.0)+0.0\times(-2.500\times0.0+7.500\times1.0)\\ = & -0.3000 \end{aligned}$$

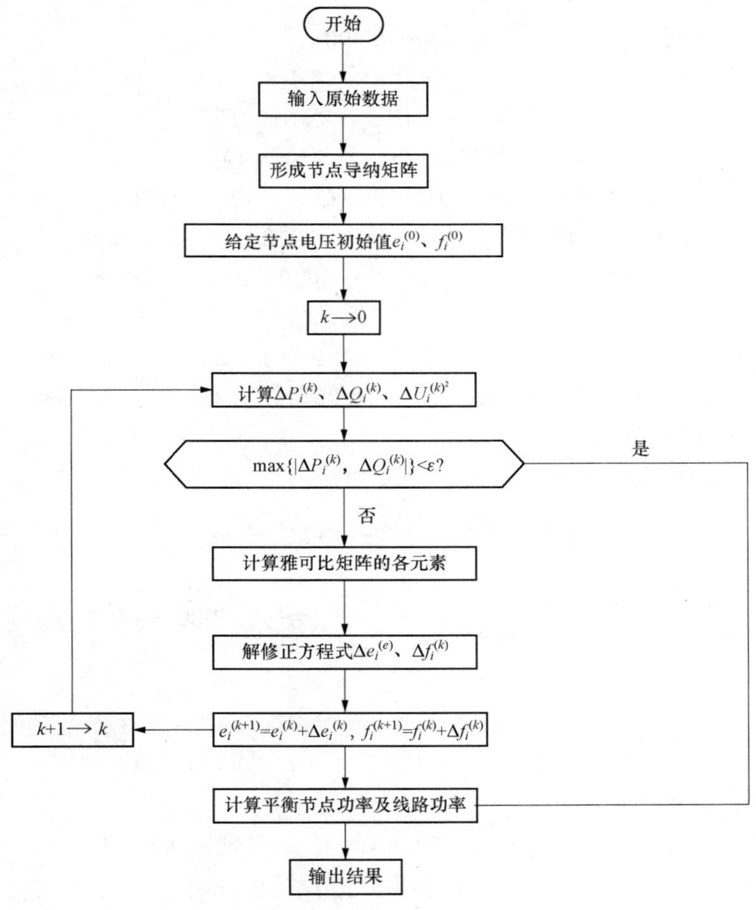

图 7 - 22　牛顿—拉夫逊潮流计算流程框图

$$\begin{aligned} Q_2^{(0)} = & 0.0\times(-5.000\times1.06-15.000\times0.0)-1.0\times(-5.000\times0.0+15.000\times1.06)\\ &+0.0\times(10.834\times1.0+32.500\times0.0)-1.0\times(10.834\times0.0-32.500\times1.0)\\ &+0.0\times(-1.667\times1.0-5.000\times0.0)-1.0\times(-1.667\times0.0+5.000\times1.0)\\ &+0.0\times(-1.667\times1.0-5.000\times0.0)-1.0\times(-1.667\times0.0+5.000\times1.0)\\ &+0.0\times(-2.500\times1.0-7.500\times0.0)-1.0\times(-2.500\times1.0+7.500\times1.0) \end{aligned}$$

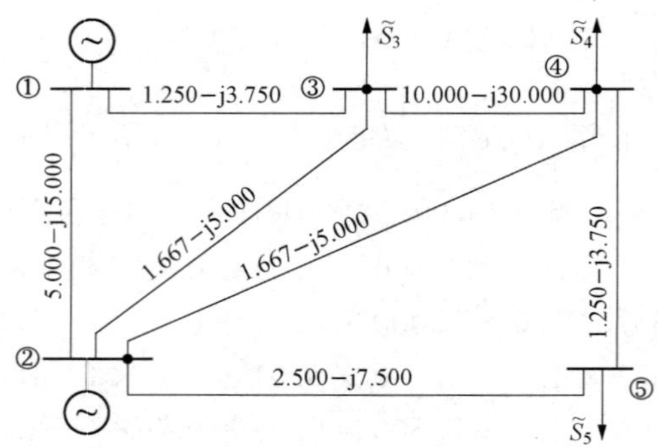

图 7-23 ［例 7-4］以导纳表示的等效网络

$$=-0.9000$$

同理可得

$$P_3^{(0)}=-0.0750;\quad P_4^{(0)}=0.0;\quad P_5^{(0)}=0.0$$

$$Q_3^{(0)}=-0.2250;\quad Q_4^{(0)}=0.0;\quad Q_5^{(0)}=0.0$$

于是

$$\Delta P_i^{(0)}=P_i-P_i^{(0)};\quad \Delta Q_i^{(0)}=Q_i-Q_i^{(0)}$$

所以

$$\Delta P_2^{(0)}=P_2-P_2^{(0)}=0.2-(-0.3000)=0.5000$$

$$\Delta Q_2^{(0)}=Q_2-Q_2^{(0)}=0.2-(0.9000)=1.1000$$

同理可得

$$\Delta P_3^{(0)}=-0.3750;\quad \Delta P_4^{(0)}=-0.4000;\quad \Delta P_5^{(0)}=-0.6000$$

$$\Delta Q_3^{(0)}=0.0750;\quad \Delta Q_4^{(0)}=-0.0500;\quad \Delta Q_5^{(0)}=-0.1000$$

（3）计算雅可比矩阵中各元素。

先计算各节点的注入电流

$$\dot{I}_i^{(0)}=\frac{P_i^{(0)}-\mathrm{j}Q_i^{(0)}}{\overset{*}{U}_i^{(0)}}=a_{ii}^{(0)}+\mathrm{j}b_{ii}^{(0)}$$

$$\dot{I}_2^{(0)}=\frac{P_2^{(0)}-\mathrm{j}Q_2^{(0)}}{\overset{*}{U}_2^{(0)}}=\frac{-0.3000-\mathrm{j}(-0.9000)}{1.0-\mathrm{j}0}=-0.3000+\mathrm{j}\,0.9000=a_{22}^{(0)}+\mathrm{j}b_{22}^{(0)}$$

同理可得

$$a_{33}^{(0)}=-0.0750;\quad a_{44}^{(0)}=0;\quad a_{55}^{(0)}=0$$

$$b_{33}^{(0)}=0.2250;\quad b_{44}^{(0)}=0.0;\quad b_{55}^{(0)}=0.0$$

然后，计算雅可比矩阵各元素为

$$H_{22}^{(0)}=B_{22}e_2^{(0)}-G_{22}f_2^{(0)}-b_{22}^{(0)}=-32.500\times1.0-10.834\times0.0-0.9000=-33.400$$

$$N_{22}^{(0)}=-G_{22}e_2^{(0)}-B_{22}f_2^{(0)}-a_{22}^{(0)}=-10.834\times1.0+32.500\times0.0+0.3000=-10.534$$

$$J_{22}^{(0)}=G_{22}e_2^{(0)}+B_{22}f_2^{(0)}-a_{22}^{(0)}=10.834\times1.0-32.500\times0.0+0.3000=11.134$$

$$L_{22}^{(0)}=B_{22}e_2^{(0)}-G_{22}f_2^{(0)}+b_{22}^{(0)}=-32.500\times1.0-10.834\times0.0+0.9000=-31.600$$

$$H_{23}^{(0)}=B_{23}e_2^{(0)}-G_{23}f_2^{(0)}=5.000\times1.0+1.667\times0.0=5.000$$

$$H_{24}^{(0)}=B_{24}e_2^{(0)}-G_{24}f_2^{(0)}=5.000\times1.0+1.667\times0.0=5.000$$

$$H_{25}^{(0)}=B_{25}e_2^{(0)}-G_{25}f_2^{(0)}=7.500\times1.0+2.500\times0.0=7.500$$

$$N_{23}^{(0)}=-G_{23}e_2^{(0)}-B_{23}f_2^{(0)}=1.667\times1.0-5.000\times0.0=1.667$$

$$N_{24}^{(0)} = -G_{24}e_2^{(0)} - B_{24}f_2^{(0)} = 1.667\times1.0 - 5.000\times0.0 = 1.667$$

$$N_{25}^{(0)} = -G_{25}e_2^{(0)} - B_{25}f_2^{(0)} = 2.500\times1.0 - 7.500\times0.0 = 2.500$$

$$J_{23}^{(0)} = B_{23}f_2^{(0)} + G_{23}e_2^{(0)} = 5.000\times0.0 - 1.667\times1.0 = -1.667$$

$$J_{24}^{(0)} = B_{24}f_2^{(0)} + G_{24}e_2^{(0)} = 5.000\times0.0 - 1.667\times1.0 = -1.667$$

$$J_{25}^{(0)} = B_{25}f_2^{(0)} + G_{25}e_2^{(0)} = 7.500\times0.0 - 2.500\times1.0 = 2.500$$

$$L_{23}^{(0)} = -G_{23}f_2^{(0)} + B_{23}e_2^{(0)} = 1.667\times0.0 + 5.000\times1.0 = 5.000$$

$$L_{24}^{(0)} = -G_{24}f_2^{(0)} + B_{24}e_2^{(0)} = 1.667\times0.0 + 5.000\times1.0 = 5.000$$

$$L_{25}^{(0)} = -G_{25}f_2^{(0)} + B_{25}e_2^{(0)} = 2.500\times0.0 + 7.500\times1.0 = 7.500$$

同理可以得出雅可比矩阵中的其他元素。

按式（7 - 42）列出 $k=0$ 时的雅可比矩阵

$$\boldsymbol{J}^{(0)} = \begin{bmatrix} -33.400 & -10.534 & 5.000 & 1.667 & 5.000 & 1.667 & 7.500 & 2.500 \\ 11.134 & -31.600 & -1.667 & 5.000 & -1.667 & 5.000 & -2.500 & 7.500 \\ 5.000 & 1.667 & -38.975 & -12.842 & 30.000 & 10.000 & 0.0 & 0.0 \\ -1.667 & 5.000 & 12.992 & -38.525 & -10.000 & 30.000 & 0.0 & 0.0 \\ 5.000 & 1.667 & 30.000 & 10.000 & -38.750 & -12.917 & 3.750 & 1.250 \\ -1.667 & 5.000 & -10.000 & 30.000 & 12.917 & -38.750 & -1.250 & 3.750 \\ 7.500 & 2.500 & 0.0 & 0.0 & 3.750 & 1.250 & -11.250 & -3.750 \\ -2.500 & 7.500 & 0.0 & 0.0 & -1.250 & 3.750 & 3.750 & -11.250 \end{bmatrix}$$

（4）解修正方程式，求各节点电压。

解线性修正方程式的方法很多，以下采用最直观的矩阵求逆，经乘法运算求各点电压变量的方法。求得的雅可比矩阵的逆阵、节点功率不平衡量、节点电压变量，从而节点电压新值的列向量分别为

$$(\boldsymbol{J}^{(0)})^{-1} = \begin{bmatrix} -0.04782 & 0.01594 & -0.03513 & 0.01171 \\ -0.01789 & -0.05367 & -0.01355 & -0.04064 \\ -0.03513 & 0.01171 & -0.08590 & 0.02864 \\ -0.01355 & -0.04064 & -0.03092 & -0.09274 \\ -0.03767 & 0.01256 & -0.07575 & 0.02525 \\ -0.01442 & -0.04325 & -0.02744 & -0.08232 \\ -0.0444 & 0.01481 & -0.04867 & 0.01622 \\ -0.01673 & -0.05020 & -0.01818 & -0.05454 \end{bmatrix}$$

$$\begin{bmatrix} -0.03767 & 0.01256 & -0.04444 & 0.01481 \\ -0.01442 & -0.04325 & -0.01673 & -0.05020 \\ -0.07575 & 0.02525 & -0.04867 & 0.01622 \\ -0.02744 & -0.08232 & -0.01818 & -0.05454 \\ -0.09213 & 0.03071 & -0.05582 & 0.01861 \\ -0.03284 & -0.09851 & -0.02056 & -0.06167 \\ -0.05582 & 0.01861 & -0.12823 & 0.04274 \\ -0.02056 & -0.06167 & -0.04467 & -0.13402 \end{bmatrix}$$

$$\begin{bmatrix}\Delta P_2^{(0)}\\ \Delta Q_2^{(0)}\\ \Delta P_3^{(0)}\\ \Delta Q_3^{(0)}\\ \Delta P_4^{(0)}\\ \Delta Q_4^{(0)}\\ \Delta P_5^{(0)}\\ \Delta Q_5^{(0)}\end{bmatrix}=\begin{bmatrix}0.50000\\ 1.10000\\ -0.37500\\ 0.07500\\ -0.40000\\ -0.050000\\ -0.60000\\ -0.10000\end{bmatrix};\quad \begin{bmatrix}\Delta f_2^{(0)}\\ \Delta e_2^{(0)}\\ \Delta f_3^{(0)}\\ \Delta e_3^{(0)}\\ \Delta f_4^{(0)}\\ \Delta e_4^{(0)}\\ \Delta f_5^{(0)}\\ \Delta e_5^{(0)}\end{bmatrix}=\begin{bmatrix}-0.04729\\ 0.04296\\ -0.08629\\ 0.01539\\ -0.09223\\ 0.01410\\ -0.10761\\ 0.00934\end{bmatrix};\quad \begin{bmatrix}f_2^{(1)}\\ e_2^{(1)}\\ f_3^{(1)}\\ e_3^{(1)}\\ f_4^{(1)}\\ e_4^{(1)}\\ f_5^{(1)}\\ e_5^{(1)}\end{bmatrix}=\begin{bmatrix}-0.04729\\ 1.04296\\ -0.08629\\ 1.01539\\ -0.09223\\ 1.01410\\ -0.10761\\ 1.00934\end{bmatrix}$$

求得各节点电压的新值后，就可以开始第二次迭代。

表 7 - 1 为［例 7 - 4］迭代过程中各节点功率的不平衡量；表 7 - 2 为迭代过程中雅可比矩阵的各对角元素；表 7 - 3 为迭代过程中各节点电压的变量；表 7 - 4 为迭代过程中各节点电压。由表 7 - 3 可见，经三次迭代就可满足 $\varepsilon\leqslant10^{-5}$ 的要求。

表 7 - 1　［例 7 - 4］迭代过程中各节点功率的不平衡量

k	$\Delta P_2^{(k)}+j\Delta Q_2^{(k)}$	$\Delta P_3^{(k)}+j\Delta Q_3^{(k)}$	$\Delta P_4^{(k)}+j\Delta Q_4^{(k)}$	$\Delta P_5^{(k)}+j\Delta Q_5^{(k)}$
0	0.50000+j1.11000	−0.37500+j0.07500	−0.40000−j0.05000	−0.60000−j0.10000
1	−0.07704−j0.02204	−0.00076−j0.03169	0.01025−j0.03618	0.01637−j0.00363
2	−0.00052−j0.00020	−0.00008−j0.00032	0.00002−j0.00039	0.00000−j0.00084
3	0.00000−j0.00000	0.00000+j0.00000	0.00000+j0.00000	0.00000+j0.00000

表 7 - 2　迭代过程中雅可比矩阵的各对角元素

k	$H_{22}^{(k)}$	$L_{22}^{(k)}$	$H_{33}^{(k)}$	$L_{33}^{(k)}$	$H_{44}^{(k)}$	$L_{44}^{(k)}$	$H_{55}^{(k)}$	$L_{55}^{(k)}$
0	−33.4000	−31.6000	−38.9750	−38.5250	−38.7500	−38.7500	−11.3500	−11.2500
1	−33.15940	−33.6083	−38.3848	−38.0788	−38.1553	−38.0553	−11.0516	−10.8516
2	−32.9334	−33.3371	−38.0494	−37.6790	−37.6305	−37.6305	−10.9774	−10.6556
3	−32.9307	−33.3340	−38.0451	−37.6740	−37.6252	−37.6252	−10.9764	−10.6529

表 7 - 3　迭代过程中各节点电压的变量

k	$\Delta e_2^{(k)}+j\Delta f_2^{(k)}$	$\Delta e_3^{(k)}+j\Delta f_3^{(k)}$	$\Delta e_4^{(k)}+j\Delta f_4^{(k)}$	$\Delta e_5^{(k)}+j\Delta f_5^{(k)}$
0	0.04296−j0.04729	0.01539−j0.08629	0.01410−j0.09223	0.00934−j0.10761
1	−0.00750−j0.00044	−0.01007+j0.00174	−0.01076+j0.00208	−0.01307+j0.00319
2	−0.00009−j0.00000	−0.00012+j0.00001	−0.00013+j0.00001	−0.00017+j0.00002
3	−0.00000−j0.00000	−0.00000−j0.00000	−0.00000−j0.00000	−0.00000+j0.00000

表 7 - 4　迭代过程中各节点电压

k	$e_2^{(k)}+j\Delta f_2^{(k)}$	$e_3^{(k)}+j\Delta f_3^{(k)}$	$e_4^{(k)}+j\Delta f_4^{(k)}$	$e_5^{(k)}+j\Delta f_5^{(k)}$
0	1.00000+j0.00000	1.00000+j0.00000	1.00000+j0.00000	1.00000+j0.00000
1	1.04296−j0.04729	1.01539−j0.08629	1.01410−j0.09223	1.00934−j0.10761
2	1.03546−j0.04773	1.00532−j0.08455	1.00334−j0.09015	0.99627−j0.10441
3	1.03537−j0.04773	1.00520−j0.08454	1.00321−j0.09014	0.99810−j0.10439

(5) 计算平衡节点功率 $\widetilde{S}_1$ 和线路功率 $\widetilde{S}_{ij}$。

迭代收敛后，就可以计算平衡节点功率和线路功率。

平衡节点功率

$$\widetilde{S}_1 = \dot{U}_1 \sum_{j=1}^{n} \overset{*}{Y}_{1j} \overset{*}{U}_j = (1.06 + j0) \times [(6.250 + j18.750) \times (1.06 - j0) + (-5.000 - j15.000) \times (1.03537 + j\,0.04773) + (-1.250 - j3.750) \times (1.00520 + j\,0.08454)]$$

$$= 1.29816 + j\,0.24447$$

线路功率（以 $\widetilde{S}_{12}$、$\widetilde{S}_{21}$ 为例）

$$\begin{aligned}\widetilde{S}_{12} &= \dot{U}_1 [\overset{*}{U}_1 \overset{*}{y}_{10} + (\overset{*}{U}_1 - \overset{*}{U}_2) \overset{*}{y}_{12}] \\ &= (1.06 + j0) \times \{(1.06 - j0) \times (0 + j0) + [(1.06 - j0) - (1.03537 + j\,0.04773)] \times (5 + j5)\} \\ &= 0.88950 + j\,0.13866\end{aligned}$$

$$\begin{aligned}\widetilde{S}_{21} &= \dot{U}_2 [\overset{*}{U}_2 y_{20} + (\overset{*}{U}_2 - \overset{*}{U}_1) \overset{*}{Y}_{21}] \\ &= (1.03537 - j\,0.04773) \times \{(1.03537 + j\,0.04773) \times (0 + j0) + [(1.03537 + j\,0.04773) - (1.06 - j0) \times (5 + j5)]\} \\ &= -0.87508 - j\,0.09538\end{aligned}$$

$$\begin{aligned}\Delta \widetilde{S}_{\Sigma} &= \sum_{i=1}^{n} \widetilde{S}_i = (1.29816 + j\,0.24447) - (0.20 + j0.20) - (0.45 + j0.15) - (0.40 + j0.50) - (0.60 + j0.10) \\ &= 0.04816 + j\,0.14447\end{aligned}$$

输电效率 h 为

$$h = \frac{P_4 + P_3 + P_5}{P_1 + P_2} \times 100\% = \frac{0.45 + 0.40 + 0.60}{1.29816 + 0.20} \times 100\% = 96.785\%$$

其他各线路功率 $\widetilde{S}_{ij}$ 计算结果见表 7-5。

表 7-5　　各线路功率 $\widetilde{S}_{ij}$

i \ j	1	2	3	4	5
1		0.88950+j 0.13866	0.40866+j 0.10581		
2	−0.87508−j 0.09538		0.24688+j 0.08146	0.27932+j 0.08061	0.54887+j 0.13332
3	−0.39597−j 0.06775	−0.24311−j 0.07013		0.18908−j 0.01212	
4		−0.27460−j 0.06645	−0.18873+j 0.01318		0.06332+j 0.00327
5		−0.53699−j 0.09768		−0.06301−j 0.00232	

第 8 章　电力系统的无功功率和电压调整

8.1　概　　述

电压是衡量电能质量的三大指标之一。保证用户处的电压在允许的范围之内是电力系统运行调度的基本任务之一。

8.1.1　电压偏移过大的危害

各种用电设备都是按其额定电压来设计制造的。这些设备只有在额定电压下运行，才能取得最佳的运行效果，并能保证其使用寿命。

电力系统常见的电气设备有电动机、各种电热设备、照明设备以及日益增多的家用电器。电动机（绝大多数是异步电动机，占总数的 80%以上）的动力转矩与其端电压的平方成正比。当电压降低 10%时，动力转矩大约要下降 19%。如果电动机所拖动的机械负载的阻力转矩不变，当电压下降时，电动机的转差将增大，定子电流和转子电流都将增大，电动机的发热增加，加速绕组绝缘的老化，最终将影响其使用寿命。当电压太低时，电动机可能停转。这时如果不马上切断电源，电动机将很快被烧毁。电热设备的热效率大致与电压的平方成正比。当电压下降时，将大大影响其热效率。电压降低时，照明设备的发光也将不足。

电压偏移过大，除了影响用户的正常工作之外，对电力系统本身也有不利的影响。电压降低，会使系统的网损增大，从而增大了供电成本；电压过低还将严重地影响系统的稳定性。

8.1.2　电压偏移的允许范围

在电力系统的正常运行中，随着负荷的不断变化以及运行方式的改变，系统中的电压也将随着变化，要严格地保证所有用户的电压始终等于额定电压也是不现实的。实际上，大多数用电设备在额定电压的附近运行时，仍有良好的技术性能。从技术上和经济上综合考虑，合理地规定各类用户的允许电压偏移是完全合理的。目前，我国规定的在正常运行情况下各类用户的允许电压偏移如下：

35kV 及以上电压供电的负荷的电压偏移为±5%。

10kV 及以下电压供电的负荷的电压偏移为±7%。

低压照明负荷的电压偏移为+5%～−10%。

农村电网正常情况下的电压偏移为+7.5%～−10%；事故情况下的电压偏移为+10%～−15%。

在事故后的运行状态下，由于部分网络元件退出运行，电压损耗比正常时大，考虑到时间较短，事故又不经常发生，电压偏移允许比正常值再多 5%；但电压的正偏移不得超过 10%，否则将危及电气设备的安全。

为了保证电力系统运行有良好的电压质量，首先应有足够的无功功率电源，无功功率电源的配置要合理，还要有必要的电力系统调压手段。

8.1.3　无功功率与电压的关系

正常运行状态下，电压的变化主要由负荷的变动引起。现以一简单输电线路［图 8 - 1 (a)］为例，讨论负荷的有功功率和无功功率对节点电压的影响。由第 6 章可知，通过输电线路向负荷供电时，将在输电线路上产生压降。现以末端电压 $\dot{U}_2$ 为参考相量，压降的纵轴分量 $\Delta\dot{U}$ 和横轴分量 $\delta\dot{U}$ 表示于图 8 - 1（b）中，并知 $\Delta U=\dfrac{PR+QX}{U_2}$,$\delta U=\dfrac{PX-QR}{U_2}$。

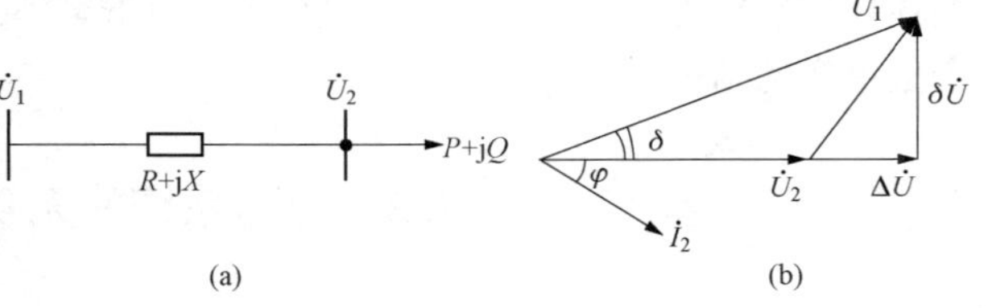

图 8 - 1　简单输电线路

（a）等值电路；（b）相量图

输电线路的始端电压 $\dot{U}_1$ 与末端电压 $\dot{U}_2$ 的关系为

$$\dot{U}_1=U_2+\Delta U+\mathrm{j}\delta U=U_2+\frac{PR+QX}{U_2}+\mathrm{j}\,\frac{PX-QR}{U_2} \tag{8 - 1}$$

对于 110kV 及以上的输电线路有 $R\ll X$，式（8 - 1）可简化为

$$\dot{U}_1=U_2+\frac{QX}{U_2}+\mathrm{j}\,\frac{PX}{U_2} \tag{8 - 2}$$

又因为

$$\dot{U}_1=U_1(\cos\delta+\mathrm{j}\sin\delta)=U_1\cos\delta+\mathrm{j}U_1\sin\delta \tag{8 - 3}$$

比较式（8 - 2）和式（8 - 3）可得

$$\left.\begin{aligned}U_1\cos\delta&=U_2+\frac{QX}{U_2}\\U_1\sin\delta&=\frac{PX}{U_2}\end{aligned}\right\} \tag{8 - 4}$$

整理可得

$$P=\frac{U_1U_2}{X}\sin\delta \tag{8 - 5}$$

$$Q=\frac{U_2}{X}(U_1\cos\delta-U_2) \tag{8 - 6}$$

式（8 - 5）是电力系统稳定性问题的基本计算公式，将在第 10 章专门研究。而式（8 - 6）则是无功功率与电压的关系式。

一般输电线路两端电压之间的相位角 δ 较小，可以认为式（8 - 6）中的 cosδ≈1，则式（8 - 6）可简化为

$$Q=\frac{U_2}{X}(U_1-U_2) \tag{8 - 7}$$

这说明输电线路所传输的无功功率的大小和方向主要取决于输电线路两端电压的大小，并从电压高的一端流向电压低的一端。两端电压差值越大，输电线路流过的无功功率也越大；当两端的电压相等时，输电线路流过的无功功率近似为 0。

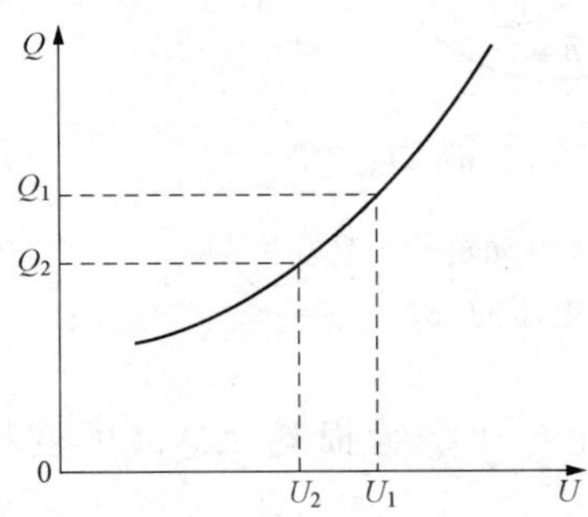

图 8 - 2　综合负荷的无功功率—电压的静特性

从静特性（见图 8 - 2）中可以看出：欲使负荷在较高的

电压水平上运行，必须从网络中吸收较多的无功功率，这时电网的无功功率电源要充足；欲使负荷在较低的电压水平上运行，这时负荷从电网中吸收的无功功率也相对少一些。因此，欲使电网在任何运行方式下保证用户的电压不致过低，整个电网必须有充足的无功功率电源。这是一个很重要的结论。

8.2 电力系统的无功功率平衡

电力系统的运行电压水平取决于无功功率的平衡。系统中各种无功电源的无功功率输出应能满足系统负荷和电网损耗在额定电压下对无功功率的需求，否则电压将偏离额定值。为此，有必要对无功负荷、网络损耗和各种无功电源的特点作一些说明。

8.2.1 无功功率负荷和无功功率损耗

1. 无功功率负荷

系统的无功功率负荷主要取决于异步电动机的无功负荷。异步电动机在整个系统中的比重占80%以上。异步电动机的简化等值电路如图8-3所示，它消耗的无功功率为

$$Q_M = Q_m + Q_\sigma = \frac{U^2}{X_m} + I^2 X_\sigma \tag{8-8}$$

式中的Q_m为励磁功率，与U^2成正比，实际上，当电压较高时，由于磁路饱和的影响，励磁电抗X_m的数值略有下降，因此励磁功率随电压变化的曲线稍高于二次曲线；Q_σ为漏抗X_σ中的无功损耗，如果负载功率不变，则$P_M = I^2 R\frac{1-s}{s}$=常数，当电压降低时，转差s增大，定子电流也随之增大，相应地在漏抗中的无功损耗Q_σ也增大。综合这两部分无功功率的变化特点，可得到图8-4所示的曲线。其中β为受载系数，等于电动机的实际负荷与额定负荷之比。从图8-4中可以看出：在额定电压附近，电动机的无功功率随电压的升降而增减；当电压明显低于额定值时，无功功率主要由漏抗中的无功损耗决定，因此，随电压的下降反而上升。这一特性对电力系统运行的稳定性具有重要意义，也即当工作点越过Q-U曲线的最低点而电压继续下降时，极易引起电力系统的电压崩溃。

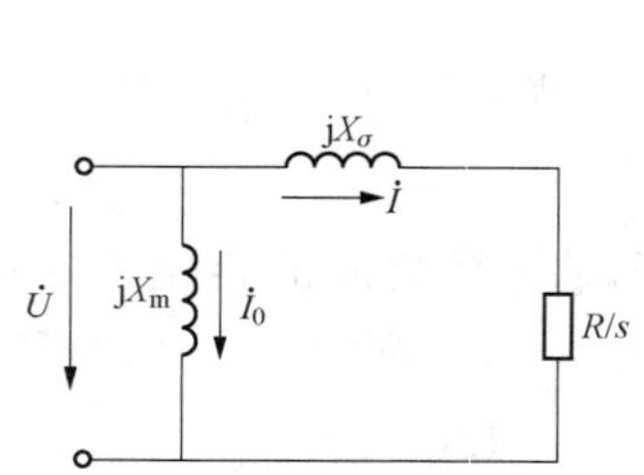

图8-3 异步电动机的等效电路

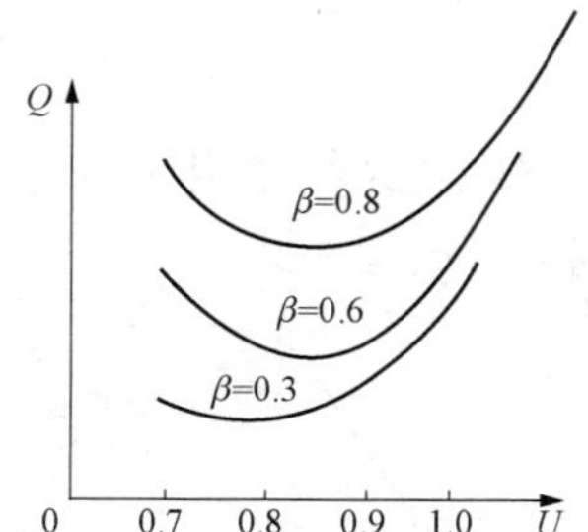

图8-4 异步电动机的无功功率与端电压的关系

2. 变压器的无功损耗

变压器的无功损耗$\Delta Q_{T\Sigma}$包括励磁损耗ΔQ_0（不变损耗）和绕组损耗ΔQ_T（可变损耗），即

$$\Delta Q_{T\Sigma} = \Delta Q_0 + \Delta Q_T = U^2 B_T + \left(\frac{S}{U}\right)^2 X_T \approx \frac{I_0\%}{100}S_N + \frac{U_k\% S^2}{100 S_N}\left(\frac{U_N}{U}\right)^2 \tag{8-9}$$

励磁功率大致与电压的平方成正比。当通过变压器的视在功率 S 不变时，绕组损耗与电压的平方成反比。因此，变压器的无功损耗电压特性与异步电动机相似。

变压器中的无功损耗在电力系统的无功损耗中占有相当的比重。假定一台变压器的空载电流 $I_0\%=2.5$，短路电压 $U_k\%=10.5$，由式（8 - 9）可知，在变压器额定负荷的情况下，其无功损耗将达到额定容量的 13%。如果从电源到用户需要多级变压，则变压器中的无功损耗将十分巨大。因此，应尽量减少变电次数，以便降低网络的无功损耗。

3. 输电线路的无功损耗

输电线路的Ⅱ形等效电路如图 8 - 5 所示。

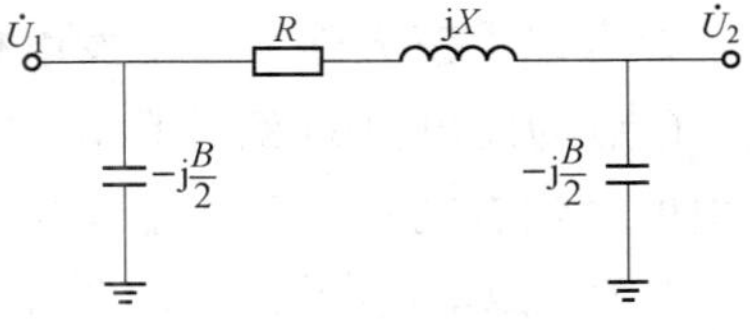

图 8 - 5　输电线路的等效电路

在输电线路的电抗 X 上的无功损耗为

$$\Delta Q_L = I^2 X = \frac{P_1^2 + Q_1^2}{U_1^2}X = \frac{P_2^2 + Q_2^2}{U_2^2}X$$

在输电线路电容上产生的充电功率为

$$\Delta Q_B = -\frac{B}{2}(U_1^2 + U_2^2)$$

线路上总的无功损耗 $\Delta Q_{L\Sigma}$ 为

$$\Delta Q_{L\Sigma} = \Delta Q_L + \Delta Q_B = \frac{P_1^2 + Q_1^2}{U_1^2}X - \frac{U_1^2 + U_2^2}{2}B \tag{8 - 10}$$

对于 500kV 的输电线路而言，线路电容上产生的充电功率大于在电抗 X 上损耗的无功。这时线路上总的无功损耗是负值，输电线路为无功电源。对于 500kV 的输电线路，应以并联电抗器补偿，否则会引起过电压。

对于 110～200kV 的线路，在电抗上损耗的无功大于其充电功率，输电线路总的无功损耗为正值。这时的输电线路是无功负载。

对于 35kV 及以下的输电线路，其充电功率很小，工程上可以忽略不计，这时的输电线路为无功负载。

8.2.2　无功功率电源

1. 发电机

发电机既是有功功率电源，又是最基本的无功功率电源。发电机在额定状态下运行时，可发出的无功功率为

$$Q_{GN} = S_{GN}\sin\varphi_N = P_{GN}\tan\varphi_N \tag{8 - 11}$$

式中　S_{GN}、P_{GN}、Q_{GN}——分别为发电机的额定视在功率、额定有功功率和额定无功功率；

φ_N——发电机的额定功率因数角。

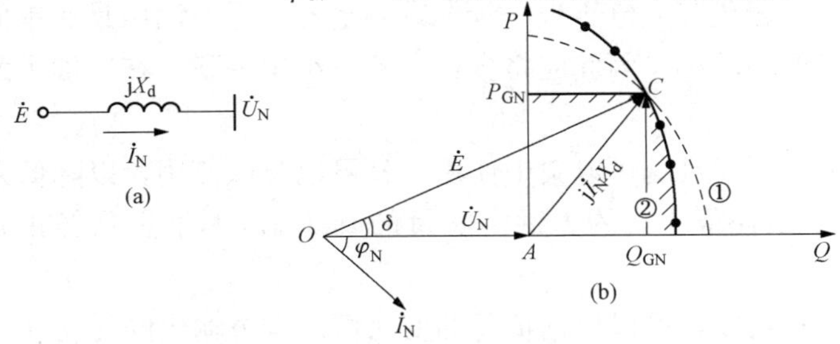

图 8 - 6　发电机的 P - Q 极限曲线
（a）等效电路；（b）相量图

下面讨论发电机在非额定功率因数下运行时可能发出的无功功率。假定隐极发电机连接在恒压母线上，母线电压为 U_N。发电机的等效电路和相量图示于图 8 - 6。

电压降相量 $\overline{AC}$ 的长度代表 $I_N X_d$，与定子的额定电流成正比，也即与发电机的额定视在功

率 S_{GN}成正比。从发电机的安全运行角度来考虑，发电机的工作点应在以$\overline{AC}$为半径、以 A 为圆心的圆弧①之内。

相量$\overline{OC}$的长度代表空载电动势 $\dot{E}$，它与发电机的额定励磁电流成正比。从发电机转子的电流不过载这个角度来考虑，发电机的工作点应以 O 为圆心、以 OC 为半径的圆弧②之内，否则转子电流将过载。

线段$\overline{P_{GN}C}$为一水平线，它表示发电机的额定有功功率。

综合以上三方面考虑，发电机在安全的前提下工作点的轨迹应该是图 8 - 6 上的阴影线上。C 点为发电机的额定工作点。C 点所对应的 P_{GN} 和 Q_{GN}是发电机在额定功率因数下所能发出的额定有功功率和额定无功功率。

当系统无功电源不足，而有功备用容量较充裕时，可利用靠近负荷中心的发电机降低功率因数，使之在低功率因数下运行，从而多发无功功率以提高电网的电压水平，但是发电机的工作点不应越出 P-Q 极限曲线的范围。

2. 同步调相机

同步调相机相当于空载运行的同步发电机。在过励磁运行时，它是无功电源，向系统供给感性无功功率，具有提高电压的作用；在欠励磁运行时，它是无功负载，从系统中吸收感性无功功率，具有降低电压的作用。由于实际运行的需要和对稳定性的要求，调相机欠励磁的最大容量只有过励磁容量的 50%～65%。装有自动励磁调节装置的同步调相机，能够根据安装地点电压的情况，平滑地改变输出（或吸收）的无功功率，进行平滑地电压调整。

但是，同步调相机是旋转设备，运行维护工作都比较复杂，并且有一定的有功损耗，其有功损耗值约为额定容量的 1.5%～5%。在我国，同步调相机常安装在枢纽变电站中，以便平滑地调整电压和提高系统的稳定性。近年来，同步调相机有逐渐被静止补偿器取代的趋势。

3. 静电电容器和静止补偿器

静电电容器可按三角形和星形接法连接在变电站的二次母线上，一般安装两组，可自动投切，从而保证变电站二次母线的电压质量。它发出的无功功率与其节点电压的平方成正比，即

$$Q_C = \frac{U^2}{X_C} = U^2\omega C$$

当节点电压偏低时，投入电容器组，这时电容器组发出无功功率，可使节点电压提高。当节点电压偏高时，应切除电容器组，避免节点电压进一步上升。电容器组的调压具有单向性。由于单台电容器的耐压值、耐流值均较小，因此应将多台电容器组串并联，在增加了耐压值和耐流值的前提下并联于系统。

静电电容器组的装设容量可大可小，而且既可以集中使用，又可以分散使用，以降低系统的电能损耗。静电电容器组的功率损耗很小，约为额定容量的 0.3%。由于它是静止元件，其维护使用均很方便。

静止补偿器由电容器和电抗器并联组成，可以根据负荷的变化情况调节输出的无功功率的大小及方向，以使电压平滑地上升或下降，其调压效果比单独的电容器和同步调相机均好。

8.2.3　无功功率平衡

电力系统无功功率平衡的基本要求是：系统中的无功电源可能发出的无功功率应该大于或至少等于负荷所需的无功功率和网络中的无功损耗。为了保证运行的可靠性和适应无功负荷的增长，系统还必须配置一定的无功备用容量。

网络的总无功功率损耗 Q_{Σ} 包括变压器的无功损耗 $Q_{T\Sigma}$、线路电抗的无功损耗 ΔQ_L 和线路电容的充电功率 ΔQ_B（一般只计算 110kV 及以上的输电线路），即

$$Q_{\Sigma}=Q_{T\Sigma}+\Delta Q_L+\Delta Q_B \tag{8-12}$$

网络的总无功功率电源（总出力）Q_{GC} 包括发电机的无功功率和各种无功补偿设备的无功功率 $Q_{C\Sigma}$，即

$$Q_{GC}=Q_{G\Sigma}+Q_{C\Sigma} \tag{8-13}$$

则网络的无功功率平衡关系式为

$$Q_{res}=Q_{GC}-Q_{\Sigma}-Q_{LD} \tag{8-14}$$

式中　Q_{LD}——网络的无功功率负荷；

Q_{res}——系统的备用无功功率。

当 $Q_{res}>0$ 时，表示网络中的无功功率可以平衡且有适量的备用；当 $Q_{res}<0$ 时，表示网络中的无功功率不足，应考虑加设无功补偿装置。

一般要求发电机接近于额定功率因数运行，故可按额定功率因数计算它所发出的无功功率。此时如果系统的无功功率能够平衡，则发电机就保持一定的无功备用。这是因为发电机的有功功率是留有备用的。调相机和静电电容器等无功补偿装置按额定容量计算其无功功率。我国现行规程规定，以 35kV 及以上的电压等级直接供电的工业负荷，其功率因数不得低于 0.90；对于其他负荷，功率因数不得低于 0.85。但实际上有些用户的功率因数往往达不到这些标准。

电力系统的无功功率平衡应按最大无功负荷的运行方式进行计算，必要时还应校验某些设备检修时或故障后运行方式下的无功功率平衡。

【例 8-1】　求图 8-7（a）所示简单电力系统的无功功率平衡。图中所示负荷为最大负荷值。

线路参数：$r_1=0.17\Omega/\text{km}$，$x_1=0.41\Omega/\text{km}$，$b_1=2.82\times10^{-6}$ S/km；变压器的试验数据：$P_k=200$kW，$U_k\%=10.5$，$P_0=47$kW，$I_0\%=2.7$。

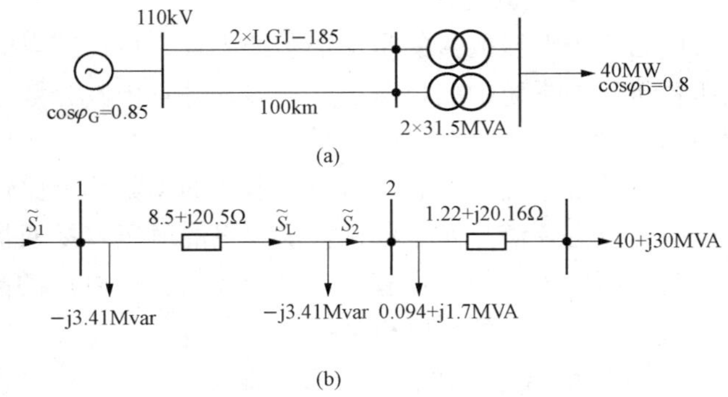

图 8-7　[例 8-1] 简单电力系统图

（a）接线图；（b）等效电路

解　（1）作等值电路，见图 8-7（b）（计算略）。

（2）功率计算。变压器绕组中的功率损耗为

$$\Delta P_{TZ}+j\Delta Q_{TZ}=\frac{40^2+30^2}{110^2}\times(1.22+j20.16)=0.252+j4.165(\text{MVA})$$

注入节点 2 的功率为

$$\widetilde{S}_2 = (40+j30)+(0.252+j4.165)+(0.094+j1.7)$$
$$=40.346+j35.865(\text{MVA})$$
$$\widetilde{S}_L = \widetilde{S}_2 - j\frac{1}{2}\Delta Q_L = 40.346+j35.865-j3.41$$
$$=40.346+j32.455(\text{MVA})$$

输电线路上的功率损耗为

$$\Delta P_L + j\Delta Q_L = \frac{40.346^2+32.455^2}{110^2}\times(8.5+j20.5)$$
$$=1.883+j4.542(\text{MVA})$$

电源注入网络的功率为

$$\widetilde{S}_1 = (40.346+j32.455)+(1.883+j4.542)-j3.41$$
$$=42.229+j33.587(\text{MVA})$$

（3）无功平衡。在满足有功功率的前提下，在发电机按额定功率因数 $\cos\varphi_G=0.85$ 运行时，可发出的无功功率为

$$Q_G = P_G\tan\varphi_G = 42.229\times0.62 = 26.182(\text{Mvar})$$

与所需无功功率比较，尚缺 33.587－26.182＝7.405（Mvar），可在负荷端设置 7.405Mvar 的无功补偿电源，提高负荷端的功率因数。这时负荷端的功率因数从 0.8 提高到 0.87。

还应计算各段电压损耗，校验各点电压偏移。

8.3 电力系统的电压管理

8.3.1 电压中枢点

1. 电压中枢点的选择

电力系统调压的目的是保证系统中每个负荷节点的电压在其允许的偏移范围之内，保证电压质量。但系统中的负荷节点众多，并且极其分散，不可能对每个负荷节点都进行电压的调整与监测。

电力系统中能够控制其他节点电压的少数几个比较重要的节点，称为电压中枢点。选择电压中枢点必须满足两个条件：①本身的电压容易调整；②控制的范围比较大。因此，常常被选为电压中枢点的节点有：①区域性水、火电厂的高压母线；②枢纽变电站的二次母线；③有大量地方负荷的发电机电压母线。

2. 电压中枢点电压允许范围的确定

各个负荷点都允许电压有一定的偏移，计及由中枢点到负荷点的馈电线路上的电压损耗，便可确定每个负荷点对中枢点电压的要求。因此，如果能找到中枢点电压的一个公共的允许波动范围，使得由该中枢点供电的所有负荷点的调压要求都同时得到满足，那么，中枢点的公共的允许波动范围也就是中枢点电压的允许波动范围。

下面讨论如何确定中枢点电压的允许波动范围。假定由中枢点 O 向负荷点 A 和 B 供电［见图 8-8（a）］，两负荷点电压 U_A 和 U_B 的允许波动范围相同，都是（0.95～1.05）U_N。当线路参数一定时，线路上电压损耗 ΔU_{OA} 和 ΔU_{OB} 分别与 A 点和 B 点的负荷有关。为简单讨论，假定 A 和 B 的日负荷曲线呈两级阶梯形［见图 8-8（b）］，相应地，两段线路的电压

损耗的变化曲线如图 8-8（c）所示。

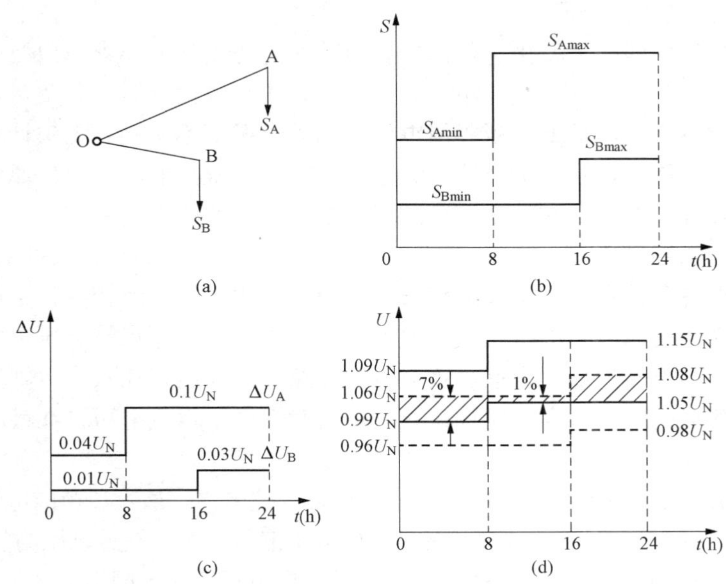

图 8-8　中枢点电压允许波动范围的确定

（a）系统接线图；（b）负荷曲线；（c）电压损耗图；（d）电压中枢点允许电压波动范围

为了满足负荷节点 A 的调压要求，中枢点电压应该控制的变化范围是：

在 0～8h，　$U_{O(A)}=U_A+\Delta U_{OA}=$（0.95～1.05）$U_N+0.04U_N=$（0.99～1.09）$U_N$；

在 8～24h，　$U_{O(A)}=U_A+\Delta U_{OA}=$（0.95～1.05）$U_N+0.10U_N=$（1.05～1.15）$U_N$。

同理可以计算出负荷点 B 对中枢点电压变化范围的要求是：

在 0～16h，　$U_{O(B)}=U_B+\Delta U_{OB}=$（0.96～1.06）$U_N$；

在 16～24h，　$U_{O(B)}=U_B+\Delta U_{OB}=$（0.98～1.08）$U_N$。

将上述要求表示在同一张图上，见图 8-8（d）。图中的阴影部分就是同时满足 A、B 两地负荷点调压要求的中枢点电压的允许波动范围。由图可见，尽管 A、B 两负荷点的电压有 10％的波动范围，但是由于两处负荷大小和变化规律不同，两段线路的电压损耗值及变化规律也不相同。为了同时满足两负荷节点的电压质量要求，中枢点电压的允许波动范围就大大地缩小了，最大时为 7％，最小时仅为 1％。

对于向多个负荷点供电的中枢点，其电压允许波动范围可按两种极端情况确定：在地区负荷最大时，电压最低的负荷点的允许电压下限加上到中枢点的电压损耗等于中枢点的最低电压；在地区负荷最小时，电压最高的负荷点的允许电压上限加上到中枢点的电压损耗等于中枢点电压的最高电压。当中枢点的电压能满足这两个负荷点的要求时，其他各点的电压基本上都能满足。

如果中枢点是发电厂电压母线，除了上述要求外，还应受到厂用电设备与发电机的最高允许电压以及保持系统稳定的最低允许电压的限制。

可以设想，如果由同一中枢点供电的各用户负荷的变化规律差别很大，调压要求也很不相同，就可能在某些时间段内，根据各用户的电压质量要求反映到中枢点的电压允许波动范围没有公共部分。在这种情况下，仅靠控制中枢点的电压并不能保证所有负荷点的电压偏移都在允许范围内。因此，为了满足各负荷点的要求，还必须在某些负荷点增设必要的调压设备。

8.3.2 中枢点电压的调压方式

编制中枢点电压曲线，需知由它供电的各负荷对电压质量的要求，以及到各负荷点线路上的电压损耗，这对已投运的系统并不困难。但在系统规划设计时，各负荷点对电压质量的要求，以及对由中枢点供电的低电压等级电网结构等情况都不明确，无法计算电压损耗，因此不能按上述方法编制中枢点的电压曲线。这时只能对中枢点的电压提出原则性的要求，根据电网的性质大致确定一个允许的变动范围。中枢点电压调压方式有三种。

1. 逆调压

对于中枢点至各负荷点的供电线路较长，各负荷变化规律大致相同且负荷波动较大的网络，考虑到在最大负荷时线路上电压损耗增大，将适当提高中枢点的电压以抵偿增大的电压损耗，防止负荷点的电压过低；在最小负荷时，线路上的电压损耗减小，则适当降低中枢点的电压以防止负荷点的电压过高。这种在最大负荷时提高中枢点电压，在最小负荷时降低中枢点电压的调整方式，称为“逆调压”。

采用“逆调压”方式的中枢点，在允许的电压偏移范围内，最大负荷的电压偏移比最小负荷的电压偏移高5%左右。例如，最大负荷时要求电压偏移为网络额定电压的+5%，即电压值维持$1.05U_N$；在最小负荷时，电压偏移下降到0%，即电压值等于网络的额定电压U_N。

2. 顺调压

对于负荷变化甚小，供电线路不长的电网，在允许电压偏移值范围内，最大负荷时电压可以低一些，最小负荷时电压可以高一些，这种调压方式称为“顺调压”。

3. 恒调压

对于负荷变动较小，供电线路上电压损耗也较小的电网，无论是最大负荷还是最小负荷，只要中枢点电压维持在允许电压偏移范围内的某一个电压值或较小的范围内（例如$1.02\sim1.05U_N$），就可以保证各负荷点的电压质量。这种在任何负荷下，中枢点电压保持基本不变的调压方式称为“恒调压”（或常调压）。

8.3.3 调压的基本原理

保证电力系统正常电压水平的必要条件是系统要有充足的无功功率电源，使系统在任何运行方式下都能维持无功功率的平衡。但要保证系统中各处的负荷有良好的电压质量，还必须采取必要的调压措施。

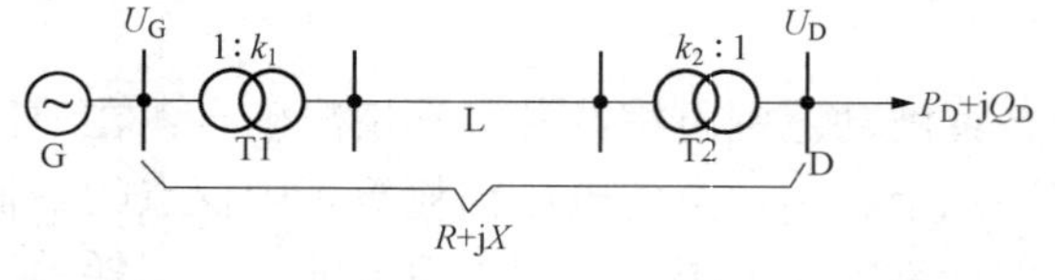

图8-9 简单电力系统

现在以图8-9所示的简单电力系统为例，说明调压基本原理。

发电机通过升压变压器、输电线路和降压变压器向用户供电，要求调整负荷节点D的电压。为了简化讨论，略去线路的电容、变压器的励磁支路，变压器T1和T2的阻抗参数均已归算到高压侧，则D点的电压为

$$U_D=(U_Gk_1-\Delta U)/k_2\approx\left(U_Gk_1-\frac{PR+QX}{U}\right)/k_2 \tag{8-15}$$

式中 k_1、k_2——升压变压器和降压变压器的变比；

R、X——网络的总电阻和总电抗。

由式（8 - 15）可知，调压的措施有：

（1）调节发电机的励磁电流，以改变发电机的端电压 U_G。

（2）选择适当的变压器变比。

（3）改变线路参数。

（4）改变潮流分布。

这些措施将在下面的章节中分别进行详细的讨论研究。

8.4　发电机调压

现代同步发电机在其端电压偏移额定值不超过±5%的范围内，都能够以额定功率运行。现代大中型同步发电机都安装有自动励磁调节装置，可以根据运行情况调节其端电压。对于不同类型的电力系统，发电机调压所起的作用是不同的。

（1）由独立发电厂不经升压直接供电的小型电力系统，因供电线路不长，线路上的电压损耗也不大，因此改变发电机的机端电压（例如实行逆调压）就可以满足负荷点的电压质量要求，而不必另外增加调压设备。这是最经济合理的调压方式。

（2）对于线路较长、供电范围较大、有多级变压的电力系统，从发电机到最远处的负荷点之间，电压损耗的数值和变化幅度都较大。图 8 - 10 所示的多级变压供电系统，其各元件在最大负荷和最小负荷时的电压损耗已分别标注于图形符号的上或下。从发电机机端到最远处负荷点之间在最大负荷时的总电压损耗高达 35%，最小负荷时为 15%，其变化幅度为 20%。这时调压的困难不仅在于电压损耗的绝对值过大，而且更主要的在于不同运行方式电压损耗之差太大。因而单靠发电机调压是不能解决问题的。在这种情况下，发电机调压主要是为了满足近处地方负荷的电压质量要求，发电机电压在最大负荷时提高 5%，最小负荷时保持为额定电压，采用这种逆调压的方式，对于解决多级变压供电系统的调压问题也是有利的。

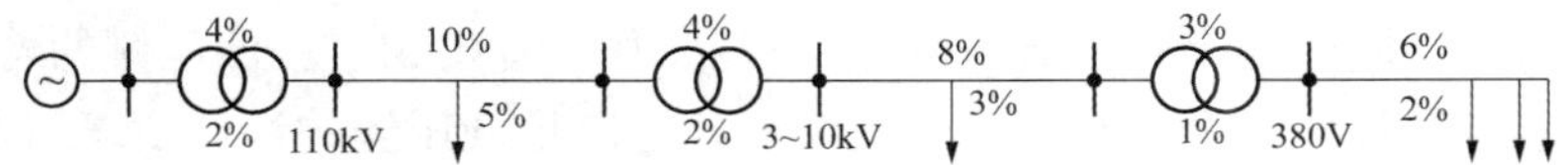

图 8 - 10　多级变压供电系统的电压损耗分布

（3）对于有若干发电厂并列运行的电力系统，利用发电机调压会出现新的问题。由于节点的无功功率与节点的电压密切相关，一个发电厂的厂高压母线如果提高电压，那么该发电厂需要向系统多输送很多无功功率。这就要求进行电压调整的电厂需要相当充裕的无功容量储备，一般是不容易满足的。另外，调整发电厂的厂高压母线电压，会引起整个系统潮流的改变，这可能与无功功率的经济分配相矛盾，造成系统线损的增加。所以在大型电力系统中，发电机的调压一般只作为一种辅助性的调压措施。

8.5　改变变压器变比的电压调整方式

8.5.1　变压器的分接头

为了实现调压，在双绕组变压器的高压绕组上设有若干个分接头以供选择。对于三绕组变压器，一般在高压绕组和中压绕组设置分接头。变压器的低压绕组不设置分接头。容量为6300kVA及以下的变压器，高压侧有3个分接头，每个分接头可使电压变化5%，各分接头的电压分别为$0.95U_N$，U_N，$1.05U_N$，记为“$U_N\pm5\%$”；容量为8000kVA及以上的变压器，高压侧有5个分接头，各分接头的电压分别为$0.95U_N$，$0.975U_N$，U_N，$1.025U_N$，$1.05U_N$，记为“$U_N\pm2\times2.5\%$”。

改变变压器的变比调压实际上就是根据调压要求适当选择分接头。以下分别讨论双绕组降压和升压变压器的分接头选择方法。

8.5.2　降压变压器分接头的选择

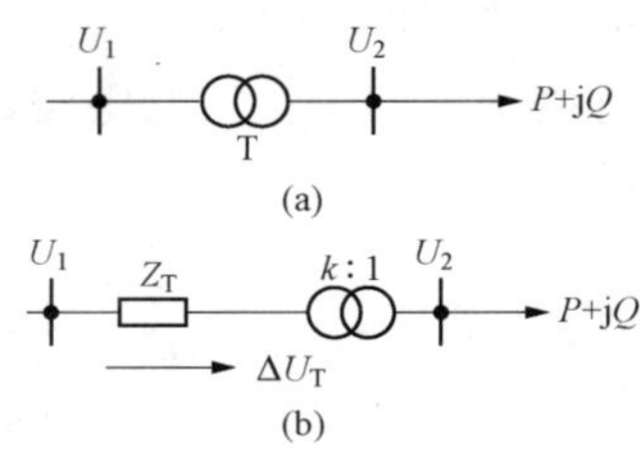

图8-11　降压变压器
(a) 接线图；(b) 等效电路图

图8-11是降压变压器接线图及其等效电路图（参数归算到高压侧）。若通过的功率为$P+jQ$，高压侧实际电压为U_1，归算到高压侧的变压器阻抗为$Z_T=R_T+jX_T$，归算到变压器高压侧的变压器绕组的电压损耗为ΔU_T，低压侧在分接头选择后希望得到的电压为U_2，则有

$$\Delta U_T=\frac{PR_T+QX_T}{U_1}$$

$$U_2=(U_1-\Delta U_T)/k \tag{8-16}$$

式中　k——高压侧分接头电压U_{1t}和低压侧额定电压U_{2N}之比，$k=U_{1t}/U_{2N}$。

将变比$k=U_{1t}/U_{2N}$代入式（8-16）中，经整理可得

$$U_{1t}=(U_1-\Delta U_T)\frac{U_{2N}}{U_2} \tag{8-17}$$

当变压器通过不同的功率时，高压侧电压U_1、电压损耗ΔU_T、低压侧的希望电压U_2都要发生变化。通过计算可以求出在不同的负荷下，为满足低压侧的调压要求所应选择的高压侧分接头电压。

普通的双绕组变压器的分接头只能在停电的情况下改变。在正常的运行中无论负荷怎样变化，只能使用一个分接头。这时可以算出在最大负荷和最小负荷下所要求的分接头电压，然后取其平均值作为变压器分接头电压的计算值，即

$$U_{1t\max}=(U_{1\max}-\Delta U_{T\max})\frac{U_{2N}}{U_{2\max}} \tag{8-18}$$

$$U_{1t\min}=(U_{1\min}-\Delta U_{T\min})\frac{U_{2N}}{U_{2\min}} \tag{8-19}$$

取其平均值为

$$U_{1tav}=(U_{1t\max}+U_{1t\min})/2 \tag{8-20}$$

根据U_{1tav}值可以选择一个与它最接近的实际分接头，然后根据所选择的实际分接头的电压值校验在最大负荷和最小负荷时变压器低压母线上的实际电压是否符合调压的要求。

【例 8-2】 降压变压器接线图及其等效电路图示于图 8-12。变压器归算到高压侧的阻抗为 $Z_T = R_T + jX_T = 2.44 + j40\Omega$。已知在最大负荷和最小负荷时通过变压器的功率分别为 $S_{max} = 28 + j14MVA$ 和 $S_{min} = 10 + j6MVA$，高压侧的电压分别为 $U_{1max} = 110kV$，$U_{1min} = 113kV$。要求低压母线的电压波动范围不超出 6.0～6.6kV，试选择降压变压器分接头。

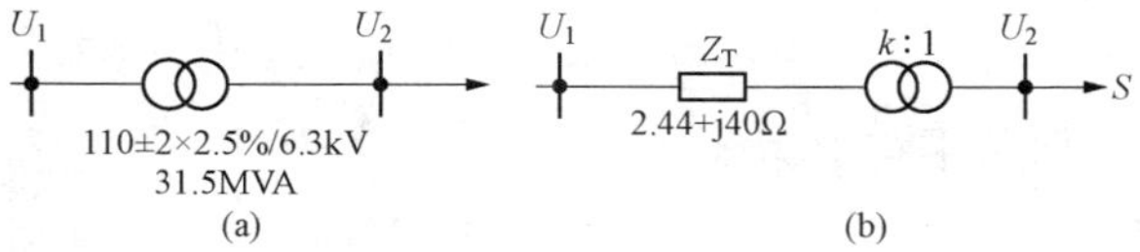

图 8-12　[例 8-2] 的降压变压器
(a) 接线图；(b) 等效电路图

解　先计算最大负荷和最小负荷时变压器的电压损耗为

$$\Delta U_{Tmax} = \frac{28 \times 2.44 + 14 \times 40}{110} = 5.7(kV)$$

$$\Delta U_{Tmin} = \frac{10 \times 2.44 + 6 \times 40}{110} = 2.40(kV)$$

由于降压变压器采用顺调压，所以 $U_{2max} = 6.0kV$，$U_{2min} = 6.6kV$，则有

$$U_{1tmax} = (110 - 5.7) \times \frac{6.3}{6.0} = 109.4(kV)$$

$$U_{1tmin} = (113 - 2.34) \times \frac{6.3}{6.6} = 105.6(kV)$$

取算术平均值为

$$U_{1tav} = (109.4 + 105.6)/2 = 107.5(kV)$$

选择最接近于计算值的实际分接头为 $U_{1t} = 107.25kV$。按所选的实际分接头校验变压器的低压母线的实际电压是否达到调压的要求，计算结果为

$$U_{2max} = (110 - 5.7) \times \frac{6.3}{107.25} = 6.13(kV) > 6kV$$

$$U_{2min} = (113 - 2.34) \times \frac{6.3}{107.25} = 6.5(kV) < 6.6kV$$

可见所选的分接头 $U_{1t} = 107.25kV$ 能满足调压的要求。

8.5.3　升压变压器分接头的选择

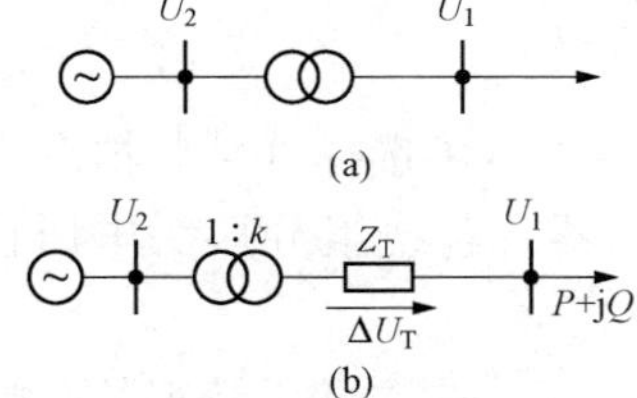

图 8-13　升压变压器
(a) 接入系统图；(b) 等效电路图

图 8-13 是升压变压器接入系统图及其等效电路。若通过的功率为 $P + jQ$，高压侧的实际电压为 U_1，归算到变压器高压侧的变压器阻抗为 $Z_T = R_T + jX_T$，归算到变压器高压侧的变压器绕组的电压损耗为 ΔU_T，低压侧在分接头选择后希望得到的电压为 U_2，则有

$$U_2 = (U_1 + \Delta U_T)/K = (U_1 + \Delta U_T)\frac{U_{2N}}{U_{1t}}$$

所以

$$U_{1t} = (U_1 + \Delta U_T)\frac{U_{2N}}{U_2} \tag{8-21}$$

在最大负荷和最小负荷时的变压器分接头的电压为

$$U_{1tmax} = (U_{1max} + \Delta U_{Tmax})\frac{U_{2N}}{U_{2max}} \tag{8-22}$$

$$U_{1\text{tmin}} = (U_{1\text{min}} + \Delta U_{\text{Tmin}})\frac{U_{2\text{N}}}{U_{2\text{min}}} \tag{8-23}$$

取其平均值为

$$U_{1\text{tav}} = (U_{1\text{tmax}} + U_{1\text{tmin}})/2 \tag{8-24}$$

然后根据分接头电压的计算值$U_{1\text{tav}}$，选择一个最接近于计算值的实际分接头$U_{1\text{t}}$，最后校验即可。

【例 8-3】 升压变压器的容量是 31.5MVA，变比为 121±2×2.5%/6.3kV，归算到高压侧的变压器阻抗是 3+j48Ω。在最大负荷和最小负荷时通过变压器的功率分别为$S_{\max}$=25+j18MVA 和$S_{\min}$=14+j10MVA，高压侧的要求电压分别为$U_{1\max}$=120kV 和$U_{1\min}$=114kV。要求发电机电压的可能调整范围是 6.0～6.6kV，试选择升压变压器分接头。

解 先计算变压器的电压损耗，即

$$\Delta U_{\text{Tmax}} = \frac{25\times3+18\times48}{120} = 7.825(\text{kV})$$

$$\Delta U_{\text{Tmin}} = \frac{14\times3+10\times48}{114} = 4.579(\text{kV})$$

根据所给发电机电压的可能调整范围，以及升压变压器采用逆调压的特点，可得

$$U_{1\text{tmax}} = (120+7.825)\times\frac{6.3}{6.6} = 122.015(\text{kV})$$

$$U_{1\text{tmin}} = (114+4.579)\times\frac{6.3}{6.0} = 124.508(\text{kV})$$

取其平均值为

$$U_{1\text{tav}} = (122.015+124.508)/2 = 123.262(\text{kV})$$

根据$U_{1\text{tav}}$=123.262kV，选出实际分接头为$U_{1\text{t}}$=124.025kV。然后进行校验，计算结果为

$$U_{2\max} = (120+7.825)\times\frac{6.3}{124.025} = 6.493(\text{kV})$$

$$U_{2\min} = (114+4.579)\times\frac{6.3}{124.025} = 6.023(\text{kV})$$

计算结果表明所选的分接头$U_{1\text{t}}$=124.025kV 能满足调压要求。

8.5.4 三绕组变压器分接头的选择

三绕组变压器除高压绕组有分接头外，一般中压绕组也有分接头可供选择（某些情况下中压绕组无分接头）。对高、中压绕组都具有分接头的三绕组变压器，各绕组分接头电压仍按上述双绕组变压器的方法分两步进行。

首先根据低压侧母线的调压要求，在高—低压绕组之间进行计算，选取高压绕组的分接头电压，即变比$U_{\text{th}}/U_{\text{tl}}$；然后根据中压绕组母线的调压要求及选取的高压绕组分接头电压U_{th}，在高—中压绕组之间进行计算，选取中压绕组的分接头电压U_{tm}。确定的变比为$U_{\text{th}}/U_{\text{tm}}/U_{\text{tl}}$。

8.5.5 有载调压变压器分接头的选择

采用上述的普通变压器（又称无载调压变压器），有时会出现不论选取哪一个分接头电压，都不能同时使最大负荷和最小负荷下低压母线的实际电压符合调压要求。这时，只能采用有载调压变压器。有载调压变压器可以在有载的情况下更改分接头，不同的负荷水平可有

不同的变比，而且调节范围更大。例如，$U_N \pm 3\times2.5\%$、$U_N \pm 4\times2.0\%$、$U_N \pm 8\times1.25\%$分别有 7、9、17 个分接头可供选择。

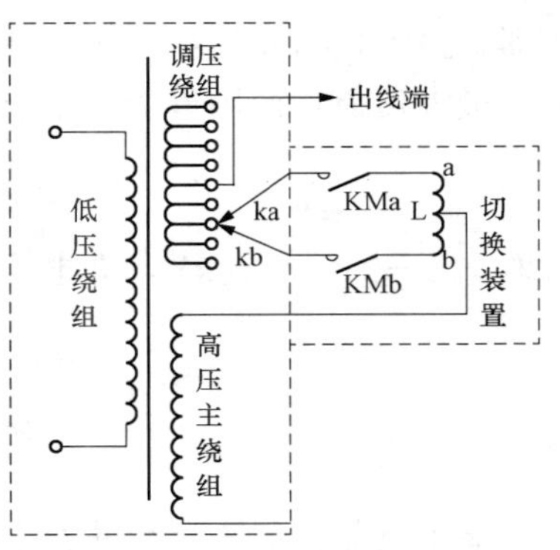

图 8 - 14　有载调压变压器的调压原理接线图

图 8 - 14 为有载调压变压器原理接线图。变压器高压主绕组与一个具有若干分接头的调压绕组串联，借助特殊的切换装置，可以在负载电流下切换分接头。切换装置有两个可动触头 ka、kb，切换时先将一个可动触头移动到相邻的分接头上，然后再将另一个可动触头移到该分接头，这样逐步移动，直到两个触头都移动到选定的分接头上为止。为了防止可动触头在切换过程中产生电弧影响变压器绝缘油的质量，在可动触头前面接入接触器 KMa、KMb，它们放在单独的油箱里。当变压器切换分接头时，先断开接触器再移动可动触头，然后再接通接触器。譬如在图示情况下欲降低变比时，切换过程为：断 KMa—移 ka—合 KMa—断 KMb—移 kb—合 KMb。切换装置中的电抗器 L 是用来限制两个可动触头不在同一分接头时，两个分接头绕组间的短路电流。

使用有载调压变压器时，可按式（8 - 17）或式（8 - 21）计算各种运行方式下变压器的分接头电压。

有载调压变压器调压效果显著，在无功功率充足的电力系统中，凡是采用普通变压器不能满足调压要求的场合，都可采用有载调压变压器。

此外，还可采用串联加压器调整电压。串联加压器通常都可有载调压。

【例 8 - 4】　某变电站装有一台型号为 SFSZL-8000、电压为 $110\pm3\times2.5\%/38.5\pm5\%/10.5$kV 的有载调压三绕组变压器。变压器各绕组的阻抗、功率和高压母线电压列入表 8 - 1 中。要求中、低压母线均需实行U_{max}为 $1.05U_N$ 及U_{min}为 $1.0U_N$ 的逆调压，试确定该变压器的变比。

表 8 - 1　　[例 8 - 4] 变压器各绕组参数

绕组＼参数	R_T+jX_T（Ω）	$\tilde{S}_{max}$(MVA)	$\tilde{S}_{min}$(MVA)	U_{max}(kV)	U_{min}(kV)
高压绕组	7.77+j162.5	5.5+j4.12	2.4+j1.8	112.15	115.75
中压绕组	7.77−j3.78	3.5+j2.62	1.4+j1.05		
低压绕组	11.65+j1.02	2+j1.5	1.0+j0.75		

解　(1) 按给定的条件求得各绕组的电压损耗（见表 8 - 2）及归算到高压侧的各母线电压（见表 8 - 3)。

表 8 - 2　　各绕组电压损耗（kV）

负荷水平	高压绕组	中压绕组	低压绕组
最大负荷	6.351	0.163	1.666
最小负荷	2.687	0.061	0.780

表 8 - 3　　各母线电压（kV）

负荷水平	高压绕组	中压绕组	低压绕组
最大负荷	112.15	105.636	104.133
最小负荷	115.73	112.982	112.263

(2) 按表 8 - 3，根据低压母线对调压的要求选择高压绕组的分接头。因为是有载调压变

压器，最大负荷及最小负荷分别各自取值。

最大负荷：低压母线的希望电压为 $1.05U_N$，即 10.5kV，即

$$U_{thmax}=104.133\times\frac{10.5}{10.5}=104.133(\mathrm{kV})$$

可取 110－2×2.5%kV，即电压为 104.5kV 的分接头。这时，低压母线的实际电压为

$$U_{Lmax}=104.133\times\frac{10.5}{104.5}=10.46(\mathrm{kV})$$

电压偏移为
$$\frac{10.46-10}{10}\times100\%=4.6\%$$

最小负荷：低压母线的希望电压为 $1.0U_N$，即 10kV，则

$$U_{thmin}=112.263\times\frac{10.5}{10}=117.876(\mathrm{kV})$$

可取 110＋3×2.5%kV，即电压为 118.25kV 的分接头。这时，低压母线的实际电压

$$U_{Lmin}=112.263\times\frac{10.5}{118.25}=9.968(\mathrm{kV})$$

电压偏移为
$$\frac{9.968-10}{10}\times100\%=-0.32\%$$

可见，最大负荷及最小负荷时分别选取的高压绕组的分接头满足低压侧的要求。

(3) 按表 8 - 3 以及确定的高压绕组分接头选取中压绕组的分接头。最大负荷时，中压母线的希望电压值为 $1.05\times U_N=36.75\mathrm{kV}$，从而 $36.75=105.636U_{tmmax}/U_{thmax}$，则

$$U_{tmmax}=\frac{36.75\times104.5}{105.636}=36.354(\mathrm{kV})$$

最小负荷时，中压母线的希望电压为 $1.0U_N=35\mathrm{kV}$，即

$$U_{tmmin}=\frac{35\times118.25}{112.982}=36.632(\mathrm{kV})$$

最接近二者的标准分接头是 38.5－5%kV，即电压为 36.575kV 的分接头。

中压母线的实际电压分别为

$$U_{mmax}=105.636\times\frac{36.575}{104.5}=36.972(\mathrm{kV})$$

$$U_{mmin}=112.982\times\frac{36.575}{118.25}=34.946(\mathrm{kV})$$

电压偏移分别为

$$\frac{36.972-35}{35}\times100\%=5.6\%;\quad\frac{34.946-35}{35}\times100\%=-0.154\%$$

皆满足调压的要求。因而确定变比为：

最大负荷时变化为 104.5/36.575/10.5kV；

最小负荷时变化为 118.25/36.575/10.5kV。

8.6 利用无功功率补偿调压

无功功率的产生基本上不消耗能源，但无功功率潮流却要引起有功功率损耗和电压损耗。合理地配置无功功率补偿容量，改变电网的无功潮流，可以减小网络的有功功率损耗和

电压损耗，从而提高经济性和改善用户处的电压质量。本节主要从调压的角度讨论无功功率补偿容量的选择问题。

8.6.1　按调压要求选择无功功率设备容量

图 8 - 15 所示为一简单电网，供电电压 U_1 和负荷功率 $P+\mathrm{j}Q$ 已给定，线路的电容和变压器的励磁功率略去不计。在未加补偿装置前，便有

$$U_1 = U_2' + \frac{PR + QX}{U_2'}$$

式中　U_2'——归算到高压侧的变电站低压母线电压。

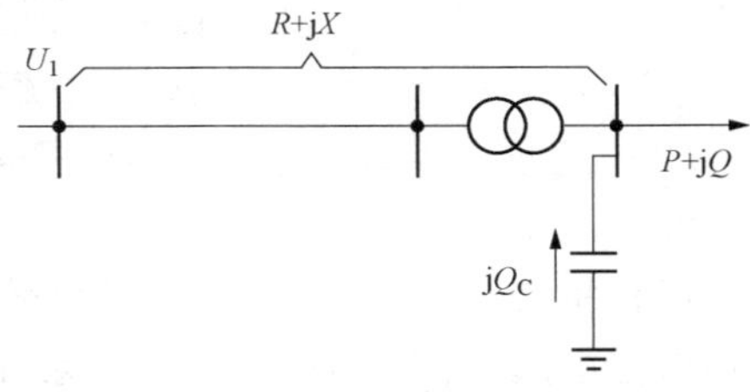

图 8 - 15　简单电网的无功补偿

在变电站低压侧安装补偿容量为 Q_C 的无功补偿设备后，变电站的低压母线电压由原来的 U_2 上升为 U_{2C}，U_{2C} 归算到高压侧的电压为 U_{2C}'。这时输电线路上的无功潮流由原来的 Q 变为 $Q-Q_C$，故有

$$U_1 = U_{2C}' + \frac{PR + (Q - Q_C)X}{U_{2C}'}$$

如果补偿前后 U_1 保持不变，则有

$$U_2' + \frac{PR + QX}{U_2'} = U_{2C}' + \frac{PR + (Q - Q_C)X}{U_{2C}'}$$

整理可得

$$Q_C = \frac{U_{2C}'}{X}\left[(U_{2C}' - U_2') + \left(\frac{PR + QX}{U_{2C}'} - \frac{PR + QX}{U_2'}\right)\right]$$

上式中的第二项的数值很小，可以略去，于是上式可简化为

$$Q_C = \frac{U_{2C}'}{X}(U_{2C}' - U_2') = \frac{k^2 U_{2C}}{X}\left(U_{2C} - \frac{U_2'}{k}\right) \tag{8-25}$$

由此可见：补偿容量与调压要求和变压器的变比选择有关。变比 k 的选择原则是：在满足调压的前提下，使无功补偿容量为最小，投资也就为最少。

8.6.2　无功补偿的实际应用

1. 安装静电电容器

静电电容器一般安装在变电站的二次母线上。通常在大负荷时，降压变电站母线电压偏低；小负荷时，降压变电站的母线电压偏高。由于静电电容器只能发出感性无功功率以便提高电压，但在电压过高时却不能吸收感性无功而使电压降低。因此，为了充分利用补偿容量，应在最大负荷时全部投入，在最小负荷时全部切除。计算步骤如下：

(1) 根据调压要求，按最小负荷时在没有补偿的情况下确定变压器的分接头。令 $U_{2\min}'$ 和 $U_{2\min}$ 分别为最小负荷时低压母线归算到高压侧的电压和要求达到的实际电压，则 $U_{2\min}'/U_{2\min} = U_t/U_{2N}$，因此变压器的分接头电压为

$$U_t = \frac{U_{2N} U_{2\min}'}{U_{2\min}}$$

选择与计算值 U_t 最接近的分接头 U_{1t}，并由此确定实际变比 $k = \dfrac{U_{1t}}{U_{2N}}$。

(2) 按最大负荷时的调压要求计算补偿容量，即

$$Q_C=\frac{U_{2Cmax}}{X}\left(U_{2Cmax}-\frac{U'_{2max}}{k}\right)k^2$$

式中 U'_{2max}——在最大负荷时，补偿前低压侧母线电压归算到高压侧的数值；

U_{2Cmax}——在最大负荷时，补偿后低压侧母线的希望电压。

（3）根据确定的变比和选定的静电电容器的容量，校验实际的电压变化。

2. 安装同步调相机

调相机既能过励磁运行，发出感性无功功率使电压升高，也能欠励磁运行，吸收感性无功功率使电压下降，但吸收的无功功率只是发出感性无功功率的 50%～65%。计算步骤如下：

（1）确定变压器的变比 k。在最大负荷时，发出感性无功功率 Q_C（Q_C为调相机的额定容量）；在最小负荷时，调相机也发挥了最佳效果，吸收感性无功功率（50%～65%）Q_C。只有这样，才能在满足调压的前提下，投资最少，经济性最好。

在最大负荷时
$$Q_C=\frac{U_{2Cmax}}{X}\left(U_{2Cmax}-\frac{U'_{2max}}{k}\right)k^2 \tag{8-26}$$

在最小负荷时
$$-(50\%\sim65\%)Q_C=\frac{U_{2Cmin}}{X}\left(U_{2Cmin}-\frac{U'_{2min}}{k}\right)k^2 \tag{8-27}$$

式（8-26）、式（8-27）联立可得

$$k=\frac{(50\%\sim65\%)U_{2Cmax}U'_{2max}+U_{2Cmin}U'_{2min}}{(50\%\sim65\%)U^2_{2Cmax}+U^2_{2Cmin}} \tag{8-28}$$

当吸收的无功功率为 $\alpha=50\%$时，代入式（8-28）可得 $k_{50\%}$；

当吸收的无功功率为 $\alpha=65\%$时，代入式（8-28）可得 $k_{65\%}$。

取其平均值为
$$k=\frac{1}{2}(k_{50\%}+k_{65\%}) \tag{8-29}$$

根据 k 的计算值，确定变压器的实际变比。

（2）确定无功补偿容量 Q_C。根据（1）得出的实际变比，代入式（8-25）可求得无功补偿容量。在产品目录中选择出与无功补偿容量的计算值最接近的调相机。

（3）校验所选择的调相机是否满足要求。

【例 8-5】 图 8-16 所示的简单电网中降压变压器变比为 110±2×2.5%/11kV，略去线路电容及变压器空载损耗后的等值电路，如图 8-16（b）。图中阻抗归算至高压侧，T 为理想变压器。网络首端电压 $U_i=118$kV，且维持不变，变电站低压母线要求保持 10.5kV。试确定在该低压母线上应设置的无功补偿容量：①静电电容器；②同步调相机。

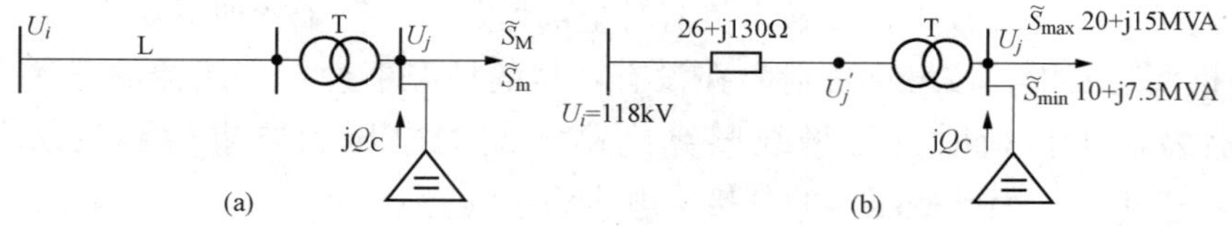

图 8-16 ［例 8-5］简单电网

（a）接线图；（b）等效电路图

解 首先计算未补偿时归算到高压侧的低压母线电压。由于已知始端电压，则先求出始端功率以便计算电压损耗。

功率损耗为

$$\Delta\widetilde{S}_{max}=\frac{P_{max}^2+Q_{max}^2}{U_N^2}(R+jX)=\frac{20^2+15^2}{110^2}\times(26+j130)=1.34+j6.71(MVA)$$

$$\Delta\widetilde{S}_{min}=\frac{P_{min}^2+Q_{min}^2}{U_N^2}(R+jX)=\frac{10^2+7.5^2}{110^2}\times(26+j130)=0.34+j1.68(MVA)$$

始端功率为

$$\begin{aligned}\widetilde{S}_{imax}&=\widetilde{S}_{max}+\Delta\widetilde{S}_{max}=(20+j15)+(1.34+j6.71)\\&=21.34+j21.71(MVA)\\\widetilde{S}_{imin}&=\widetilde{S}_{min}+\Delta\widetilde{S}_{min}=(10+j7.5)+(0.34+j1.68)\\&=10.34+j9.18(MVA)\end{aligned}$$

用始端功率及电压计算电压损耗，解得

$$U'_{jmax}=U_i-\frac{P_{imax}R+Q_{imax}X}{U_i}=118-\frac{21.34\times26+21.71\times130}{118}=89.38(kV)$$

$$U'_{jmin}=U_i-\frac{P_{imin}R+Q_{imin}X}{U_i}=118-\frac{10.34\times26+9.18\times130}{118}=105.61(kV)$$

（1）选择电容器的容量：按最小负荷电容器全部退出的运行方式，计算变压器分接头电压，即

$$U_i=U'_{2min}\frac{U_{2N}}{U_{2min}}=105.61\times\frac{11}{10.5}=110.64(kV)$$

最接近的标准分接头为 110kV，则变压器的变比 $k=110/11=10$。

按最大负荷运行方式求补偿容量为

$$Q_C=\frac{U_{jCmax}}{X}\left(U_{jCmax}-\frac{U'_{jmax}}{k}\right)k^2=\frac{10.5}{130}\times\left(10.5-\frac{89.38}{10}\right)\times10^2=12.62(Mvar)$$

校验：取补偿容量为 12Mvar 计算最大负荷时低压母线的实际电压，这时

$$\Delta\widetilde{S}_{max}=\frac{20^2+(15-12)^2}{110^2}\times(26+j130)=0.88+j4.39(MVA)$$

$$\widetilde{S}_{imax}=(20+j3)+(0.88+j4.39)=20.88+j7.39(MVA)$$

则 $$U'_{jmax}=118-\frac{20.88\times26+7.39\times130}{118}=105.26(kV)$$

即 $$U_{jmax}=U'_{jmax}/k=105.26/10=10.526(kV)$$

对低压母线要求电压的偏移：

最大负荷时为 $$\frac{10.526-10.5}{10.5}\times100\%=0.25\%$$

最小负荷时为 $$\frac{10.561-10.5}{10.5}\times100\%=0.58\%$$

可见设置 12Mvar 的电容器满足调压要求。

（2）选择调相机容量：由式（8 - 28）求变压器变比为

$$k=\frac{(0.5\sim0.65)U_{jCmax}U'_{jmax}+U_{jCmin}U'_{jmin}}{(0.5\sim0.65)U_{jCmax}^2+U_{jCmax}^2}=\frac{(0.5\sim0.65)\times10.5\times89.38+10.5\times105.61}{(0.5\sim0.65)\times10.5^2+10.5^2}$$

$$=9.54\sim9.47$$

取平均值 $k_{av}=\frac{1}{2}$（9.54+9.47）=9.51，取实际变化 $k=110-2\times2.5\%/11=9.5$。

按式（8 - 25）计算调相机容量

$$Q_{SC}=\frac{U_{jC\max}}{X}(U_{jC\max}-\frac{U'_{j\max}}{k})k^2=\frac{10.5}{130}\left(10.5-\frac{89.38}{9.5}\right)\times 9.5^2=7.96(\text{Mvar})$$

选取标准额定容量 7.5Mvar 的调相机。

（3）校验变电站低压母线电压：

最大负荷时调相机按额定容量过励运行，这时

$$\widetilde{S}_{\max}=\frac{20^2+(15-7.5)^2}{110^2}\times(26+\text{j}130)=0.98+\text{j}4.9(\text{MVA})$$

$$\widetilde{S}_{i\max}=(20+\text{j}7.5)+(0.98+\text{j}4.9)=20.98+\text{j}12.4(\text{MVA})$$

$$U'_{j\max}=118-\frac{20.98\times 26+12.4\times 130}{118}=99.72(\text{kV})$$

$$U_{j\max}=99.72/9.5=10.497(\text{kV})$$

电压偏移为 $\frac{10.497-10.5}{10.5}\times 100\%=-0.03\%$。

最小负荷调相机按 50%额定容量欠励运行，则

$$\Delta\widetilde{S}_{\min}=\frac{10^2+(7.5+3.75)^2}{110^2}\times(26+\text{j}130)=0.49+\text{j}2.43(\text{MVA})$$

$$\widetilde{S}_{i\min}=(10+\text{j}11.25)+(0.49+\text{j}2.43)=10.49+\text{j}13.68(\text{MVA})$$

$$U'_{j\min}=118-\frac{10.49\times 26+13.68\times 130}{118}=100.62(\text{kV})$$

$$U_{j\min}=100.62/9.5=10.59(\text{kV})$$

电压偏移为 $\frac{10.59-10.5}{10.5}\times 100\%=0.86\%$。

若按 60%欠励运行 $U_{j\min}=10.48\text{kV}$，调相机容量选择恰当。

8.7 通过改善线路参数调压

在输电线路上串联静电电容器，利用电容器的容抗补偿线路的感抗，使电压损耗中的 QX/U 减小，从而提高线路的末端电压。对于图 8 - 17（a）所示的架空输电线路，有

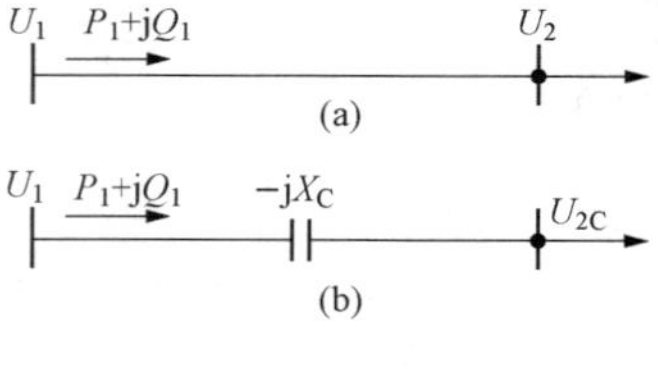

$$\Delta U=\frac{P_1R+Q_1X}{U_1}$$

线路上串联了电容器［见图 8 - 17（b）］后，其电压损耗为

$$\Delta U_C=\frac{P_1R+Q_1(X-X_C)}{U_1}$$

图 8 - 17 串联电容器补偿前后输电线路

静电电容器在补偿前末端电压为 U_2，而补偿后的末端电压为 U_{2C}，末端电压提高的数值为 $U_{2C}-U_2$，即

$$U_{2C}-U_2=(U_1-U_2)-(U_1-U_{2C})=\Delta U-\Delta U_C=\frac{Q_1X_C}{U_1}$$

则

$$X_C=\frac{(U_{2C}-U_2)U_1}{Q_1} \tag{8 - 30}$$

式（8 - 30）说明：根据线路电压需要提高的数值 $U_{2C}-U_2$，就可以求得补偿电容器的

容抗值 X_C，从而可以计算出电容器的总容量为

$$Q_C = 3I_{Cmax}^2 X_C \tag{8-31}$$

式中　I_{Cmax}——通过电容器的最大工作电流。

实际上，串联的电容器是由若干单个电容器串、并联组成，如图 8-18 所示。每台电容器的额定电压 U_{NC} 和额定电流 I_{NC} 应满足

$$\left.\begin{aligned} mI_{NC} &\geqslant I_{Cmax} \\ nU_{NC} &\geqslant I_{Cmax}X_C \end{aligned}\right\} \tag{8-32}$$

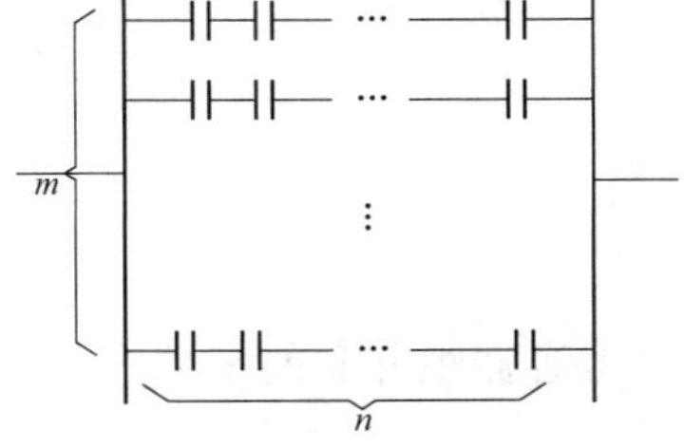

图 8-18　串、并联电容器组

式中　m——电容器组中并联的串数；

n——每串中电容器的个数。

则三相线路共需要电容器的个数为 $3mn$，电容器组的总容量为

$$Q_{C\Sigma} = 3mnU_{NC}I_{NC} = 3mnQ_{nC}$$

补偿所需的容抗值 X_C 与被补偿线路原来的感抗值 X_L 之比为

$$k_C = X_C/X_L \tag{8-33}$$

称为补偿度。在配电网中以调压为目的的串联电容器补偿，其补偿度一般在 1～4 之间。在超高压输电线路中的串联电容器补偿，其作用在于提高输电线路的输送容量和提高系统运行的稳定性，但应防止因过电压而造成的非全相击穿。

串联电容器补偿线路参数与并联电容补偿负荷的无功功率均可调压，但仅就调压效果而言，一般串联补偿优于并联补偿。若要提高同样大小的电压值，所需串联电容器容量是并联电容器容量的 20%左右。这是因为串联补偿在线路上产生负的电压降直接抵消线路的电压降以提高末端电压，并且提高电压的数值 QX_C/U 随无功负荷大小而变，负荷大时增大，负荷小时减小，恰好与调压要求一致，对电压起正向调节的作用。因此，串联补偿特别适用于冲击负荷的调压。并联补偿是通过改变流动的无功功率来减小电压降落，即 $(Q-Q_C)X/U$，其效果不及串联补偿显著，对电压的调节效应为负值，即负荷大时减小的电压降落小，负荷小时减小的电压降落大，若随负荷变动由操作来投入或切除电容器又需要时间。因此，在负荷变化大且频繁经常引起电压波动的网络，宜采用串联电容器调压，而并联电容器则不适合调压。但串联电容器调压的优越性随负荷功率因数的提高而逐渐消失，当负荷功率因数 $\cos\varphi > 0.95$ 时串联电容器调压的效果已不明显。

【例 8-6】　一条阻抗为 21+j34Ω 的 110kV 单回线路，将降压变电站与负荷中心连接，最大负荷为 22+j20MVA。线路允许的电压损耗为 6%，为满足此要求，在线路上串联单相 0.66kV、40kVA 的电容器。试确定所需电容器的数量和容量（不计线路功率损耗）。

解　未设串联电容器时线路的电压损耗为

$$\Delta U = \frac{PR + QX}{U_N} = \frac{22 \times 21 + 20 \times 34}{110} = 10.38(\text{kV})$$

允许的电压损耗为

$$\Delta U_{perm} = 110 \times 6\% = 6.6(\text{kV})$$

因为 $\Delta U_{perm} = \dfrac{PR + Q(X - X_{CS})}{U_N} = \dfrac{22 \times 21 + 20 \times (34 - X_{CS})}{110} = 6.6(\text{kV})$

由此可求得所需电容器的容抗为

$$X_{CS}=20.8\Omega$$

线路的最大负荷电流 I_{Cmax} 为

$$I_{Cmax}=\frac{\sqrt{P^2+Q^2}}{\sqrt{3}U_N}=\frac{\sqrt{22^2+20^2}}{\sqrt{3}\times110}\times10^3=157(\text{A})$$

单个电容器的额定电流及额定容抗分别为

$$I_{NC}=\frac{Q_{NC}}{U_{NC}}=\frac{40}{0.66}=60.6(\text{A})$$

$$X_{NC}=\frac{U_{NC}}{I_{NC}}=\frac{0.66\times10^3}{60.6}=10.9(\Omega)$$

电容器组并联的串数为

$$m>\frac{I_{Cmax}}{I_{NC}}=\frac{157}{60.6}=2.59\approx3$$

每串串联个数为

$$n>\frac{I_{Cmax}X_{CS}}{U_{NC}}=\frac{157\times20.8}{0.66\times10^3}=4.95\approx6$$

则电容器组总数量为

$$3mn=3\times3\times6=54(\text{个})$$

电容器的总容量为 $Q_{CS}=54Q_{NC}=54\times40\times10^{-3}=2.16\ (\text{Mvar})$

验算电压损耗

$$\Delta U=\frac{22\times21+20\times(34-21.8)}{110}=6.42(\text{kV})$$

电压偏移 $\Delta U\%=\frac{6.42}{110}\times100\%=5.8\%$

其值低于允许值，满足要求。

如果采用并联电容器补偿，为达到同样的目的，所需电容器的容量由下式可得

$$\Delta U_{perm}=\frac{PR+(Q-Q_C)X}{U_N}=\frac{22\times21+(20-Q_C)\times34}{110}=6.6(\text{kV})$$

所以

$$Q_{CS}=12.24(\text{Mvar})$$

$$Q_{CS}/Q_{CP}=\frac{2.16}{12.24}\times100\%=17.6\%$$

式中 Q_{CS}、Q_{CP}——串、并联电容器容量。

第9章　电力系统的有功功率和频率调整

9.1　概　　述

衡量电能质量的另一个重要指标是频率，保证电力系统的频率质量是电力系统运行调整的一项基本任务。

9.1.1　频率波动的原因

当电力系统正常运行时，发电机的输入功率、发电机的输出功率和电力系统的总负荷（包括负荷量和电网的有功损耗）相等。因此，发电机转子上的功率平衡，发电机可以匀速旋转，发出的交流电的频率也是稳定的；整个电力系统的总发电量和总负荷也是平衡的，可以满足整个电网的供电量。当电力系统发生某种扰动，例如负荷减小时，发电机输出的电功率瞬间将减小，但发电机的输入功率是机械功率，不可能瞬间变化，在扰动后很短的时间内，发电机的输入功率大于输出功率，发电机转子将加速，电力系统的频率也将上升。这就是频率上升的原因。换句话讲，当电力系统的有功功率（电源）充足时，频率将上升。当电力系统发生某种扰动，例如负荷增大时，由于同样的原因，发电机的输入功率小于输出功率，发电机转子减速，电力系统的频率将下降。这就是频率下降的原因。换句话讲，当电力系统的有功功率（电源）不充足时，频率将下降。

9.1.2　频率偏移的危害

频率偏移时，对用户是不利的。工业中普遍使用大量的异步电动机。其转速和输出功率均与频率有关。频率变化时，电动机的转速和输出功率也随之变化，因而严重影响产品的质量。现代工业中大量使用电子设备，频率偏移将严重影响电子设备的精确性。频率偏移时，对电力系统本身也是有危害的：①频率偏移时汽轮机转子的叶片的振动将加大，汽轮机转子的叶片只有在额定频率时效果才最佳；②发电厂内部使用了大量的大容量电动机，例如给水泵、循环水泵和凝结水泵。当频率偏移时，将影响其输出功率，从而加剧电力系统的有功功率的不平衡，加剧频率的波动。

9.1.3　负荷的分类

有的负荷的变化周期长，波动幅度大（例如日负荷曲线）。为了保证系统频率的稳定，保证系统的有功功率与有功负荷的大致平衡，发电厂将按日负荷曲线发电。这种负荷分量称为第一种负荷分量。有的负荷变化周期较短、波动幅度较小，这种负荷分量称为第二种负荷分量。对于第二种负荷分量，可以用发电机组的调频器（二次调频）来调节，也即发电机的二次调频增量与第二种负荷增量相平衡。有的负荷的变化周期很短、波动幅度很小，这种负荷分量称为第三种负荷分量，可以用发电机组的调速器（一次调频）来调节，也即发电机的一次调频增量与第三种负荷增量相平衡。有功功率负荷的变化情况如图9-1所示。

9.1.4 频率的允许偏移量

发电机输出的电磁功率是由系统的运行状态决定的。全系统发电机输出的有功功率之和，在任何时刻都与全系统的有功功率负荷（包括各种用电设备所需的有功功率和网络的有功功率损耗）相等。由于电能不能存储，负荷功率的任何变化都立即引起发电机的输出功率的相应变化。原动机输入功率由于调节系统的相对迟缓无法适应发电机电磁功率的瞬时变化，因此，发电机转轴上转矩的绝对平衡是不存在的，频率的波动也是不可避免的。

我国电力系统的额定频率 $f_N=50\text{Hz}$。《电力工业技术管理法规》中规定：频率偏移量为±0.2～±0.5Hz，用百分数表示为±0.4%～±1%。一些发达的国家的频率偏移量为±0.1Hz，即±0.2%。电力系统越大，频率也就越稳定。

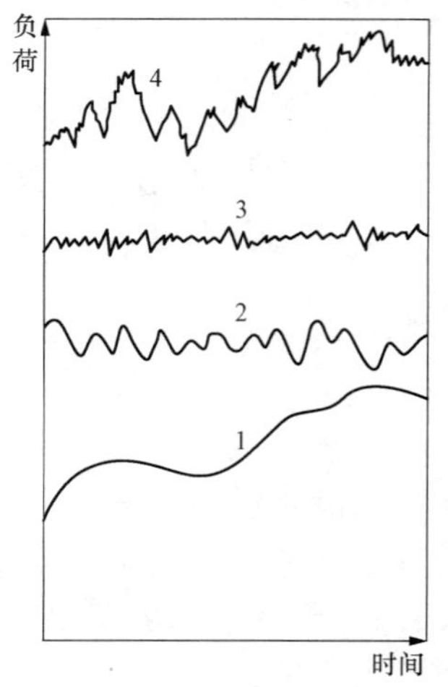

图 9-1 有功功率负荷的变化
1—第一种负荷分量；2—第二种负荷分量；3—第三种负荷分量；4—实际负荷曲线

9.2 电力系统的有功功率平衡

9.2.1 有功功率负荷曲线的预计

系统频率的稳定取决于系统的有功功率是否平衡。而有功功率的平衡主要取决于负荷曲线预计的是否正确。

多年来，编制预计系统有功功率日负荷曲线的要点是：根据各大用户申报的未来若干天的预计负荷，参照长期累积的实测数据，汇总、调整用户的用电，加上网络损耗。而在编制预计负荷曲线的同时，还应切实掌握电力系统中各发电厂预计可投入的发电设备和发电容量，在可投入的发电容量中扣除各发电厂的厂用电，就是可承担的系统负荷容量。

编制预计负荷曲线时，网络损耗和厂用电是两个重要指标。网络损耗由两部分组成：一部分与负荷大小无关，称不变损耗，主要是系统中变压器的空载损耗；另一部分与负荷的平方成正比，称可变损耗，主要是系统中变压器和线路电阻中的损耗。网络总损耗一般约为系统负荷的6%～10%。至于厂用电，水电厂的厂用电相当小，仅为电厂最大负荷的0.1%～1%；火电厂的厂用电大得多，约为5%～8%；原子能电厂的厂用电约为4%～5%。

有足够的资料和经验，编制的预计负荷曲线有一定的精确度（通常不超过2%～3%）。

9.2.2 有功功率电源及其备用容量

发电机是电力系统中唯一的有功功率电源。系统中的电源容量不一定是所有发电机组的额定容量之和。因为不是任何发电机组都能投入运行（如停机检修），投入运行的机组也不一定都能按额定容量发电（如设备缺陷、水文条件限制水电厂机组的输出功率等），发电机的发电能力不一定等于额定容量。调度部门必须及时、准确地掌握各发电机组的发电能力，可投入发电设备的可发功率之和才是真正可供调度的电源容量。

电力系统有功电源容量必须大于全系统有功电源发出的最大有功功率（包括用户最大有功功率、网损及厂用电）。电源容量大于发电负荷的部分称为系统的备用容量。

系统备用容量分为热备用和冷备用两种形式。热备用又称为旋转备用，是指运转中的发电设备可发最大功率与系统发电负荷之差。冷备用则是指未运转但随时启用的发电设备可发的最大功率。显然检修中的发电机组不属于冷备用，因为它们不能听命于调度随时启动发电。

系统备用容量按其作用可分为以下几种：

（1）负荷备用。负荷备用是为调整系统中短时的负荷波动和日计划外的负荷增加，确保系统频率质量而在系统中留有的备用容量。这种备用容量的大小，要根据系统总负荷的大小及运行经验，并考虑系统中各类用户的比重来确定，一般为最大负荷的 2%～5%。大系统取小值，小系统取大值。

（2）事故备用。事故备用是为防止系统中某些发电设备发生偶然性事故时，电力用户不致受到严重影响，且能维持系统正常供电而在系统中留有的备用容量。事故备用容量的大小，要根据系统中机组台数、机组容量的大小、机组的故障率以及系统可靠性指标等来确定，一般为最大负荷的 5%～10%，但不能小于系统中一台最大机组的容量。

（3）检修备用。检修备用是为保证系统的发电设备进行定期检修时不致影响供电而在系统中留有的备用容量。发电设备的检修一般分期分批地安排在一年中最小负荷季节（大修）和节假日（小修）进行。在这期间内，如不能完全安排所有机组大小修时，才设置所需的检修备用容量。

（4）国民经济备用。国民经济备用是考虑用户的超计划生产。新用户的出现等而设置的备用容量。这种备用容量的大小，要根据国民经济的增长情况而定。

负荷备用、事故备用、检修备用和国民经济备用是以热备用和冷备用的形式存在于系统中。不难想见，热备用中至少应包括全部负荷备用和部分事故备用。具备了备用容量，才可能讨论它们在系统中各发电设备和发电厂之间的最优分配以及系统的频率调整问题。

9.2.3　电力系统的有功功率平衡

用 $\sum P_{G}$ 表示系统有功电源所发出的有功功率，用 $\sum P_{LD}$ 表示系统有功负荷所需的有功功率，用 $\sum \Delta P_{L}$ 表示系统中所有元件所消耗的有功网损，则

$$\sum P_{G} = \sum P_{LD} + \sum \Delta P_{L} \tag{9-1}$$

为保证系统安全、优质、经济地运行，系统还必须具有一定的备用容量，即

$$\sum P_{R} = \sum P_{GN} - \sum P_{Gmax} \tag{9-2}$$

式中　$\sum P_{GN}$——系统中有功电源的额定功率之和；

$\sum P_{Gmax}$——系统有功电源所发出的最大有功功率（系统最大发电负荷）；

$\sum P_{R}$——备用容量。

9.3　电力系统的频率特性

9.3.1　负荷的静态频率特性

当电力系统处于稳态运行时，系统中的有功负荷随频率的变化而变化的特性，称为负荷的静态频率特性。

根据负荷所需的有功功率与频率的关系，负荷可分为以下几种：

（1）与频率变化无关的负荷，如照明、电热和整流负荷等。

（2）与频率的一次方成正比的负荷，负荷的阻力矩等于常数的属于此类，如球磨机、切削机床、往复式水泵等。

（3）与频率的二次方成正比的负荷，如变压器的涡流损耗等。

（4）与频率的高次方成正比的负荷，如通风机、给水泵等。

整个系统的负荷功率与频率的关系式可以写成为

$$P_{LD}=a_0P_{LDN}+a_1P_{LDN}\left(\frac{f}{f_N}\right)+a_2P_{LDN}\left(\frac{f}{f_N}\right)^2+\cdots \tag{9-3}$$

式中　P_{LD}、P_{LDN}——负荷在一般频率 f、额定频率 f_N 时，从系统中吸收的有功功率；

$a_i(i=0,1,2,\cdots)$——与频率的 i 次方成正比的负荷在 P_{LDN} 中所占的百分数。

将式（9－3）的两边同时除以 P_{LDN}，并取 P_{LDN}、f_N 为负荷 P_{LD}、频率 f 的基准值，可得式（9－3）的标幺值计算式为

$$P_{LD*}=a_0+a_1f_*+a_2f_*^2+\cdots \tag{9-4}$$

显然

$$a_0+a_1+a_2+\cdots=1$$

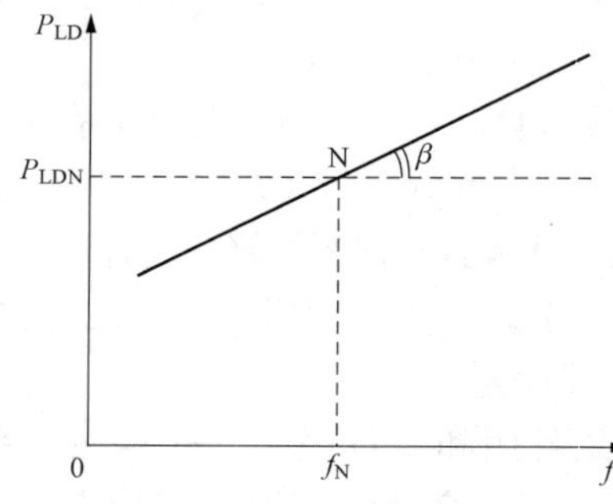

图 9－2　负荷的静态频率特性

式（9－4）通常只取到频率的二次方为止，因为与频率的更高次方成正比的负荷所占的百分数很小，可以忽略不计。实际上与频率的二次方成正比的负荷在总负荷 P_{LD}中所占的比例已很小。

负荷的静态频率特性在频率偏移不大时，可以用一条直线近似表示（见图 9－2）。从图 9－2 中可以看出，在额定工作点 N 附近，当频率上升时，负荷从系统中吸收的有功功率增加；当频率下降时，负荷从系统中吸收的有功功率减少。这就是负荷的调节特性。

图中直线的斜率为

$$K_{LD}=\tan\beta=\frac{\Delta P_{LD}}{\Delta f}(\mathrm{MW/Hz}) \tag{9-5}$$

或用标幺值表示，即

$$K_{LD*}=\frac{\Delta P_{LD}/P_{DN}}{\Delta f/f_N}=\frac{\Delta P_{LD*}}{\Delta f_*} \tag{9-6}$$

K_{LD}、K_{LD*}称为负荷的频率调节效应系数。K_{LD*}的数值取决于全系统各类负荷的比重，不同的系统有不同的数值，即使相同的系统，在不同的时刻也有不同的数值，是不可整定的。一般 $K_{LD*}=1\sim3$。K_{LD*}的数值是电力调度部门必须掌握的一个数据，因为它是考虑低频减载方案时必须掌握的一个数据。

【例 9－1】　某电力系统中，总的有功功率为2000MW（包括网损），系统频率为 50Hz。若 $K_{LD*}=1.5$，求 K_{LD}。

解　因为 $K_{LD}=K_{LD*}\dfrac{P_{LDN}}{f_N}$，代入数据可得

$$K_{LD}=1.5\times\frac{2000}{50}=60(\mathrm{MW/Hz})$$

【例 9－2】　某电力系统中，与频率无关的负荷占 30％，与频率一次方成正比的负荷占 40％，与频率二次方成正比的负荷占 10％，与频率的三次方成正比的负荷占 20％。求系统频率由 50Hz 降到 48Hz 和 45Hz 时，分别对应的负荷变化百分数。

解　（1）频率降为 48Hz 时，$f_*=\dfrac{48}{50}=0.96$，系统的负荷为

$$P_{LD*}=a_0+a_1f_*+a_2f_*^2+a_3f_*^3$$

$$=0.3+0.4\times0.96+0.1\times0.96^2+0.2\times0.96^3=0.953$$

负荷变化为　$\Delta P_{LD*}=1-0.953=0.047$

若用百分数表示，则　$\Delta P_{LD}\%=4.7$

(2) 频率降为45Hz时，$f_*=\dfrac{45}{50}=0.9$，系统的负荷为

$$P_{LD*}=0.3+0.4\times0.9+0.1\times0.9^2+0.2\times0.9^2$$
$$=0.887$$

相应地

$$\Delta P_{LD*}=1-0.887=0.113$$
$$\Delta P_{LD}\%=11.3$$

9.3.2　发电机组的功频特性

离心式机械液压调速系统由转速测量元件、放大元件、执行机构和转速控制机构四部分组成同，如图9-3所示。

转速测量元件由离心飞摆、弹簧和套筒组成，它与原动机转轴相连接，能直接反映原动机转速的变化。当原动机有某一恒定转速时，作用到飞摆上的离心力、重力及弹簧力在飞摆处于某一定位置时达到平衡，套筒位于B点，杠杆AOB和DEF处在某种平衡位置，错油门的活塞将两个油孔堵塞，使高压油不能进入油动机（接力器），油动机活塞上、下两侧的油压相等，所以活塞不移动，从而使进汽阀门的开度也固定不变。当负荷增加时，发电机的有功功率也随之增加，原动机的转速（频率）降低，因而使飞摆的离心力减小。在弹簧力和重力的作用下，飞摆靠拢到新的位置才能重新达到各力的平衡。于是套筒从B点下移到B′点。此时油动机还未动作，所以杠杆AOB中的A点仍在原处不动，整个杠杆便以A点为支点转动，使O点下降到O′点。杠杆DEF的D点是固定的，于是F点下移，错油门2的活塞随之向下移动，打开了通向油动机3的油孔，压力油便进入油动机活塞的下部，将活塞向上推，增大调节汽门的开度，增加进汽量，使原动机的输入功率增加，结果机组的转速（频率）便开始回升。随着转速的上升，套筒从B′点开始回升，与此同时油动机活塞上移，使杠杆AOB的A端也跟着上升，于是整个杠杆AOB便向上移动，并带动杠杆DEF以D点为支点向逆时针方向转动。当点O以及DEF恢复到原来位置时，错油门活塞重新堵住两个油孔，油动机活塞上、下两侧压力又互相平衡，它就在新的位置稳定下来，调整过程便告结束。这时杠杆AOB的A端由于汽门已开大而略有上升，到达A′点的位置，而O点仍保持原来位置，相应地B端将略有下降，到达B″的位置，与这个位置相对应的转速，将略低于原来的数值。

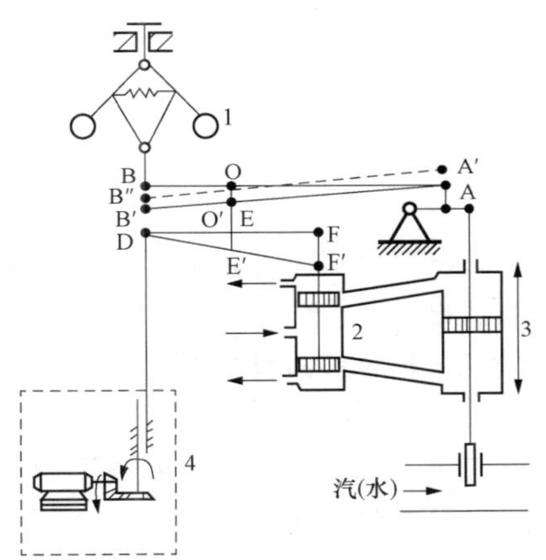

图9-3　原动机调速系统示意图

1—转速测量元件—离心飞摆及其附件；
2—放大元件——错油门或称配压阀；
3—执行机构——油动机或称接力器；
4—转速控制机构或称同步器

由此可见，对应着增大了的负荷，发电机输出功率增加，频率低于初始值；反之，如果负荷减小，则调速器调整的结果使机组输出功率减小，频率高于初始值。这种调整就是频率

的一次调整。反映调整过程结束后发电机输出功率与频率的关系曲线称为发电机组的功频特性。它近似地可表示为斜率为负的一条直线，如图 9-4 所示。

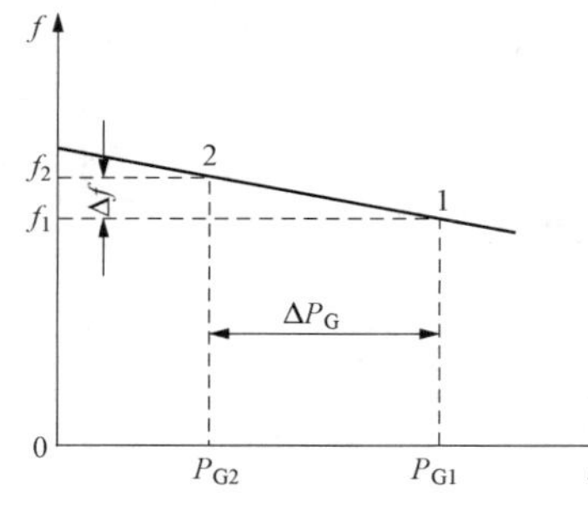

图 9-4 发电机组的功频特性

在图 9-4 所示的图像上，任取两点“1”和“2”，定义机组的单位调节功率为曲线斜率的负值，即

$$K_G = -\frac{\Delta P_G}{\Delta f} \quad (\text{MW/Hz}) \tag{9-7}$$

式（9-7）中之所以取“−”号，是因为在习惯上 K_G 取正值的原因。其标幺值公式为

$$K_{G*} = -\frac{\Delta P_G / P_{GN}}{\Delta f / f_N} = -\frac{\Delta P_{G*}}{\Delta f_*} \tag{9-8}$$

其标幺值与有名值之间的关系为

$$K_G = K_{G*}\frac{P_{GN}}{f_N} \tag{9-9}$$

有时取 K_{G*} 的倒数作为发电机组的调差系数（又称调差率），即

$$\delta_* = \frac{1}{K_{G*}} \tag{9-10}$$

调差率与负荷的单位调节效应系数不同的是，发电机的单位调节功率 K_{G*} 是可以整定的。

汽轮发电机组通常取 $\delta_* = 0.04 \sim 0.06$，$K_{G*} = 16.7 \sim 25$；

水轮发电机组通常取 $\delta_* = 0.02 \sim 0.04$，$K_{G*} = 25 \sim 50$。

9.3.3 电力系统的功频特性

要确定因电力系统的负荷变化而引起的频率变化，需要同时考虑负荷及发电机组两者的调节效应。为简单起见，只考虑一台发电机和一个负荷的情况。

电力系统的功频特性如图 9-5 所示。假设在负荷没有变化前，发电机组的功频特性为 $P_G(f)$、负荷的功频特性为 $P_{LD}(f)$，交点 A 为负荷变化前的工作点。此时发电机发出的功率为 P_{G1}，对应的频率为 f_1。当负荷的变化量为 ΔP_{LD0} 时，负荷曲线变为 $P'_{LD}(f)$。相应地，工作点从 A 变成 B。此时，发电机的输出功率、负荷从系统中吸收的实际功率均为 P_{G2}，频率从 f_1 下降到 f_2，此时 $\Delta f = f_2 - f_1 < 0$。

发电机由于频率下降，多发电 $P_{G2} - P_{G1}$，也即 $-K_G\Delta f > 0$（图 9-5 中的线段 $\overline{AD}$）；负荷由于频率下降，少吸收电 $K_{LD}\Delta f < 0$（图 9-5 中的线段 $\overline{CD}$）。因此有如下关系

$$\Delta P_{LD0} = -K_G\Delta f - K_{LD}\Delta f = -(K_G + K_{LD})\Delta f$$

令 $K = K_G + K_{LD}$，可得

$$K = K_G + K_{LD} = -\frac{\Delta P_{LD0}}{\Delta f} \tag{9-11}$$

式（9-11）称为电力系统的单位调节功率。K 越大，频率越稳定。

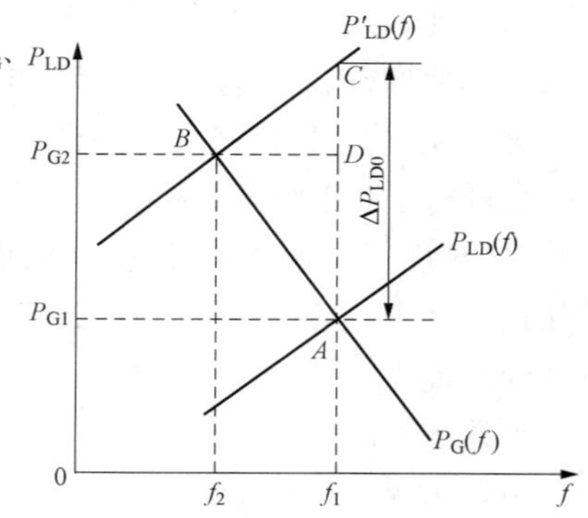

图 9-5 电力系统的功频特性

采用标幺制时有

$$K_{G*}\frac{P_{GN}}{f_N} + K_{LD*}\frac{P_{LDN}}{f_N} = -\frac{\Delta P_{LD0}}{\Delta f}$$

上式两边同除以$\dfrac{P_{LDN}}{f_N}$可得

$$K_{G*}\frac{P_{GN}}{P_{DN}}+K_{LD*}=-\frac{\Delta P_{LD0}/P_{LDN}}{\Delta f/f_N}=-\frac{\Delta P_{LD0*}}{\Delta f_*}$$

或

$$K_*=K_rK_{G*}+K_{LD*}=-\frac{\Delta P_{LD0*}}{\Delta f_*} \tag{9-12}$$

式中　K_r——备用系数，表示发电机组额定容量与额定频率时的总的有功负荷之比，$K_r=P_{GN}/P_{LDN}$。

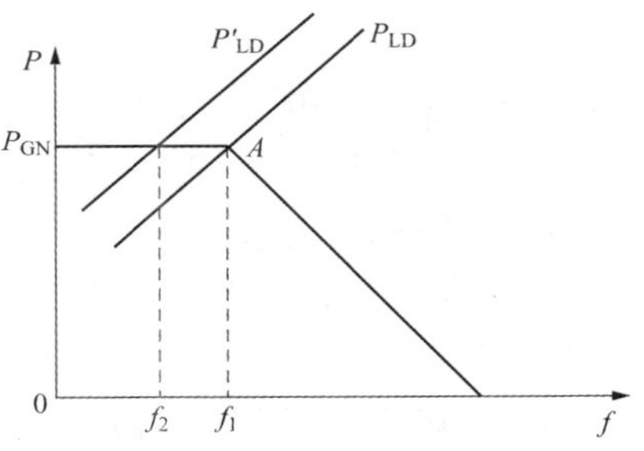

图 9-6　发电机组满载时的功频特性

特别需要说明的是，如果在初始状态下，发电机组已经满载运行，即运行在图 9-6 中的 A 点。在 A 点以后，发电机的功频特性将是一条与纵轴平行的直线，在这一段 $K_G=0$。当系统的负荷再增加时，由于发电机已没有可调节的容量，不能再增加输出了，只有靠频率下降后负荷本身的调节效应的作用来取得新的平衡，这时 $K_*=K_{LD*}$，K_* 的数值很小，所以由于负荷增加所引起的频率下降就相当严重了。因此，系统中的有功功率电源的功率输出不仅应满足在额定频率下系统对有功功率的需求，并且为了适应负荷的增长，还应该有一定的备用容量。

9.4　电力系统的频率调整

9.4.1　频率的一次调整

当负荷波动时，将引起频率的变化。这时发电机组的输出功率在调速器的作用下，也将作适当的调整，负荷从系统中吸收的实际功率也将作一定的调整，从而在新的频率下，达到新的功率平衡。这就是频率的一次调整，又叫一次调频。

当 n 台装有调速器的机组并联运行时，可根据每台发电机的单位调节功率，算出等效发电机的单位调节功率。

当系统频率变动 Δf 时，第 i 台机组的输出功率增量为

$$\Delta P_{Gi}=-K_{Gi}\Delta f\quad(i=1,2,\cdots,n) \tag{9-13}$$

n 台机组输出功率的总增量为

$$\Delta P_G=\sum_{i=1}^{n}\Delta P_{Gi}=-\sum_{i=1}^{n}K_{Gi}\Delta f=-K_G\Delta f \tag{9-14}$$

故 n 台机组的等效发电机的单位调节功率为

$$K_G=\sum_{i=1}^{n}K_{Gi}=\sum_{i=1}^{n}K_{Gi*}\frac{P_{GiN}}{f_N} \tag{9-15}$$

由此可见：n 台机组的等效发电机的单位调节功率远大于一台机组的单位调节功率。在输出功率变化值 ΔP_G 相同的情况下，多台发电机并列运行时的频率比一台机组运行时的要

小得多。

式（9－15）的标幺值计算式为

$$K_{G*}\frac{\sum_{i=1}^{n}P_{GiN}}{f_N}=\sum_{i=1}^{n}K_{Gi*}\frac{P_{GiN}}{f_N}$$

两边同除以 f_N 得

$$K_{G*}=\frac{\sum_{i=1}^{n}K_{Gi*}P_{GiN}}{\sum_{i=1}^{n}P_{GiN}} \tag{9-16}$$

【例 9-3】 某电力系统中，一半机组的容量已完全利用；其余 25%是火电厂，有 10%的备用容量，其单位调节功率为 16.6；25%是水电厂，有 20%的备用容量，其单位调节功率为 25；系统有功负荷的频率调节效应系数 $K_{D*}=1.5$。试求：

（1）系统的单位调节功率 K_*；

（2）负荷功率增加 5%时的稳态频率；

（3）如频率容许降低 0.2Hz，系统能够承担的负荷增量。

解 （1）计算系统的单位调节功率。

令系统中发电机的总额定容量为“1”，利用式（9－16）可算出全部发电机组的单位调节功率为

$$K_{G*}=0.5\times0+0.25\times16.6+0.25\times25=10.4$$

系统负荷功率为

$$P_{LD*}=0.5+0.25\times(1-0.1)+0.25\times(1-0.2)=0.925$$

系统的备用系数为

$$K_r=\frac{1}{0.925}=1.081$$

于是得 $K_*=K_rK_{G*}+K_{LD*}=1.081\times10.4+1.5=12.742$

（2）系统负荷增加 5%时的频率偏移为

$$\Delta f_*=-\frac{\Delta P_*}{K_*}=-\frac{0.05}{12.742}=-3.924\times10^{-3}$$

一次调频后的稳态频率为

$$f=50-0.003924=49.804\quad(\text{Hz})$$

（3）频率降低 0.2Hz，即 $\Delta f_*=-0.004$，系统能够承担的负荷增量为

$$\begin{aligned}\Delta P_*&=-K_*\Delta f_*\\&=-12.742\times(-0.004)\\&=5.097\times10^{-2}\end{aligned}$$

【例 9-4】 在图 9－7 所示的两机系统中，负荷为 800MW 时，频率是 50Hz。试计算当负荷突然增大 50MW 后，在下列两种运行方式中，系统的频率、两机的功率各是多少？

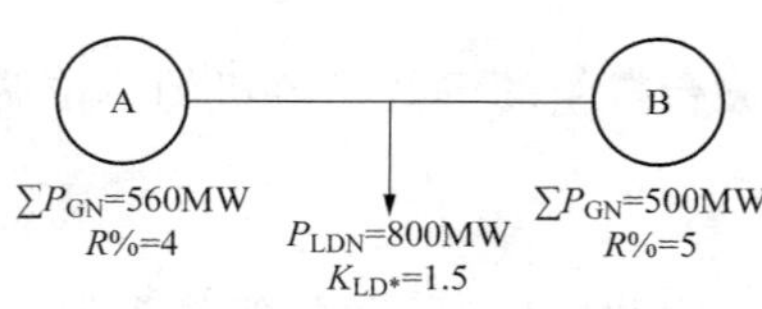

图 9－7 ［例 9－4］图

（1）两发电机组各承担一半负荷。

(2) 发电机组 A 承担 560MW，余下的 240MW 负荷由机组 B 承担。

解　(1) 两机单位调节功率为

$$K_{GA}=\frac{P_{GN}\times 100}{R\% f_N}=\frac{560\times 100}{4\times 50}=280(\text{MW/Hz})$$

$$K_{GB}=\frac{P_{GN}\times 100}{R\% f_N}=\frac{500\times 100}{5\times 50}=200(\text{MW/Hz})$$

负荷的频率调节效应系数为

$$K_{LD}=K_{LD*}\frac{P_{LDN}}{f_N}=1.5\times\frac{800}{50}=24(\text{MW/Hz})$$

系统的功频特性系数为

$$K_S=\sum_{i=1}^{2}K_{Gi}+K_{LD}=280+200+24=504(\text{MW/Hz})$$

频率变化量为

$$\Delta f=-\frac{\Delta P_{LD0}}{K_S}=-\frac{50}{504}=-0.0992(\text{Hz})$$

机组 A 功率为　$P_{GA}=400+280\times 0.0992=427.77(\text{MW})$

机组 B 功率为　$P_{GB}=400+200\times 0.0992=419.84(\text{MW})$

此时负荷的有功功率为 $(800+50)-24\times 0.0992=847.61(\text{MW})$，与发电机发出功率平衡。

(2) 该运行方式下，机组 A 满载，在负荷增加时调速器不再有一次调节的作用，此时 $K_{GA}=0$，则

$$K_S=K_{GA}+K_{GB}+K_{LD}=0+200+24=224\ (\text{MW/Hz})$$

$$\Delta f=-\frac{50}{224}=-0.2232\ (\text{Hz})$$

$$f=50-0.2232=49.7768\ (\text{Hz})$$

$$P_{GA}=560\ (\text{MW})$$

$$P_{GB}=240+200\times 0.2232=284.64\ (\text{MW})$$

负荷功率为 $(800+50)-24\times 0.2232=844.64(\text{MW})$，与机组功率平衡。该系统允许频率偏移为 ± 0.02Hz，这种运行方式的 $|\Delta f|>0.2$Hz，已超出允许的频率偏移。

[例 9-4] 说明：K_S 越大就越能保证频率质量。换言之，保证频率质量的前提是系统具备充足的有功功率电源容量；否则为满足负荷的需求，必然会使一些机组满载运行（[例 9-4] 是运行方式不当所致)，相应地使 K_S 减小，在负荷增加时，就不能保证频率质量。

9.4.2　频率的二次调整

1. 同步器的工作原理

频率的二次调整，又叫二次调频，由发电机组的转速控制机构——同步器（见图 9-3）来完成。同步器由伺服电动机、蜗轮、蜗杆等装置组成。在人工手动操作或自动装置控制下，伺服电动机既可正转也可反转，因而使杠杆的 D 点上升或下降。从 9.3 节的讨论中可知，如果 D 点固定，则当负荷增加引起转速下降时，由机组调速器自动进行频率的一次调整（又叫一次调频）并不能使转速完全恢复。为了恢复初始的转速，可通过伺服电动机令 D 点上移。这时，由于 E 点不动，杠杆 DEF 便以 E 点为支点转动，使 F 点下降，错油门 2 的

油门被打开；于是压力油进入油动机 3，使它的活塞向上移动，开大进汽阀门，增加进汽量，因而使原动机输出功率增加，机组转速随之上升。适当控制 D 点的位置，可使转速恢复到初始值。这时套筒位置较 D 点移动以前升高了一些，整个调速系统处于新的平衡状态。调整的结果使原来的功频特性 2 平行上移为特性 1（见图 9 - 8）。反之，如果机组负荷降低使转速升高，则可通过伺服电动机使 D 点下移来降低机组转速。调整的结果使原来的功频特性 2 平行下移为特性 3。当负荷变动引起频率变化时，利用同步器平行移动机组功频特性来调节系统频率和分配机组间的有功功率，这就是频率的二次调整，又称“二次调频”，也就是通常所说的“频率调整”。由手动控制同步器的称为人工调频，由自动调频装置控制的称为自动调频。

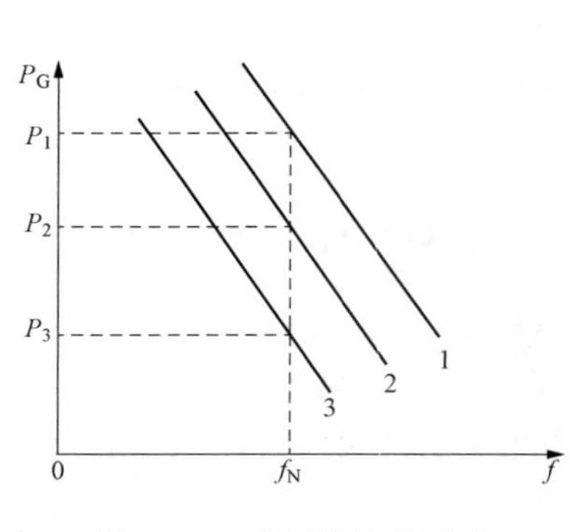

图 9 - 8　功频特性的平移

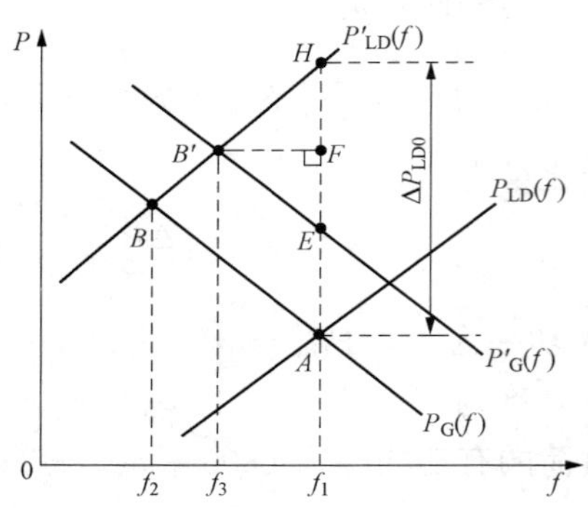

图 9 - 9　频率的二次调整

2. 频率的二次调整（见图 9 - 9）

假定系统中只有一台发电机向一个负荷供电，原始运行点是曲线 $P_G(f)$、$P_{LD}(f)$ 的交点 A。当负荷增量为 ΔP_{LD0} 时，负荷的曲线由 $P_{LD}(f)$ 变成 $P'_{LD}(f)$，工作点也从 A 上移到 B 点。此时，由于系统的频率太低，发电机进行二次调频，发电机的曲线从 $P_G(f)$ 上移到 $P'_G(f)$，此时的工作点从 B 上移到 B'。工作点 B' 是二次调频后的最终工作点。

数量关系如下：线段 $\overline{AH}$ 表示负荷增量 ΔP_{LD0}；线段 $\overline{AE}$ 为发电机二次调频增发量 ΔP_G，$\overline{EF}$ 是发电机的一次调频增发量，$\overline{EF}=-K_G\Delta f>0$；$\overline{HF}$ 是负荷的调节量，$\overline{HF}=-K_{LD}\Delta f$。所以

$$\Delta P_{LD0}=\Delta P_G-K_G\Delta f-K_{LD}\Delta f$$

经整理可得

$$K_G+K_{LD}=-\frac{\Delta P_{LD0}-\Delta P_G}{\Delta f} \tag{9-17}$$

由式（9 - 17）可见：进行二次调频并不能改变系统的单位调节功率。但由于二次调频增加了发电机的功率，在同样频率的偏移下，系统能承受的负荷变化量增加了，或者说，在相同的负荷变化量下，频率的偏移减小了。

由式（9 - 17）可知：当发电机的二次调频增发量等于负荷变化量时，系统可以做到无差（$\Delta f=0$）调节。

9.4.3　互联系统的频率调整

大型电力系统的供电范围广，电源和负荷的分布情况比较复杂，频率调整难免引起网络中潮流的重新分布。如果将整个电力系统看作是由若干个分系统通过联络线连接而成的互联系统，那么在调整频率时，还必须注意联络线上交换功率的控制问题。

图 9-10 表示由系统 A、B 通过联络线组成的互联系统。假定系统 A 和 B 的负荷变化量分别是 ΔP_{LDA} 和 ΔP_{LDB}；由于发电机二次调频增发量分别为 ΔP_{GA} 和 ΔP_{GB}，单位调节功率分别是 K_A 和 K_B，联络线上的交换功率增量为 ΔP_{AB}，并假设由系统 A 到系统 B 为参考正方向。这样，ΔP_{AB} 对系统 A 相当于负荷增量，对于系统 B 相当于发电功率增量。

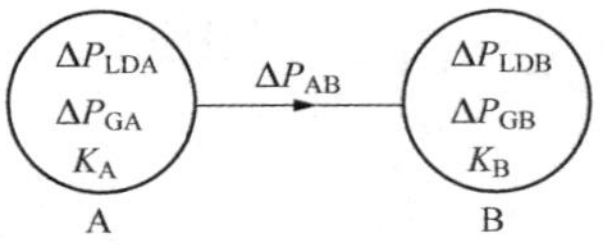

对于系统 A

$$\Delta P_{LDA} + \Delta P_{AB} - \Delta P_{GA} = -K_A \Delta f$$

对于系统 B

$$\Delta P_{LDB} - \Delta P_{AB} - \Delta P_{GB} = -K_B \Delta f$$

图 9-10　互联系统

联立求解可得

$$\Delta f = -\frac{(\Delta P_{LDA} + \Delta P_{LDB}) - (\Delta P_{GA} + \Delta P_{GB})}{K_A + K_B} = -\frac{\Delta P_{LD} - \Delta P_G}{K} \tag{9-18}$$

$$\Delta P_{AB} = \frac{K_A(\Delta P_{LDB} - \Delta P_{GB}) - K_B(\Delta P_{LDA} - \Delta P_{GA})}{K_A + K_B} \tag{9-19}$$

式（9-18）说明：若互联系统二次调频增发量 ΔP_G 能同全系统的负荷增量 ΔP_{LD} 相平衡，则可实现无差调节，即 $\Delta f=0$；否则，将出现频率偏移。

【例 9-5】　由系统 A、B 组成的联合系统，如图 9-11 所示。正常运行时联络线上没有交换功率流通。系统 A、B 容量分别为 1500MW 和 1000MW，各自的单位调节功率（分别以各自系统容量为基准的标幺值）示于图中。现若系统 A 负荷增加 100MW，试计算在下列各种情况时系统频率的变化及联络线上的交换功率的变化。

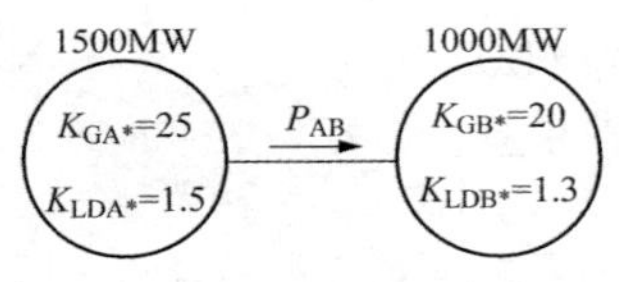

图 9-11　［例 9-5］两联合系统

（1）系统 A、B 的机组都不参加一、二次调频。

（2）系统 A、B 的机组都只参加一次调频。

（3）系统 A、B 的机组都参加一次调频，系统 A 有调频机组进行二次调频，增发 60MW。

（4）系统 A、B 的机组都参加一次调频，系统 B 有调频机组进行二次调频，增发 60MW。

（5）系统 A、B 的机组都参加一、二次调频，各增发 50MW。

解　将以标幺值表示的单位调节功率折算成有名值为

$$K_{GA} = K_{GA*}\frac{P_{GAN}}{f_N} = 25 \times \frac{1500}{50} = 750(\text{MW/Hz})$$

$$K_{GB} = K_{GB*}\frac{P_{GBN}}{f_N} = 20 \times \frac{1000}{50} = 400(\text{MW/Hz})$$

$$K_{LDA} = K_{LDA*}\frac{P_{GAN}}{f_N} = 1.5 \times \frac{1500}{50} = 45(\text{MW/Hz})$$

$$K_{LDB} = K_{LDB*}\frac{P_{GBN}}{f_N} = 1.3 \times \frac{1000}{50} = 26(\text{MW/Hz})$$

（1）当系统 A、B 的机组都不参加一、二次调频时

$$K_{GA} = K_{GB} = 0$$

$$\Delta P_{GA} = \Delta P_{GB} = 0$$

$$\Delta P_{LDA}=100MW;\Delta P_{LDB}=0$$

$$K_A=K_{GA}+K_{LDA}=45(MW/Hz);K_B=K_{GB}+K_{LDB}=26(MW/Hz)$$

$$\Delta f=-\frac{(\Delta P_{LDA}+\Delta P_{LDB})-(\Delta P_{GA}+\Delta P_{GB})}{K_A+K_B}=-\frac{(100+0)-(0+0)}{45+26}=-1.41(Hz)$$

$$\Delta P_{AB}=\frac{K_A(\Delta P_{LDB}-\Delta P_{GB})-K_B(\Delta P_{LDA}-\Delta P_{GA})}{K_A+K_B}=\frac{45\times(0-0)-26\times(100-0)}{45+26}$$

$$=-36.6(MW)$$

这是系统有功电源容量十分紧缺的严重情况。频率偏移大大超出允许范围，系统机组全部满载，负荷增加时，调速器不能进行调整，仅仅依靠负荷本身的调节效应来调整，系统频率质量无法保证。这说明电力系统具备充足的有功电源容量是保证频率质量的前提。

由于系统频率大大降低，将使系统 B 负荷调节效应产生的过剩功率（$K_{LDB}\Delta f=26\times 1.41=36.6MW$）经联络线由 B 向 A 输送。

（2）当系统 A、B 的机组都只参加一次调频时

$$K_{GA}=750(MW/Hz);K_{GB}=400(MW/Hz)$$

$$\Delta P_{GA}=\Delta P_{GB}=0$$

$$\Delta P_{LDA}=100MW;\Delta P_{LDB}=0$$

$$K_A=K_{GA}+K_{LDA}=750+45=795(MW/Hz)$$

$$K_B=K_{GB}+K_{LDB}=400+26=426(MW/Hz)$$

$$\Delta f=-\frac{(\Delta P_{LDA}+\Delta P_{LDB})-(\Delta P_{GA}+\Delta P_{GB})}{K_A+K_B}$$

$$=-\frac{(100+0)-(0+0)}{795+426}=-0.082(Hz)$$

$$\Delta P_{AB}=\frac{K_A(\Delta P_{LDB}-\Delta P_{GB})-K_B(\Delta P_{LDA}-\Delta P_{GA})}{K_A+K_B}$$

$$=\frac{795\times(0-0)-426\times(100-0)}{795+426}=-34.9(MW)$$

这是系统无调频机组的情况。但因系统总的单位调节功率较大，频率偏移较小，联络线上的功率变化较大，仍是系统 B 的机组一次调频增发的功率和负荷调节效应减少的功率同时通过联络线向系统 A 输送。

（3）当系统 A、B 的机组都参加一次调频，且系统 A 有调频机组进行二次调频时

$$K_{GA}=750(MW/Hz);K_{GB}=400(MW/Hz)$$

$$\Delta P_{GA}=60(MW);\Delta P_{GB}=0$$

$$\Delta P_{LDA}=100(MW);\Delta P_{LDB}=0$$

$$K_A=K_{GA}+K_{LDA}=750+45=795(MW/Hz)$$

$$K_B=K_{GB}+K_{LDB}=400+26=426(MW/Hz)$$

$$\Delta f=-\frac{(\Delta P_{LDA}+\Delta P_{LDB})-(\Delta P_{GA}+\Delta P_{GB})}{K_A+K_B}=-\frac{(100+0)-(60+0)}{795+426}=-0.033(Hz)$$

$$\Delta P_{AB}=\frac{K_A(\Delta P_{LDB}-\Delta P_{GB})-K_B(\Delta P_{LDA}-\Delta P_{GA})}{K_A+K_B}$$

$$=\frac{795\times(0-0)-426\times(100-60)}{795+426}=-14(MW)$$

这是一种比较理想的情况，频率下降很小，联络线上交换功率的变化也不大。这是调频厂设在负荷中心就近调整的理想的情况。

（4）当系统 A、B 的机组都参加一次调频，且系统 B 有调频机组进行二次调频时

$$K_{GA}=750(\text{MW/Hz});K_{GB}=400(\text{MW/Hz})$$

$$\Delta P_{GA}=0;\Delta P_{GB}=60(\text{MW})$$

$$\Delta P_{LDA}=100(\text{MW});\Delta P_{LDB}=0$$

$$K_A=K_{GA}+K_{LDA}=750+45=795(\text{MW/Hz})$$

$$K_B=K_{GB}+K_{LDB}=400+26=426(\text{MW/Hz})$$

$$\Delta f=-\frac{(\Delta P_{LDA}+\Delta P_{LDB})-(\Delta P_{GA}+\Delta P_{GB})}{K_A+K_B}$$

$$=-\frac{(100+0)-(0+60)}{795+426}=-0.033(\text{Hz})$$

$$\Delta P_{AB}=\frac{K_A(\Delta P_{LDB}-\Delta P_{GB})-K_B(\Delta P_{LDA}-\Delta P_{GA})}{K_A+K_B}$$

$$=\frac{795\times(0-60)-426\times(100-0)}{795+426}=-74(\text{MW})$$

系统总功率缺额与情况（3）相同，所以频率偏移也相同，但联络线交换功率很大。如果联络线功率输送有所限制，如$|P_{ab}|\leqslant 60\text{MW}$，则系统 B 的二次调频能力就不能充分发挥，整个系统的频率将进一步下降。这就是主调频厂设在远离负荷中心的情况，不是一种理想的情况。

（5）当系统 A、B 机组均参加一次调频，两系统都有调频机组进行二次调频时

$$K_{GA}=750(\text{MW/Hz});K_{GB}=400(\text{MW/Hz})$$

$$\Delta P_{GA}=\Delta P_{GB}=50(\text{MW})$$

$$\Delta P_{LDA}=100(\text{MW});\Delta P_{LDB}=0$$

$$K_A=K_{GA}+K_{LDA}=750+45=795(\text{MW/Hz})$$

$$K_B=K_{GB}+K_{LDB}=400+26=426(\text{MW/Hz})$$

$$\Delta f=-\frac{(\Delta P_{LDA}+\Delta P_{LDB})-(\Delta P_{GA}+\Delta P_{GB})}{K_A+K_B}=-\frac{(100+0)-(50+50)}{795+426}=0$$

$$\Delta P_{AB}=\frac{K_A(\Delta P_{LDB}-\Delta P_{GB})-K_B(\Delta P_{LDA}-\Delta P_{GA})}{K_A+K_B}$$

$$=\frac{795\times(0-50)-426\times(100-50)}{795+426}=-50(\text{MW})$$

这就是系统中所有主调频机组增发功率的总和完全抵消系统负荷增量的情况，系统频率无偏差，实现无差调节。但联络线交换功率变化较大，系统 B 的机组增发的功率全部通过联络线向系统 A 输送。

从［例 9-5］分析可知，全系统要实现在一定频率水平下的功率平衡及频率调整，对于大型系统可采用分区调整，就地实现功率平衡的调整方法。这样既可保证系统的频率质量，又不加重联络线的负担。

9.4.4　主调频厂的选择

全系统有调整能力（有可调容量、有调速器）的发电机在频率波动时都自动地参与一次调频。但只有少数发电厂（机组）承担二次调频。按照是否承担二次调频可将所有的发电厂

分为主调频厂、辅助调频厂和非调频厂三类。其中，主调频厂（数量很少）负责全系统的频率调整（即二次调频）；辅助调频厂只有在系统频率超过某一规定的偏移范围时才参与频率调整，这样的发电厂一般也只有少数几个；非调频厂在系统正常运行情况下则按预先给定的负荷曲线发电。主调频厂在系统中的分布应比较均匀，避免在二次调频时由于功率的远距离输送而增加网损。

主调频厂（机组）选择的主要条件是：

（1）应具有足够的调整容量及调整范围。

（2）调频机组具有与负荷变化速度相适应的调整速度。

（3）调整输出功率时符合安全及经济的原则。

此外，还应考虑由于调频所引起的联络线上交换功率的波动，以及网络中某些中枢点的电压波动是否超出允许范围。

在调频时，机组的煤耗比正常运行时要大一些。

水轮机组具有较宽的功率调整范围，一般可以达到额定容量的50%以上，带负荷的增长速度也较快，一般在1min之内即可从空载过渡到满载状态，而且操作方便、安全。所以，从功率调整范围到调整速度来看，水电厂最适宜承担调频任务。但是在安排各类电厂的负荷时，还应考虑整个电力系统运行的经济性。在枯水季节，宜选水电厂作为主调频厂；在丰水季节，为了充分利用水力资源，避免弃水，水电厂宜带稳定的负荷，以便提高整个系统的经济性。

火力发电厂的锅炉和汽机都受到最小技术负荷的限制，其中锅炉约为25%（中温中压）～70%（高温高压）的额定容量。汽机为10%～15%的额定容量。因此，火力发电厂的功率调整范围不大；而且发电机组的带负荷增减速度也受到各部分热膨胀的限制，不能太快，在50%～100%额定负荷范围内，每分钟仅能上升2%～5%。

核电厂的可调容量较大，调整速度介于水电厂和火电厂之间。但由于核电厂的投资巨大，需要尽快收回成本，并且核电厂的年运行费用低，投产后宜带基本负荷，不承担调频任务。

9.5 各发电厂之间有功负荷的合理分配

9.5.1 各发电厂的特点

各类发电厂由于设备容量、机组规格和使用的动力资源的不同有着不同的技术经济特性。必须结合它们的特点，合理地组织这些发电厂的运行方式，恰当安排它们在电力系统日负荷曲线和年负荷曲线中的位置，以提高系统运行的经济性。

（1）火电厂的特点：

1）火电厂在运行中需要支付燃料费用，使用外地燃料时，要占用国家的运输能力。但它的运行不受自然条件的影响。

2）火力发电设备的效率同蒸汽参数有关，高温高压设备的效率高、中温中压设备的效率低。

3）锅炉和汽机受最小技术负荷的限制。火电厂有功功率的调整范围比较小，其中高温高压设备可以灵活调节的范围最小，中温中压设备略大。负荷的增减速度也慢。机组的投入和退出运行费时长且消耗能量多。

4）带有热负荷的火电厂称为热电厂，它采用抽汽供热，其总效率要高于一般的凝汽式火电厂。但与热负荷相对应的那部分电功率是不可调节的强迫功率。

（2）水电厂的特点：

1）不需支付燃料费用，而且水能是可以再生利用的资源。但水电厂的运行因水库调节性能的不同在不同程度上受自然条件（水文条件）的影响。

2）水轮发电机的功率调整范围较大，负荷的增减也相当快，机组的投入和退出运行费时都很少，操作简便安全，无需额外的耗费。

3）水力枢纽往往兼有防洪、发电、航运、灌溉、养殖、供水和旅游等方面的效益，水库的发电用水量通常按水库的综合效益来考虑安排，不一定能同电力负荷的需要相一致。因此，只有在火电厂的适当配合下，才能充分发挥水电厂的经济效益。

（3）核电厂的特点：

1）一次投资大，运行费用小。

2）在运行中不宜带急剧变化的负荷，宜带基本负荷。

3）反应堆、汽轮机在退出运行和再度投入时都很费时，且要增加能量消耗。

9.5.2　负荷在各发电厂之间的合理分配

为了合理地利用国家的动力资源，在安排各类发电厂的发电任务时，应遵循以下几项原则：

（1）充分合理地利用水力资源，尽量避免弃水。由于防洪、灌溉、航运、供水等原因必须向下游放水时，这部分放水量，也应尽量用来发电。

（2）努力降低火电厂的煤耗。为此，应尽量采用高效率的发供电设备，给热电厂分配与热负荷相适应的电负荷，让效率高的机组带稳定负荷、效率低的机组带变动负荷，对效率低的设备进行技术改造。在各发电厂之间按等微增率安排各发电厂的输出功率（见第 10 章）。

（3）执行国家的能源政策，减少燃油发电厂的发电量，增加坑口发电厂的发电量。

根据上述原则，在夏季丰水期和冬季枯水期各类发电厂在日负荷曲线中的安排如图 9 - 12所示。

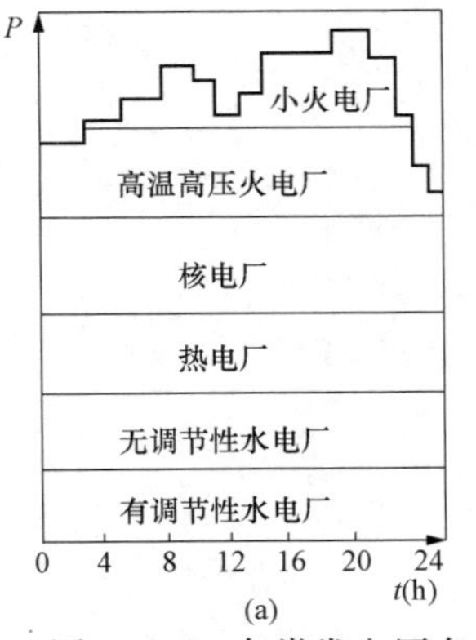

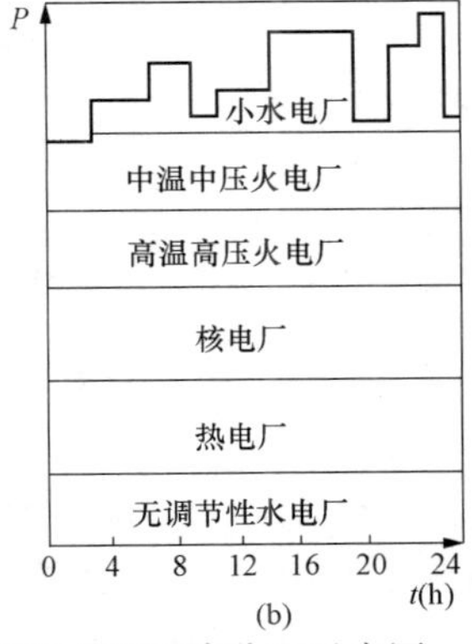

图 9 - 12　各类发电厂在日负荷曲线上的经济分配示意图

（a）丰水期；（b）枯水期

在丰水期，因水量充足，水电厂应带基本负荷以避免弃水，热电厂应承担与热负荷相适应的电负荷，核电厂应带稳定负荷。它们都必须安排在日负荷曲线的基本部分。然后对凝汽式火电厂按其效率的高低依次由下向上安排。在此期间，水电厂多发电，火电厂开机较少，可以抓紧时间进行火电厂设备的检修。

在枯水期，因来水较少，除了无调节性能的水电厂仍带基本负荷外，有调节性的水电厂应安排在日负荷曲线的尖峰部分；其余各类电厂的安排顺序不变。

第 10 章　电力系统的经济运行

10.1　概　　述

电力系统经济运行的基本要求是在保证整个系统安全可靠和具有良好的电能质量（电压、频率、波形）的前提下，努力提高电能的生产效率和输送效率，尽量降低电能的生产成本和供电成本。

提高电力系统运行的经济性，必须从规划设计和组织运行两个方面来考虑。首先，在规划设计中，应采用高效率的发电设备，合理选择电网的电压等级，选择满足技术要求并且经济性好的接线方式，正确选用导线的截面积。在组织运行中，调度部门应按经济原则制定运行方式，合理分配各发电厂的有功功率输出，降低整个电网的燃料消耗；合理组织各发电厂及其他无功电源的无功功率输出，提高输电效率，降低供电成本。还可以采取必要的技术措施，提高用户的功率因数，组织并联变压器组经济运行，进行调峰用电等。由此可见，电力系统的经济性涉及电能的生产、输送、分配和消耗全过程。

本章主要讲解发电机之间输出功率的合理分配，降低网损的技术措施，电网中能量损耗的计算等问题。

10.2　电网中电能损耗的近似计算

10.2.1　电网的能量损耗

电力系统在运行过程中，运行参数经常发生变化。因此，按照某一电流（功率）值计算的有功损耗只是针对该运行时刻而言的瞬时值，并不具有普遍的意义。计算电网的有功损耗必须以一定时间段内电网损耗的电量来衡量。通常，用一年（365×24=8760h）内电网的总的有功损耗的电量来表示，即“年电能损耗”。

在给定的时间（日、月、季或年）内，系统中所有发电厂的总发电量同厂用电之差，称为供电量；所有送电、变电和配电各环节所损耗的电量，称为电网的损耗电量（或能量损耗）。在同一时间内，电网损耗电量占供电量的百分数，称为电网的损耗率，简称网损率或线损率，即

$$\text{网损率}=\frac{\text{电网损耗电量}}{\text{供电量}}\times 100\% \qquad (10-1)$$

网损率是电力系统的一个重要经济指标，也是衡量电力企业管理水平的一项主要标志。

在电网元件的功率损耗和能量损耗中，有一部分与元件通过的电流（或功率）的平方成正比，如变压器绕组的损耗和线路上的损耗；另一部分则与施加在元件上的电压的平方成正比，如变压器铁芯损耗，电缆和电容器绝缘介质的损耗等。以变压器为例，如忽略电压变化

对铁芯的影响，则在给定的运行时间内，变压器的电能损耗为

$$\Delta A_{\mathrm{T}} = \Delta P_0 T + 3\int_0^{\mathrm{T}} I^2 R_{\mathrm{T}} \mathrm{d}t \times 10^{-3} \quad (\mathrm{kWh}) \tag{10-2}$$

式中 ΔP_0——变压器的空载损耗；

I——通过变压器的负荷电流；

R_{T}——变压器的等效电阻。

式（10-2）中的第一项与电流（功率）无关，称为不变损耗。它只与电压和运行时间有关，计算比较简单。式（10-2）中的第二项与电流（功率）有关，称为可变损耗。它与负荷的大小与运行时间有关，计算比较困难。线路中电阻上的能量损耗与式（10-2）中的第二项相似。下面主要讨论这部分损耗的计算方法。

10.2.2 最大负荷损耗时间法

若在线路或变压器绕组中，通过的电流是 $I(t)$，则在一年之内损耗的电量为

$$\Delta A_{\mathrm{L}} = \int_0^{8760} 3I^2(t)R\mathrm{d}t = \int_0^{8760} \left[\frac{S(t)}{U(t)}\right]^2 R\mathrm{d}t \tag{10-3}$$

这是电能损耗的理论计算公式。这个公式貌似简单，但极不实用。因为负荷曲线 $S(t)$ 本身就是预计的，又不能确知每一时刻的功率因数，特别是在电网的设计阶段，所得的数据更为粗略。因此，在工程上采用一种简化实用的方法，即最大负荷损耗时间法来计算能量损耗。

如果线路中输送的功率始终等于最大负荷功率 $S_{\max}$，在 τ 小时内的能量损耗正好等于线路全年的实际电能损耗，则称 τ 为最大负荷损耗时间。

因为

$$\Delta A_{\mathrm{L}} = \int_0^{8760} \left[\frac{S(t)}{U(t)}\right]^2 R\mathrm{d}t = \left(\frac{S_{\max}}{U}\right)^2 R\tau \tag{10-4}$$

所以

$$\tau = \frac{\int_0^{8760} S^2(t)\mathrm{d}t}{S_{\max}^2} \tag{10-5}$$

由此可见，最大负荷损耗时间 τ 与视在功率的负荷曲线 $S(t)$ 有关。在以前的学习讨论中，最大负荷利用小时数 $T_{\max}$ 与年有功功率的负荷曲线有关。且在一定的功率因数下，视在功率与有功功率成正比。从而可知，在给定的功率因数下，τ 与 $T_{\max}$ 之间必有一定的数量关系。通过对一些典型负荷曲线的分析，得到它们的关系，见表 10-1。

在工程计算中，往往不知道负荷曲线。这时可以根据 $T_{\max}$ 和功率因数 $\cos\varphi$，即可从表 10-1中查得 τ 值，便可方便地计算出全年的电能损耗。

如果一条供电线路上有几个负荷点，如图 10-1 所示，则线路的总电能损耗就等于各段线路的电能损耗之和，即

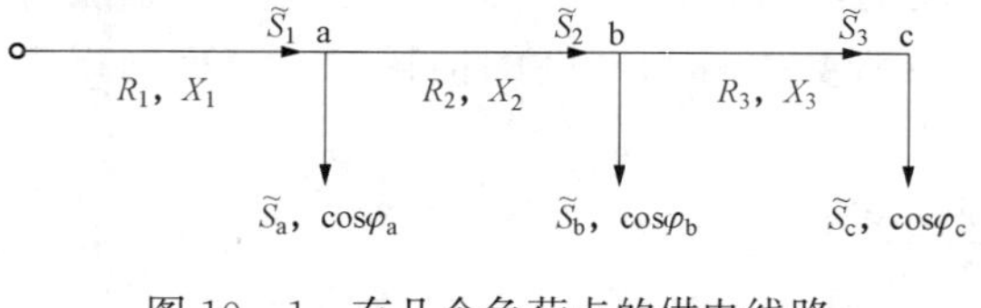

图 10-1 有几个负荷点的供电线路

$$\Delta A = \left(\frac{\widetilde{S}_1}{U_{\mathrm{a}}}\right)^2 R_1\tau_1 + \left(\frac{\widetilde{S}_2}{U_{\mathrm{b}}}\right)^2 R_2\tau_2 + \left(\frac{\widetilde{S}_3}{U_{\mathrm{c}}}\right)^2 R_3\tau$$

式中 $\widetilde{S}_1$、$\widetilde{S}_2$、$\widetilde{S}_3$ ——各段的最大负荷功率；

τ_1、τ_2、τ_3 ——各段的最大负荷损耗时间。

为了求出各线段的 τ，必须先计算出各线段的 $\cos\varphi$ 和 $T_{\max}$。如果已知各点负荷的最大负荷利用小时数分别为 $T_{\max\cdot\mathrm{a}}$、$T_{\max\cdot\mathrm{b}}$、$T_{\max\cdot\mathrm{c}}$，各点最大负荷同时出现，且分别为 S_{a}、S_{b} 和 S_{c}，

则有

$$\cos\varphi_1 = \frac{S_a\cos\varphi_a + S_b\cos\varphi_b + S_c\cos\varphi_c}{S_a + S_b + S_c}$$

$$\cos\varphi_2 = \frac{S_b\cos\varphi_b + S_c\cos\varphi_c}{S_b + S_c}$$

$$\cos\varphi_3 = \cos\varphi_c$$

$$T_{max_1} = \frac{P_a T_{max\cdot a} + P_b T_{max\cdot b} + P_c T_{max\cdot c}}{P_a + P_b + P_c}$$

$$T_{max_2} = \frac{P_b T_{max\cdot b} + P_c T_{max\cdot c}}{P_b + P_c}$$

$$T_{max_3} = T_{max\cdot c}$$

知道了 $\cos\varphi$ 和 T_{max}，就可以从表 10 - 1 中找出适当的 τ 值。

变压器绕组中电能损耗的计算与线路相同，变压器的铁损耗按全年投运的实际小时数计算。

表 10 - 1　　最大负荷损耗小时数 τ 与最大负荷利用小时数 T_{max} 的关系

T_{max} (h) ＼ τ (h) ＼ $\cos\varphi$	0.8	0.85	0.90	0.95	1.00
2000	1500	1200	1000	800	700
2500	1700	1500	1250	1100	950
3000	2000	1800	1600	1400	1250
3500	2350	2150	2000	1800	1600
4000	2750	2600	2400	2200	2000
4500	3150	3000	2900	2700	2500
5000	3600	3500	3400	3200	3000
5500	4100	4000	3950	3750	3600
6000	4650	4600	4500	4350	4200
6500	5250	5200	5100	5000	4850
7000	5950	5900	5800	5700	5600
7500	6650	6600	6550	6500	6400
8000	7400	—	7350	—	7250

【例 10 - 1】　考虑图 10 - 2 所示的输电系统，变电站低压母线上的最大负荷为 40MW，$\cos\varphi = 0.8$，$T_{max} = 4500$h。试求线路及变压器中全年的电能损耗。线路和变压器的参数如下：线路（每回），$r_0 = 0.17\Omega/\text{km}$，$x_0 = 0.409\ \Omega/\text{km}$，$b_0 = 2.82 \times 10^{-6}\text{s}/\text{km}$；

变压器（每台），$\Delta P_0 = 8.6$kW，$\Delta P_k = 200$kW，$I_0\% = 2.7$，$U_k\% = 10.5$。

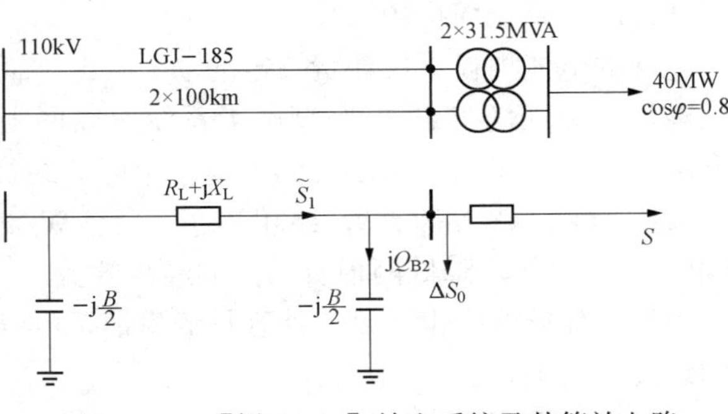

图 10 - 2　［例 10 - 1］输电系统及其等效电路

解 最大负荷时变压器绕组的功率损耗为

$$\begin{aligned}\Delta S_T &= \Delta P_T + j\Delta Q_T = 2\left(\Delta P_k + j\frac{U_k\%}{100}S_N\right)\times\left(\frac{S}{2S_N}\right)^2\\ &= 2\times\left(200 + j\,\frac{10.5}{100}\times 31500\right)\times\left(\frac{40/0.8}{2\times 31.5}\right)^2\\ &= 252 + j\,4166(\text{kVA})\end{aligned}$$

变压器的铁损耗为

$$\Delta S_0 = 2\left(\Delta P_0 + j\,\frac{I_0\%}{100}S_N\right) = 2\times\left(86 + j\,\frac{2.7}{100}\times 31500\right) = 172 + j\,1701(\text{kVA})$$

线路末端的充电功率为

$$Q_{B2} = -2\times\frac{b_0 l}{2}U^2 = -2.82\times 10^{-6}\times 100\times 110^2 = -3.412(\text{Mvar}) = -3412(\text{Kvar})$$

等效电路中用以计算线路损失的功率为

$$\begin{aligned}\widetilde{S}_1 &= \widetilde{S} + \Delta\widetilde{S}_T + \Delta\widetilde{S}_0 + jQ_{B2}\\ &= (40 + j30) + (0.252 + j4.166) + (0.172 + j1.701) - j3.412\\ &= 40.424 + j32.455(\text{MVA})\end{aligned}$$

线路上的有功功率损耗为

$$\Delta P_L = \frac{\widetilde{S}_1}{U^2}R_L = \frac{40.424^2 + 32.455^2}{110^2}\times\frac{1}{2}\times 0.17\times 100 = 1.8879(\text{MW})$$

已知 $T_{max}=4500\text{h}$，$\cos\varphi=0.8$，从表 10 - 1 中查得 $\tau=3150\text{h}$，假定变压器全年投入运行，则变压器中全年的能量消耗为

$$\begin{aligned}\Delta A_T &= 2\Delta P_0\times 8760 + \Delta P_T\times 3150\\ &= 172\times 8760 + 252\times 3150 = 2300520(\text{kWh}) = 230.052(\text{万 kWh})\end{aligned}$$

线路中全年能量损耗为

$$\Delta A_L = \Delta P_L\times 3150 = 1887.9\times 3150 = 5946885(\text{kWh}) = 594.6885(\text{万 kWh})$$

输电系统全年的总电能损耗为

$$\Delta A_T + \Delta A_L = 230.052 + 594.6885 = 824.7405(\text{万 kWh})$$

10.3 降低网损的技术措施

10.3.1 降低网损的意义

电网的电能损耗不仅耗费一定的动力资源，而且占用一部分发电设备容量。例如，一个年供电量为 200 亿 kWh 的中型电力系统，以网损率为 10%计算，全年的电量损失将达 20 亿 kWh。如果网损率下降到 9%，则一年可节约 2 亿 kWh 电能，相当于节约 8 万 t 标准煤（以煤耗 0.4kg/kWh 计算），还相当于 4 万 kW 发电设备的年发电量（发电设备以 T_{max} = 5000h 计）。因此，降低网损有巨大的经济效益。

当然，降低网损也不是一件容易的事情，可以采取各种技术措施。大体可分为运行性措施和建设性措施。

10.3.2 提高用户处的功率因数，避免无功功率远距离输送

实现无功功率的就地平衡，不仅能改善电压质量，对提高电网运行的经济性也有重大作

用。在图 10-3 所示简单网络中，线路的有功损耗为

$$\Delta P_L = 3I^2R = \frac{P^2}{U^2\cos^2\varphi}R$$

如果将功率因数从原来的 $\cos\varphi_1$ 提高到 $\cos\varphi_2$ ，则线路中的有功损耗可降低为

$$\delta_{P_L}(\%) = \left[1-\left(\frac{\cos\varphi_1}{\cos\varphi_2}\right)^2\right]\times 100\%$$

当功率因数从 0.7 提高到 0.9 时，线路中的功率损耗可减少 39.5%，由此可见其效果非常明显。下面讨论提高功率因数的几种方法。

(1) 用户的异步电动机的容量与其所带的负载容量尽量匹配。许多工业企业都大量地使用三相异步电动机。异步电动机所需要的无功功率可以用公式表示为

$$Q = Q_0 + (Q_N - Q_0)\left(\frac{P}{P_N}\right)^2 = Q_0 + (Q_N - Q_0)\beta^2 \tag{10-6}$$

式中　Q_0——异步电动机空载运行时所需要的无功功率；

P_N 和 Q_N——额定负载下运行时的有功功率和无功功率；

P——电动机的实际机械负荷；

β——为受载系数。

式 (10-6) 中的第一项是电动机的励磁功率，它与负载情况无关，其数值约占 Q_N 的 60%～70%。第二项是绕组漏抗中的损耗，与受载系数的平方成正比。受载系数降低时，电动机所需的无功功率只有一小部分按受载系数的平方而减小，而大部分维持不变。因此受载系数越小，功率因数越低。额定功率因数为 0.85 的电动机，如果 $Q_0 = 0.65Q_N$，当受载系数为 0.5 时，功率因数降为 0.74。

为了提高用户的功率因数，所选择的电动机容量应尽量接近它所带动的机械负载，避免"大马拉小车"的现象；或使异步电动机的转子通以直流励磁，使之同步化运行。

(2) 在一些重要场合，采用同步电动机代替异步同动机的方法来提高用户的功率因数，但这需要增加投资。

(3) 在用户处并联静电电容器，提高用户处的功率因数（见 8.6 节）。

10.3.3　在闭式网络中实行功率的经济分布

在图 10-3 所示简单环网中，其功率分布为

$$\left.\begin{aligned}\widetilde{S}_1 &= \frac{\widetilde{S}_c\overset{*}{Z}_2 + \widetilde{S}_b(\overset{*}{Z}_2 + \overset{*}{Z}_3)}{\overset{*}{Z}_1 + \overset{*}{Z}_2 + \overset{*}{Z}_3} \\ \widetilde{S}_2 &= \frac{\widetilde{S}_b\overset{*}{Z}_1 + \widetilde{S}_c(\overset{*}{Z}_1 + \overset{*}{Z}_3)}{\overset{*}{Z}_1 + \overset{*}{Z}_2 + \overset{*}{Z}_3}\end{aligned}\right\} \tag{10-7}$$

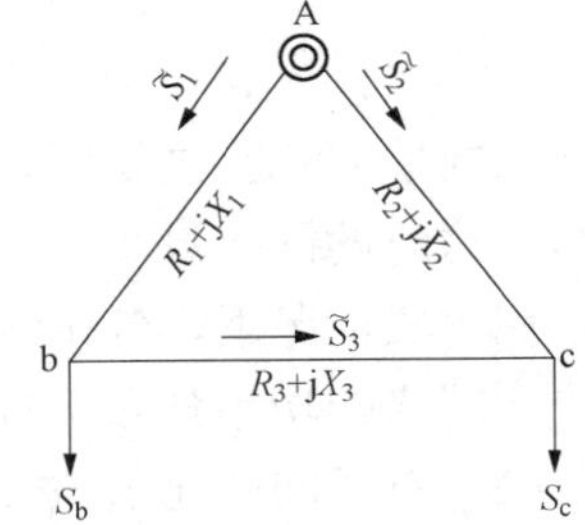

图 10-3　简单环网的功率分布

这种没有外施任何调节和控制手段的功率分布称为功率的自然分布。但是，功率的自然分布未必是网损最小的潮流。欲降低网损，则需寻求网损最小的功率分布规则。

现在讨论欲使网络的功率网损为最小，功率应如何分布？图 10-3 所示环网的功率损耗为

$$P_L = \left(\frac{\widetilde{S}_1}{U}\right)^2R_1 + \left(\frac{\widetilde{S}_2}{U}\right)^2R_2 + \left(\frac{\widetilde{S}_3}{U}\right)R_3 = \frac{P_1^2+Q_1^2}{U^2}R_1 + \frac{P_2^2+Q_2^2}{U^2}R_2 + \frac{P_3^2+Q_3^2}{U^2}R_3$$

$$=\frac{P_1^2+Q_1^2}{U^2}R_1+\frac{(P_b+P_c-P_1)^2+(Q_b+Q_c-Q_1)^2}{U^2}R_2+\frac{(P_1-P_b)^2+(Q_1-Q_b)^2}{U^2}R_3$$

将上式分别对 P_1 和 Q_1 取偏导数，并令其等于零，便得

$$\frac{\partial P_L}{\partial P_1}=\frac{2P_1}{U^2}R_1-\frac{2(P_b+P_c-P_1)}{U^2}R_2+\frac{2(P_1-P_b)}{U^2}R_3=0$$

$$\frac{\partial P_L}{\partial Q_1}=\frac{2Q_1}{U^2}R_1-\frac{2(Q_b+Q_c-Q_1)}{U^2}R_3+\frac{2(Q_1-Q_b)}{U^2}R_3=0$$

由此可推出

$$\left.\begin{aligned}P_{1ec}&=\frac{P_b(R_2+R_3)+P_cR_2}{R_1+R_2+R_3}\\Q_{1ec}&=\frac{Q_b(R_2+R_3)+Q_cR_2}{R_1+R_2+R_3}\end{aligned}\right\}\tag{10-8}$$

同理可得

$$\left.\begin{aligned}P_{2ec}&=\frac{P_bR_1+P_c(R_1+R_3)}{R_1+R_2+R_3}\\Q_{2ec}&=\frac{Q_bR_1+Q_c(R_1+R_3)}{R_1+R_2+R_3}\end{aligned}\right\}\tag{10-9}$$

式（10-9）表明，功率在闭式网络中与电阻成反比例分布时，网络的功率损耗为最小。这种分布称为功率的经济分布。通常功率的自然分布与其经济分布是有区别的，那么在什么条件下功率的经济分布与自然分布一致呢？下面对功率的自然分布的计算式（10-7）进行变换，则

$$\begin{aligned}\widetilde{S}_1&=\frac{\widetilde{S}_c(R_2-jX_2)+\widetilde{S}_b[(R_2-jX_2)+(R_3-jX_3)]}{(R_1-jX_1)+(R_2-jX_2)+(R_3-jX_3)}\\&=\frac{\widetilde{S}_c[R_2(1-jX_2/R_2)]+\widetilde{S}_b[R_2(1-jX_2/R_2)+R_3(1-jX_3/R_3)]}{R_1(1-jX_1R_1)+R_2(1-jX_2/R_2)+R_3(1-jX_3/R_3)}\end{aligned}$$

当每条线路的均一化程度相等时，也即 $X_1/R_1=X_2/R_2=X_3/R_3=\cdots=X_n/R_n$ 时，上式可化简为

$$\widetilde{S}_1=\frac{\widetilde{S}_cR_2+\widetilde{S}_b(R_2+R_3)}{R_1+R_2+R_3}\tag{10-10}$$

在式（10-10）中，方程两边的实数部分相等，虚数部分相等，即可得到与式（10-8）完全相同的公式。这说明，当每条线路的均一化程度相等时，功率的自然分布恰好等于经济分布，这时的网损最小。

在一般情况下，各条线路的均一化程度未必相等。为了降低网损，可以采取一些措施使非均一网络的功率分布接近经济分布，可采用的方法如下：

（1）对环网中比值 X/R 特别大的线路进行串联电容器补偿。

（2）选择适当地点开环运行。为了限制短路电流或满足继电保护动作选择性的要求，需要将闭式网络开环运行时，开环节的选择也尽可能兼顾到使开环后的功率分布更接近于经济分布。

（3）在环网中增设混合型加压调压变压器，由它产生环路电动势及相应的循环功率，以改善功率分布。

当然，不管采用哪一种措施，都必须对其经济效果以及运行中可能产生的问题作全面细

致的考虑。

10.3.4　组织变压器经济运行

在一个变电站内装有 $n(n\geqslant 2)$ 台完全相同的变压器并联运行时（见图 10 - 4），根据负荷的变化情况，适当地改变投入运行的变压器的台数，可以有效地减少功率损耗。当总负荷功率为 S 时，并联运行的 K 台变压器的总损耗为

$$\Delta P_{T(K)}=K\Delta P_0+K\Delta P_k\left(\frac{S}{KS_N}\right)^2 \tag{10 - 11}$$

式中　ΔP_0、ΔP_k ——一台变压器的空载损耗和短路损耗；

S_N ——一台变压器的额定容量。

由式（10 - 11）可见：铁芯损耗与台数成正比，绕组损耗与台数成反比。当变压器轻载运行时，绕组损耗所占的比重相对减小，铁芯损耗的比重相对增大，在某一负荷下，减少变压器台数，就能降低总损耗。为了求得这一负荷功率的临界值，写出 $K-1$ 台变压器并联运行时的总损耗为

$$\Delta P_{T(K-1)}=(K-1)\Delta P_0+(K-1)\Delta P_k\left[\frac{S}{(K-1)S_N}\right]^2 \tag{10 - 12}$$

使 $\Delta P_{T(K-1)}=\Delta P_{T(K)}$ 的负荷功率就是临界功率 S_{cr}，其表达式为

$$S_{cr}=S_N\sqrt{K(K-1)\frac{\Delta P_0}{\Delta P_k}} \tag{10 - 13}$$

K 台变压器并联运行的曲线与 $K-1$ 台变压器并联运行的曲线如图 10 - 5 所示。

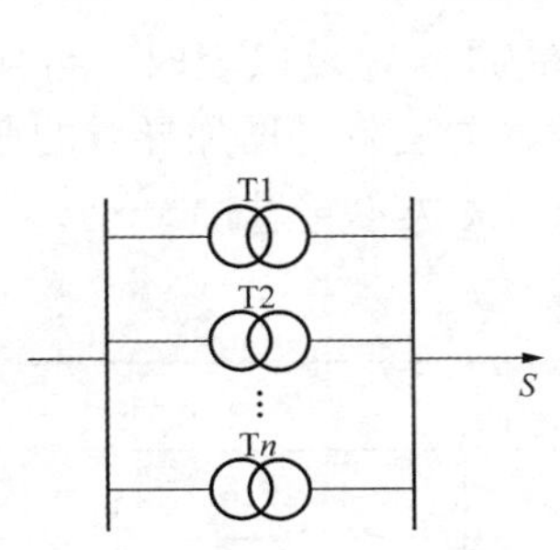

图 10 - 4　n 台变压器并联运行

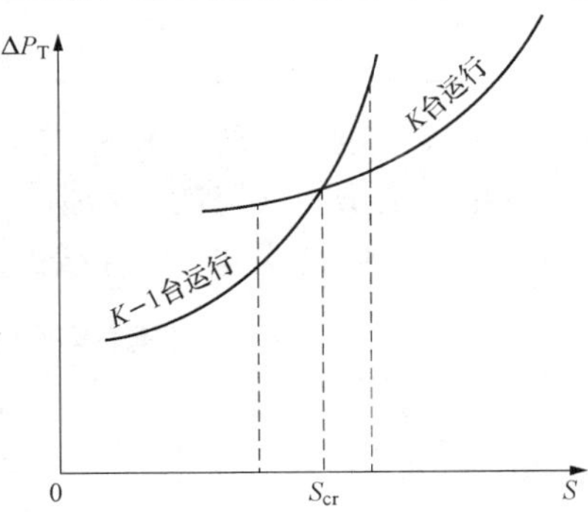

图 10 - 5　变压器组的总损耗与总负荷的关系曲线

由图 10 - 5 中可以看出：

当负荷功率 $S>S_{cr}$ 时，K 台变压器并联运行比较经济；

当负荷功率 $S<S_{cr}$ 时，$K-1$ 台变压器并联运行比较经济。

应当指出：对于季节性变化的负荷，使变压器投入的台数符合损耗最小的原则是有经济意义的，也是切实可行的。但对于一昼夜内多次大幅度变化的负荷，为了避免断路器因过多的操作而增加检修次数，变压器则不宜完全按照上述方式运行。此外，当变电站仅有两台变压器而需要切除一台时，应有相应的措施以保证供电的可靠性。

10.3.5　合理组织各发电厂经济运行

（1）合理组织各发电厂的有功功率输出，可以在满足整个电网供电需要的前提下，使整个系统的煤耗为最低，降低发电成本，详见 10.4 节。

（2）合理组织各发电厂的无功功率输出及其他无功电源的功率输出，可以使整个系统的网损为最小，降低供电成本，详见 10.5 节。

10.3.6 合理选择导线的截面积

导线选择应遵循的原则有以下几点：

（1）保证输电线路的机械强度。为了防止架空线路发生断线事故，导线必须具备一定的机械强度。为此，规程按机械强度的要求规定各类导线允许的最小截面积，见表 10 - 2。

（2）保证输电线路的最高温度不超过允许温度。导线通过电流产生的热量与电流的平方成正比。电流过大，导线温度过高，可能造成烧断线路，损坏电缆绝缘，引起火灾等危害。所以，对各种导线按照允许的最高温度，规定并取导线周围的环境温度为 25℃ 时的长期允许通过的最大电流见表 10 - 3。

表 10 - 2 导线最小截面积 （mm^2）

导线种类	通过居民区时	通过非居民区时
铝绞线、铝合金线	35	25
钢芯铝线	25	16
铜线	16	16

表 10 - 3 导线允许持续通过的最大电流 （A）

截面积（mm^2）/ 型号	35	50	70	95	120	150	185	240	300	400	500	600
LJ	170	215	265	325	375	440	500	610	680	830	980	—
LGJ	170	220	275	335	380	445	515	610	700	800	—	—
LGJQ	—	—	—	—	—	—	510	610	700	845	966	1090

（3）保证输电线路不发生电晕。输电线路的电压等级在 110kV 及以上时，可能会发生电晕现象。一旦发生电晕，会增加线路的有功损耗。最有效的方法就是增加导线的截面积来避免发生电晕。表 10 - 4 是不必验算电晕的导线的最小直径（海拔不超过1000m）。

表 10 - 4 不必验算电晕的导线的最小直径 （mm）

额定电压（kV）	110kV	220kV	500kV	
导线直径	9.6	21.28	3×27.4	4×23.7
相应导线型号	LGJ－50	LGJ－240	LGJQ－400×3	LGJQ－300×4

（4）合理地选择导线截面积。线路的能量损耗同电阻成正比，增大导线截面积可以减少能量损耗。但是线路的建设投资却随导线截面积的增大而增加。按经济电流密度选择导线截面积，就是综合考虑了这两个互相矛盾因素的一个合理的办法。这样选择导线截面积可使线路的运行具有良好的经济效果。我国现行的经济电流密度见表10 - 5。

表 10 - 5 经济电流密度 （A/mm^2）

导线材料	最大负荷利用小时数 T_{max}（h）		
	3000以下	3000～5000	5000以上
铝	1.65	1.15	0.90
铜	3.00	2.25	1.75

对于各种电压等级的电力线路一般都要按经济电流密度选择导线截面积。根据给定的线路在正常运行方式下的最大负荷电流 I_{max} 和最大负荷利用小时数 T_{max}，就可以按经济电流密度 j_{ec} 计算出导线的经济截面积 S_{ec}，即

$$S_{ec}=\frac{I_{max}}{j_{ec}}(mm^2)$$

从手册中选取一种与 S_{ec} 最接近的标准截面的导线，然后再按其他的技术条件校验截面是否满足要求。

10.3.7　对原有电网进行技术改造

现有电网是在原来旧的电网中发展而来的。随着生产的发展和居民日常生活的改善，用电量剧增。原来的旧电网部分不堪重负。线损增加，电能质量下降，并且有事故隐患，威胁电网的安全。对原有电网进行升压改造，将 3～6kV 的电网升压改造为 10kV 电网；将 10～35kV 的电网升压改造为 110kV 电网。线路升压的降损效果极为显著。如果导线的电阻不变，负荷功率不变，线路上功率损耗与电压平方成反比，电压提高为原来的 3 倍，损耗便降为原来的 1/9。因为改造电网所支付的投资将由于节约了能量损耗，可在几年内全部收回。可见经济效益是巨大的。

在改建旧电网时，将 110kV 或 220kV 的高压电直接引入负荷中心，简化网络结构，减少变电次数，不仅能大量降低网损，而且是扩大供电能力、提高供电可靠性和改善电能质量的有效措施。

对于某些负荷特别重，最大负荷利用小时数又较高的线路，可按电流经济密度校验其截面，如果导线截面过小，应考虑予以更换，以降低能量的损耗。

10.3.8　降低网损的其他技术措施

（1）调整用户的负荷曲线，调峰节电。

（2）合理安排检修计划。

（3）适当提高电网的运行电压水平。

10.4　火电厂之间发电机有功功率的最优分配

发电机组消耗的一次能源主要取决于发电机发出的有功功率，而各自发出的有功功率又由调度部门将预计的系统有功功率负荷在各发电厂之间作何分配而定。在满足负荷功率的需求及保证频率质量的条件下，有功功率负荷在各发电机之间按系统一次能源耗量最少的分配方式称为有功功率负荷的经济分配，也称经济调度方式。在电力系统中实行有功功率负荷经济分配，可节约燃料 1%～2%。

10.4.1　耗量特性

耗量特性是指反映发电设备（或其组合）单位时间内能量的输入和输出关系的曲线，如图 10-6 所示。为了便于工程计算并假设：①耗量特性曲线是连续可导的（实际的特性未必都如此）；②曲线向下凸，也即曲线的切线在曲线的下方。

锅炉的输入是燃料［t（标准煤）/h］，输出是蒸汽（t/h）；汽轮发电机组的输入是蒸汽（t/h），输出是电功率（MW）；整个火电厂的输入是［t（标准煤）/h］，输出是电功率（MW）。水电厂的耗量特性也大致如此。

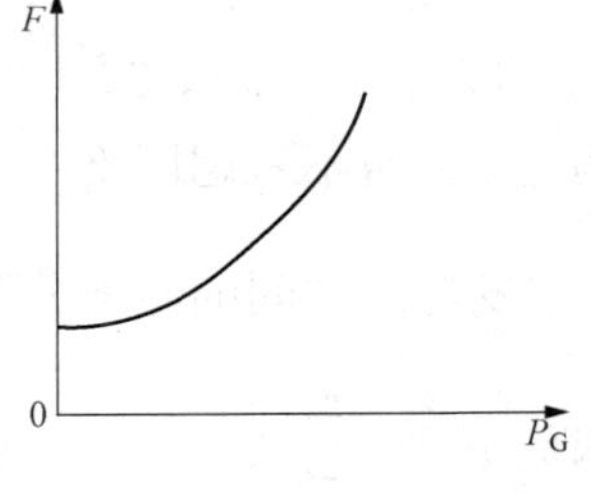

图 10-6　耗量特性

在曲线上某点的纵坐标 F 与横坐标 P_G 之比，称为比耗量，记为 $\mu=F/P_G$；其倒数 $\eta=P_G/F$ 称为发电厂的效率；耗量特性曲线上某点切线的斜率 $\lambda=dF/dP_G$，称为微增率。

10.4.2 等微增率准则

1. 定性分析

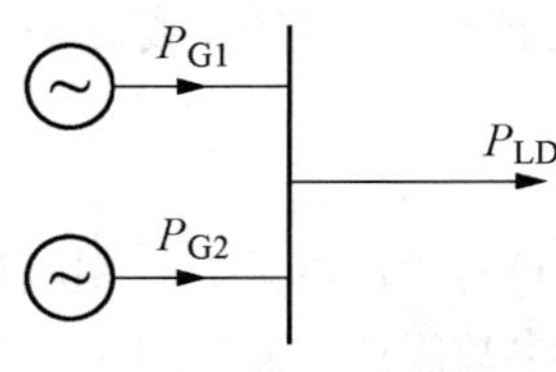

图 10 - 7 两台机组并列运行

现以并联运行的两台发电机向一个负荷供电为例来说明等微增率的基本概念（见图10 - 7）。已知两台机组的耗量特性 $F_1(P_{G1})$、$F_2(P_{G2})$ 和总的负荷功率 P_{LD}。假定各台机组燃料消耗和输出功率都不受限制，要求确定负荷功率在两台机组间的分配，使总的燃料消耗为最小。也即要在满足等式约束条件

$$P_{G1}+P_{G2}-P_{LD}=0$$

的情况下，使目标函数 $F=F_1(P_{G1})+F_2(P_{G2})$ 为最小。

对于这个问题，可以用作图法求解。首先将耗量特性 $F_1(P_{G1})$ 和 $F_2(P_{G2})$ 作成如图10 - 8所示的图像，并且令 $\overline{OO'}=P_{LD}$。也就是说，在线段$\overline{OO'}$上的每一个点都是一种可能的运行方式。在线段$\overline{OO'}$总能找到一点（例如点 A），使 A 点所对应的两台机组的微增率相等，即 $\frac{dF_1}{dP_{G1}}=\frac{dF_2}{dP_{G2}}$，这个 A 点就是最优方案。也即当发电机“1”的发电量为$\overline{OA}$，发电机“2”的发电量为$\overline{O'A}$，既可以满足负荷$\overline{OO'}$供电的要求，又能使总的燃料消耗$\overline{B_1B_2}$为最小。

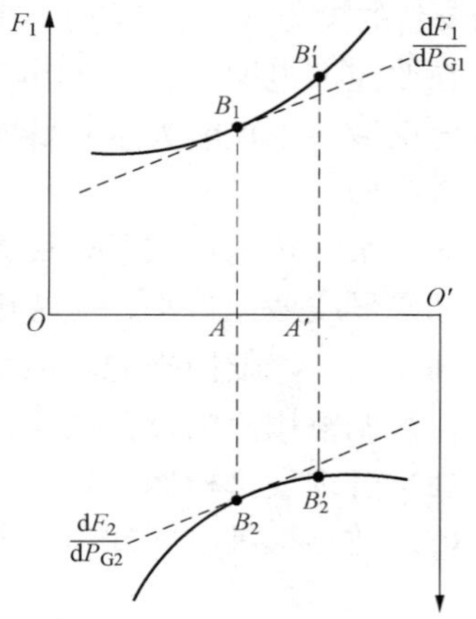

图 10 - 8 负荷在机组之间的经济分配

可以用反证法来证明 A 点是最优方案点。设 A'是最优方案点。在 A'点也能满足负荷供电的要求，但是其总的燃料消耗为$\overline{B_1'B_2'}$，而$\overline{B_1'B_2'}$显然比$\overline{B_1B_2}$大。所以 A'点不是最优方案点。

等微增率准则的物理意义是明显的。假定两台机组在微增率不等的状态下运行，设 $dF_1/dP_{G1}>dF_2/dP_{G2}$。可以在两台机组的总发电量不变的前提下调整负荷分配，让“1”号机组减少输出功率 ΔP，“2”号组机增加输出功率 ΔP。于是“1”号机组减少燃料 $\frac{dF_1}{dP_{G1}}\Delta P$，“2”号机组将增加燃料消耗 $\frac{dF_2}{dP_{G2}}\Delta P$，而总的燃料消耗可节约为

$$\Delta F=\frac{dF_1}{dP_{G1}}\Delta P-\frac{dF_2}{dP_{G2}}\Delta P=\left(\frac{dF_1}{dP_{G1}}-\frac{dF_2}{dP_{G2}}\right)\Delta P>0$$

这样的负荷调整可以一直进行到两台机组的微增率相等为止。不难理解，等微增率准则也适用于多台机组（或多个发电厂）之间的负荷分配。

2. 定量分析

假定有 n 个火电厂，其燃料消耗分别为 $F_1(P_{G1}),F_2(P_{G2}),\cdots,F_N(P_{GN})$，系统总的负荷为 P_{LD}。暂不考虑网络中的功率损耗，假定各个发电厂的输出功率不受限制，则系统负荷在 n 个发电厂之间的经济分配问题可以这样表述：在满足 $\sum_{i=1}^{n}P_{Gi}-P_{LD}=0$ 的条件下，使目标函数 $F=\sum_{i=1}^{n}F_i(P_{Gi})$ 为最小。

先构造一个拉格朗日函数，即

$$L = F - \lambda\left(\sum_{i=1}^{n} P_{Gi} - P_{LD}\right) \tag{10-14}$$

式中　λ——拉格朗日乘数。

拉格朗日函数 L 的无条件极值的必要条件为

$$\frac{\partial L}{\partial P_{Gi}} = \frac{\partial F}{\partial P_{Gi}} - \lambda = 0 \qquad (i = 1,2,\cdots,n)$$

或

$$\frac{\partial F}{\partial P_{Gi}} = \lambda \tag{10-15}$$

由于每个发电厂的燃料消耗只是该厂输出功率的函数，因此式（10 - 15）又可写成为

$$\frac{\mathrm{d}F_i}{\mathrm{d}P_{Gi}} = \lambda$$

或

$$\frac{\mathrm{d}F_1}{\mathrm{d}P_{G1}} = \frac{\mathrm{d}F_2}{\mathrm{d}P_{G2}} = \cdots = \frac{\mathrm{d}F_n}{\mathrm{d}P_{Gn}} = \lambda \tag{10-16}$$

这就是多个火电厂之间负荷经济分配的等微增率准则。按这个条件决定的负荷分配是最经济的。

以上的讨论都没有涉及不等式的约束条件。负荷经济分配中的不等式约束条件也与潮流计算一样，任一发电厂的有功功率和无功功率都不应超出它的上、下限，即

$$\begin{aligned} P_{Gi\min} \leqslant P_{Gi} \leqslant P_{Gi\max} \\ Q_{Gi\min} \leqslant Q_{Gi} \leqslant Q_{Gi\max} \end{aligned} \tag{10-17}$$

各节点的电压也必须维持在如下的变化范围内

$$U_{i\min} \leqslant U_i \leqslant U_{i\max} \tag{10-18}$$

在计算发电厂之间有功功率负荷经济分配时，这些不等式约束条件可以暂不考虑，待算出结果，再按式（10 - 18）进行检验。对于有功功率越限的发电厂，可按其限值（上限或下限）分配负荷。然后，再对其余的发电厂重新分配剩下的负荷功率。至于约束条件式（10 - 18），可留在有功功率分配已基本确定以后的潮流计算中再行处理。

【例 10 - 2】　三个火电厂并联运行，各电厂的燃料消耗特性及功率的约束条件为

$F_1 = 4 + 0.3P_{G1} + 0.0007P_{G1}^2$ t/h，　$100\text{MW} \leqslant P_{G1} \leqslant 200\text{MW}$；

$F_2 = 3 + 0.32P_{G2} + 0.0004P_{G2}^2$ t/h，　$120\text{MW} \leqslant P_{G2} \leqslant 250\text{MW}$；

$F_3 = 3.5 + 0.3P_{G3} + 0.00045P_{G3}^2$ t/h，　$150\text{MW} \leqslant P_{G3} \leqslant 300\text{MW}$。

当总负荷为 700MW 和 400MW 时，试分别确定最优发电计划（不计网损）。

解　（1）先求出每个发电厂的耗量微增率

$$\lambda_1 = \frac{\mathrm{d}F_1}{\mathrm{d}P_{G1}} = 0.3 + 0.0014P_{G1}\ ;\ \lambda_2 = \frac{\mathrm{d}F_2}{\mathrm{d}P_{G2}} = 0.32 + 0.0008P_{G2}$$

$$\lambda_3 = \frac{\mathrm{d}F_3}{\mathrm{d}P_{G3}} = 0.3 + 0.0009P_{G3}$$

令 $\lambda_1 = \lambda_2 = \lambda_3$，可解得

$$P_{G1} = 14.29 + 0.572P_{G2} = 0.643P_{G3}\text{；}P_{G3} = 22.22 + 0.889P_{G2}$$

（2）总负荷为 700MW，即 $P_{G1} + P_{G2} + P_{G3} = 700$，将 P_{G1} 和 P_{G3} 都用 P_{G2} 表示，便得

$$14.29 + 0.572P_{G2} + P_{G2} + 22.22 + 0.889P_{G2} = 700$$

所以

$$P_{G2} = 270\text{MW}$$

因为 P_{G2} 的计算值已越出上限值，故取 $P_{G2}=250$MW。剩余的负荷功率 $700-250=450$MW，重新在电厂 1 和电厂 3 之间进行经济分配，即

$$\begin{cases}P_{G1}+P_{G3}=450\\P_{G1}=0.643P_{G3}\end{cases}$$

可解得 $P_{G1}=176$MW，$P_{G3}=274$MW，均在限值之内。

(3) 总负荷为 400MW，即 $P_{G1}+P_{G2}+P_{G3}=400$，将 P_{G1} 和 P_{G3} 都用 P_{G2} 表示，可得

$$2.461P_{G2}=363.49$$

于是 $P_{G2}=147.7$MW， $P_{G1}=14.29+0.572P_{G2}=98.77$MW

由于 P_{G1} 已低于下限，故取 $P_{G1}=100$MW。剩余的负荷功率 400－100＝300（MW）在发电厂 2 和电厂 3 之间重新进行经济分配，即

$$\begin{cases}P_{G2}+P_{G3}=300\\14.29+0.572P_{G2}=0.643P_{G3}\end{cases}$$

可解得 $P_{G2}=147.05$MW，$P_{G3}=152.95$MW，都在限值之内。

10.4.3 考虑网损时的等微增率准则

实际上，网络的有功损耗是一个不可忽视的因素。假定网络的有功损耗为 P_L，则

$$\sum_{i=1}^{n}P_{Gi}-P_{LD}-P_L=0 \tag{10-19}$$

使目标函数为 $F=F_1+F_2+\cdots+F_n=\sum\limits_{i=1}^{n}F_i(P_{Gi})$，为最小。

先构造一个拉格朗日函数，即

$$L=\sum_{i=1}^{n}F_i(P_{Gi})-\lambda\left(\sum_{i=1}^{n}P_{Gi}-P_{LD}-P_L\right) \tag{10-20}$$

于是函数 L 取极值的必要条件为

$$\frac{\partial L}{\partial P_{Gi}}=\frac{\mathrm{d}F_i}{\mathrm{d}P_{Gi}}-\lambda\left(1-\frac{\partial P_L}{\partial P_{Gi}}\right)=0 \qquad (i=1,2,\cdots,n)$$

或

$$\frac{\mathrm{d}F_i}{\mathrm{d}P_{Gi}}\times\frac{1}{1-\dfrac{\partial P_L}{\partial P_{Gi}}}=\frac{\mathrm{d}F_i}{\mathrm{d}P_{Gi}}\alpha_i=\lambda \tag{10-21}$$

或写成为

$$\frac{\mathrm{d}F_1}{\mathrm{d}P_{G1}}\alpha_1=\frac{\mathrm{d}F_2}{\mathrm{d}P_{G2}}\alpha_2=\cdots=\frac{\mathrm{d}F_n}{\mathrm{d}P_{Gn}}\alpha_n=\lambda \tag{10-22}$$

式中 α_i——网损修正系数，$\alpha_i=1/\left(1-\dfrac{\partial P_L}{\partial P_{Gi}}\right)$；$\dfrac{\partial P_L}{\partial P_{Gi}}$ 称为网损微增率，表示网络有功损耗对第 i 个发电厂有功功率的微增率。

式（10-22）就是考虑网损之后的等微增率准则。由于各个发电厂在网络中所处的位置不同，各厂的网损微增率是不同的。当 $\partial P_L/\partial P_{Gi}>0$ 时，说明该厂 i 输出功率增加会引起网损的增加；若 $\partial P_L/\partial P_{Gi}<0$，则表示发电厂 i 输出功率增加将引起网损的减少。

10.5　电力系统中无功功率的最优分布

10.5.1　无功功率电源的最优分布

优化无功功率电源分布的目的在于降低网络中的有功功率损耗。因此，这里的目标函数就是网络总损耗 ΔP_{Σ}。在除平衡节点之外其他节点的注入有功功率 P_i 已给定的前提下，可以认为，这个网络总损耗 ΔP_{Σ} 仅与节点的注入无功功率 Q_i 有关，从而与各无功功率电源的功率 Q_{Gi} 有关。这里的 Q_{Gi} 既可以理解为发电机发出的感性无功功率，也可以理解为无功功率补偿设备——调相机、电容器或静止补偿器供应的感性无功功率。因它们在改变网络总损耗方面的作用相同。于是，分析无功功率电源最优分布时的目标函数可写成为

$$\Delta P_{\Sigma}(Q_{G1},Q_{G2},\cdots,Q_{Gn}) = \Delta P_{\Sigma}(Q_{Gi}) \tag{10-23}$$

分析无功功率电源最优分布时的等式约束条件显然是无功功率必须保持平衡的条件，就整个系统而言，这条件是

$$\sum_{i=1}^{i=n} Q_{Gi} - \sum_{i=1}^{i=n} Q_{Li} - \Delta Q_{\Sigma} = 0 \tag{10-24}$$

式中　ΔQ_{Σ} ——网络无功功率总损耗。

由于分析无功功率电源最优分布时，除平衡节点之外其他各节点的注入有功功率已给定，这里的不等式约束条件为

$$\left.\begin{aligned} Q_{Gi\min} \leqslant Q_{Gi} \leqslant Q_{Gi\max} \\ U_{i\min} \leqslant U_i \leqslant U_{i\max} \end{aligned}\right\} \tag{10-25}$$

列出目标函数和约束条件后，就可运用拉格朗日乘数法求最优分布的条件。为此，先根据已列出的目标函数和等式约束条件建立新的、不受约束的目标函数，即拉格朗日函数

$$C^{*} = \Delta P_{\Sigma}(Q_{Gi}) - \lambda\left(\sum_{i=1}^{i=n} Q_{Gi} - \sum_{i=1}^{i=n} Q_{Li} - \Delta Q_{\Sigma}\right) \tag{10-26}$$

并求其最小值。

由于该拉格朗日函数中有 $n+1$ 个变量，即 n 个 Q_{Gi} 和一个拉格朗日乘数，求其最小值时应有 $n+1$ 个条件，它们是

$$\left.\begin{aligned} \frac{\partial C^{*}}{\partial Q_{Gi}} = \frac{\partial \Delta P_{\Sigma}}{\partial Q_{Gi}} - \lambda\left(1 - \frac{\partial \Delta Q_{\Sigma}}{\partial Q_{Gi}}\right) = 0 \qquad (i = 1,2,\cdots,n) \\ \frac{\partial C^{*}}{\partial \lambda} = \sum_{i=1}^{i=n} Q_{Gi} - \sum_{i=1}^{i=n} Q_{Li} - \Delta Q_{\Sigma} = 0 \end{aligned}\right\} \tag{10-27}$$

式（10 - 27）可改写成为

$$\left.\begin{aligned} \frac{\partial \Delta P_{\Sigma}}{\partial Q_{G1}} \times \frac{1}{(1 - \partial \Delta Q_{\Sigma} / \partial Q_{G1})} = \frac{\partial \Delta P_{\Sigma}}{\partial Q_{G2}} \times \frac{1}{(1 - \partial \Delta Q_{\Sigma} / \partial Q_{G2})} = \cdots \\ \sum_{i=1}^{i=n} Q_{Gi} - \sum_{i=1}^{i=n} Q_{Li} - \Delta Q_{\Sigma} = 0 \end{aligned}\right\} \tag{10-28}$$

显然式（10 - 28）中第一式就是所谓的等网损微增率准则，而第二式则是无功功率平衡关系式。

不难看出，式（10 - 28）中第一式与有功功率负荷最优分配的方程式（10 - 22）相对应。式中的网损微增率 $\partial \Delta P_{\Sigma} / \partial Q_{Gi}$ 与有功功率负荷最优分配时的耗量微增率 $\partial F_{\Sigma} / \partial P_{Gi}$ 相

对应。式中的乘数 $1/(1-\partial\Delta Q_{\Sigma}/\partial Q_{Gi})$ 则与式（10 - 22）中的有功功率网损修正系数 $1/(1-\partial\Delta P_{\Sigma}/\partial P_{Gi})$ 相对应。因而是无功功率的网损修正系数。

但需指出，如上所述的分析并没有引入不等式约束条件。实际计算中，当某一变量，例如 Q_{Gi} 超越了它的上限 Q_{Gimax} 或下限 Q_{Gimin}，可取 $Q_{Gi}=Q_{Gimax}$ 或 $Q_{Gi}=Q_{Gimin}$。

【例 10 - 3】 简化后的 60kV 等效网络如图 10 - 9 所示。图中各负荷节点的无功功率分别为

$$Q_{L1}=10\text{Mvar};\quad Q_{L2}=7\text{Mvar}$$
$$Q_{L3}=5\text{Mvar};\quad Q_{L4}=8\text{Mvar}$$

各段以 Ω 为单位的电阻已示于图中。设无功功率补偿设备的总容量为 17Mvar，试在不计无功功率网损的前提下确定这些无功功率电源的最优分布。

解 首先列出因无功功率流动而产生的有功功率网损表达式

$$\begin{aligned}\Delta P_{\Sigma}&=\sum\frac{Q_1^2}{U_N^2}r_1=\frac{1}{U_N^2}[20\times(Q_{L1}-Q_{C1}+Q_{L2}-Q_{C2})^2+30\times(Q_{L2}-Q_{C2})^2\\&\quad+20\times(Q_{L3}-Q_{C3}+Q_{L4}-Q_{C4})^2+20\times(Q_{L4}-Q_{C4})^2]\\&=\frac{1}{60^2}\times[20\times(17-Q_{C1}-Q_{C2})^2+30\times(7-Q_{C2})^2+20\times(13-Q_{C3}-Q_{C4})^2\\&\quad+20\times(8-Q_{C4})^2]\end{aligned}$$

然后求网损微增率

$$\frac{\partial\Delta P_{\Sigma}}{\partial Q_{C1}}=-\frac{40}{60^2}\times(17-Q_{C1}-Q_{C2});$$

$$\frac{\partial\Delta P_{\Sigma}}{\partial Q_{C2}}=-\frac{1}{60^2}\times[40\times(17-Q_{C1}-Q_{C2})+60\times(7-Q_{C2})]$$

$$\frac{\partial\Delta P_{\Sigma}}{\partial Q_{C3}}=-\frac{40}{60^2}\times(13-Q_{C3}-Q_{C4});$$

$$\frac{\partial\Delta P_{\Sigma}}{\partial Q_{C4}}=-\frac{1}{60^2}\times[40\times(13-Q_{C3}-Q_{C4})+40\times(8-Q_{C4})]$$

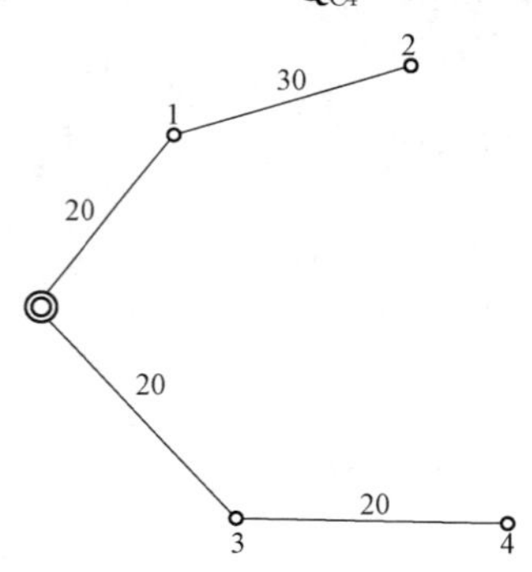

图 10 - 9 ［例 10 - 3］的等效网络图

不计无功功率网损的等网损微增率准则为

$$\frac{\partial\Delta P_{\Sigma}}{\partial Q_{C1}}=\frac{\partial\Delta P_{\Sigma}}{\partial Q_{C2}}=\frac{\partial\Delta P_{\Sigma}}{\partial Q_{C3}}=\frac{\partial\Delta P_{\Sigma}}{\partial Q_{C4}}$$

由等式约束条件可得

$$Q_{C1}+Q_{C2}+Q_{C3}+Q_{C4}=17$$

可解得

$$Q_{C1}=3.5\text{Mvar};\quad Q_{C2}=7\text{Mvar}$$
$$Q_{C3}=-1.5\text{Mvar};\quad Q_{C4}=8\text{Mvar}$$

由于 Q_{C3} 为负值，表示负荷节点 3 原已装设补偿设备，应从该节点调出 1.5Mvar 到其他节点。而如不能从该节点调出补偿设备，则应设 $Q_{C3}=0$，重列网损表示式

$$\Delta P_{\Sigma}=\frac{Q_1^2}{\sum U_N^2}r_1=\frac{1}{U_N^2}[20\times(Q_{L1}-Q_{C1}+Q_{L2}-Q_{C2})^2+30\times(Q_{L2}-Q_{C2})^2$$

$$+20\times(Q_{L3}-0+Q_{L4}-Q_{C4})^2+20\times(Q_{L4}-Q_{C4})^2]$$

$$=\frac{1}{60^2}\times[20\times(17-Q_{C1}-Q_{C2})^2+30\times(7-Q_{C2})^2+20\times(13-Q_{C4})^2+20\times(8-Q_{C4})^2]$$

重求网损微增率，即

$$\frac{\partial\Delta P_{\Sigma}}{\partial Q_{C1}}=-\frac{40}{60^2}\times(17-Q_{C1}-Q_{C2});$$

$$\frac{\partial\Delta P_{\Sigma}}{\partial Q_{C2}}=-\frac{1}{60^2}\times[40\times(17-Q_{C1}-Q_{C2})+60\times(7-Q_{C2})]$$

$$\frac{\partial\Delta P_{\Sigma}}{\partial Q_{C4}}=-\frac{1}{60^2}\times[40\times(13-Q_{C4})+40\times(8-Q_{C4})]$$

按 $\frac{\partial\Delta P_{\Sigma}}{\partial Q_{C1}}=\frac{\partial\Delta P_{\Sigma}}{\partial Q_{C2}}=\frac{\partial\Delta P_{\Sigma}}{\partial Q_{C4}}$，则

$$Q_{C1}+Q_{C2}+Q_{C4}=17$$

重新解得

$$Q_{C1}=3\text{Mvar};\ Q_{C2}=7\text{Mvar};\ Q_{C4}=7\text{Mvar}$$

【例 10 - 4】　两发电厂联合向一个负荷供电，如图 10 - 10 所示。$Z_1=0.10+j0.40$，$Z_2=0.04+j0.08$。

设发电厂母线电压均为 1.0，负荷功率 $\tilde{S}_L=P_L+jQ_L=1.2+j0.7$，其有功部分由两发电厂平均分担。试确定无功功率的最优分布。

解　按题意列出有功、无功功率损耗的计算式为

$$\Delta P_{\Sigma}=\frac{P_1^2+Q_1^2}{U^2}r_1+\frac{P_2^2+Q_2^2}{U^2}r_2=0.10\times(P_1^2+Q_1^2)+0.04\times(P_2^2+Q_2^2)$$

$$\Delta Q_{\Sigma}=\frac{P_1^2+Q_1^2}{U^2}x_1+\frac{P_2^2+Q_2^2}{U^2}x_2=0.40\times(P_1^2+Q_1^2)+0.08\times(P_2^2+Q_2^2)$$

然后计算各网损微增率，有

$$\frac{\partial\Delta P_{\Sigma}}{\partial Q_1}=0.20Q_1;\ \frac{\partial\Delta P_{\Sigma}}{\partial Q_2}=0.08Q_2$$

$$\frac{\partial\Delta Q_{\Sigma}}{\partial Q_1}=0.80Q_1;\ \frac{\partial\Delta Q_{\Sigma}}{\partial Q_2}=0.16Q_2$$

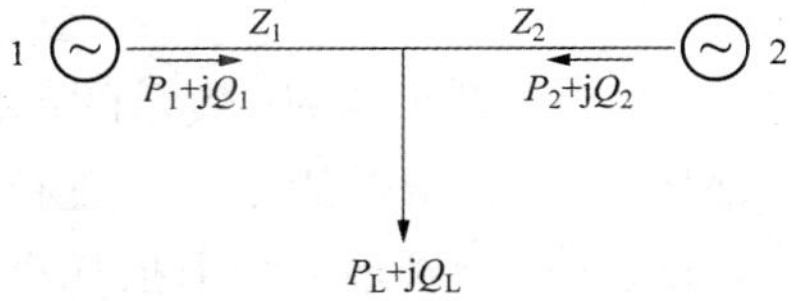

图 10 - 10　[例 10 - 4] 的等效网络图

由式 (10 - 28) 中第一式得

$$\frac{\partial\Delta P_{\Sigma}}{\partial Q_1}\times\frac{1}{(1-\partial\Delta Q_{\Sigma}/\partial Q_1)}=\frac{\partial\Delta P_{\Sigma}}{\partial Q_2}\times\frac{1}{(1-\partial\Delta Q_{\Sigma}/\partial Q_2)}$$

$$\frac{0.20Q_1}{1-0.80Q_1}=\frac{0.08Q_2}{1-0.16Q_2}$$

由式 (10 - 28) 中的第二式可得

$$Q_1+Q_2-Q_L-\Delta Q_{\Sigma}=0$$

$$Q_1+Q_2-0.70-0.40\times(0.6^2+Q_1^2)-0.08\times(0.6^2+Q_2^2)=0$$

解得

$$Q_1\approx0.248;\ Q_2\approx0.688$$

为便于比较，以下不计无功功率网损修正，由式 (10 - 28) 中的第一式可得

$$\frac{\partial \Delta P_{\Sigma}}{\partial Q_1}=\frac{\partial \Delta P_{\Sigma}}{\partial Q_2}$$

$$0.20Q_1=0.08Q_2$$

由式（10 - 28）中第二式可得

$$Q_1+Q_2-Q_L-\Delta Q_{\Sigma}=0$$

$$Q_1+Q_2-0.70-0.40\times(0.6^2+Q_1^2)-0.08\times(0.06+Q_2^2)=0$$

可解得 $Q_1=0.268$；$Q_2=0.67$

比较这两种计算结果可知，不计无功功率网损修正，将会对计算结果带来误差。

10.5.2 无功功率负荷的最优补偿

所谓无功功率负荷的最优补偿是指最优补偿容量的确定、最优补偿设备的分布和最优补偿顺序的选择等问题。这些问题的纯数学分析较困难，以致不得不作若干简化。但这些问题和其他问题不同，主要和系统规划有关，而在规划阶段，很多原始资料不够精确，从而也就没有必要片面追求数学分析的严格性。

无疑，在系统中某节点 i 设置无功功率补偿设备的先决条件是由于设置补偿设备而节约的费用大于为设置补偿设备而耗费的费用，以数学表达式表示则为

$$c_e(Q_{Ci})-c_c(Q_{Ci})>0$$

式中 $c_e(Q_{Ci})$——由于设置了补偿设备 Q_{Ci} 而节约的费用；

$c_c(Q_{Ci})$——设置补偿设备 Q_{Ci} 而需耗费的费用。

当然，确定节点 i 最优补偿容量的条件是

$$c=c_e(Q_{Ci})-c_c(Q_{Ci}) \tag{10 - 29}$$

具有最大值。

由于设置了补偿设备而节约的费用 c_e 就是因设置补偿设备每年可减少的电能损耗费用。其值为

$$c_e(Q_{Ci})=\beta(\Delta P_{\Sigma 0}-\Delta P_{\Sigma})\tau_{max} \tag{10 - 30}$$

式中 β——以元/kWh 表示的单位电能损耗价格；

$\Delta P_{\Sigma 0}$、ΔP_{Σ}——以 kW 表示的设置补偿前、后全网最大负荷下的有功功率损耗；

τ_{max}——全网最大负荷损耗小时数。

为设置补偿设备 Q_{ci} 而需耗费的费用包括两部分：一部分为补偿设备的折旧维修费，另一部分为补偿设备投资的回收费，其值都与补偿设备的投资成正比，即

$$c_e(Q_{Ci})=(\alpha+\gamma)K_C Q_{Ci} \tag{10 - 31}$$

式中 α、γ——折旧维修费和投资回收率；

K_C——以元/kvar 表示的单位容量补偿设备投资。

将式（10 - 31）、式（10 - 30）代入式（10 - 29）可得

$$c=\beta(\Delta P_{\Sigma 0}-\Delta P_{\Sigma})\tau_{max}-(\alpha+\gamma)K_C Q_{Ci} \tag{10 - 32}$$

令式（10 - 32）对 Q_{Ci} 的偏导数等于零，可解得

$$\frac{\partial \Delta P_{\Sigma}}{\partial Q_{Ci}}=-\frac{(\alpha+\gamma)K_C}{\beta\tau_{max}} \tag{10 - 33}$$

式（10 - 33）就是确定节点 i 最优补偿容量的具体条件。由于式中等号左侧是节点 i 的网损微增率，等号右侧相应地就称最优网损微增率，其单位是 kW/kvar，且常为负值，表示每

增加单位容量无功补偿设备所能减少的有功损耗。最优网损微增率也称无功功率经济当量。

由式（10 - 33）可列出最优网损微增率准则，即

$$\frac{\partial \Delta P_{\Sigma}}{\partial Q_{Ci}} \leqslant \frac{(\alpha+\gamma)K_{C}}{\beta\tau_{max}} = \gamma_{eq} \tag{10 - 34}$$

式中　γ_{eq}——最优网损微增率。

该准则表明，应在网损微增率具有负值，且小于 γ_{eq} 的节点设置无功功率补偿设备。设备的容量则以补偿后该点的网损微增率仍为负值，且仍不大于 γ_{eq} 为限。而设置补偿设备节点的先后，则以网损微增率的大小为序，首先从 $\partial \Delta P_{\Sigma}/\partial Q_{Ci}$ 最小的节点开始。

等网损微增率是以无功电源最优分布的准则，而最优网损微增率或无功功率经济当量则是衡量无功负荷最优补偿的准则。综合运用这两个准则，可统一解决无功补偿设备的最优补偿容量和最优分布问题。

【例 10 - 5】　设对［例 10 - 3］所示的网络，已知最大负荷损耗时间 $\tau_{max}=5000$h，电能损耗价格 $\beta=0.04$ 元/kWh，无功功率补偿设备采用电容器，单位容量投资 $K_C=32$ 元/kvar，折旧维修率和投资回收率分别为 $\alpha=0.10, \gamma=0.10$。试计算：

（1）补偿设备总量分别为 20、22、24、26、28、30Mvar 时的最优分布；

（2）最优补偿容量及其分布。

解　（1）补偿容量分别为 20、22、24、26、28、30Mvar 时的最优分布。

网络中各节点的网损微增率与［例 10 - 3］相同，仍分别为

$$\frac{\partial \Delta P_{\Sigma}}{\partial Q_{C1}} = -\frac{40}{60^2}\times(17-Q_{C1}-Q_{C2})$$

$$\frac{\partial \Delta P_{\Sigma}}{\partial Q_{C2}} = -\frac{1}{60^2}\times[40\times(17-Q_{C1}-Q_{C2})+60(7-Q_{C2})]$$

$$\frac{\partial \Delta P_{\Sigma}}{\partial Q_{C3}} = -\frac{40}{60^2}\times(13-Q_{C3}-Q_{C4})$$

$$\frac{\partial \Delta P_{\Sigma}}{\partial Q_{C4}} = -\frac{1}{60^2}\times[40\times(13-Q_{C3}-Q_{C4})+40(8-Q_{C4})]$$

约束条件为 $Q_{C1}+Q_{C2}+Q_{C3}+Q_{C4}=Q_{C\Sigma}$

式中，$Q_{C\Sigma}$ 分别为 20、22、24、26、28、30Mvar。

按等网损微增率准则联立求解这些关系式，可得不同补偿设备下的最优分布方案，见表 10 - 6。

表 10 - 6　无功功率补偿设备的最优分布

$Q_{C\Sigma}$	Q_{C1}	Q_{C2}	Q_{C3}	Q_{C4}	$\partial \Delta P_{\Sigma}/\partial Q_{Ci}$	$\partial \Delta P_{\Sigma}/\partial Q_{Ci}$
20	5	7	0	8	−0.0556	−0.0165
22	6	7	1	8	−0.0444	−0.0132
24	7	7	2	8	−0.0333	−0.0099
26	8	7	3	8	−0.0222	−0.0066
28	9	7	4	8	−0.0111	−0.0033
30	10	7	5	8	0	0

由表 10 - 6 可知，总补偿容量足够大时，距电源远的负荷点可以获得完全补偿，即 $Q_{Ci}=Q_{Li}$ 为宜；总补偿容量与总负荷相等时，所有负荷都可以获得完全补偿。

（2）最优补偿容量及其分布。求得不同补偿设备总容量下的最优分布后，就可以计算与之对应的各节点相互等同的网损微增率。例如 $Q_{C\Sigma}=20$Mvar 时，$Q_{C1}=5$Mvar，$Q_{C2}=7$Mvar，$Q_{C4}=8$Mvar，从而有

$$\frac{\partial \Delta P_{\Sigma}}{\partial Q_{C1}} = -\frac{40}{60^2}\times(17-Q_{C1}-Q_{C2}) = -\frac{40}{60_2}\times(17-5-7) = -0.0556$$

$Q_{C\Sigma}$ 为其他值时的计算结果也示于表 10 - 6。按表 10 - 6 作图 10 - 11。然后由已知的 τ_{max}、β、K_C、α、γ 计算最优网损微增率 γ_{eq}，则

$$\gamma_{eq}=-\frac{(\alpha+\gamma)K_C}{\beta\tau_{max}}=-\frac{(0.10+0.10)\times 32}{0.04\times 5000}=-0.032$$

由求得的 γ_{eq} 按图 10 - 11 得 $Q_{C\Sigma}=24.24$Mvar。而按此求得的各负荷点补偿设备容量分布为

$Q_{C1}=7.21$Mvar；$Q_{C2}=7$Mvar；$Q_{C3}=2.12$Mvar；$Q_{C4}=8$Mvar

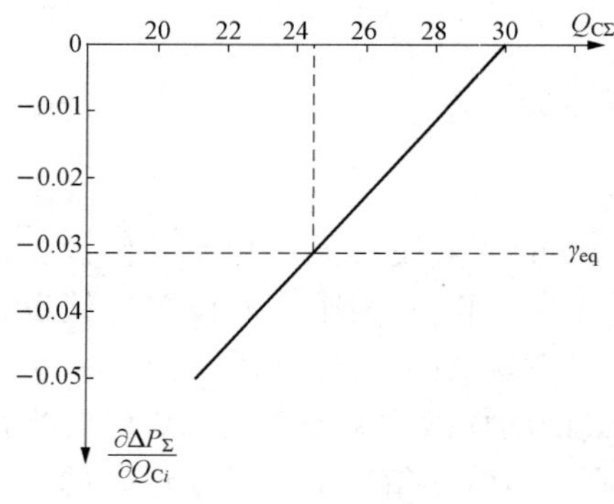

图 10 - 11 [例 10 - 5] 最优补偿容量的确定

第 11 章 电力系统的稳定性

11.1 概 述

同步运行状态是电力系统正常运行的先决条件。所谓电力系统的同步运行，是指所有并联运行的同步电机（主要是同步发电机）都有相同的电角速度。在这种情况下，整个系统具有相同的频率，所有运行参数（例如电压、电流、潮流及频率）相对稳定，通常称此种状态为电力系统的稳定运行状态。如果并联发电机不同步，其运行参数变化剧烈，电力系统无法正常运行。

现代电力系统都是由小到大逐渐发展起来的。随着电力系统的扩大，经常遇到这样的情况，例如大型坑口火电厂通过远距离将巨大的电功率输送到中心系统。当输送功率增大到一定数值时，电力系统就会出现不稳定的状态，其运行参数剧烈波动。这表明电力系统已经失去同步；又如，当电力系统发生短路时，一个完整的电力系统将解列成几个相对独立的小电网，造成大面积的停电。甚至连一些正常的操作（如切除某条输电线路等），也有可能使电力系统的稳定性遭到破坏。

电力系统在运行中受到大的或小的扰动后，能否保持发电机同步运行的问题，称为电力系统的稳定性问题。电力系统受到的扰动大小不同，其运行参数的变化特性也不同，因而其分析和计算方法也有所不同。

人们把电力系统的稳定性问题，常常分为电力系统的静态稳定和暂态稳定。目前关于稳定性问题的分类尚不太统一，也有将稳定性问题划分为静态稳定、暂态稳定和动态稳定的。

保持电力系统运行的稳定性，不论对系统本身，还是对广大用户，都有极其重要的意义。

11.2 各发电机转子之间的相对位置

简单电力系统由发电机、升压变压器、输电线路和降压变压器组成，如图 11 - 1 所示。此简单电力系统与一无穷大电网相连接。当送端的发电机为隐极发电机时，可以作出其简单电力系统的等效电路图，如图 11 - 1 所示。

各元件的电阻及导纳均略去不计，此时系统的总电抗为

$$X_{d\Sigma} = X_d + X_{T1} + \frac{1}{2}X_L + X_{T2} \tag{11 - 1}$$

如果用标幺值表示电力系统各元件的参数，则根据等效电路，可以作出正常运行情况下的相量图（见图 11 - 2）。

G T1 L U

$\dot{E}_q$ $\mathrm{j}X_d$ $\mathrm{j}X_{T1}$ $\mathrm{j}X_L$ $\mathrm{j}X_L$ $\mathrm{j}X_{T2}$ P_e $\dot{U}$ $\dot{I}$

图 11 - 1　简单电力系统及其等效电路图

发电机输送到无穷大系统的有功功率为

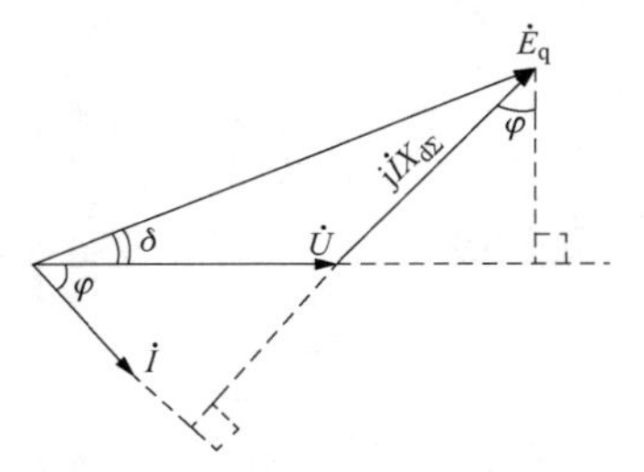

图 11 - 2 简单电力系统的相量图

$$P_e = UI\cos\varphi \tag{11-2}$$

从相量图 11 - 2 中，可以得到如下关系

$$IX_{d\Sigma}\cos\varphi = E_q\sin\delta$$

也即

$$I\cos\varphi = \frac{E_q}{X_{d\Sigma}}\sin\delta \tag{11-3}$$

将式（11 - 3）代入式（11 - 2）可得

$$P_e = \frac{E_qU}{X_{d\Sigma}}\sin\delta \tag{11-4}$$

这就是电力系统的功角特性曲线，一般记为 $P_e(\delta)$ 曲线。

当发电机的电动势 E_q 和受端电压 U 为常数时，传输功率 P_e 与角度 δ 是正弦函数的关系，如图 11 - 3 所示。

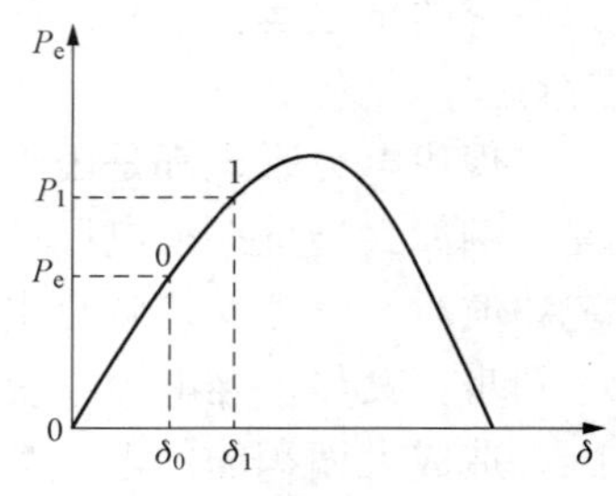

图 11 - 3 功角特性曲线

角度 δ 是电动势 $\dot{E}_q$ 与电压 $\dot{U}$ 之间的相位角，又称为功角。δ 在电力系统的稳定性分析计算中占有非常重要的地位。因为 δ 不仅表示 $\dot{E}_q$ 与电压 $\dot{U}$ 之间的相位差，既表征系统的电磁关系，还表征了各发电机转子之间的相对空间位置（又称为“位置角”）。δ 角随时间的变化描述了各发电机转子间的相对运动。而发电机转子间的相对运动的性质，恰好是判断各发电机之间是否同步的依据。下面简要说明这个问题。

送端发电机和受端发电机的转子在某一时刻的位置如图 11 - 4 所示。在正常运行时，发电机输出的电磁功率 P_e 与发电机的输入功率 P_0（即汽轮机通过机轴输出的机械功率）相等。此时，发电机转子上作用着两个转矩（不计摩擦因素）：一个是原动机的转矩 M_T（或用功率 P_T 表示），它推动转子旋转；另一个是与发电机输出的电功率 P_e 对应的电磁转矩 M_e，它制止转子旋转。在正常运行情况下，两者相互平衡，即 $P_T=P_e=P_0$。因而发电机以恒速旋转，且与受端系统的发电机的转速（电角速度）相同（设为同步速度 ω），即两者同步运行。功角 $\delta=\delta_0$ 保持不变。如果设想把送端发电机和受端系统发电机的转子移到一处［见图 11 - 4（b）］，则功角 δ 就是两个转子轴线间用电角度表示的相对空间位置角。因为两台发电机的电角速度相同，所以相对位置保持不变。也可以这样讲，因为 δ 是定值，所以两台发电机在同步运行。

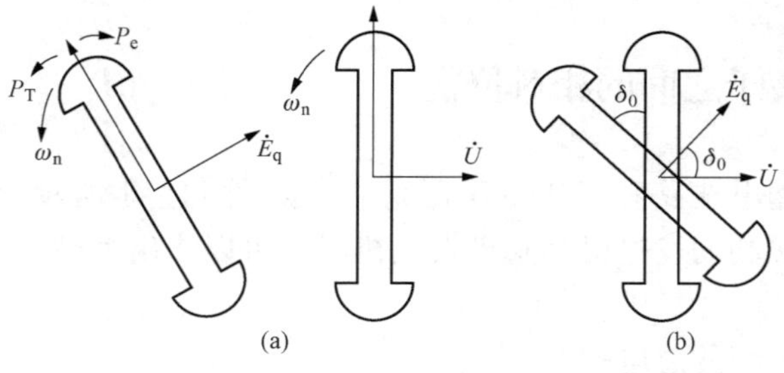

图 11 - 4 功角相对空间位置的概念
（a）送端与受端发电机转子的空间位置；
（b）送端与受端发电机转子的空间相对位置

现在，如果增大送端发电机的原动机的输出功率，使 $P_T>P_0$ 时，则发电机转子上的转矩平衡便受到破坏。由于原动机功率大于发电机的电磁功率，所以发电机转子便加速使其转速高于受端系统发电机的转速，因而发电机转子之间的相对空间位置便要发生变化，功角 δ 增大。由图 11 - 3 的功角特性可知，当 δ 增大时，发电机输出的电磁功率也增大，直到 $P_e=P_1=P_T$ 为止。此时，作用在送端发电机转子上的转矩再次达到平衡，送端发

电机的转速又恢复到与受端的发电机相同，保持同步运行，功角也增大到 δ_1 并保持不变。系统在新情况下稳定地运行。

11.3 发电机的转子运动方程

11.2 节的一个重要的结论就是当 δ 固定不变时，系统就同步运行；当 δ 发散时，系统就失去同步。那么 δ 角随时间变化的规律是什么呢？这就是发电机的转子运动方程。

11.3.1 转子运动方程

根据旋转物体的力学定律，发电机转子的旋转运动状态可表示为

$$J\alpha = \Delta M_{\mathrm{a}}$$

式中 J——转动惯量，kg·m·s^2；

α——机械角加速度，rad/s^2；

ΔM_{a}——净机械加速转矩，kg·m，$\Delta M_{\mathrm{a}}=M_{\mathrm{T}}-M_{\mathrm{e}}$，其中 M_{T} 为原动机的转矩、M_{e} 为发电机输出的电磁转矩。

若以 Θ 表示从某一固定参考轴算起的机械角位移（rad），Ω 表示机械角速度（rad/s），则有

$$\alpha = \frac{\mathrm{d}\Omega}{\mathrm{d}t} = \frac{\mathrm{d}^2\Theta}{\mathrm{d}t^2}$$

于是可得转子运动方程为

$$J\alpha = J\frac{\mathrm{d}^2\Theta}{\mathrm{d}t^2} = \Delta M_{\mathrm{a}} = M_{\mathrm{T}} - M_{\mathrm{e}} \tag{11-5}$$

式（11-5）所表征的都是机械参数，在电力系统的稳定性分析中，必须用电气参数来表示。

11.3.2 几何角和电气角

由电机学知识可知，如果发电机的极对数为 p，则实际空间的几何角、角速度、角加速度与电气角 θ、电气角速度 ω、加速度 a 之间的关系为

$$\left.\begin{aligned}\theta &= p\Theta\\ \omega &= p\Omega\\ \alpha &= pa\end{aligned}\right\} \tag{11-6}$$

11.3.3 相对角和绝对角

图 11-5 是以电气量表示的各发电机转子轴线的位置。以某一固定参考轴表示的发电机电气角位移为

$$\theta_i = \int \omega_i \mathrm{d}t \tag{11-7}$$

相对电气角位移为

$$\theta_{ij} = \theta_i - \theta_j = \int(\omega_i - \omega_j)\mathrm{d}t = \int \Delta\omega_{ij}\mathrm{d}t \tag{11-8}$$

式中 $\Delta\omega_{ij}$——i、j 发电机之间的相对角速度。

如果用某一个以同步速度旋转的轴作为参考轴，则可得

$$\delta_i = \theta_i - \theta_{\mathrm{N}} = \int(\omega_i - \omega_{\mathrm{N}})\mathrm{d}t = \int \Delta\omega_j\mathrm{d}t \tag{11-9}$$

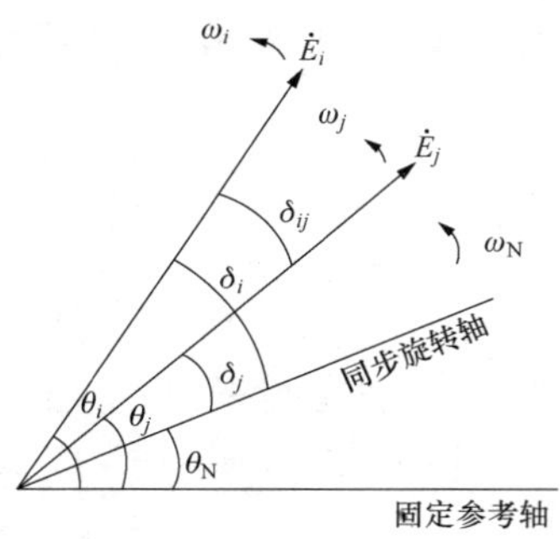

图 11 - 5 参考轴与角度

式中 δ_i——第 i 台发电机相对于同步旋转轴的角位移；

$\Delta\omega_i$——第 i 台发电机相对于同步旋转轴的角速度。

通常将相对于同步旋转轴的量，冠以“绝对”两字，故 $\Delta\omega_i$ 称为“绝对”角速度；δ_i 称为“绝对”角。

$$\delta_{ij}=\delta_i-\delta_j=(\theta_i-\theta_N)-(\theta_j-\theta_N)=\theta_{ij}=\int\Delta\omega_{ij}\,dt \tag{11-10}$$

δ_{ij} 是发电机之间的相对角位移，通常称为相对角。从式(11 - 10)可以看出，相对角及相对角速度与参考轴无关。

式（11 - 9）两边对时间求导数可得

$$\frac{d\delta_i}{dt}=\omega_i-\omega_N=\frac{d\theta_i}{dt}-\omega_N$$

再次求导数可得

$$\frac{d^2\delta_i}{dt^2}=\frac{d\omega_i}{dt}=\frac{d^2\theta_i}{dt^2}=\alpha_i \tag{11-11}$$

11.3.4 用标幺值表示的转子运动方程

对于第 i 台发电机

$$J_i\frac{d^2\Theta}{dt^2}=\Delta M_{ai}$$

计及极对数 $p=\frac{\omega_N}{\Omega_N}$、$\Theta_i=\frac{\Omega_N}{\omega_N}\theta_i$ 及 $\frac{d^2\theta_i}{dt^2}=\frac{d^2\delta_i}{dt^2}$，可得

$$\frac{J_i\Omega_N}{\omega_N}\times\frac{d^2\delta_i}{dt^2}=\Delta M_{ai} \tag{11-12}$$

如果选基准转矩 $M_N=\frac{S_N}{\Omega_N}$，则式（11 - 12）两边除以 M_N 可得

$$\frac{J_i\Omega_N^2}{S_N}\times\frac{1}{\omega_N}\times\frac{d^2\delta_i}{dt^2}=\Delta M_{ai*} \tag{11-13}$$

定义

$$T_{Ji}\overset{\triangle}{=\!=}\frac{J_i\Omega_N^2}{S_N}(s)$$

为惯性时间常数。

于是转子运动方程为

$$\frac{T_{Ji}}{\omega_N}\times\frac{d^2\delta_i}{dt^2}=\Delta M_{ai*}=M_{Ti*}-M_{ei*}=\frac{1}{\omega_{i*}}(P_{Ti*}-P_{ei*})=\frac{1}{\omega_{i*}}\Delta P_{ai*} \tag{11-14}$$

令时间的基准值为

$$t_N\overset{\triangle}{=\!=}\frac{1}{\omega_N}(s/rad)$$

则时间的标幺值为

$$t_*=\frac{t(s)}{t_N}=\omega_N t(rad)$$

于是转子运动方程为

$$T_{Ji*}\frac{d^2\delta_i}{dt_*^2}=\Delta M_{ai*} \tag{11-15}$$

式（11 - 5）中 T_{Ji*}、t_*、δ_i 的单位均为 rad（或°）。

11.3.5　惯性时间常数的物理意义

由 T_J 的定义可知，它是转子在额定转速下动能的两倍除以基准功率。如果定义 $M_N \xlongequal{\triangle} \frac{S_N}{\Omega_N}$，并选 $M_0=M_N$，将式（11 - 5）适当变换后得

$$T_{JN}\frac{d\Omega_*}{dt}=\Delta M_{a*} \tag{11-16}$$

式中，$\Omega_*=\Omega/\Omega_N$。$T_{JN}=J\Omega_N^2/S_N$ 为以发电机额定容量为基准的惯性时间常数，通常称为惯性时间常数。

现在取 $M_{T*}=1$，$M_{e*}=0$，则 $\Delta M_{a*}=1$，代入式（11 - 16）可得

$$T_{JN}\int_0^1 d\Omega_*=\int_0^\tau \Delta M_{a*}\,dt=\int_0^\tau dt=\tau$$

所以
$$T_{JN}=\tau \tag{11-17}$$

这个结果说明：当发电机空载时，如原动机将一个数值等于额定转矩 M_N 的恒定转矩（$M_{T*}=1$）加到转子上，则转子从静止状态（$\Omega_*=0$）启动到转速达到额定值（$\Omega_*=1$）时所需要的时间 τ，就是发电机组的额定惯性时间常数 T_{JN}。

11.4　电力系统的功角特性

在如图 11 - 6 所示的简单电力系统中，发电机通过升压变压器、输电线路、降压变压器与无穷大系统相连接。在电力系统的稳定性计算中，往往首先需要求出简单电力系统向无穷大电网输送的有功功率和无功功率。

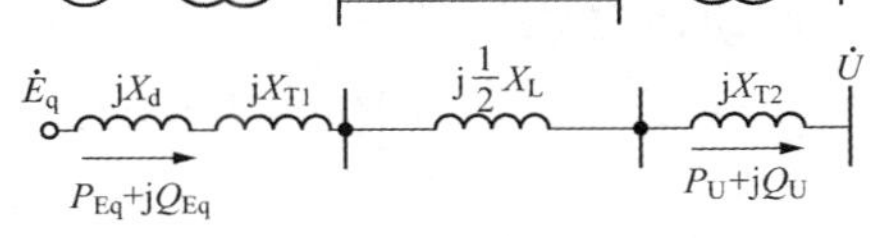

图 11 - 6　简单电力系统及其等效电路

11.4.1　隐极式发电机的功角特性

对于隐极机而言，$X_d=X_q$。此时，系统总电抗为

$$X_{d\Sigma}=X_d+X_{T1}+\frac{1}{2}X_L+X_{T2}=X_d+X_{TL} \tag{11-18}$$

式中　X_{TL}——为变压器、线路等输电网的总电抗，$X_{TL}=X_{T1}+\frac{1}{2}X_L+X_{T2}$。

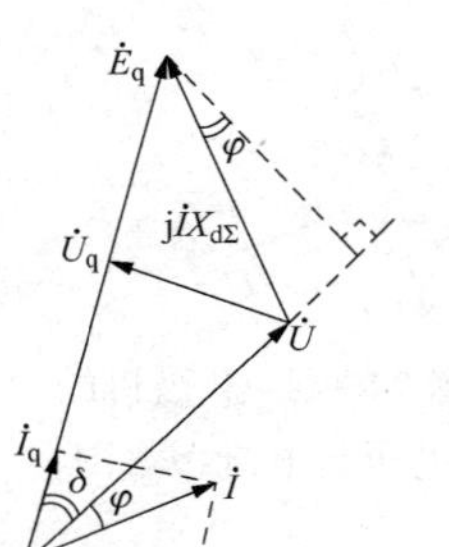

图 11 - 7　隐极机电压与电流相量图

给定运行条件下的隐极机电压与电流相量图如图 11 - 7 所示。由相量图可得

$$\dot{E}_q=\dot{U}+j\dot{I}X_{d\Sigma} \tag{11-19}$$

发电机电动势 E_q 处的功率为

$$P_{Eq}=\mathrm{Re}(\dot{E}_q\overset{*}{I})=E_qI\cos(\delta+\varphi)=E_qI\cos\varphi\cos\delta-E_qI\sin\varphi\sin\delta \tag{11-20}$$

$$Q_{Eq}=\mathrm{Im}(\dot{E}_q\overset{*}{I})=E_qI\sin(\delta+\varphi)=E_qI\cos\varphi\sin\delta+E_qI\sin\varphi\cos\delta \tag{11-21}$$

由图 11 - 7 的相量图可知：

$$E_q\sin\delta = IX_{d\Sigma}\cos\varphi$$
$$E_q\cos\delta = U + IX_{d\Sigma}\sin\varphi$$

经整理可得

$$\left.\begin{aligned} I\cos\varphi &= \frac{E_q\sin\delta}{X_{d\Sigma}} \\ I\sin\varphi &= \frac{E_q\cos\delta - U}{X_{d\Sigma}} \end{aligned}\right\} \tag{11 - 22}$$

将式（11 - 22）分别代入式（11 - 20）、式（11 - 21）中可得

$$\left.\begin{aligned} P_{Eq} &= \frac{E_qU}{X_{d\Sigma}}\sin\delta \\ Q_{Eq} &= \frac{E_q^2}{X_{d\Sigma}} - \frac{E_qU}{X_{d\Sigma}}\cos\delta \end{aligned}\right\} \tag{11 - 23}$$

同理可得出受端的功率为

$$\left.\begin{aligned} P_U &= UI\cos\varphi = \frac{E_qU}{X_{d\Sigma}}\sin\delta \\ Q_U &= UI\sin\varphi = \frac{E_qU}{X_{d\Sigma}}\cos\delta - \frac{U^2}{X_{d\Sigma}} \end{aligned}\right\} \tag{11 - 24}$$

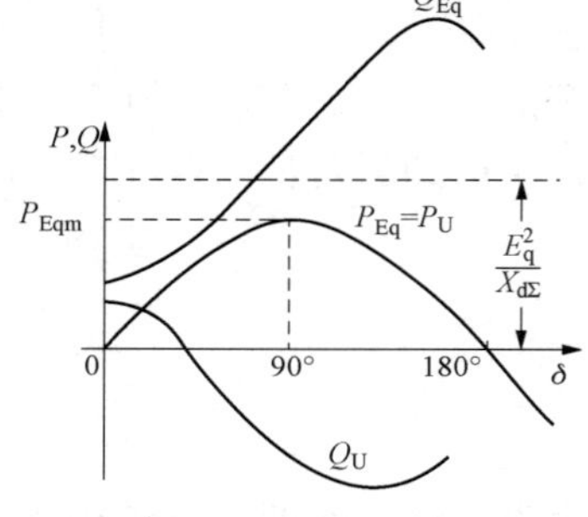

图 11 - 8　隐极机的功角特性

当电动势 E_q 及电压 U 一定时，可以作出简单电力系统隐极机的功角特性（见图 11 - 8）。

11.4.2　凸极式发电机的功角特性

由于凸极式发电机转子的纵轴和横轴不对称，其电抗 $X_d \neq X_q$。凸极机在给定运行方式下的相量图如图 11 - 9 所示。图中 $X_{d\Sigma} = X_d + X_{TL}$，$X_{q\Sigma} = X_q + X_{TL}$。忽略电阻，发电机输出的有功功率为

$$\begin{aligned} P_{Eq} = P_U &= UI\cos\varphi = UI\cos(\varphi - \delta) \\ &= UI\cos\varphi\cos\delta + UI\sin\varphi\sin\delta \\ &= UI_q\cos\delta + UI_d\sin\delta \end{aligned}$$

由相量图可知　$I_qX_{q\Sigma} = U\sin\delta$

又

$$I_dX_{d\Sigma} = E_q - U\cos\delta \tag{11 - 25}$$

经整理可得

$$\left.\begin{aligned} I_q &= \frac{U\sin\delta}{X_{q\Sigma}} \\ I_d &= \frac{E_q - U\cos\delta}{X_{d\Sigma}} \end{aligned}\right\} \tag{11 - 26}$$

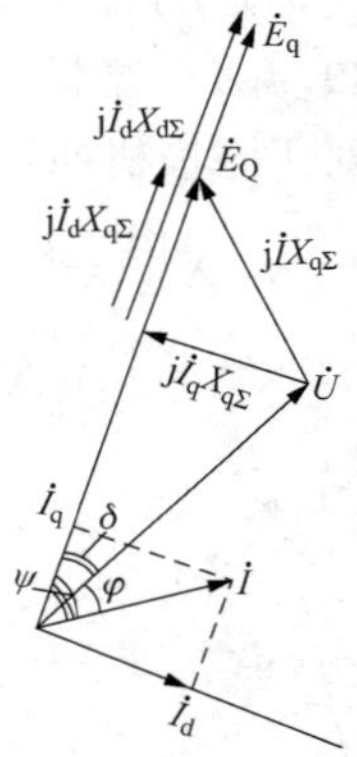

图 11 - 9　凸极机的电压与电流相量图

将 I_d、I_q 的表达式代入式（11 - 25）整理可得

$$P_{Eq}=\frac{E_qU}{X_{d\Sigma}}\sin\delta+\frac{U^2}{2}\times\frac{X_{d\Sigma}-X_{q\Sigma}}{X_{d\Sigma}X_{q\Sigma}}\sin2\delta \qquad (11-27)$$

从式（11-27）可知，由于凸极机的纵轴和横轴的不对称，使得P_{Eq}中出现了隐极机中所没有的二次谐波。式（11-27）中的第二部分（二次谐波）又称为磁阻功率。由于磁阻功率的出现，使得功率与功角成非正弦关系，如图11-10所示。

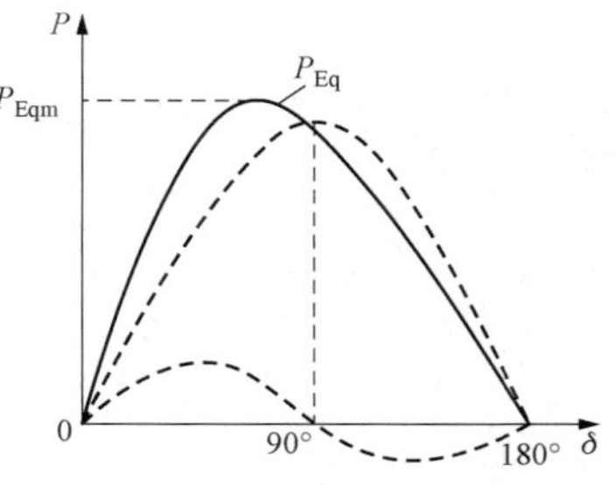

图11-10　凸极机的功角特性

11.5　电力系统的静态稳定性

当电力系统受到微小的扰动后，能够自动地恢复到原来运行状态的能力，称为电力系统的静态稳定性。电力系统几乎每时每刻都受到微小的扰动。例如：个别电动机的投入或切除，架空线路因风吹摆动而引起的相间距离的微小变化（影响线路参数），汽轮机因蒸汽参数变化而引起的输出功率变化。另外，发电机转子的旋转速度也不是绝对均匀的，也即功角δ也是有微小变化的。因此，电力系统的静态稳定问题实际上就是确定系统的某种运行方式能否保持的问题。

在图11-11所示的由一台发电机经变压器、输电线路与无穷大容量系统并列运行的简单电力系统中，假设发电机是隐极机，则在某种稳态下的发电机的相量图如图11-12所示。其中$X_{d\Sigma}=X_d+X_T+X_L$。

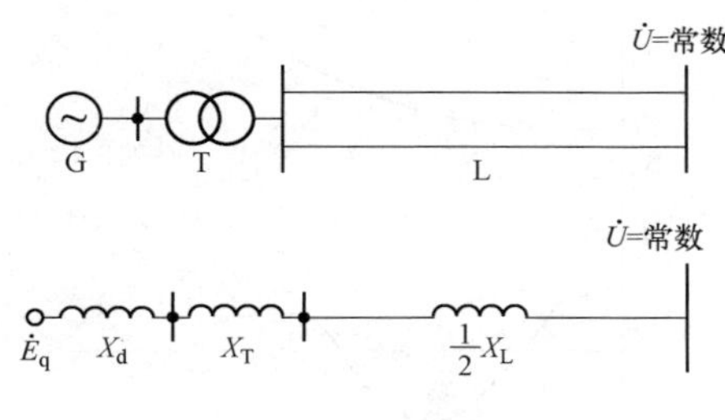

图11-11　简单电力系统

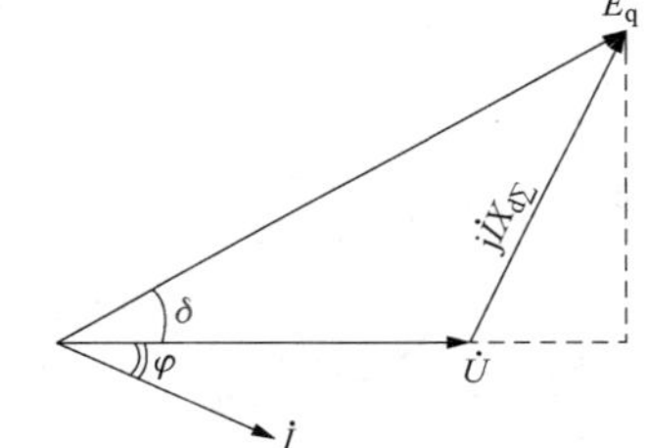

图11-12　简单电力系统电压电流相量图

发电机输出的电磁功率为

$$P_e=\frac{E_qU}{X_{d\Sigma}}\sin\delta$$

如果不考虑发电机的励磁调节器的作用，即认为发电机的空载电动势E_q恒定，则发电机的功角特性曲线如图11-13所示。

若不计原动机调速器的作用，则原动机的输出功率P_T不变。假定在某一正常运行情况下，发电机向无限大系统输送的功率为P_0，由于忽略了电阻损耗以及机组的摩擦、风阻等损耗，P_0即等于原动机输出的机械功率P_T。由图11-13可见，当输送P_0时，可能有两个运行点a和b，下面分析a点和b点受到扰动后能否稳定运行。

先分析a点的运行情况。

假定a点受到某种正向扰动，使工作点移动到a'点。这时电磁功率P_e大于动力功率P_T，发电机转子上的过剩功率属于阻力功率（$P_e-T_T>0$）的性质。转子将减速，这时δ将

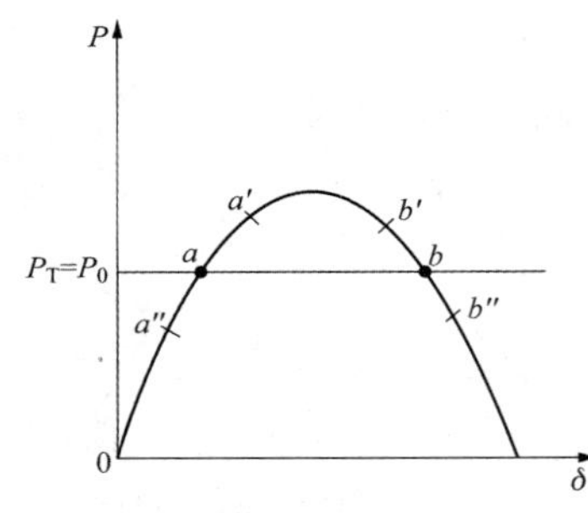

图 11-13 简单电力系统发电机的功角特性

减小。工作点沿着$\overset{\frown}{a'a}$向 a 点移动。在整个$\overset{\frown}{a'a}$过程中，始终是减速的。工作点到达 a 点后，尽管功率达到平衡，但发电机的转子转速太慢，由于转子巨大的惯性作用，工作点将越过 a 点继续向 a''移动。一旦越过 a 点，发电机转子上的过剩功率将变成动力功率（$P_T-P_e>0$）的性质，转子将加速。在$\overset{\frown}{aa''}$的过程中，由于 a 点的速度太慢，转子转速始终小于额定转速，到达 a''点时转速才恢复到额定转速。然后在动力功率的作用下，继续加速。工作点将沿着$\overset{\frown}{a''aa'}$向上移动……由于在工作点移动的过程中存在阻尼作用，工作点实际上在$\overset{\frown}{a''aa'}$上做减幅振荡，最终稳定在原来的工作点 a 上继续稳定运行。$\delta(t)$ 曲线如图 11-14 所示。

同样的道理，当 a 点受到某种负向扰动，使工作点移动到 a''点时，其过程大体相似，工作点最终也将稳定在 a 点上（见图 11-14）。

所以，无论 a 点受到怎样的微小扰动，都能稳定地运行，a 点是稳定工作点。

再分析 b 点的运行情况。

假定 b 点受到某种正向扰动，使工作点移动到 b' 点。这时电磁功率 P_e 大于动力功率 P_T，发电机转子上的过剩功率（$P_e-P_T>0$）属于阻力功率的性质。发电机转子将减速使发电机转子的转速小于无穷大系统的同步转速，功角 δ 将减小，工作点将沿着$\overset{\frown}{b'a'a}$移动，最后在工作点 a 的周围做减幅振荡，最终在 a 点稳定运行（见图 11-15）。

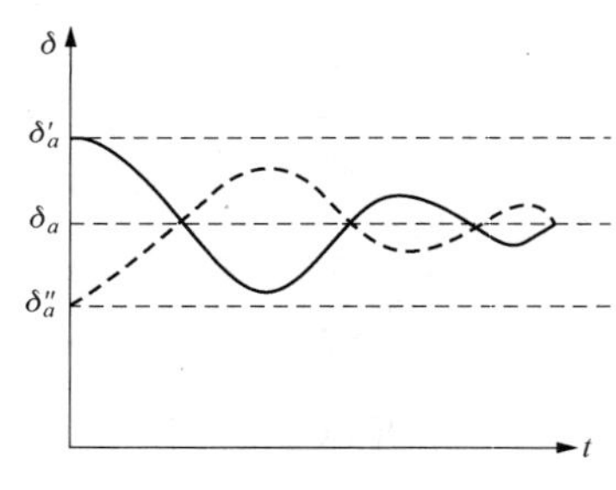

图 11-14 a 点的摇摆曲线

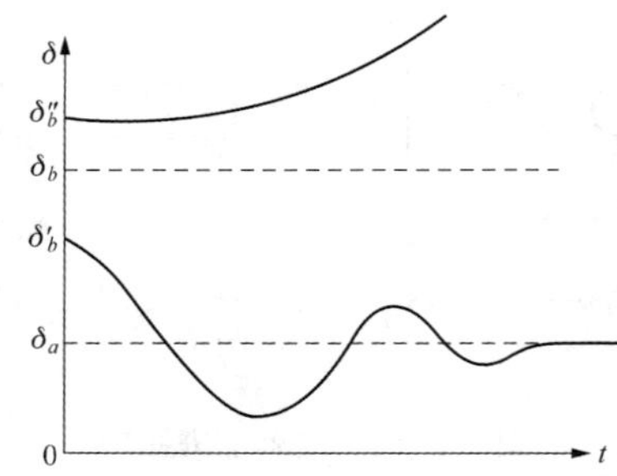

图 11-15 b 点的摇摆曲线

假定 b 点受到某种负向扰动，使工作点移动到 b''点。这时发电机转子将作加速运动，使 δ 增大。δ 越大，过剩功率（$P_T-P_e>0$）也越大，加速越明显，最终使工作点不可能返回 b 点而失去同步。反映在 $\delta(t)$ 上，曲线呈发散状态（见图 11-15）。

所以，b 点是不稳定工作点。因为在 b 点工作时无法保证系统只受正向扰动而不受负向扰动。

下面分析简单电力系统静态稳定的判据。在 a 点，$P_e(\delta)$ 曲线处于上升阶段；在 b 点，$P_e(\delta)$ 曲线处于下降阶段。因此，电力系统的静态稳定的判据如下：

当 $\dfrac{dP_e}{d\delta}>0$ 时，系统静态稳定；

当 $\dfrac{dP_e}{d\delta}<0$ 时，系统静态不稳定。

导数 $\frac{dP_e}{d\delta}$ 称为整步功率系数，其大小可以说明发电机维持同步运行的能力，即说明静态稳定的程度。由公式（11-23）可以求得

$$\frac{dP_e}{d\delta}=\frac{E_qU}{X_{d\Sigma}}\cos\delta \tag{11-28}$$

当 δ 小于 90°时，$dP_e/d\delta>0$，在这个范围内发电机的运行是稳定的。但 δ 越接近 90°，其值越小，稳定程度越低。当 $\delta=90°$时，是稳定与不稳定的分界点，称为静态稳定极限。在所讨论的简单系统中，静态稳定极限所对应的功角正好与最大功率或功率极限的功角一致。

当然，电力系统不应运行在接近稳定极限的区域，而应保持一定的储备，其静态储备系数定义为

$$K_P=\frac{P_M-P_0}{P_0}\times100\% \tag{11-29}$$

式中　P_M——极限功率；

P_0——某一运行方式下的输送功率。

系统在正常运行方式下 K_P 应不小于 15%～20%，在事故后的运行方式下 K_P 应不小于 10%，以保证系统能够稳定运行。

11.6　提高电力系统静态稳定性的措施

电力系统静态稳定性的基本性质说明：发电机可能输送的极限功率越大，则系统的静态稳定性越高。从简单电力系统向无穷大电网送电的情况来看，减小发电机与无穷大电网之间的转移电抗，也即缩短其“电气距离”，就可以增加简单电力系统输送的功率极限。

加强电气联系，即缩短“电气距离”，也就是减小各元件的阻抗，主要是电抗。当然，电抗减小了，短路电流较大。以下主要介绍几种能提高静态稳定性的措施，都是直接或间接减小电抗的措施。

11.6.1　减小元件的电抗

发电机之间的联系电抗总是由发电机、变压器和线路的电抗组成。这里有实际意义的是减小线路电抗，具体做法有如下几种：

（1）采用分裂导线。高压输电线路采用分裂导线的主要目的是避免电晕的发生。同时，分裂导线可以减小线路电抗。

例如，对于500kV 的线路，采用单根导线时电抗大约为 0.42Ω/km；采用两根分裂导线时电抗大约为0.32Ω/km；采用三根分裂导线时电抗大约为 0.30Ω/km；采用四根分裂导线时电抗大约为 0.29Ω/km。图 11-16 示出了采用分裂导线的 500kV 线路的单位长度电抗与分裂根数的关系。

（2）提高线路额定电压等级。功率极限和电压的平方成正比，因而提高线路额定电压等级可以提高功率极限。另外，提高线路额定电压也可以等值地看作是减小线路电抗。当用统一的基准值计算各元件电抗的标幺值时，发电机的电抗为

$$X_{G*(0)}=X_{G*(n)}\frac{S_0}{S_{GN}}$$

变压器电抗为

$$X_{T*(0)}=\frac{U_k\%}{100}\times\frac{S_0}{S_{TN}}$$

线路电抗为

$$X_{L*(0)}=X_1 l\frac{S_0}{U_{av}^2}$$

式中 U_{av}——线路的平均额定电压。

由此可见，线路电抗标幺值与其电压平方成反比（见图 11 - 17）。

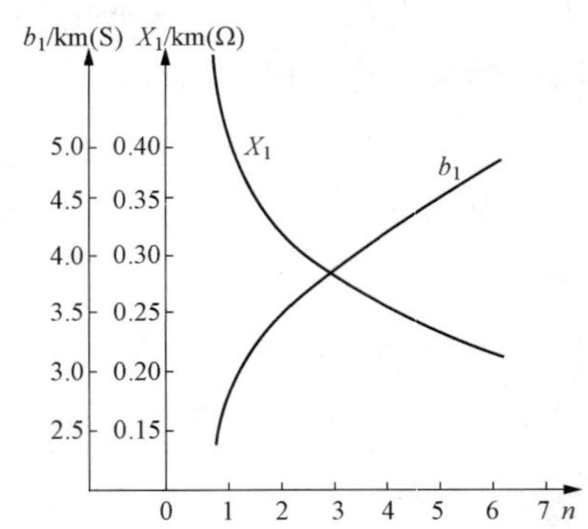

图 11 - 16 分裂导线的根数与 b_1、X_1 的关系

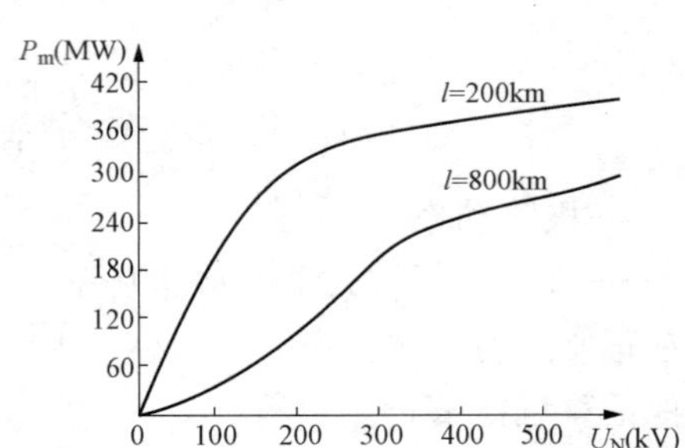

图 11 - 17 功率极限与输电线路额定电压的关系

当然，提高线路额定电压势必要加强线路的绝缘，加大杆塔的尺寸并增加变电站的投资。因此，一定的输送功率和输送距离对应一个经济上合理的线路额定电压等级。

（3）采用串联电容器补偿。串联电容器补偿是在线路上串联电容器以补偿线路的电抗。一般在较低电压等级的线路上串联电容器补偿主要用于调压；在较高电压等级的输电线路上串联电容器补偿，则主要是提高系统的稳定性。在后一种情况下，补偿度对系统的影响较大。所谓补偿度 K_C，则是电容器容抗 X_C 和线路感抗 X_L 的比值，即 $K_C=X_C/X_L$。

一般地，串联电容补偿度 K_C 越大，线路等值电抗越小，对提高稳定性越有利。但 K_C 的增大要受到很多条件的限制。首先短路电流不能过大。当补偿度过大时，若装在离电源较近的高压输电线路上的电容器后方发生短路，电容器的容抗可能大于变压器和电容器前面输电线路的电抗之和。这时的短路电流会大于发电机机端短路时的短路电流，这显然是不合适的。而且，短路电流还可能呈容性电流。这时电流、电压相位关系的紊乱将引起某些保护装置的误动作。此外，补偿度过大，系统中可能出现低频的自发振荡或“自励磁”现象。前者是由于采用串联电容补偿后，系统中电阻对感抗的比值将增大，阻尼系数 D 可能为负数；后者则是由于补偿后发电机外部电路电抗可能呈现容性，电枢反应可能引起助磁作用，使发电机电流和电压的上升无法控制，直到发电机的磁路饱和为止。上述都是限制补偿度的条件，因此，为提高系统稳定性而采用的串联电容器，其补偿度一般在 0.2～0.3 之间，不会超过 0.5。

串联电容器是集中安装的，若分散安装在线路上则会给维护、检修带来困难。一般装设在线路中间的变电站内。关于电容器接在线路上的具体方式以及其他技术问题，例如短路时电容器两端的过电压保护问题以及线路的继电保护问题等，这里不作进一步的讨论。

11.6.2　采用自动调节励磁装置

当发电机装设比例型励磁调节器时，发电机可以看作具有 E'_q（或 E'）为常数的功率特性，这也相当于将发电机的电抗从同步电抗 X_d 减小为暂态电抗 X'_d。

如果采用按运行参数的变化率调节励磁，甚至可以维持发电机端电压为常数，这就相当于将发电机的电抗减小到零。

因此，发电机装设先进的调节器就相当于缩短了发电机与系统之间的电气距离，从而提高了电力系统的静态稳定性。因为调节器在总投资中所占的比重很小，所以在各种提高静态稳定性的措施中，总是优先考虑安装自动励磁调节器。

11.6.3　改善系统的结构和采用中间补偿设备

(1) 改善系统的结构。有多种方法可以改善系统的结构，加强系统的联系。例如增加输电线路的回路数；另外，当输电线路通过的地区原来就有电力系统时，将这些中间电力系统与输电线路连接起来也是有利的。这样可以使长距离的输电线路中间点的电压得到维持，相当于将输电线路分成两段，缩小了“电气距离”。而且，中间系统还可与输电线路有交换功率，起到互为备用的作用。

(2) 采用中间补偿设备。在输电线路中间的降压变电站内安装同期调相机，如图 11-18 所示。同期调相机配有先进的自动励磁调节器，可以维持同期调相机的机端电压甚至高压母线电压恒定。这样，输电线路被等值地分成两段，系统的静态稳定性得到了提高。近年来，并联电容器补偿和静止补偿器用得较多。

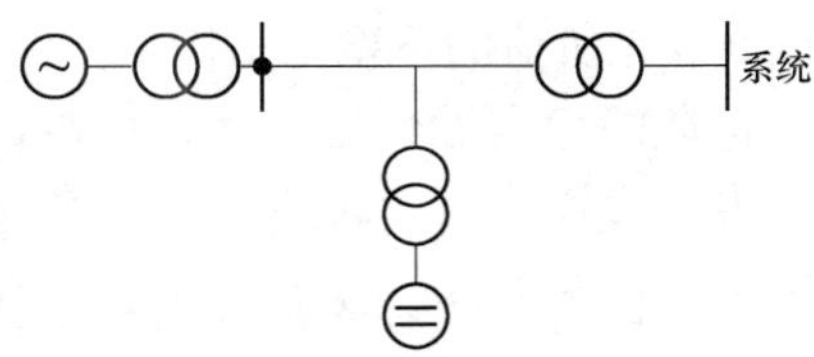

图 11-18　接入同期调相机以提高静态稳定

上述提高静态稳定性的措施是从减小电抗这一角度来研究的。在正常运行中提高发电机的电动势和电网的运行电压也可以提高功率极限。为使电网在较高的电压水平上运行，必须在系统中设置足够的无功功率电源。

11.7　负荷的静态稳定性

这一节将从另一个侧面分析电力系统的稳定性问题，即负荷稳定性的问题。实际上，负荷的稳定性和电力系统的稳定性是密切相关的。这里为了使过程清晰明了，将重点讨论异步电动机的稳定问题。图 11-19 (a) 示出了一台发电机向一台异步电动机供电的系统接线；图 11-19 (b) 所示为异步电动机等效电路。如果 E_q 幅值不变，电动机的电磁转矩（动力转矩）近似地可表示为

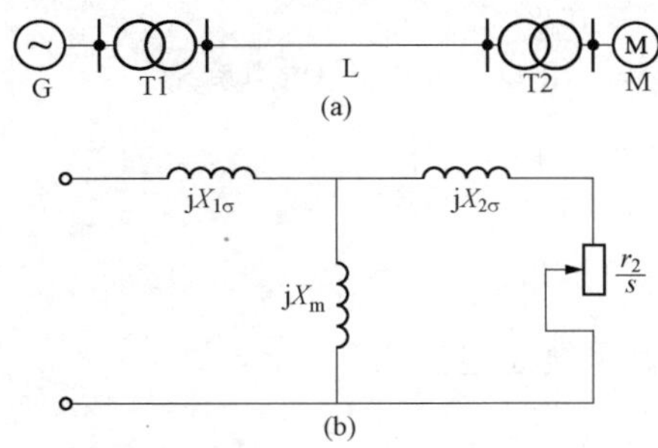

图 11-19　发电机向异步电动机供电的系统

(a) 系统接线图；(b) 异步电动机等效电路图

$$M_E = \frac{2M_{Emax}}{\frac{s_{cr}}{s} + \frac{s}{s_{cr}}} \tag{11-30}$$

式中　M_{Emax}——最大转矩，$M_{Emax} = \frac{U^2}{2(X_{2\sigma}+X_{1\sigma})}$；

s_{cr}——临界转差率，$s_{cr} = \frac{r_2}{X_{1\sigma}+X_{2\sigma}}$。

在正常运行时，电动机转子上作用着两种转矩：一是电磁转矩，它是推动转子旋转的；二是机械转矩，它是制动性的。在正常运行时，两种转矩相互平衡，电动机保持恒定的转差运行。

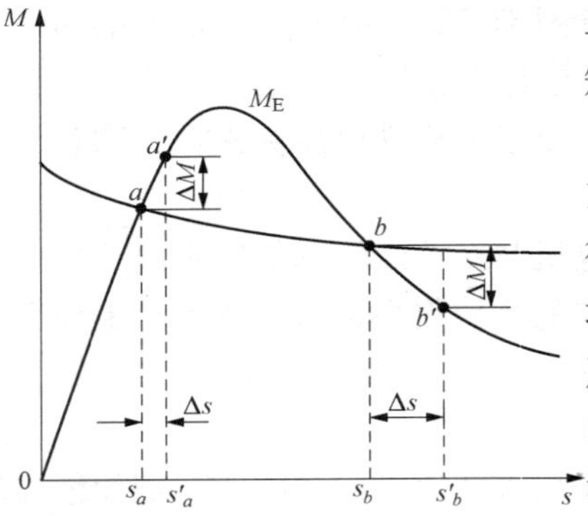

图 11-20　负荷稳定的概念

如果把机械转矩—转差特性 $M_{M(s)}$ 也画出来（见图 11-20），从图中可以看到有两个平衡点 a、b。在 a 点运行时，如果受到扰动后转差变为 s'_a，增加了一个微小的增量 $\Delta s = s'_a - s_a$，则电磁转矩将大于机械转矩，转子上产生了加速性的不平衡转矩 $\Delta M = M_E - M_M$，使电动机的转速增大，转差减小，最终恢复到 a 点运行。如果扰动产生负的 Δs，运行点也将回到点 a，所以 a 点是负荷的稳定运行点。

在点 b 运行时，如果扰动使工作点移动到 b'点，则从图 11-20 中可以看出，此时，电磁转矩将小于机械转矩，转子上产生减速性的不平衡转矩。在此不平衡转矩的作用下，电动机转速下降，转差继续增大，如此下去直到电动机停转为止。所以 b 点是负荷的不稳定工作点。

负荷的稳定性就是负荷在正常运行中，受到扰动后能否保持在某一恒定转差下继续运行的能力。由以上分析可以看出，在 a 点运行时，转差增量 Δs 与不平衡转矩具有相同的符号；而在 b 点运行时两者的符号则相反。因此，可以用 $\frac{\Delta M}{\Delta s}>0$ 作为负荷稳定的判据。当用功率的形式表示，机械功率与转差无关且恒定时，极限形式的判据为

$$\frac{dP_e}{ds} > 0 \tag{11-31}$$

11.8　电力系统的暂态稳定性

当电力系统受到较大的扰动后，电力系统能够不失步地从一种稳态过渡到另一种稳态的能力，称为电力系统的暂态稳定性。这里所讲的较大的扰动，是针对静态稳定而言的。一般是指电力系统发生短路，运行方式发生改变，负荷突然发生较大的变化等。

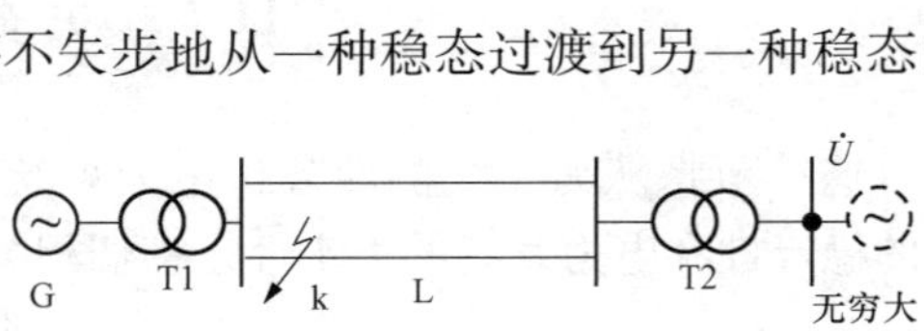

图 11-21　简单电力系统

假定简单电力系统如图 11-21 所示，短路发生在输电线路始端，下面分析其暂态稳定性。

11.8.1　各种运行情况下的功角特性

1. 系统正常运行时

系统正常运行时的等效电路如图 11-22（a）所示。系统总电抗为

$$X_{\mathrm{I}} = X'_d + X_{T1} + \frac{1}{2}X_L + X_{T2}$$

其功角特性曲线为

$$P_{\mathrm{I}} = \frac{E'U}{X_{\mathrm{I}}}\sin\delta \tag{11-32}$$

式中　E'——暂态电动势，可以近似认为短路前后 E' 不能跃变。

2. 短路发生时

根据正序等效定则，短路发生时的等效电路如图 11 - 22（b）所示。其中 $X_{\Delta}^{(n)}$ 为附加电抗，$X_{\Delta}^{(n)}$ 随着短路方式的不同而不同。当发生单相短路接地时，$X_{\Delta}^{(1)}=X_{2\Sigma}+X_{0\Sigma}$；当发生两相短路时，$X_{\Delta}^{(2)}=X_{2\Sigma}$；当发生两相短路接地时，$X_{\Delta}^{(1.1)}=X_{2\Sigma}\parallel X_{0\Sigma}$；当发生三相短路时，$X_{\Delta}^{(3)}=0$。根据图 11 - 22（b），利用星—网变换公式可以求得发电机与无穷大电网之间的转移电抗为

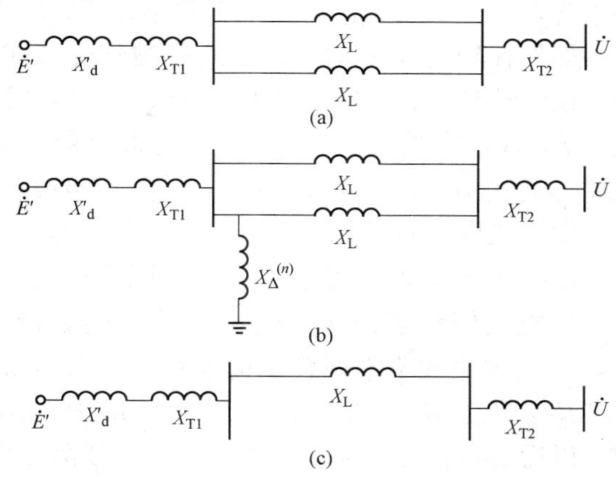

图 11 - 22　各种运行情况下的等效电路
（a）正常运行时；（b）短路发生时；（c）短路切除后

$$X_{\text{II}}=(X'_d+X_{T1})+\left(\frac{1}{2}X_L+X_{T2}\right)+\frac{(X'_d+X_{T1})\left(\frac{1}{2}X_L+X_{T2}\right)}{X_{\Delta}^{(n)}}$$

$$=X_{\text{I}}+\frac{(X'_d+X_{T1})\left(\frac{1}{2}X_L+X_{T2}\right)}{X_{\Delta}^{(n)}}$$

其功角特性为

$$P_{\text{II}}=\frac{E'U}{X_{\text{II}}}\sin\delta \tag{11 - 33}$$

由于 $X_{\text{II}}>X_{\text{I}}$，矩路时功角特性比正常运行时的要低。

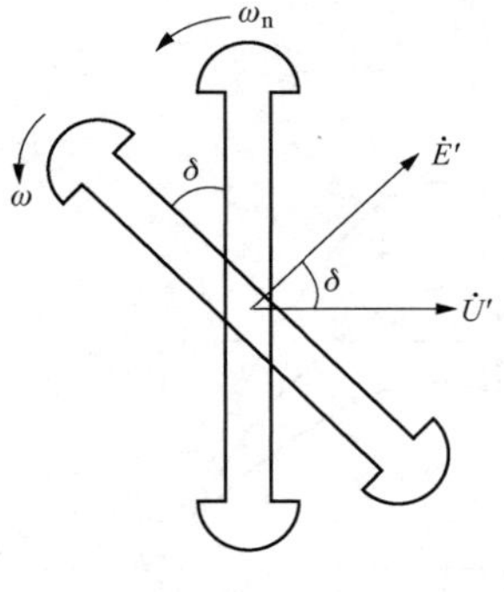

3. 故障线路被切除后

故障线路被切除后等效电路如图 11 - 22（c）所示。发电机与无穷大电网之间的转移电抗为

$$X_{\text{III}}=X'_d+X_{T1}+X_L+X_{T2}$$

其功角特性曲线为

$$P_{\text{III}}=\frac{E'U}{X_{\text{III}}}\sin\delta \tag{11 - 34}$$

一般情况下，$X_{\text{I}}<X_{\text{III}}<X_{\text{II}}$，因此 P_{III} 也介于 P_{I} 与 P_{II} 之间［见图 11 - 24（b）］。

图 11 - 23　发电机转子之间的空间位置

11.8.2　大扰动后发电机转子间的相对运动

发电机转子之间的空间位置如图 11 - 23 所示。

在正常运行情况下，若原动机的输入功率为 $P_T=P_0$，发电机的工作点为 a 点，与此对应的功角为 δ_0［见图 11 - 24（a）］。

短路瞬间，发电机的工作点应在短路时的功角曲线上。由于转子巨大的惯性，功角不可能突变，发电机输出的电磁功率（即工作点）应在曲线 P_{II} 对应于 δ_0 的 b 点上，设其值为 $P_{(0)}$。这时原动机的功率 P_T 仍保持不变，于是出现了过剩功率 $\Delta P_{(0)}=P_T-P_{(0)}>0$，它具有加速的性质。

在加速性过剩功率作用下，发电机将加速，其相对速度 $\Delta\omega=\omega-\omega_n>0$，于是功角 δ 开

始增大。发电机的工作点将沿着 P_{II} 由 b 向 c 移动。在变动过程中，随着 δ 的增大，发电机的电磁功率也增大，过剩功率则减小，所以$\overset{\frown}{bc}$段发电机转子是变加速运动。

如果在功角为 δ_c 时，故障线路被切除。在切除瞬间，由于功角不能突变，发电机的工作点便转移到 P_{III} 对应于 δ_c 的 d 点。此时，发电机的电磁功率大于原动机功率，过剩功率 $P_T-P_e<0$，它具有减速的性质。在此过剩功率的作用下，发电机的转速将下降，虽然相对速度 $\Delta\omega$ 开始减小，但 $\Delta\omega>0$，因此功角继续增大，工作点将沿 P_{III} 由 d 向 g 作变减速运动。发电机则一直受到减速作用而不断减速。

如果到达 g 点，发电机恢复到同步转速，即 $\Delta\omega=0$，则功角达到它的最大值。虽然此时发电机恢复了同步，但由于功率尚未恢复，所以不能在 g 点确立同步运行的稳态。发电机在减速性不平衡转矩的作用下，转速继续下降而低于同步转速，这时 $\Delta\omega<0$，于是功角 δ 开始减小，发电机工作点将沿 P_{III} 由点 g 向点 d、s 变动。

以后的过程则与系统的静态稳定在受到正向扰动时的情况相似，最后工作点稳定在 s 点上。也就是说，系统在上述大扰动下保持了暂态稳定。此时发电机的摇摆曲线如图 11 - 24（b）所示，$\delta(t)$ 是收敛的。

当然，系统在受到大扰动后，也有失去暂态稳定的情况（见图 11 - 25）。如果工作点在 $a\to b\to c\to d\to\cdots$的过程中，当工作点在$\overset{\frown}{dge}$上作减速运动时，由于 d 点的初速度太高，工作点在 e 点仍然高于同步转速，这时相对转速 $\Delta\omega>0$，工作点将跨过 e 点继续向前移动。一旦跨过 e 点，发电机转子马上作变加速运动，使 $\Delta\omega$ 增大，从而使 δ 继续增大，系统将失去稳定。图 11 - 25（b）为失去稳定时的摇摆曲线，$\delta(t)$ 是发散的。

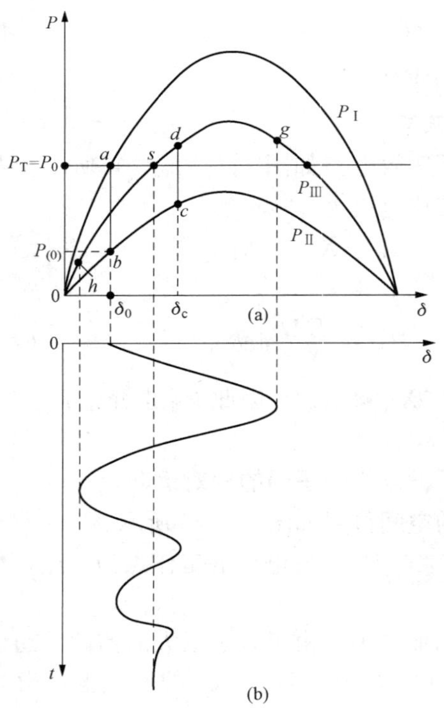

图 11 - 24　转子相对运动及摇摆曲线

（a）工作点运动轨迹；（b）摇摆曲线

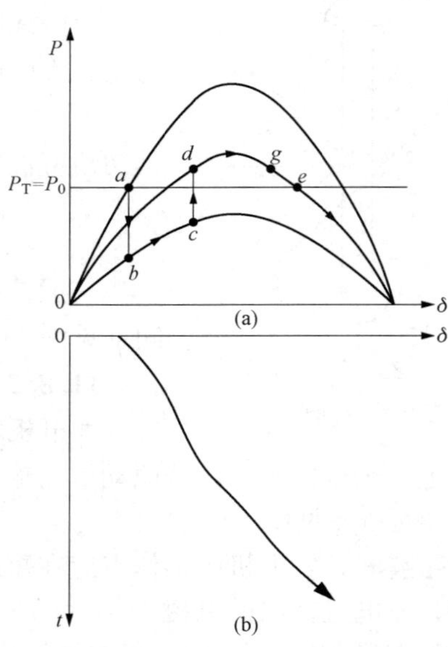

图 11 - 25　系统失去暂态稳定的情况

（a）工作点运动轨迹；（b）摇摆曲线

11.8.3　等面积准则

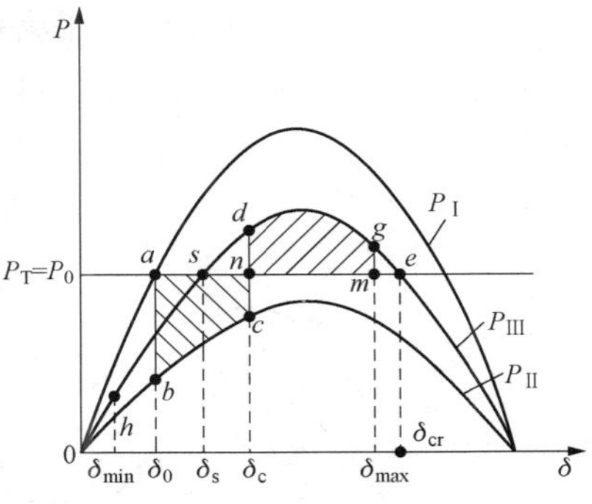

图 11 - 26　等面积准则

图 11 - 26 是系统受到大扰动后仍能保证暂态稳定的 $P(\delta)$ 曲线。在功角从 δ_0 变到 δ_c 的过程中，原动机输入的能量大于发电机输出的能量，多余的能量将使发电机转速升高并转化为转子的动能而储存在转子中；而当功角从 δ_c 变到 δ_{max} 时，原动机输入的能量小于发电机输出的能量，不足部分由发电机转速降低而释放的动能转化为电磁能来补充。

转子由 δ_0 到 δ_c 移动时，过剩转矩所做的功为

$$W_a = \int_{\delta_0}^{\delta_c} \Delta M_a \mathrm{d}\delta = \int_{\delta_0}^{\delta_c} \frac{\Delta P_a}{\omega} \mathrm{d}\delta \tag{11 - 35}$$

用标幺值计算时，因发电机转速偏离同步速度不大，$\omega \approx 1$，于是

$$W_a \approx \int_{\delta_0}^{\delta_c} \Delta P_a \mathrm{d}\delta = \int_{\delta_0}^{\delta_c} (P_T - P_{\mathrm{II}}) \mathrm{d}\delta \tag{11 - 36}$$

式（11 - 36）右边的积分，代表 P - δ 平面上的面积，对应图 11 - 26 的情况为阴影的面积 S_{abcn}。在不计能量损失时，加速期间过剩转矩做的功，将全部转化为转子动能。在标幺值计算中，可以认为转子在加速过程中获得的动能增量就等于 S_{abcn}。这块面积称为加速面积。当转子由 δ_c 变动到 δ_{max} 时，转子动能增量为

$$W_b = \int_{\delta_c}^{\delta_{max}} \Delta M_a \mathrm{d}\delta \approx \int_{\delta_c}^{\delta_{max}} \Delta P_a \mathrm{d}\delta = \int_{\delta_c}^{\delta_{max}} (P_T - P_{\mathrm{III}}) \mathrm{d}\delta$$

由于 $\Delta P_a < 0$，上式积分为负值。也就是说，动能增量为负值。这意味着转子储存的动能减小了。减速过程中动能增量所对应的面积称为减速面积，S_{nmgd} 就是减速面积。

由于工作点在 $a \to b \to c \to d \to g$ 的过程中，始端 a 和末端 g 的转速相同，也就是说，a 点和 g 点的转子动能相等。那么在 $a \to b \to c \to d \to g$ 过程中的做功总和应为 0，也即

$$\int_{\delta_0}^{\delta_c} (P_T - P_{\mathrm{II}}) \mathrm{d}\delta + \int_{\delta_c}^{\delta_{max}} (P_T - P_{\mathrm{III}}) \mathrm{d}\delta = 0 \tag{11 - 37}$$

在绝对值上存在如下的关系

$$|S_{abcn}| = |S_{nmgd}| \tag{11 - 38}$$

这就是等面积准则。

同理，利用等面积准则，可以确定摇摆的最小角度 δ_{min}，即

$$\int_{\delta_{max}}^{\delta_s} (P_T - P_{\mathrm{III}}) \mathrm{d}\delta + \int_{\delta_s}^{\delta_{min}} (P_T - P_{\mathrm{III}}) \mathrm{d}\delta = 0 \tag{11 - 39}$$

由图 11 - 26 中可以看到，在给定的计算条件下，当切除角 δ_c 一定时，有一个最大可能的减速面积 S_{negd}。如果这块面积的数值比加速面积 S_{abcn} 小，发电机将失去同步。因为在这种情况下，当功角增到临界角 δ_{cr} 时，转子在加速过程中所增加的动能尚未完全耗尽，发电机转速仍高于同步速度，功角继续增大而越过 e 点，发电机将继续加速而失去同步。所以，可以得到如下的结论：

（1）最大可能的减速面积＞加速面积，系统稳定。

（2）最大可能的减速面积＜加速面积，系统失去稳定。

（3）最大可能的减速面积＝加速面积，系统处于临界状态。

11.8.4 极限切除角

如果在某一切除角时，最大可能的减速面积恰好与加速面积相等，则系统处于稳定的极限情况，大于这个角度切除故障，系统将失去稳定。这个切除角被称为极限切除角，记为 δ_{clim}。

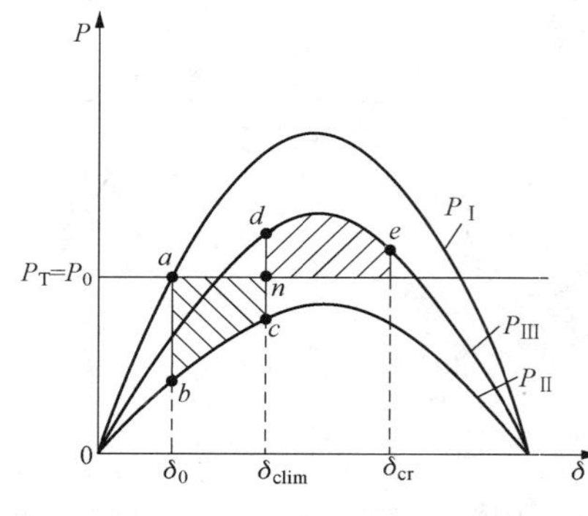

图 11 - 27 极限切除角

应用等面积准则，由图 11 - 27 可得

$$\int_{\delta_0}^{\delta_{\mathrm{clim}}}(P_{\mathrm{T}}-P_{\mathrm{m\,II}}\sin\delta)\mathrm{d}\delta+\int_{\delta_{\mathrm{clim}}}^{\delta_{\mathrm{cr}}}(P_{\mathrm{T}}-P_{\mathrm{m\,III}}\sin\delta)\mathrm{d}\delta=0$$

经整理可得

$$\delta_{\mathrm{clim}}=\cos^{-1}\frac{P_0(\delta_{\mathrm{cr}}-\delta_0)+P_{\mathrm{m\,III}}\cos\delta_{\mathrm{cr}}-P_{\mathrm{m\,II}}\cos\delta_0}{P_{\mathrm{m\,III}}-P_{\mathrm{m\,II}}}\tag{11 - 40}$$

式中所有的角度都是用弧度表示的。临界角

$$\delta_{\mathrm{cr}}=\pi-\sin^{-1}\frac{P_0}{P_{\mathrm{m\,III}}}\tag{11 - 41}$$

对于实用目的而言，例如在对继电保护和断路器提出切除故障速度的要求时，还必须知道转子从 δ_0 抵达极限切除角所需要的时间，即所谓的极限切除时间。断路器切断电路的最长时间不得大于极限切除时间，否则，在电路尚未完全切断之前，系统已经失去稳定，继电保护将失去其保护作用。

【例 11 - 1】 某简单电力系统接线图如图 11 - 28 所示。设输电线路某一回线路的始端发生两相短路接地，试计算为保持暂态稳定而要求的极限切除角度。

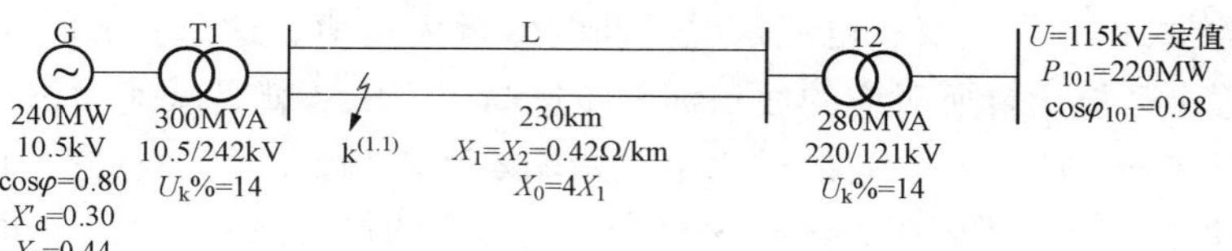

图 11 - 28 ［例 11 - 1］的系统接线图

解 （1）选取基准值，计算参数。

取 $S_0=220\mathrm{MVA}$，$U_0=U_{\mathrm{av}}$，求得正常运行时等效电路和负序、零序等效电路中参数如图 11 - 29（a）、（b）所示。

（2）计算系统正常运行方式，确定 E' 和 δ'。此时系统总电抗为

$$X_{\mathrm{I}}=0.295+0.138+0.243+0.122=0.798$$

发电机的暂态电动势为

$$E'=\sqrt{\left(U+\frac{Q_0X_{\mathrm{I}}}{U}\right)^2+\left(\frac{P_0X_{\mathrm{I}}}{U}\right)^2}$$

$$=\sqrt{(1+0.2\times0.798)^2+0.798^2}=1.41$$

$$\delta_0=\tan^{-1}\frac{0.798}{1+2\times0.798}=34.53°$$

（3）故障后的功率特性。由图 11 - 29（b）的负序、零序网络可得故障点的负序、零序等效电抗为

$$X_{2\Sigma}=\frac{(0.432+0.138)(0.243+0.122)}{(0.432+0.138)+(0.243+0.122)}=0.222$$

$$X_{0\Sigma}=\frac{0.138(0.972+0.122)}{0.138+(0.972+0.122)}=0.123$$

所以加在正序网络故障点的附加电抗为

$$X_{\Delta}^{(1,1)}=\frac{0.222\times0.123}{0.222+0.123}=0.079$$

于是故障时等效电路如图 11 - 29（c）所示。

$$X_{\mathrm{II}}=0.433+0.365+\frac{0.433\times0.365}{0.079}=2.80$$

所以故障时发电机的最大功率为

$$P_{\mathrm{m II}}=\frac{E'U}{X_{\mathrm{II}}}=\frac{1.41\times1}{2.8}=0.504$$

（4）故障切除后的功率特性。故障切除后的等效电路如图 11 - 29（d）所示，此时

$$X_{\mathrm{III}}=0.295+0.138+2\times0.243+0.122=1.041$$

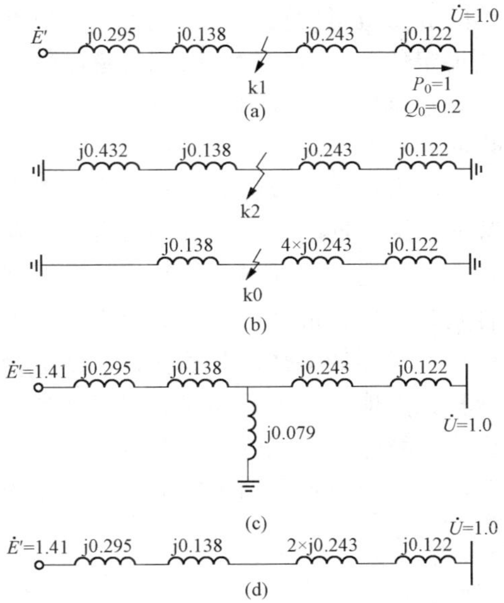

图 11 - 29　［例 11 - 1］电力系统等效电路
（a）正常运行等效电路；（b）负序、零序等效电路；（c）故障时等效电路；（d）故障切除后等效电路

此时最大功率为

$$P_{\mathrm{m III}}=\frac{E'U}{X_{\mathrm{III}}}=\frac{1.41\times1}{1.041}=1.35$$

$$\delta_{\mathrm{cr}}=\pi-\sin^{-1}\frac{1}{1.35}=132.2^{\circ}$$

（5）计算极限切除角，则

$$\delta_{\mathrm{cr}}=\cos^{-1}\frac{P_0(\delta_{\mathrm{cr}}-\delta_0)+P_{\mathrm{m III}}\cos\delta_{\mathrm{cr}}-P_{\mathrm{m II}}\cos\delta_0}{P_{\mathrm{m III}}-P_{\mathrm{m II}}}$$

$$=\cos^{-1}\frac{1\times\frac{\pi}{180}\times(132.2-34.53)+1.35\times\cos132.2^{\circ}-0.504\times\cos34.53^{\circ}}{1.35-0.504}$$

$$=62.7^{\circ}$$

11.9　提高暂态稳定性的措施

缩短电气距离以提高系统稳定性的某些措施对提高系统的暂态稳定性也是有利的。但是，提高暂态稳定的措施，首先要考虑大扰动后减小发电机转子上机械功率（动力）与电磁功率（阻力）的差额，这个差额才是破坏暂态稳定的主要原因。下面将介绍几种常用的措施。

11.9.1　故障的快速切除和自动重合闸的应用

故障的快速切除和自动重合闸可以很好地减小功率差额，也比较经济。

快速切除故障对于提高系统的暂态稳定性有决定性的作用。一方面，因为快速切除故障减小了加速面积，增加了减速面积，提高了发电机之间并列运行的稳定性。另一方面，快速

切除故障也可使负荷中的电动机的机端电压迅速回升，有利于电动机的自起动，提高了负荷的稳定性。切除故障的时间是继电保护装置的动作时间与断路器动作时间的总和。目前已可做到短路后 0.06s 切除故障线路，其中 0.02s 是保护装置动作时间，0.04s 是断路器固有动作时间。

电力系统的故障，特别是高压输电线路的故障大多数是短路故障，而这些短路故障大多数又是临时性的。采用自动重合闸装置，在发生故障的线路上，先切除线路，过一段时间后再合上断路器。如果是瞬时性故障，则自动重合闸成功［见图 11 - 30（a)］，安装了自动重合闸装置后，最大可能的减速面积大大地增加了，系统的稳定也就提高了，同时供电可靠性也提高了；如果是永久性故障，则重合闸不成功［见图 11 - 30（b)］，这时最大可能的减速面积大大地下降了，加速面积却提高了，这将使系统的稳定性变差，甚至使原来稳定的系统变得不稳定。这就要求在安装自动重合闸之前，要进行系统稳定性的校验。自动重合闸不成功，还会使系统受到第二次短路电流的冲击。

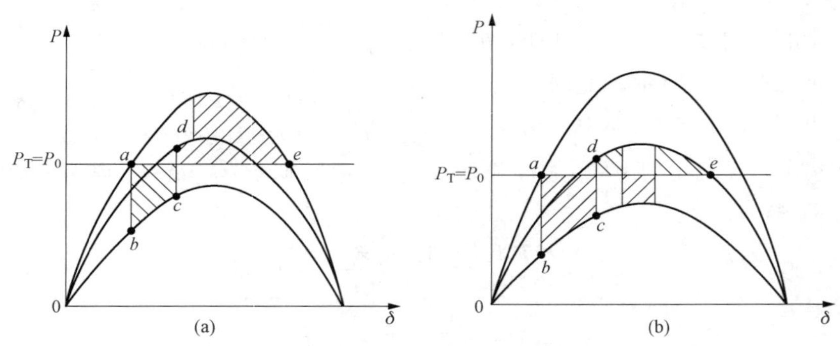

图 11 - 30　自动重合闸的应用

（a）重合闸成功；（b）重合闸不成功

自动重合闸装置重合闸的时间受到短路处电弧去游离时间的限制。如果在原来短路处产生电弧的地方，气体还处在游离的状态下而过早地重合线路断路器，将引起电弧的重燃，使重合闸不成功，甚至扩大事故。去游离的时间主要取决于线路的电压等级和故障电流的大小。电压越高，故障电流越大，则去游离的时间越长。

必须说明：采用单相重合闸时，去游离时间比采用三相重合闸时间要长。因为切除一相后其余两相仍处于带电状态，尽管故障电流被切断了，但带电的两相仍将通过导线之间的电容和电感耦合向故障点继续供给电流（称为潜供电流），因此维持了电弧的燃烧，对去游离不利。

11.9.2　提高发电机输出的电磁功率

1. 对发电机施行强行励磁

发电机都备有强行励磁装置，以保证当系统发生故障而使发电机机端电压低于 85%～90%额定电压时迅速而大幅度地增加励磁，从而提高发电机电动势，增加发电机输出的电磁功率。强行励磁对提高发电机并列运行和负荷的暂态稳定性都是有利的。

在用直流励磁机的励磁系统中，强行励磁多半是借助于装设在发电机端电压的低电压继电器启动一个接触器去短接励磁机的磁场变阻器，因而称为继电式强行励磁。在晶闸管励磁中，强行励磁则是靠增大晶闸管整流器的导通角而实现的。强行励磁的作用随励磁电压增长速度与强行励磁倍数——最大可能励磁电压与额定运行时励磁电流之比的增大而越显著。

2. 电气制动

电气制动就是当系统中发生故障后迅速投入电阻以消耗发电机的有功功率（增大电磁功率），从而减小功率差额。图 11 - 31 表示了两种制动电阻的接入方式。当电阻串联接入时，旁路开关正常时闭合，投入制动电阻时打开旁路开关；并联接入时，开关正常打开，投入制动电阻时闭合。如果系统中有自动重合闸装置，则当线路开关重合时，应将制动电阻短路（制动电阻串联接入时）或切除（制动电阻并联接入时）。

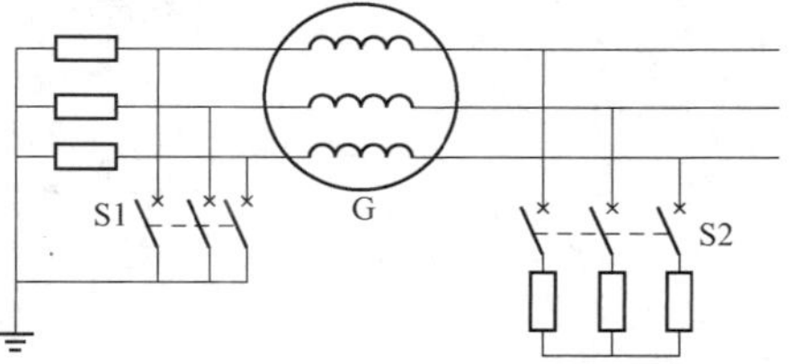

图 11 - 31　制动电阻的接入方式

电气制动的作用也可以用等面积准则解释。图 11 - 32（a）和（b）中比较了有与没有电气制动的情况。图中假设故障发生后瞬时投入制动电阻；切除故障线路时同时切除制动电阻。由图 11 - 32（b）可见，若切除故障角 δ_c 不变，由于采用了电气制动，减小了加速面积 bb_1c_1cb，使原来不能保证的暂态稳定得到了保证。

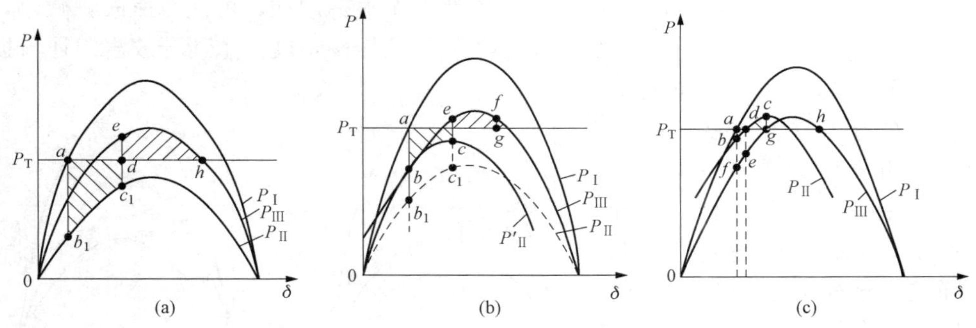

图 11 - 32　电气制动的作用

（a）无电气制动；（b）有电气制动；（c）过制动

运用电气制动提高暂态稳定性时，制动电阻的大小及投切时间要选择适当。否则，或者会发生欠制动，即制动作用过小，发电机仍要失步；或者会发生过制动，即制动过大，发电机虽在第一次振荡中没有失步，却在切除故障和切除制动电阻后的第二次振荡中失步。过制动现象也可以用等面积准则来解释，图 11 - 32（c）示出。故障过程中运行点转移的顺序为 $a\to b\to d\to c\to d$，即第一次振荡过程中发电机没有失步。在 d 点切除故障，同时切除制动电阻，运动点转移的顺序为 $d\to e\to f\to e\to g\to h$，即在第二次振荡过程中发电机失步了。因此，在考虑某个具体系统中采用电气制动时，应通过一系列计算来选择制动电阻。

3. 变压器中性点经小电阻接地

变压器中性点经小电阻接地就是发生短路故障时的电气制动。图 11 - 33 所示变压器中性点经小电阻接地的系统发生单相短路时的情况。因为变压器中性点接了电阻，零序网络中增加了电阻，零序电流流过电阻时引起了附加的功率损耗。这个情况对应于故障间的功角特性 P_{II} 升高，因为 $r_{0\Sigma}$ 反映在正序等效网络中，与电气制动相似，必须经过计算来确定电阻值。

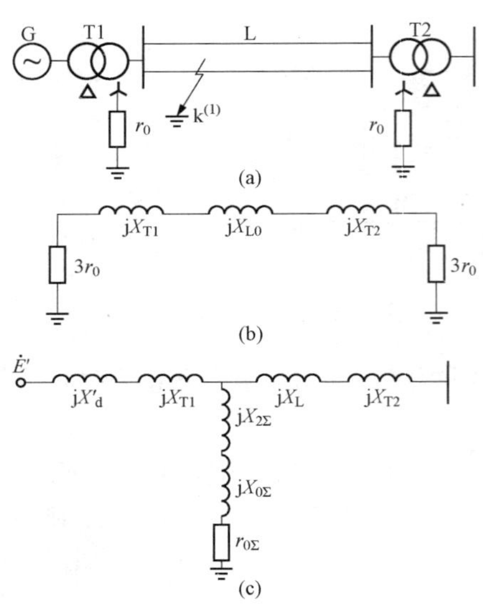

图 11-33　变压器中性点经小电阻接地

(a) 系统图；(b) 零序网络；(c) 正序等效网络

11.9.3　改善原动机的调节特性

电力系统受到大的扰动后，发电机输出的电磁功率会突然变化，而原动机的功率由于具有一定的惯性和存在失灵区，原动机的输出功率的变化跟不上电磁功率的变化，从而在暂态过程中发电机的机轴上存在不平衡功率。因而使发电机产生剧烈的相对运动甚至使系统稳定性遭到破坏。汽轮机的快速调节汽门可以有效地缓解这一矛盾。

当汽轮机有快速调节汽门时，如果发生短路，快速调节汽门动作，原动机的输出功率迅速下降，可以增大减速面积，同时可以减小加速面积，从而使系统在第一个振荡周期保证暂态稳定。为了减小发电机的振荡幅度，可以在功角开始减小时重新开放汽门。从图 11-34 (b)可以看到，重新开放汽门，在第二个振荡周期，可使减速面积减小，从而减小了转子的振荡幅度。重新开放汽门还可以避免系统失去部分有功电源。根据发电机功角变化的情况，交替关、开快速汽门，如功角开始增大时关闭汽门，功角开始减小时开放汽门，即在相对速度改变符号的瞬间来控制汽门的开关，这样就会得到更好的效果。目前正在研究使用微机来控制，以加速振荡的衰减。

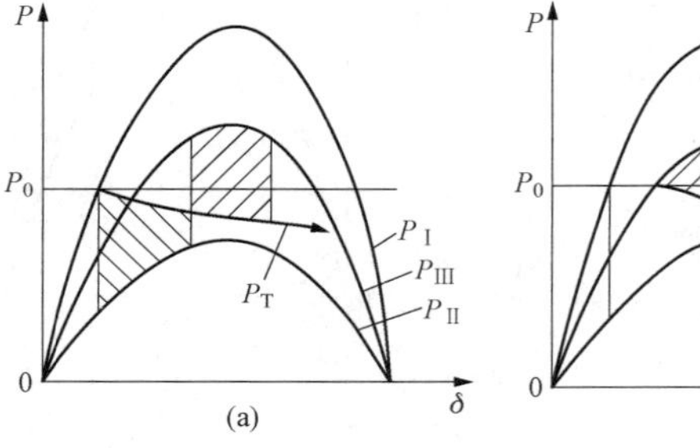

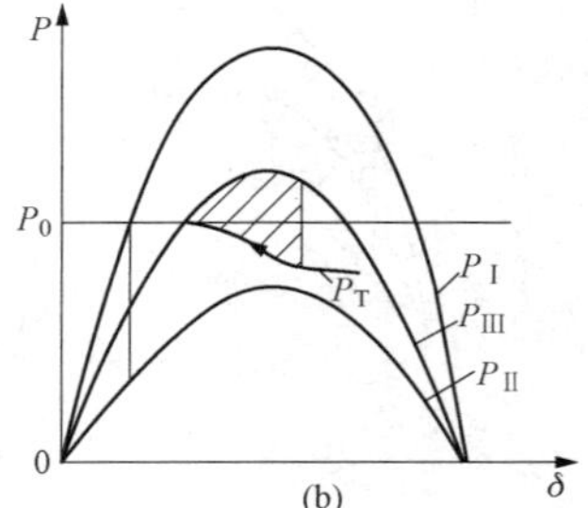

图 11-34　快速调节汽门的作用

(a) 快速调节汽门减小时；(b) 快速调节汽门增大时

11.9.4　系统失去稳定后的措施

电力系统的设计和运行中尽管都采取了一系列提高稳定性的措施。但是系统还是不可避免地遇到没有估计到的故障情况而致使系统失去稳定。因此必须了解系统失去稳定后的现象并采取措施以减轻失去稳定所带来的危害，迅速地使系统恢复同步运行。

1. 设置解列点

如果所有提高稳定的措施均不能保持系统的稳定，可以有计划地手动或靠解列装置自动断开系统的某些断路器，将系统分解成几个独立部分。这些解列点是预先设置的。应该尽量做到解列后的每个独立部分的电源和负荷基本平衡，从而使各部分频率和电压接近正常值，并使供电可靠性尽量不下降。当然，各独立部分相互之间不再保持同步。这种把系统分解成几个部分的解列措施是迫不得已的临时性措施，一旦把各独立部分的运行参数调整后，应尽快将各独立部分重新并列起来。

2. 短期异步运行和再同步的可能性

电力系统若失去稳定，一些发电机处于不同步的运行状态，即为异步运行状态。异步运行可能给系统（包括发电机组）带来严重危害。如果系统能承受短时的异步运行，并有可能再次拉入同步，允许系统短时异步运行，这样可以缩短系统恢复正常运行所需要的时间。

（1）系统失去稳定的过程。这里仅讨论一台机组与系统失去同步的过程。发电机受到扰动后，如果功角不断增大，其同步功率随着时间振荡，平均值几乎为零。而原动机的机械功率调整较慢。因此发电机的过剩功率继续使发电机转子加速。但这个过程不会持续下去。因为发电机的转速大于同步转速而处于异步运行状态时，发电机将发出异步功率。当平均异步功率与减小了的机械功率达到平衡时，发电机便进入稳态的异步运行。

同步发电机在异步运行时发出异步功率的原理与异步发电机相似，即由于定子磁场在转子绕组和铁芯内产生感应电流，后者的磁场与定子磁场相互作用产生异步转矩，使发电机发出电磁功率（异步功率）。平均异步转矩（功率）与端电压的平方成正比，是转差率 s 的函数。图 11 - 35 示出了几种发电机的平均异步转矩特性曲线。与异步电动机一样，发电机在异步运行时，从系统中吸收无功功率。

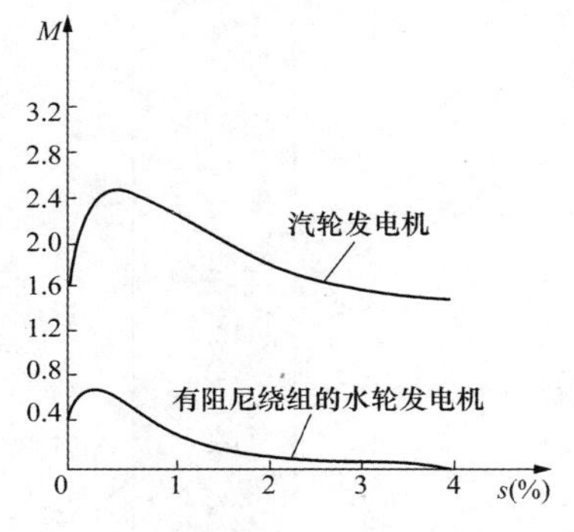

图 11 - 35　平均异步转矩特性曲线

（2）异步运行时带来的问题。对处于异步运行的发电机，其机组的振动和转子的过热等均可能造成发电机本身的损伤。

异步运行的发电机从系统吸收无功功率，如果系统无功功率储备不足，势必降低系统的电压水平，甚至发生“电压崩溃”。

异步运行时系统中有些节点电压极低，在这些节点上将失去大量负荷，也将造成大面积停电。

异步运行时电流、电压变化情况复杂，可能引起保护装置的误动作而进一步扩大事故。

（3）再同步的可能性。如果系统的无功储备充足，异步运行的发电机组能提供相当的平均异步功率，而且机组和系统均能承受短期异步运行，则可利用这短时的异步状态将机组拉入同步。

再同步的措施一般分为两步：第一步调整原动机的调速器，以减小平均转差率，造成瞬时转差率为零的条件；第二步调节励磁电流增大电动势，以便使机组进入持续同步状态。

附录 A 电力线路、变压器特性数据表

附表 A-1 各种常用架空导线的规格

额定截面积 (mm^2)	导线型号									
	TJ 型		LJ 型		LGJ 型		LGJQ 型		LGJJ 型	
	计算外径 (mm)	安全电流 (A)	计算外径 (mm)	安全电流 (A)	计算外径 (mm)	安全电流 (A)	计算外径 (mm)	安全电流 (A)	计算外径 (mm)	安全电流 (A)
16	5.04	1.30	5.1	105	5.4	105	—	—	—	—
25	6.33	180	6.4	135	6.4	135	—	—	—	—
35	7.47	220	7.5	170	8.4	170	—	—	—	—
50	8.91	270	9.0	215	9.6	220	—	—	—	—
70	10.7	340	10.7	255	11.4	275	—	—	—	—
95	12.45	415	12.4	325	13.7	335	—	—	—	—
120	14.00	485	14.0	375	15.2	380	—	—	15.5	—
150	15.75	570	15.8	440	17.0	445	16.6	—	17.5	464
185	17.43	645	17.5	500	19.0	515	18.4	510	19.6	543
240	19.88	770	20.0	610	21.6	610	21.6	610	22.4	629
300	22.19	890	22.4	680	24.2	770	23.5	710	25.2	710
400	25.62	1085	25.8	830	28.0	800	27.2	845	29.0	865
500	—	—	29.1	980	—	—	30.2	966	—	—
600	—	—	32.0	1100	—	—	33.1	1090	—	—
700	—	—	—	—	—	—	37.1	1250	—	—

注 1. 表中所列出的额定截面积为导电部分面积（不包括钢芯截面）。

2. 表中导线的安全电流值指周围空气温度为 25℃时的计算数值。当导线周围环境气温不等于 25℃时，需将表中的安全电流数值乘以下表所列的电流修正系数。

周围空气温度（℃）	−5	0	5	10	15	20	25	30	35	40	45	50
电流修正系数	1.29	1.24	1.20	1.15	1.11	1.05	1.00	0.94	0.88	0.81	0.74	0.67

附表 A-2 LJ、TJ 型架空线路导线的电阻及正序电抗 （Ω/km）

导线型号	电阻	电抗（括号内数值为几何均距，m）									
		(0.6)	(0.8)	(1.0)	(1.25)	(1.5)	(2.0)	(2.5)	(3.0)	(3.5)	(4.0)
LJ-16	1.98	0.358	0.377	0.391	0.405	0.416	0.435	0.499	0.460	—	—
LJ-25	1.28	0.345	0.353	0.377	0.391	0.402	0.421	0.435	0.446	—	—
LJ-35	0.92	0.336	0.352	0.366	0.380	0.391	0.410	0.424	0.435	0.445	0.453
LJ-50	0.64	0.325	0.341	0.355	0.365	0.380	0.398	0.413	0.423	0.433	0.441
LJ-70	0.46	0.315	0.331	0.345	0.359	0.370	0.388	0.399	0.410	0.420	0.428
LJ-95	0.34	0.303	0.319	0.334	0.347	0.358	0.377	0.390	0.401	0.411	0.419
LJ-120	0.27	0.297	0.313	0.327	0.341	0.352	0.368	0.382	0.393	0.403	0.411
LJ-150	0.21	0.287	0.312	0.319	0.333	0.344	0.363	0.377	0.388	0.398	0.406

附表 A-3　　LGJ 型架空线路导线的电阻及正序电抗　　（Ω/km）

导线型号	电阻	电抗（括号内数值为几何均距，m）														
		(1.0)	(1.5)	(2.0)	(2.5)	(3.0)	(3.5)	(4.0)	(4.5)	(5.0)	(5.5)	(6.0)	(6.5)	(7.0)	(7.5)	(8.0)
LGJ-35	0.85	—	—	—	—	—	—	—	—	—	—	—	—	—	—	—
LGJ-50	0.65	—	—	—	0.417	0.429	0.438	0.446	—	—	—	—	—	—	—	—
LGJ-70	0.45	0.366	0.385	0.403	0.406	0.418	0.427	0.435	—	—	0.466	—	—	—	—	—
LGJ-95	0.33	0.353	0.374	0.392	0.396	0.408	0.417	0.425	0.433	0.440	0.435	0.44	0.445	—	—	—
LGJ-120	0.27	0.343	0.364	0.382	0.385	0.397	0.406	0.414	0.422	0.429	0.429	0.433	0.438	—	—	—
LGJ-150	0.21	0.334	0.353	0.371	0.379	0.391	0.400	0.408	0.416	0.423	0.422	0.425	0.432	—	—	—
LGJ-185	0.17	0.326	0.347	0.365	0.372	0.384	0.398	0.401	0.409	0.416	0.416	0.419	0.425	—	—	—
LGJ-240	0.132	0.319	0.340	0.358	0.365	0.377	0.386	0.394	0.402	0.409	0.407	0.412	0.416	0.421	0.425	0.42
LGJ-300	0.107	—	—	—	0.357	0.369	0.378	0.386	0.394	0.401	0.399	0.405	0.410	0.414	0.418	0.42
LGJ-400	0.08	—	—	—	—	—	—	—	—	—	0.391	0.397	0.402	0.406	0.410	0.41

附表 A-4　　LGJQ 与 LGJJ 型架空线路导线的电阻及正序电抗　　（Ω/km）

导线型号	电阻	电抗（括号内数值为几何均距，m）						
		(5.0)	(5.5)	(6.0)	(6.5)	(7.0)	(7.5)	(8.0)
LGJQ-300	0.108	—	0.401	0.406	0.411	0.416	0.420	0.424
LGJQ-400	0.080	—	0.391	0.397	0.402	0.406	0.410	0.414
LGJQ-500	0.065	—	0.384	0.390	0.395	0.400	0.404	0.408
LGJJ-185	0.170	0.406	0.412	0.417	0.422	0.428	0.433	0.437
LGJJ-240	0.131	0.397	0.403	0.409	0.414	0.419	0.424	0.428
LGJJ-300	0.106	0.390	0.396	0.402	0.407	0.411	0.417	0.421
LGJJ-400	0.079	0.381	0.387	0.393	0.398	0.402	0.408	0.412

附表 A-5　　LGJ、LGJJ 及 LGJQ 型架空线路导线的电纳　　（$\times 10^{-6}$S/km）

导线型号	截面积 (mm^2)	电纳（括号内数值为几何均距，m）														
		(1.5)	(2.0)	(2.5)	(3.0)	(3.5)	(4.0)	(4.5)	(5.0)	(5.5)	(6.0)	(6.5)	(7.0)	(7.5)	(8.0)	(8.5)
LGJ	35	2.97	2.83	2.73	2.65	2.59	2.54	—	—	—	—	—	—	—	—	—
	50	3.05	2.91	2.81	2.72	2.66	2.61	—	—	—	—	—	—	—	—	—
	70	3.15	2.99	2.88	2.79	2.73	2.68	2.62	2.58	2.54	—	—	—	—	—	—
	95	3.25	3.08	2.96	2.87	2.81	2.75	2.69	2.65	2.61	—	—	—	—	—	—
	120	3.31	3.13	3.02	2.92	2.85	2.79	2.74	2.69	2.65	—	—	—	—	—	—
	150	3.38	3.20	3.07	2.97	2.90	2.85	2.79	2.74	2.71	—	—	—	—	—	—
	185	—	—	3.13	3.03	2.96	2.90	2.84	2.79	2.74	—	—	—	—	—	—
	240	—	—	3.21	3.10	3.02	2.96	2.89	2.85	2.80	2.76	—	—	—	—	—
	300	—	—	—	—	—	—	—	—	2.86	2.81	2.78	2.75	2.72	—	—
	400	—	—	—	—	—	—	—	—	2.92	2.88	2.83	2.81	2.78	—	—
	120	—	—	—	—	—	2.8	2.75	2.70	2.66	2.63	2.60	2.57	2.54	2.51	2.49
	150	—	—	—	—	—	2.85	2.81	2.76	2.72	2.68	2.65	2.62	2.59	2.57	2.54

续表

导线型号	截面积 (mm^2)	电纳（括号内数值为几何均距，m）														
		(1.5)	(2.0)	(2.5)	(3.0)	(3.5)	(4.0)	(4.5)	(5.0)	(5.5)	(6.0)	(6.5)	(7.0)	(7.5)	(8.0)	(8.5)
LGJJ	185	—	—	—	—	—	2.91	2.86	2.80	2.76	2.73	2.70	2.66	2.63	2.60	2.58
	240	—	—	—	—	—	2.98	2.92	2.87	2.82	2.79	2.75	2.72	2.68	2.66	2.64
	300	—	—	—	—	—	3.04	2.97	2.91	2.87	2.84	2.80	2.76	2.73	2.70	2.68
LGJQ	400	—	—	—	—	—	3.11	3.05	3.00	2.95	2.91	2.87	2.83	2.80	2.77	2.75
	500	—	—	—	—	—	3.14	3.08	3.10	2.96	2.92	2.88	2.84	2.81	2.79	2.76
	600	—	—	—	—	—	3.16	3.11	3.04	3.02	2.96	2.91	2.88	2.85	2.82	2.79

附表 A-6　220～750kV 架空线路导线的电阻及正序电抗　(Ω/km)

导线型号	220kV				330kV（双分裂）		500kV			
	单导线		双分裂				三分裂		四分裂	
	电阻	电抗	电阻	电抗	电阻	电抗	电阻	电抗	电阻	电抗
LGJ-185	0.17	0.44	0.085	0.313	—	—	—	—	—	—
LGJ-240	0.132	0.432	0.066	0.310	—	—	—	—	—	—
LGJQ-300	0.107	0.427	0.054	0.308	0.054	0.321	0.0360	0.302	—	—
LGJQ-400	0.08	0.417	0.04	0.303	0.04	0.316	0.0266	0.299	0.02	0.289
LGJQ-500	0.065	0.411	0.0325	0.300	0.0325	0.313	0.0216	0.297	0.0163	0.287
LGJQ-600	0.055	0.405	0.0275	0.297	0.0275	0.310	0.0183	0.295	0.0138	0.286
LGJQ-700	0.044	0.398	0.022	0.294	0.022	0.307	0.0146	0.292	0.011	0.284

注　计算条件如下：

电压（kV）	110	220	330	500	500
线间距离（m）	4	6.5	8	11	14
线分裂距离（cm）	—	40	40	40	40
次导线排列方式	—	水平二分裂	水平二分裂	正三角三分裂	正四角四分裂

附表 A-7　铜芯三芯电缆的电抗和电纳

芯线额定截面积 (mm^2)	电抗（Ω/km）				电纳（S/km）$\times10^{-6}$			
	电缆额定电压（kV）							
	6	10	20	35	6	10	20	35
10	0.100	0.113	—	—	60	50	—	—
16	0.091	0.101			69	57	—	—
25	0.085	0.094	0.135	—	91	72	57	—
35	0.079	0.088	0.129	—	104	82	63	—
50	0.076	0.082	0.119	—	119	94	72	—
70	0.072	0.079	0.116	0.132	141	100	82	63
95	0.069	0.076	0.110	0.126	163	119	91	68
120	0.069	0.076	0.107	0.119	179	132	97	72
150	0.066	0.072	0.104	0.116	202	144	107	79
185	0.066	0.069	0.100	0.113	229	163	116	85
240	0.063	0.069	—	—	—	—	—	—

附表 A-8　　钢绞线的电阻及内电抗　　(Ω/km)

通过电流 (A)	钢绞线型号及直径 (mm)									
	GJ-25，ϕ5.6		GJ-35，ϕ7.8		GJ-50，ϕ9.2		GJ-70，ϕ11.5		GJ-95，ϕ12.6	
	电阻	电抗	电阻	电抗	电阻	电抗	电阻	电抗	电阻	电抗
1	5.25	0.54	3.66	0.32	2.75	0.23	1.7	0.16	1.55	0.08
2	5.27	0.55	3.66	0.35	2.75	0.24	1.7	0.17	1.55	0.08
3	5.28	0.56	3.67	0.36	2.75	0.25	1.7	0.17	1.55	0.08
4	5.30	0.59	3.69	0.37	2.75	0.25	1.7	0.18	1.55	0.08
5	5.32	0.63	3.70	0.40	2.75	0.26	1.7	0.18	1.55	0.08
6	5.35	0.67	3.71	0.42	2.75	0.27	1.7	0.19	1.55	0.08
7	5.37	0.70	3.73	0.45	2.75	0.27	1.7	0.19	1.55	0.08
8	5.40	0.77	3.75	0.48	2.76	0.28	1.7	0.20	1.55	0.08
9	5.45	0.84	3.77	0.51	2.77	0.29	1.7	0.20	1.55	0.08
10	5.50	0.93	3.80	0.55	2.78	0.30	1.7	0.21	1.55	0.08
15	5.97	1.33	4.02	0.75	2.80	0.35	1.7	0.23	1.55	0.08
20	6.70	1.63	4.4	1.04	2.85	0.42	1.72	0.25	1.55	0.09
25	6.97	1.91	4.89	1.32	2.95	0.49	1.74	0.27	1.55	0.09
30	7.1	2.01	5.21	1.56	3.10	0.59	1.77	0.30	1.56	0.09
35	7.1	2.06	5.36	1.64	3.25	0.69	1.79	0.33	1.56	0.09
40	7.02	2.00	5.35	1.69	3.40	0.80	1.83	0.37	1.57	0.10
45	6.92	2.08	5.30	1.71	3.52	0.91	1.83	0.41	1.57	0.11
50	6.85	2.07	5.25	1.72	3.61	1.00	1.93	0.40	1.58	0.11
60	6.70	2.00	5.13	1.70	3.99	1.10	2.07	0.55	1.58	0.13
70	6.6	1.90	5.0	1.64	3.73	1.14	2.21	0.65	1.61	0.15
80	6.3	1.79	4.89	1.57	3.70	1.15	2.27	0.70	1.63	0.17
90	6.4	1.73	4.78	1.50	3.68	1.14	2.29	0.72	1.67	0.20
100	6.32	1.67	4.71	1.43	3.65	1.13	2.33	0.73	1.71	0.22
125	—	—	4.6	1.29	3.58	1.04	2.33	0.73	1.83	0.31
150	—	—	4.47	1.27	3.50	0.95	2.38	0.73	1.87	0.34
175	—	—	—	—	3.45	0.94	2.23	0.71	1.89	0.35
200	—	—	—	—	—	—	2.19	0.69	1.88	0.35

附表 A-9　　35kV 铝线双绕组电力变压器的技术数据

型　号	额定容量 (kVA)	额定电压 (kV)		损耗 (kW)		短路电压 (%)	空载电流 (%)	联结组标号
		高压	低压	空载	短路			
SJL1-50/35	50	35	0.4	0.3	1.15	6.5	6.5	Yyn0
SJL1-100/35	100	35	0.4	0.43	2.5	6.5	4.0	Yyn0
SJL1-160/35	160	35	0.4	0.59	3.6	6.5	3.0	Yyn0
SJL1-160/35	160	35	10.5；6.3；3.15	0.65	3.8	6.5	3.0	Yd11

续表

型　号	额定容量（kVA）	额定电压（kV）		损耗（kW）		短路电压（%）	空载电流（%）	联结组标号
		高 压	低 压	空载	短路			
SJL1-200/35	200	35	10.5；6.3；3.15	0.76	4.4	6.5	2.8	Yd11
SJL1-250/35	250	35	10.5；6.3；3.15	0.9	5.1	6.5	2.6	Yd11
SJL1-250/35	250	35	0.4	0.8	4.8	6.5	2.6	Yyn0
SJL1-315/35	315	35	10.5；6.3；3.15	1.05	6.1	6.5	2.4	Yd11
SJL1-400/35	400	35	10.5；6.3；3.15	1.25	7.2	6.5	2.3	Yd11
SJL1-400/35	400	35	0.4	1.1	6.9	6.5	2.3	Yyn0
SJL1-500/35	500	35	10.5；6.3；3.15	1.45	8.5	6.5	2.1	Yd11
SJL1-630/35	630	35	10.5；6.3；3.15	1.7	9.9	6.5	2.0	Yd11
SJL1-630/35	630	35	0.4	1.5	9.6	6.5	2.0	Yyn0
SJL1-800/35	800	35	10.5；6.3；3.15	1.9	12	6.5	1.7	Yd11
SJL1-1000/35	1000	35	10.5；6.3；3.15	2.2	14	6.5	1.7	Yd11
SJL1-1000/35	1000	35	0.4	2.2	14	6.5	1.7	Yyn0
SJL1-1250/35	1250	35	10.5；6.3；3.15	2.6	17	6.5	1.6	Yd11
SJL1-1600/35	1600	35；38.5	10.5；6.3；3.15	3.05	20	6.5	1.5	Yd11
SJL1-1600/35	1600	35	0.4	3.05	20	6.5	1.5	Yyn0
SJL1-2000/35	2000	35；38.5	10.5；6.3；3.15	3.6	24	6.5	1.4	Yd11
SJL1-2500/35	2500	35；38.5	10.5；6.3；3.15	4.25	27.5	6.5	1.3	Yd11
SJL1-3150/35	3150	35；38.5	10.5；6.3；3.15	5.0	33	7	1.2	Yd11
SJL1-4000/35	4000	35；38.5	10.5；6.3；3.15	5.9	39	7	1.1	Yd11
SJL1-5000/35	5000	35；38.5	10.5；6.3；3.15	6.9	45	7	1.1	Yd11
SJL1-6300/35	6300	35；38.5	10.5；6.3；3.15	8.2	52	7.5	1.0	Yd11
SJL1-7500/35	7500	35	10.5	9.6	57	7.5	0.9	YNd11
SFL1-8000/35	8000	38.5；35	11；10.5；6.6 6.3；3.3；3.15	11	58	7.5	1.5	Yd11
SFL1-10000/35	10000	38.5；35	11；10.5；6.6 6.3；3.3；3.15	12	70	7.5	1.5	Yd11
SFL1-15000/35	15000	38.5；35	11；10.5；6.6 6.3；3.3；3.15	16.5	93	8	1.0	Yd11
SFL1-20000/35	20000	38.5；35	11；10.5；6.6 6.3；3.3；3.15	22	115	8	1.0	Yd11
SFL1-31500/35	31500	38.5；35	11；10.5；6.6 6.3；3.3；3.15	30	180	8	0.7	Yd11
SFZL1-8000/35	8000	35±3×2.5% 38.5±3×2.5%	11；10.5；6.6；6.3	11	60.6	7.5	1.25	Yd11
SSPL1-10000/35	10000	38.5	6.3	12	70	7.5	1.5	Yd11

注　SJL—三相油浸自冷式铝线变压器；SFL—三相油浸风冷式铝线变压器；SSPL—三相强迫油循环水冷式铝线变压器。

附表 A - 10　　110kV 三相双绕组铝线电力变压器技术数据表

电力变压器型号	额定容量 (kVA)	额定电压 (kV)		损耗 (kW)		短路电压 (%)	空载电流 (%)	联结组标号
		高压	低压	短路	空载			
SFL1 - 6300/110	6300	121±5% 110±5%	11；10.5 6.6；6.3	52	9.76	10.5	1.1	YNd11
SFL1 - 8000/110	8000	121±5% 110±5%	11；10.5 6.6；6.3	62	11.6	10.5	1.1	YNd11
SFL1 - 10000/110	10000	121±2×2.5%	10.5；6.3	72	14	10.5	1.1	YNd11
SFL1 - 16000/110	16000	121±2×2.5%	10.5；6.3	110	18.5	10.5	0.9	YNd11
SFL1 - 20000/110	20000	121±2×2.5%	10.5；6.3	135	22	10.5	0.8	YNd11
SFL1 - 31500/110	31500	$121^{+5\%}_{-2\times2.5\%}$	10.5；6.3	190	31.05	10.5	0.7	YNd11
SFL1 - 40000/110	40000	121±2×2.5%	10.5；6.3	200	42	10.5	0.7	YNd11
SFPL1 - 50000/110	50000	121±5%	10.5；6.3	250	48.6	10.5	0.75	YNd11
SFPL1 - 63000/110	63000	121±5%	10.5；6.3	296	60	10.5	0.8	YNd11
SFPL1 - 90000/110	90000	121±2×2.5%	10.5	440	75	10.5	0.7	YNd11
SFPL1 - 120000/110	120000	121±2×2.5%	10.5	520	100	10.5	0.65	YNd11
SSPL1 - 20000/110	20000	121±2×2.5%	6.3	135	22.1	10.5	0.8	YNd11
SSPL - 63000/110	63000	121±2×2.5%	10.5	300	68	10.5	—	YNd11
SSPL - 90000/110	90000	121±2×2.5%	13.5	451	85	10.5	—	YNd11
SSPL - 63000/110	63000	121±2×2.5%	10.5	291.48	65.4	10.57	0.8	YNd11
SSPL - 120000/110	120000	121±2×2.5%	13.8	588	120	10.4	0.57	YNd11
SSPL - 150000/110	150000	121±2×2.5%	13.8	646.25	204.5	12.68	1.73	YNd11
SFL - 20000/110	20000	121±2×2.5%	10.5；6.3	135	37	10.5	1.5	YNd11
SFL - 63000/110	63000	121±2×2.5%	10.5；6.3	300	68	10.5	2.5	YNd11
SFPL - 90000/110	90000	121±2×2.5%	10.5	448	164	10.74	0.67	YNd11
SFPL - 120000/110	120000	121±2×2.5%	10.5	572	95.6	10.78	0.695	YNd11
SFPL - 120000/110	120000	121±2×2.5%	10.5	590	175	10.5	2.5	YNd11

附表 A-11　110kV 三相三绕组电力变压器技术数据

电力变压器型号	额定容量 (kVA)	额定电压 (kV)			损耗 (kW)				短路电压 (%)			空载电流 (%)
					短路			空载				
		高压	中压	低压	高中	高低	中低		高中	高低	中低	
SFSL1-6300/110	6300/6300/6300	121±2×2.5% 110±2×2.5%	38.5±2×2.5%	11 10.5	62.9 62.3	62.6 62	50.7 50.7	12.5	17	10.5	6	1.4
		121±2×2.5% 110±2×2.5%		6.6 6.3	66.2 65.6	60.2 59.6	51.6 51.6	12.5	10.5	17	6	1.4
SFSL1-8000/110	8000/4000/8000 8000/8000/4000	121±5% 110±5%	38.5±2×2.5%	11 10.5	27 27	83 89	19 19	14.2	17.5	10.5	6.5	1.26
		121±5% 110±5%		6.6 6.3	84	27	21	14.2	10.5	17.5	6.5	1.26
SFSL1-10000/110	10000/10000/10000	121±2×2.5%	38.5±2×2.5%	10.5 6.3	91 89.6	89 88.7	69.3 69.7	17	17 10.5	10.5 17	6 6	1.5
SFSL1-15000/110	15000/15000/15000	121±2×2.5%	38.5±2×2.5%	10.5 6.3	120	120	95	22.7	17 10.5	10.5 17	6 6	1.3
SFSL1-20000/110	20000/20000/10000	121±5%	38.5±5%	10.5 6.3	152.8	52	47	50.2	10.5	18	6.5	4.1
	20000/10000/20000	121±2×2.5%	38.5±5%	10.5 6.3	52	148.2	47	50.2	18	10.5	6.5	4.1
SFSL1-20000/110	20000/20000/20000	121±2×2.5%	38.5±5%	10.5 6.3	145	158	117	49.9	10.5	18	6.5	3.46
		121±2×2.5%	38.5±5%	10.5 6.3	154	154	119	49.9	18	10.5	6.5	3.46

续表

电力变压器型号	额定容量（kVA）	额定电压（kV）			损耗（kW）				短路电压（%）			空载电流（%）
		高压	中压	低压	短路 高中	短路 高低	短路 中低	空载	高中	高低	中低	
SFSL1-25000/110	25000/25000/25000	121±2×2.5%	38.5±5%	10.5 6.3	175	197	142	49.5	10.5	18	6.5	3.6
SFSL1-31500/110	31500/31500/31500	121±2×2.5%	38.5±2×2.5%	10.5 6.3	229.1 215.4	212 231	181.6 184	37.2 37.2	18 10.5	10.5 18	6.5 6.5	0.8 0.8
SFPSL1-40000/110	40000/40000/40000	121±2×2.5%	38.5±2×2.5%	10.5 6.3	276 244	250 274.5	250.5 250.5	72 72	17.5 10.5	10.5 17.5	6.5 6.5	2.7 2.7
SFPSL1-50000/110	50000/50000/50000	121±2×2.5%	38.5±2×2.5%	6.3	302.2 350.6	350.9 318.3	251 252.9	62.2 62.2	10.5 18	18 10.5	6.5 6.5	1 1
SFSL1-50000/110	50000/50000/50000	121±2×2.5%	38.5	6.3	350 300	300 350	255 255	59.2	17.5 10.5	10.5 17.5	6.5 6.5	0.8
SFSL1-63000/110	63000/63000/63000	121±2×2.5%	38.5±5%	6.3	380 470	470 380	320 330	64.2 64.2	10.5 18.5	18.5 10.5	6.5 6.5	0.7 0.7
SFSLQ1-10000/110	10000/10000/10000	121±2×2.5%	38.5±2×2.5%	6.3	87.95 88.76	90.05 86.55	67.9 67.7	21.4	17 10.5	10.5 17	6 6	1.5
SFSLQ1-15000/110	15000/15000/15000	121±2×2.5%	38.5±2×2.5%	6.3	120	120	94	30.5	17 10.5	10.5 17	6 6	1.2
SFSLQ1-20000/110	20000/20000/20000	121±2×2.5%	38.5±2×2.5%	6.3	153 142.9	147.6 152.9	111.6 110.4	33.5	17 10.5	10.5 17	6 6	1.1
		121±2×2.5%	38.5±2×2.5%	6.3	155 150	150 155	112 112	34	17 10.5	10.5 17	6 6	1.2

续表

电力变压器型号	额定容量（kVA）	额定电压（kV）			损耗（kW）				短路电压（%）			空载电流（%）
		高压	中压	低压	短路 高中	短路 高低	短路 中低	空载	高中	高低	中低	
SFSL1-25000/110	25000/25000/25000	121±2×2.5%	38.5±2×2.5%	10.5 6.3	194	182	144	49.5	18	10.5	6.5	3.6
			10.5	6.3	219	224	172	42.9	10.5	18	6	2.99
SFSLQ-31500/110 SSPSL1-31500/110	31500/31500/31500	121±2×2.5%	38.5±2×2.5%	10.5 6.3	217 202	200.7 214	158.6 160.5	46.8	17 10.5	10.5 17	6 6	0.9
			38.5±2×2.5%	13.8	230	214	184	38.4	18	10.5	6.5	0.8
SSPSL1-45000/110	45000/45000/45000	121±5%	69	6.3	160	185	115	80	12	23	9.5	3
SSPSL1-50000/110	50000/50000/50000	121±5%	38.5±5%	10.5	350	318.3	250.9	89.6	18	10.5	6.5	2.82
SSPSL1-75000/110	75000/75000/75000	121±5%	38.5±2×2.5%	10.5	580	510	450	76	18.5	10.5	6.5	0.8
SPSL-10000/110	10000/10000/10000	121±5%	38.5±2×2.5%	10.5 6.3	91	91	70	22	18 10.5	10.5 18	6.5 6.5	3.3
SPSL-15000/110	15000/15000/15000	121±5%	38.5±2×2.5%	10.5 6.3	120	120	95	27	17 10.5	10.5 17	6 6	4.0
SFSL-31500/110	31500/31500/31500	121±5%	38.5±2×2.5%	10.5 6.3	235	235	115	49	18 10.5	10.5 18	6.5 6.5	2.5
SFSL-63000/110	63000/63000/63000	121±5%	38.5±2×2.5%	10.5 6.3	410	410	266	84	18 10.5	10.5 18	6.5 6.5	2.5

注 1. SFSL—三相油浸风冷三绕组铝线变压器；SFPSL—三相强迫油循环风冷三绕组铝线变压器；SFSLQ—三相油浸风冷三绕组全绝缘 变压器；SSPSL—三相强迫油循环水冷三绕组铝线变压器。

2. 该表中的变压器联结组标号均为 YNyn0d11。

附表 A-12 **220kV三相双绕组电力变压器技术数据表**

电力变压器型号	额定容量（kVA）	额定电压（kV）		损耗（kW）		短路电压（%）	空载电流（%）	联结组标号
		高压	低压	短路	空载			
SFD-63000/220	63000	220×2.5%	69	402.4	120	14.4	3	—
SFD-63000/220	63000	220±2×2.5%	46	401	120	14.4	2.6	YNd11
SSPL-63000/220	63000	220±2×2.5%	10.5	404	93	14.45	2.41	YNd11
SSPL-90000/220	90000	220±2×2.5%	10.5	472.5	92	13.75	0.67	YNd11
SSPL-120000/220	120000	220±2×2.5%	10.5	1 011.5	98.2	14.2	1.26	YNd11
SSPL-120000/220	120000	220±2×2.5%	38.5	932.5	98.2	14	1.26	YNd11
SSPL-120000/220	120000	242±2×2.5%	10.5	1 011.5	98.2	14.2	1.26	YNd11
SSPL-150000/220	150000	242±2×2.5%	13.8	883	137	13.13	1.43	YNd11
SSPL-150000/220	150000	242±2×2.5%	10.5	894.5	137	13.13	1.43	YNd11
SSPL-150000/220	150000	242±2×2.5%	13.8	873	137	12.5	1.43	YNd11
SSPL-180000/220	180000	242±2×2.5%	15.75 13.8	892.8 904	175	12.22 12.55	0.427	YNd11
SSPL-260000/220	260000	242±2×2.5%	15.75	1 460	232	14	0.963	YNd11
SSP-360000/220	360000	236±2×2.5%	18	1 950	155	15	1.0	YNd11

附表 A-12　　110kV 三相三绕组铝线有载调压电力变压器技术数据

电力变压器型号	额定容量（kVA）	额定电压（kV）			损耗（kW）				短路电压（%）			空载电流（%）
					短路			空载				
		高压	中压	低压	高中	高低	中低		高中	高低	中低	
SFPSL - 90000/220	90000	220	38.5	11	146.1	556.2	612	417	13.1	20.3	5.86	2.56
SFPSL1 - 120000/220	120000/120000/120000	220	121	10.5	123.1	1 023	227	165	24.7	14.7	8.8	1
SFSZL1 - 10000/110	10000/10000/10000	$121\pm\frac{1}{4}\times2.5\%$	38.5±5%	11	86.7	82.6	68.5	27	10.5	17.5	6.5	4.35
		110±3×2.5%		10.5	86.5	82.4	68.5	27	10.5	17.5	6.5	4.35
		$121\pm\frac{2}{4}\times2.5\%$		6.6	84.8	86.2	68	27	17.5	10.5	6.5	4.35
		110±3×2.5%		6.3	84.6	86.1	68.7	27	17.5	10.5	6.5	4.35
SFSZL1 - 20000/110	20000/20000/20000	$121\pm\frac{2}{4}\times2.5\%$	38.5±5%	11	144	146.2	121	39.7	17.5	10.5	6.5	2.85
		110±3×2.5%		10.5	145.2	147.5	121	39.7	17.5	10.5	6.5	2.85
		$121\pm\frac{2}{4}\times2.5\%$		6.6	141	150	120	39.7	10.5	17.5	6.5	2.85
		110±3×2.5%		6.3	142	151	120	39.7	10.5	17.5	6.5	2.85
		$110\pm\frac{2}{4}\times2.5\%$			142	151	120	39.7	10.5	17.5	6.5	2.85
		110±3×2.5%		11	145.2	143	116.5	39.7	17.5	10.5	6.5	2.85
		$110\pm\frac{2}{4}\times2.5\%$			142.5	143	116.5	39.7	17.5	10.5	6.5	2.85
SFSZL1 - 31500/110	31500/31500/31500	110±3×2.5% $110\pm\frac{1}{5}\times2.5\%$	38.5±5%	11	211.1	237.5	174.1	37	10.5	17.5	6.5	0.9

附表 A-14　**220kV 三相三绕组电力变压器技术数据**

电力变压器型号	额定容量（kVA）	额定电压（kV）			损耗（kW）				短路电压（%）			空载电流（%）
					短路			空载				
		高压	中压	低压	高中	高低	中低		高中	高低	中低	
SFPSL-31500/220	31500	220	69	10.5	23	173.4	250	239.5	14.8	23	7.3	3.6
SFPSL-63000/220	63000	220	121	38.5	125	470.5	440	314.2	23	14	7.6	2.7
SFPSL-90000/220	90000	220	38.5	11	146.1	556.2	612	417	13.1	20.3	5.86	2.56
SFPSL1-120000/220	120000/120000/120000	220	121	10.5	123.1	1 023	227	165	24.7	14.7	8.8	1
SWDS-90000/220	90000	242	121	12.8	205.5	727.8	579.7	412	24.56	13.94	8.6	1.12
SSPSL-150000/220	150000	242	121	10.5	239	918.3	838.6	619.3	24.4	14.1	8.3	2.15
SSPSL-180000/220	180000	236	121	13.8	254	1 057	1 173	712	14.2	24.1	8.1	2.16
SFPSL-50000/220	50000	220	38.5	11	76.3	329.3	381.08	196.3	15.83	24.75	0.99	0.98
SFPSL-63000/220	63000	220	121	11	94	377.1	460.04	252.06	15.15	25.8	8.77	1.25
SFPS-120000/220	120000/80000/120000	220	121	38.5	131.5	466	691	268	25.7	14.9	8.86	0.85

附录B 发电机运算曲线

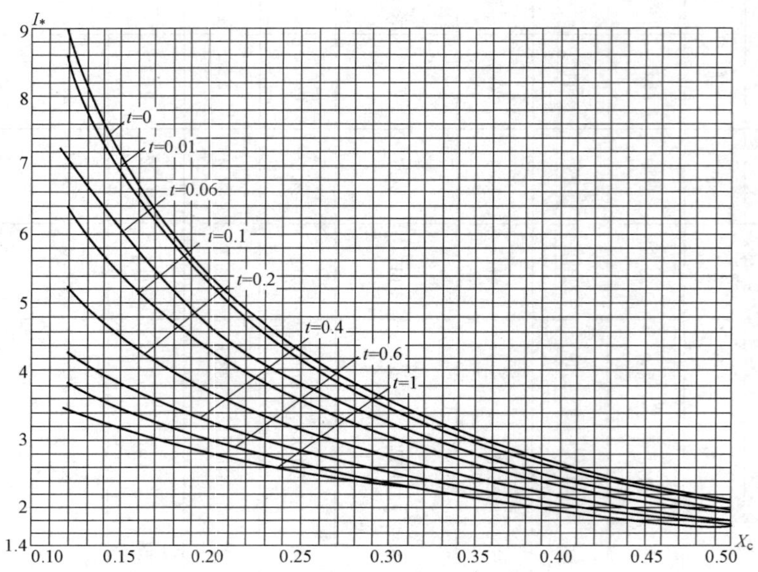

附图 B-1 汽轮发电机运算曲线［一］（X_c＝0.12～0.50）

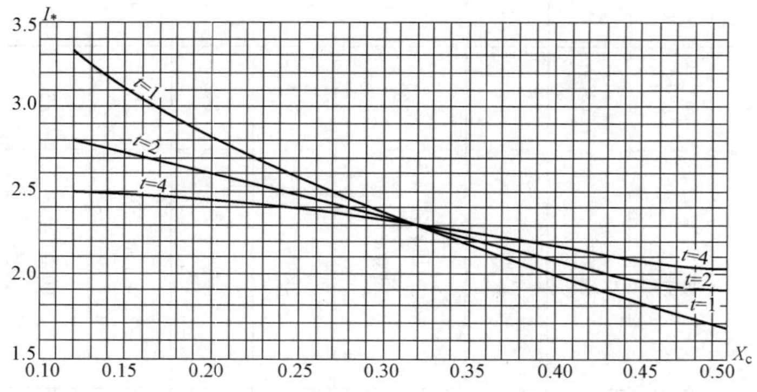

附图 B-2 汽轮发电机运算曲线［二］（X_c＝0.12～0.50）

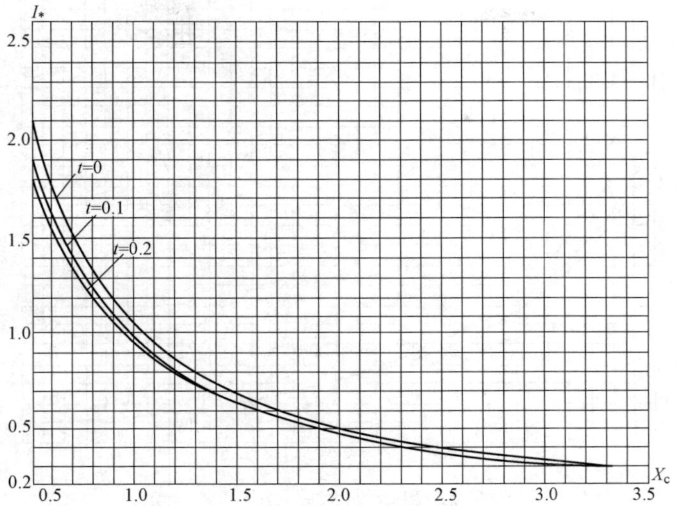

附图 B-3 汽轮发电机运算曲线［三］（X_c＝0.50～3.45）

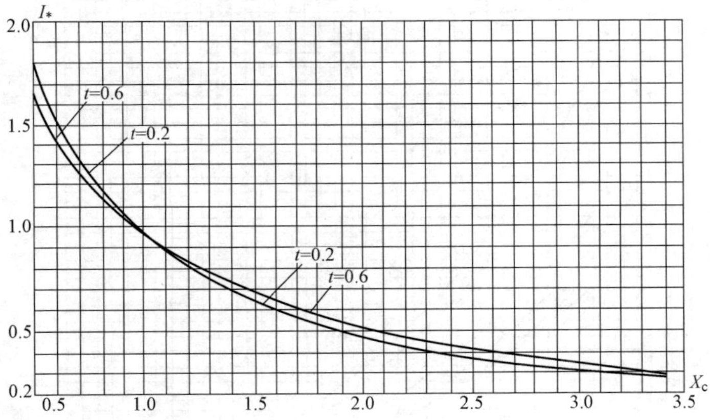

附图 B-4 汽轮发电机运算曲线［四］（X_c＝0.50～3.45）

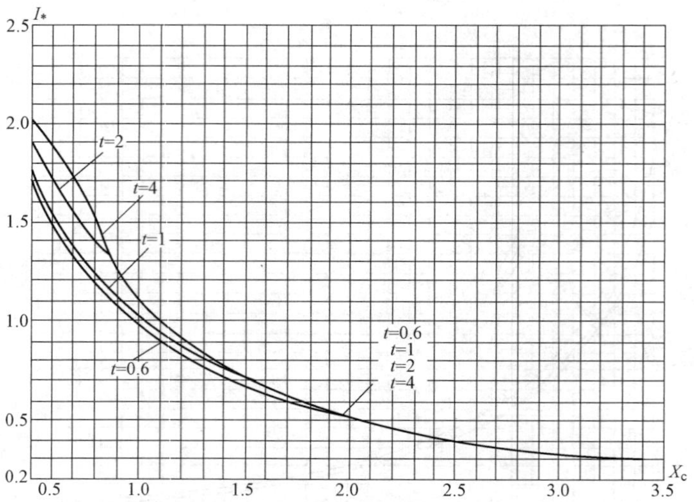

附图 B-5　汽轮发电机运算曲线［五］（X_c=0.50～3.45）

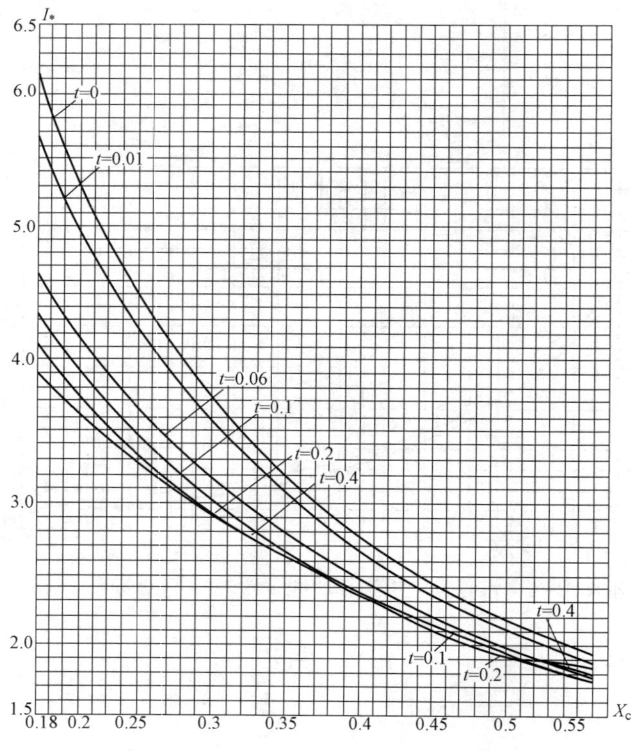

附图 B-6　水轮发电机运算曲线［一］（X_c=0.18～0.56）

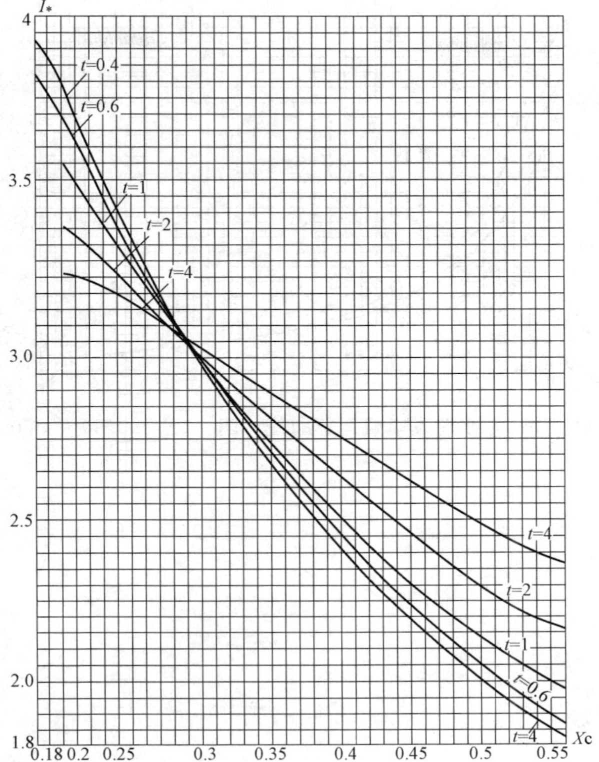

附图 B-7　水轮发电机运算曲线［二］（X_c＝0.18～0.56）

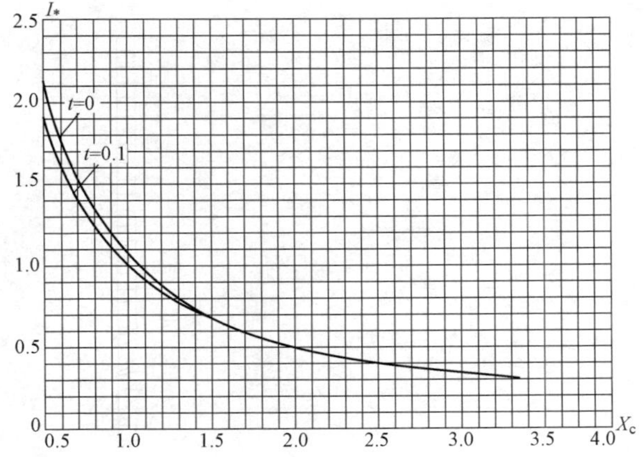

附图 B-8　水轮发电机运算曲线［三］（X_c＝0.50～3.50）

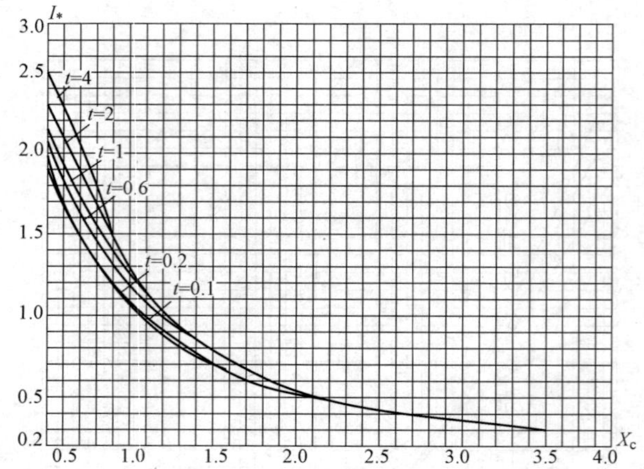

附图 B-9 水轮发电机运算曲线［四］（X_c＝0.50～3.50）

参 考 文 献

[1] 南京工学院. 电力系统. 北京：电力工业出版社，1980.

[2] 于永源，杨绮雯. 电力系统分析. 3版. 北京：中国电力出版社，2007.

[3] 周荣光. 电力系统故障分析. 北京：清华大学出版社，1988.

[4] 陈珩. 电力系统稳态分析. 4版. 北京：中国电力出版社，2015.

[5] 李光琦. 电力系统暂态分析. 3版. 北京：中国电力出版社，2006.

[6] 华智明，张瑞林. 电力系统. 2版. 重庆：重庆大学出版社，2005.

[7] 刘振亚. 全球能源互联网. 北京：中国电力出版社，2015.